遗传工程作物

Plant Biotechnology: Current and Future Applications of Genetically Modified Crops

〔英〕N. 哈弗德　编著
薛庆中 等　译
章旺根　校

科学出版社
北京

图字:01-2006-7457 号

内 容 简 介

遗传工程(GM),是人为地将一个目标单基因或基因组合导入生物DNA的技术,已成为植物遗传改良的重要手段,并已在世界各国广泛开展,至今棉花、大豆、油菜、玉米等遗传工程作物开始得到大面积应用。但是遗传工程作物的种植和应用是一个颇有争议的问题,受到各国政府部门和民众的密切关注。本书主要概括遗传工程作物的应用和调控研究进展。第1章介绍GM作物及其应用情况。第2章展示新开发的技术和方法,包括GM食物营养价值的改良,具潜在疫苗作用的GM作物的产生和对盐、干旱及对真菌病原体的抗性工程。第3章涉及GM作物和产品的安全和立法,包括过敏性、环境影响、风险评估和标记等重要问题。

本书对从事生物学、农学、环境科学、食品科学和化学等领域的高等院校学生和研究人员是很好的参考书,也对植物生物技术产业或环境部门公务员制订相关政策有所帮助。

图书在版编目(CIP)数据

遗传工程作物/(英)哈弗德(Halford, N.)编著,薛庆中等译,章旺根校.
—北京:科学出版社,2008
(现代生物技术前沿)
ISBN 978-7-03-020630-5

Ⅰ.遗… Ⅱ.①哈…②薛…③章… Ⅲ.作物-遗传工程 Ⅳ.S33

中国版本图书馆CIP数据核字(2008)第108308号

责任编辑:李 悦 刘 晶/责任校对:桂伟利
责任印制:赵 博/封面设计:陈 敬

科学出版社出版
北京东黄城根北街16号
邮政编码:100717
http://www.sciencep.com
中煤(北京)印务有限公司印刷
科学出版社发行 各地新华书店经销
*
2008年8月第 一 版 开本:787×1092 1/16
2025年1月第三次印刷 印张:16 1/2
字数:376 000

定价: 80.00 元

(如有印装质量问题,我社负责调换)

译 者 序

遗传工程作物(genetically modified crops)是应用遗传工程手段进行DNA重组,采用农杆菌介导和基因枪等手段进行基因转化而创造的新作物。它与借助传统杂交育种方法选择的品种有本质上的区别。目前在抗虫、抗除草剂等重要性状遗传改良方面已经取得重大突破。近年来,遗传工程作物正在世界各国迅速发展,迎来了农业上第二次"绿色革命"。随之而来也引发了当代一次公众大辩论,波及全球,世人关注。在此背景下,2006年John Wiley & Sons Ltd.出版社在全球发行了英国Rothamsted研究所Nigel Halford博士编著的*Plant Biotechnology: Current and Future Applications of Genetically Modified Crops*一书。为及时将此书的内容信息传播到国内,我们组织翻译了此书。

genetic modification(GM)直译为遗传修饰。在国外,GM已被非专业人士广泛熟知,科学家则偏爱使用"转基因"。在国内,人们习惯称呼"转基因"或"遗传工程",而对"遗传修饰"还较陌生。在大多情况下遗传修饰可以和遗传工程(genetic engineering)、基因工程(gene engineering)、生物技术(biotechnology)、转基因(transgenic)等视为同义词,考虑到国内术语的使用习惯,本书中文版书名定为《遗传工程作物》。

本书作者Nigel Halford博士是国际上著名的生物学家,他在英国Rothamsted研究所从事作物遗传改良和基因信号传递等项目研究。Rothamsted研究所是英国最著名的农业科学研究机构,创建已有160余年,历史悠久,科研力量强盛。Nigel Halford博士与世界各国科学家有广泛的联系和协作。他组织多国科学家撰写本书,旨在及时报道世界主要国家遗传修饰作物的发展,体现出作者注重全球性的写作风格,同时本书还具有选题涵盖范围广、专题讨论层次深、结构体系视野宽等特点。

全书从三个层面展开,并在书后附有索引及中英文专业词汇。第一层面介绍现状,从最初原始选择一直到现代遗传修饰(GM)技术的使用,概述了植物育种方法一万年的演变和发展历程,简单介绍了美国和中国生物技术作物的培育情况,尤其是在控制虫害和防治杂草实践上的应用及其对农业产生的深远影响。第二层面描述GM技术原理和方法,包括改良GM食物的营养价值,增强GM作物对盐、干旱及真菌病原体的抗性,产生具潜在疫苗作用的GM作物等内容。随着基因转化技术的进步和完善,愈发显示出生物技术对植物遗传改良的生命力和重大突破。第三层面涉及GM作物及其产品的安全和立法,包括过敏性、环境影响、风险评估和标记等有争议的问题。

书中对长期以来民众特别关心的两个重要问题——食品过敏性和基因漂流进行了较深入的研讨,在对环境污染的分析中,不仅仅停留在植物上,还注意到对微生物和动物的影响,并对GM作物的安全性评估、标记和跟踪能力的调控一一做了较深入的介绍。这不仅表明作者在积极推进生物技术对植物遗传改良上的信心,同时也体现了作者对GM作物应用认真负责的态度。

2004年我们有幸接受Nigel Halford博士的邀请,编写了其中一章——中国生物技术作物的选育。为尽可能较全面地反映我国作物遗传修饰的工作进展,我们收集了

1996～2003 年期间国内核心期刊发表的重要科研论文及部分英文文献，在此基础上重点对水稻、棉花等主要 GM 农作物进行了综述，旨在反映我国早期 GM 作物科研进展。四年后当我们再翻译这章内容时，明显感到原先所述内容已不够全面，理解也欠深入。因为近年来，中国 GM 作物研究无论在理论和实践应用上都已取得迅猛发展。

1993 年我在美国 Cornell 大学做访问研究期间，十分荣幸有机会和该校国际著名的分子生物学科学家吴瑞教授建立水稻转基因科研协作联系，并将该实验室的有关技术引进、消化和发展。在介绍生物技术作物一章中，我们也简要地报道了吴教授实验室的一些科研成果。正当我们在翻译此书时，得悉吴瑞教授不幸病故，心情万分悲痛，在此表示我们对这位前辈的敬仰和纪念。

本书翻译工作得到张玉华、叶琳、张宪银、朱惠琴、单鹏飞、刘庆坡、赵心爱、华大颂、苏锟锴、陈晓龙、陆晓春、李娟、应杰政、季芝娟、付立忠等译者的热心支持并共同完成。完稿后，孟山都公司的章旺根博士协助进行了细致校对。但由于译者水平所限，翻译不当之处，恳请读者批评指正。本书中文版的出版得到 Nigel Halford 博士的热心支持，Rothamsted 研究所张玉华博士为促成此书的出版做了很多工作，在此一并致谢。

薛庆中

2008 年 6 月于浙江大学

前　　言

20 世纪初，Gregor Mendel 在“植物表型特性遗传”方面的研究得以重新发现，由此奠定了现代植物育种学的基础。于是，植物育种学家能够预知性状如何导入育种品系，并确信它们能够真实遗传。从 20 世纪开始，科学的植物育种使作物产量出现大幅度提高，现代人口因此得以持续发展。随后的数十年间，科学取得了长足进展，阐明了遗传及基因(遗传单位)的分子过程：证实它们与蛋白质相关联，证明 DNA 是遗传物质，明确了 DNA 结构。同时，DNA 聚合酶、连接酶和限制酶的发现，以及 DNA 分子核苷酸序列的测定技术的开发，使得 DNA 分子能够在体外重组。

与此同时，植物科学家迅速地开发和利用 DNA 分子操作的新技术，而且惊奇地发现自然界的农杆菌(一种细菌)，在其正常的感染过程中，能将自身的 DNA 片段插入植物细胞。20 世纪 80 年代中期，应用这些科学发现和技术已实现了将外源基因成功导入作物，预期作物的产量和品质将得到进一步改良。

所有的植物育种，其目的就是将新的基因导入作物基因库对其进行改良，其中技术包括不同品种间的杂交、远缘杂交、人为诱导的随机突变、通过化学药剂或辐射诱变等。遗传工程* 是指人为地将某个单一基因或组合基因导入某生物 DNA 中的新技术；携带外源基因的作物被称为遗传修饰[或 GM(genetic modification)]作物。科学家花费整整十年才使第一个 GM 作物得以在商业上应用。此后，遗传工程技术在植物育种界趋于成熟。到 2004 年，全世界 17 个国家 GM 作物的种植面积达到了 8100 万 hm^2。

在 GM 作物的种植将近十周年之际，我觉得有必要对其十年来市场化的成功和失败做一评价，以及对未来十年中将有哪些新的 GM 产品投放市场做一预测。本书旨在向学术界和产业界的专家及不同程度的植物生物技术专业的学生介绍美国和中国这两个重要国家在植物生物技术产品商业市场上的应用及其 GM 作物栽培的进展和对农业的影响；并且总结了遗传工程在增强作物对生物或非生物性胁迫的抗性、改良作物产品加工和营养的价值，以及使植物用于新领域如疫苗生产等方面的新进展。诚然，GM 作物的生产也是我们这个时代极具争议的领域。让公众最担心的两个主要问题是 GM 作物是否会合成有危害的抗原，以及 GM 与非 GM 作物间、GM 作物与野生近缘物种间，有无基因漂流的风险。各国政府(特别是欧洲国家)针对民众对于这些问题的反应，已经通过立法来调控 GM 作物的生产和应用。这些内容本书均有涉及。

我感到非常荣幸能够邀请到各个领域的优秀专家学者，为本书不同的题目写出单独章节，对各自的领域作出全面、深入地探讨。在此，我谨向本书的所有作者深表谢意。

Nigel G. Halford

(薛庆中 译)

---

* “遗传工程”、“基因工程”和“遗传修饰”在大多情况下都是同义语，对应英文中的“genetic engineering”、“gene engineering”和“genetic modification”。

目　　录

第 1 章　遗传工程（GM）作物的现况

1.1　万年植物育种史：从原始选择到遗传工程

Nigel G. Halford
Crop Performance and Improvement，Rothamsted Research Harpenden，
Hertfordshire，AL5 2JQ，United Kingdom

引言

20 世纪 90 年代中期，植物生物技术在世界农业领域内取得突破，启动了第二次“绿色革命”，同时也引发了一次当代公众大辩论。约十几年后，本书介绍了遗传工程（GM）作物对世界农业的影响、技术最新进展、下一代 GM 作物概貌，尤其是欧洲对于 GM 作物的安全和监控问题的关注。

本章节正确定义了 GM 作物的概念（换言之，GM 作物与其他作物有什么不同），也报道了当前正在商业性应用的 GM 作物，其中包括除草剂耐性、抗虫性、病毒抗性、植物保鲜和种子油分改良，以及提供这些特性的基因。同时还介绍了世界范围内从 1996 年起对 GM 作物品种的广泛引入，到目前对 GM 品种的应用，并就此比较西欧与美洲，澳大利亚和亚洲地区的不同情况。首先，让我们在植物育种和遗传学悠久的历史背景下讨论植物遗传工程技术的发生。

早期植物育种

在人类历史上最具有争议的重要事件发生在大约 10 000 年前，当时生活在中东地区的人们，开始进行家畜和作物驯化，同时逐渐开始定栖的生活。他们不再依赖狩猎和游牧群聚，而是依靠农业为生，此后形成村庄、乡镇和城市。随着生活逐渐趋于稳定，人们有时间进行思考、试验、发明和创新，使此前 50 万年来几乎没有进步的技术得到了极大地发展（图 1.1.1）。在距今几千年内出现了美索不达米亚（Mesopotamia）、亚述、苏美尔和古巴比伦及古埃及的古代文明，为现代文明奠定了基础。

小麦也许是变化最大的重要物种。大约 6000 年前，埃及人已能制作由小麦烘烤的面包，其方法和现在的方法相仿；那时在南美洲和中国，农业得到了极大的发展。马铃薯和水稻分别成为南美洲和中国的主要种植作物。

作物改良也许在物种驯化和栽培开始时就已发生。最初这种改良是不自觉的，人们从变异丰富的群体中，挑选最优良的个体收获和种植，随后这种选择就更为系统化了。例如，已有证据表明，古巴比伦人选择雄性树给雌性树授粉，使椰树某些特性得以改良。

公元前 8000 年	农业最早开始于美索不达米亚（Mesopotamia）。
公元前 4000 年	埃及种植面包小麦，中国栽培水稻。
公元前 3000 年	秘鲁种植马铃薯，欧亚大陆栽培所有重要粮食作物。
公元前 1000 年	美洲栽培所有重要粮食作物。
公元前 700 年	巴比伦人在椰枣（date palm）上采用了选择育种技术。
公元 1600 年	原产美洲的马铃薯、玉米及番茄被引入欧洲。
1753 年	Linnaeus 发表植物种志（Species Plantarum），对植物开始进行科学分类。
1843 年	John Lawes 获得了人工肥料——过磷酸钙的专利。
1859 年	Darwin 发表《物种起源》。
1866 年	Mendel 发表《植物杂交实验》。
1869 年	Miescher 发现 DNA。
1900 年	Mendel 的论文被重新发现。
1902 年	Garrod 将遗传特性和蛋白质功能进行联系。
1923 年	Russet Burbent 选育出杂交马铃薯新品种。
1933 年	第一个杂种玉米品种开始在美国发放。
1941 年	Beadle 和 Tatum 发表“一个基因一个酶”的假说，第一个现代除草剂（2,4-D）合成。
1944 年	Avery、Macleod 和 McCarthy 证明，DNA 是遗传物质。
20 世纪 50 年代	通过化学药品和辐射诱变产生的商业作物首次发放。
1953 年	Watson 和 Crick 公布了 DNA 结构。
1957 年	Kornberg 分离出 DNA 聚合酶。
20 世纪 60～70 年代	“绿色革命”导致作物产量大幅度增加，绿色革命是基于 Norman Borlaug 发现的矮秆基因和对农产品普遍应用的整合。
1966 年	Weiss 和 Richardson 发现 DNA 连接酶。
1969 年	第一个商业小黑麦（小麦/黑麦杂种）品种发布。
1970 年	Harmilton Smith 发现限制酶。
1972 年	Berg 构建成功第一个重组 DNA 分子。
1973 年	Boyer、Chang、Cohen 和 Helling 构建成功重组质粒 DNA 分子。
1977 年	Gilbert 和 Sanger 独立开发决定 DNA 分子核苷酸序列技术，Nester、Gordon 和 Chilton 表明，农杆菌能对宿主植物细胞做遗传修饰。
1981 年	GM 大肠杆菌产生胰岛素并在医学上应用。
1983 年	Ghent、Leiden、St Louis 和 Cambridge 小组通过农杆菌将细菌基因导入植物细胞。
1983 年	Hall 构建成功 GM 向日葵植物，内含扁豆基因。
1985 年	GM 植物率先在英国田间种植。
1988 年	Grierson 和 Schuch 报道 GM 植物反义抑制基因表达。
1994 年	延迟成熟的 GM 番茄被批准可供食用。
1996 年	首次大规模栽培 GM 大豆和玉米。
2000 年	完成拟南芥全基因组核苷酸测序。
2001 年	全世界 GM 作物种植区域超过 5000 万 hm^2。
2003 年	GM 作物已在 18 个国家种植 6500 万 hm^2。

图 1.1.1　农业和植物育种史上重大标记事件发生时间表

随着长期实践，作物特性发生了明显变化。例如，在古埃及坟墓里发现的小麦谷粒与现代小麦较为相似，而与其野生亲族相比差异较大。事实上，面包小麦是通过小麦种间杂交产生的，这样的杂交事件只会在农业实践中发生，而不会在野生环境中发生。可能在10 000～6000 年前，美索不达米亚人，已将小麦种子向西传播到欧洲。

简单选择效应的另一个优秀实例是卷心菜家族（包括无头甘蓝、卷心菜，花椰菜、硬花甘蓝及抱子甘蓝）。卷心菜家族的野生亲族首次被驯化，大约发生在 7000 年前欧洲的地中海地区。通过许多世纪的选择育种，使得植株变大并且叶片茂盛。公元前 5 世纪，已经产生了与现代无头甘蓝非常相似的植株。大约公元 1 世纪，嫩叶簇顶部的卷心菜出现了。在 15 世纪，通过选择具可食的头状花序植株，南欧洲产生了花椰菜；一个世纪后，硬花甘蓝在意大利也以相似的方式产生。最后，在 18 世纪，比利时育成茎上有大芽的抱子甘蓝。所有这些蔬菜都是抱子甘蓝的变种。

建立遗传学科学

上述实例说明几千年来农民是如何进行作物改良的，但是，在达尔文和孟德尔建立遗传学科学以前，农民们并不知道系统植物育种的科学基础。达尔文被人们称为现代遗传学之父，孟德尔的工作表明达尔文的理论可以在自然选择基础上实施。然而，他们两个人却从未见过面，并且达尔文直到死时，也不知道孟德尔的研究成果。达尔文的经典书《物种起源》1859 年发表。在该书中，达尔文阐述基于自然选择原理的进化理论。几乎与此同时，Alfred Russell Wallace 独立地提出了相同的理论。正是达尔文几十余年细心积累的证据使这一理论受到重视。

简言之，达尔文的进化理论认为：地球上生命多样性产生于物种对各种环境变化的适应性，从而导致某些物种的灭绝和另一些物种的出现。来自共同祖先的物种表现出相似性。这个过程受自然选择控制，个体互相竞争过程中那些最适应环境生存的个体将最有可能被保留、繁殖并且将其特性传递到下一代。如果环境改变或种群开拓了一个新环境，被选择的不同特性会发生变异并且最终可能进化为一个新物种。

正因为种内个体不完全相同，个体之间存在差异或显示变异，才能进行自然选择（或人工选择，就此而言）。达尔文和他的支持者相信，双亲特性在后代会被混合，并且后代特性总是介于双亲之间。这给达尔文进化理论提出了一个问题，因为随着每个世代延续，其突变效应会减少，选择就不能进行了。

孟德尔是位于布鲁诺的 Augustinian 修道院的一名修士，他提供了解决问题的办法。1857 年，孟德尔开始豌豆实验，他注意到不同的特性，如植株高度、种子颜色和荚果形状，有时后代特性和其亲本不一样。在他的第一个实验中发现，植株矮和高是真实遗传的，即矮小植株的后代是矮的，高植株的后代是高的；但将矮植株和高植株杂交时，其后代全部呈现高植株。将后代再做杂交时，后代中矮秆特性大约呈现 1/4。

孟德尔从实验中得出的结论是，每个亲本特性从一个世代传到下一个世代是成对传递的，某些特性对其相对的特性呈显性。极为重要的是，他认为，从一个世代到下一个世代其变异不会丢失。后代总是或与一个亲本类似或介于两个亲本间，即从每个亲本中遗传了一个单位。这些单位在每个世代中能再组合，因而其特性能再现。这些能遗传的单位后被命名为基因，虽然孟德尔当时没有使用这个术语。

1866 年孟德尔的研究结果由自然研究协会发表，题目为《植物杂交实验》，但他的论文被视为一个业余爱好者的研究结果，因而被忽视，直到 20 世纪初期才被重新发现。其后被称为著名的“孟德尔定律”，同时孟德尔也被誉为现代植物育种的奠基人。

遗传学分子基础的阐明

20 世纪，遗传学发展的步伐加速（图 1.1.1），遗传学定律的分子基础逐渐被揭示。1902 年，Archibold Garrod 发现了一种人类遗传疾病——尿黑酸症（alkaptonuria），患者由于体内缺乏分解尿黑酸（alkapton）的酶，因此，排出的尿呈深红色。这是首次将一个遗传性状和一个蛋白质的活性进行了链接。Garrod 工作的意义数十年后才被证明。

当时 George Beadle 和 Edward Tatum 试验表明，在真菌粗糙脉孢菌（*Neurospora carssa*）中，某一个遗传突变体会影响一个酶的合成，而这个酶是合成某种必需营养元素所必需的。1941 年 Beadle 和 Tatum 发表了“一个基因一个酶”假说（Beadle and Tatum，1941)，此后他们被授予诺贝尔奖。该假说基本上是正确的，只有一些由多个亚基组成的蛋白质例外，这些亚基也许由不同的基因编码。

生物具有向后代传递生长和发育指令的信息的能力，这是遗传学和进化定律的基础。于是人们不禁要问，什么物质可以携带信息？换言之，什么是遗传物质？1944 年 Oswald Avery、Colin MacLeod 和 Maclyn McCarty 将脱氧核糖核酸（DNA）鉴定为遗传物质。他们的实验证明，将 DNA 分子从一个细菌品系转移到另一个品系时，其特性也随之发生改变（Avery et al.，1944）。

1869 年 DNA 首次被 Friedrich Miescher 发现，但当时对其结构还不明确。84 年后，James Watson 和 Francis Crick 终于取得了突破（Watson and Crick，1953)，他们在分析 Rosalind Franklin 和 Maurice Wilkins 的 X 射线晶体衍射图（crystallographs）的基础上提出了 DNA 模型。平心而论，Watson 和 Crick 取得的成就，是 Franklin 和 Wilkins 工作上的一个智力飞跃。Watson、Crick 和 Wilkins 荣获了诺贝尔奖；遗憾的是，Franklin 没有获奖，因为在授奖之前她已去世，而诺贝尔奖不授予已故的科学家。

DNA 结构竟是如此的优美：它含有两条 DNA 分子链（通常称双链)，每条单链由附有碱基的脱氧核糖（deoxyribose）组成，并由磷酸基团连接。每个单位称为核苷酸，共有 4 种，每个核苷酸具有不同的碱基：腺嘌呤、胞嘧啶、鸟嘌呤或胸腺嘧啶，通常表示为 A、C、G 和 T。两条单链运行方向相反，卷曲成双螺旋结构，成对的碱基间由氢键连接。双链之间的距离意味着碱基对应发生（碱基对)，即一条链上的腺嘌呤与另一条链的胸腺嘧啶总是配对，同样胞嘧啶总与鸟嘌呤配对。这就表明，当分子被复制时，一条链上的碱基序列决定了另一条链的碱基序列（它们彼此相反并且互补)。当双链的 DNA 被解开形成两条单链时，每条链又可作为一个模板，合成其互补链，并且原始的双链分子可产生 2 个复制单链。地球上所有的生命信息用 DNA 核苷酸链序列上的 4 个字母足以概括。

DNA 分子内的信息通过基因表达的过程决定蛋白质的结构。这个过程的第一部分称为转录，与 DNA 相关的核糖核酸分子（RNA）的合成以 DNA 分子为模板。和 DNA 一样，RNA 含有有机碱基的糖-磷酸盐骨架，但 RNA 分子是由单链组成，而不是双链，同时碱基中胸腺嘧啶（T）被尿嘧啶（U）替换。在新合成的 RNA 分子中，其核苷酸序列由 DNA 模板碱基序列所决定。

RNA 分子通过加工并且运输到核糖体的蛋白质复合体，这是合成蛋白质的地方，其过程称为翻译。蛋白质由氨基酸组成，而氨基酸序列由 RNA 分子序列决定。蛋白质的每个氨基酸通过核苷酸三联体表示，被称为密码子。正是氨基酸序列决定其蛋白质结构和功能，以致最后决定一种生物的特异性。

从 DNA 到 RNA 到蛋白质的链接可以用来解释 Garrod 的观察，并且验证 Beadle 和 Tatum 的“一个基因一个酶”假说。此外，通过选择性育种可以引发进化的过程及动植物的变异，这是由于 DNA 序列的变异（突变）导致的个体间和被选择性状的变异。

DNA 分子很大。在动物、植物及真菌的细胞核内，DNA 和蛋白质缠在一起，形成染色体。人体细胞含有 23 对染色体，每个染色体含有 50 个到 2.5 亿个碱基对，所以 23 个独立的染色体（性细胞里的染色体数目构成基因组）含有总数大约 30 亿个碱基对。如果将 DNA 延伸，其长度整整可达几厘米，因此，它必须卷曲包装到细胞内。水稻基因组具 12 个染色体，有 4.66 亿个碱基对；在植物遗传学广泛应用的模式植物拟南芥中，包含 5 个染色体大约 1.26 亿个碱基对；玉米基因组的 26 亿个碱基对，分布在 10 个染色体上；小麦基因组有 7 个染色体，其碱基对估计超过 160 亿。

基因在这些巨大的 DNA 分子上参差不齐，不均匀地分布着。拟南芥基因约为 30 000个，人类为30 000～40 000，水稻为45 000～56 000。一个基因可能长达百万个碱基对，但通常较小，平均长度大约为 3000 个碱基对。事实上，它们只占整个基因组的一小部分；其他部分（通常指“垃圾 DNA”）似乎没有功能。在不同物种中，基因数量上变异很大。即使是种间关系密切的物种，如水稻和小麦，基因组的大小也相差极大。

基因没有什么起点和终点结构标记，当然，由孟德尔报道的遗传单位可以简单定义为 DNA 分子内的功能单位。或许这是基因最易识别的部分，包括基因编码蛋白质的氨基酸序列信息。这个部分被称为编码区，至少它有明确的起点和终点。基因通常被分成外显子及内含子（非编码区部分）。在 DNA 编码区“上游”，有启动子，它具有决定基因何时、何地显示活性的信息。但这些信息也有可能位于下游编码区或内含子内。而编码区“下游”有基因终止子。它含有从基因转录并正确加工 RNA 分子的信息。

一个生物体内任何时间都表达、起作用的基因称为组成型基因或持家基因（housekeeping gene)，而其他基因只在某些器官、组织或细胞类型中，或在一些特定发育阶段具有活性或受刺激而激发活性。在植物中，基因会对许多刺激发生反应，包括光、温度、霜、草、病害、遮阴及营养状态等。

DNA 和基因操作

DNA 一经被确定为遗传物质并且结构被确定后，有关 DNA 自身特性及细胞内酶的效应也开始得以认真研究。1955 年 Arthur Kornberg 分离出 DNA 聚合酶（合成 DNA 的酶，Lehman et al.，1958)；Bernard Weiss 和 Charles Richardson 分离了 DNA 连接酶，(黏合 DNA 两个末端的酶，Weiss and Richardson，1967)；1970 年 Hamilton Smith 和 Wilcox 报道了限制性内切核酸酶（亦称限制酶）的功能，它能识别 DNA 分子特异短序列碱基对并在那个位点上切断分子。由此，Kornberg 和 Smith 两位科学家获得了诺贝尔奖。

现在，借助修复 DNA 分子工具，在特异位点进行切割，并在试管内将切割片段再连接形成新分子，这些操作已经可以实现。1972 年 Paul Berg 利用限制酶切开病毒和细菌的 DNA 序列，然后，将它们重组构建成另一个 DNA 分子（Jackson et al.，1972)，1980 年他荣获诺贝尔奖。在 Berg 实验后一年，Stanley Cohen、Annie Chang、Herbert Boyer 和 Roberts Helling 证明用限制酶切开，重组的细菌质粒能复制 DNA 分子（Cohen et al.，1973)。然后，新质粒可能被再导入细菌细胞，进行复制。如果培养细菌细胞，每个细胞携带重组质粒的拷贝，细菌内含有新插入 DNA 片段的大量质粒 DNA，可能从培养物中被分离。这使得来自任何一个物种的部分 DNA 可以被克隆，并且在细菌中聚集产生足够数量，对其发生影响。这个过程通常称为基因克隆。通常选择的细菌是大肠杆菌（*Escherichia coli*）。这是一种人类肠道细菌，但用于实验室里的品系已失去功能，因而它们对生物不再具致病性。

克隆基因能对基因结构与功能的分子分析提供技术手段。有些人认为这是一个科学的新分支，并称它为分子生物学，其商业开发术语称为生物技术。它的第一个实例出现在药品产业上，1981 年通过一个经过修饰的人类基因，在大肠杆菌内生产了胰岛素，这已获得美国粮食与药物调控局批准。

另外两个进展也值得一提：1977 年，Walter Gilbert 和 Fred Sanger 分别提出了测定 DNA 分子核苷酸序列的方法（Maxam and Gilbert，1977；Sanger et al.，1977）；1983 年，Kary Mullis 发明了聚合酶链反应（PCR），使 DNA 的短片段能在体外被扩增，而不是在细菌内克隆产生（Mullis and Faloona，1987）。这三个人都荣获了诺贝尔奖。测定 DNA 分子核苷酸序列方法已被开发，并在 20 世纪 90 年代初期达到自动化程度，全基因组核苷酸序列项目获得启动。2001 年人类基因组、2000 年第一个植物基因组序列拟南芥和 2002 年第一个作物基因组水稻核苷酸序列框架图，相继得以发表。

现代植物育种

生产杂交种子的方法是在毗邻的小区种植同一作物的不同品系*。今天该技术已被农民和植物育种者广泛应用，并且将可能沿用数千年。杂种优势（即杂种优于其双亲的现象）发生是通过突变体将遗传变异持续的过程。一个群体内保存着相同基因的不同形式称为等位基因。两个具不同特性的亲本通过杂交产生杂种群体，它们具有两个不同等位基因组合（基因型），这些组合具有优势。

20 世纪初，Mendel 有关特性遗传和植物杂种的遗传学研究论文被重新提及，这为植物育种者提供了一个正确的科学依据。通过不同的基因型之间杂交，植物育种者可以了解遗传特性发生什么样的变化，如何产生真实遗传的育种系（品种），使其特性及特征在每个世代每个个体中得以保存。不言而喻，此过程看似简单，但事实上植物基因组内成千上万个基因会形成无数组合，当进行杂交时其变异难以预测。此外，理想的特性也许与不理想的特性通常连锁在一起，这是由于它们位于同一个染色体上，其位置非常接近的缘故。

尽管出现这样那样的困难，植物育种者在改良作物产量上，仍然难以置信地取得了成功。18 世纪末期，牧师 Thomas Malthus 在写《人口原理》时称：食品供应将跟不上人口的增长（Malthus，1798）。那时，世界人口大约是 10 亿，到了 1999 年，世界人口已达到 60 亿，饥荒却只在局部地区才发生，而且往往是由极端气候条件，加上政府无能力和（或）战争所造成的，而非粮食生产不济所致。

在英国小麦栽培上曾有作物产量激增的实例。在过去 800 年间，小麦产量大约已增

* 译者注：如不育系和恢复系。

加了 10 倍，而半数以上却发生在 1900 年以后。其他不同作物也有相似的情况、增产最快的时期则发生在 20 世纪 60 和 70 年代。当时世界由于在谷类作物中整合了矮秆基因，同时实施机械化和普遍应用氮肥、除草剂和杀虫剂，引发了“绿色革命”。矮秆基因对于植物激素、赤霉素的合成产生显著的影响。虽然当时对其影响方式并不清楚。但矮秆基因整合到谷类作物后大量养分都进入种子，而进入非食用部位则减少，同时使植物在潮湿和（或）强风发生情况下，不易受到损伤。Norman Borlaug 是矮秆基因应用的先驱之一，他不仅自己在小麦育种上应用此技术，而且说服亚洲小麦育种同行也那样做。人们普遍认为，由于 Borlaug 的工作使亚洲人避免了主要食物的短缺。有史以来，Borlaug 所拯救的生命比任何个人所拯救的都要多。当 Louis Pasteur 等在一次辩论中提出这一观点时，当即得到了人们的赞同。当然，Borlaug 的成功也是所有植物科学家当引以为荣的成功。

作物产量持续性增加也许表明，这种改良也将会长久地继续下去。但是，通过现有基因型重组进行改良受到遗传变异的限制。产量取决于许多因子，并受许多基因的影响。基因型的可能组合最终将会被用尽。此外，对于植物学家而言，他们也不可能简单地发现种内存在的某些基因型。不论是抗病性、除草剂耐性或在特殊环境条件下具有的生存能力或高产能力等性状，如果在该物种里不存在，那么育种家也不可能简单地创造出来。

20 世纪中期，植物育种家开始采用两种新方法，以增加其育种品系内的遗传变异。其一是“远缘杂交”，即用远缘的物种进行杂交，而通常在自然界里，它们是不会产生后代的；其二是通过电离辐射（中子、γ 射线、X 射线或紫外辐射）或化学药品诱变剂处理以诱导变异。

远缘杂交通常要求进行胚的特别培养（胚挽救）以防止败育；从一颗发育的种子在无菌条件下切下胚，并在培养基上培养，直到发芽。如果两个不同种间杂交，杂种通常表现不育。这是因为每对染色体成员在减数分裂过程中一定会聚在一起，通过这一过程，精核和卵细胞形成。在远缘杂种细胞中，来自每个亲本的一套染色体可能完全不配对或错配；其结果是，所形成的精核和卵细胞或太多、太少，或染色体的错误组合导致活力丧失。但这可以通过染色体加倍克服，如通常对花药、未成熟花序或培养细胞进行化学药剂（如 colchicine）处理。由于杂种细胞内来源于每个亲本的染色体可以加倍成对而成活，因而它们就被称为多倍体（多于一个基因组）。

以这种方式产生作物的最佳实例是小黑麦，即小麦和黑麦间杂种。通常在硬粒小麦（四倍体；2 个基因组）和黑麦（二倍体）间产生杂种小黑麦（六倍体；3 个基因组）；也可能用六倍体小麦和黑麦杂交产生八倍体小黑麦（4 个基因组）。小黑麦首次由 Tschermak 于 1935 年命名，但直到 1969 年，经过相当长时间的育种改良后，第一个小黑麦商业品种才被发放。现在小黑麦在全世界种植面积已超过 240 万 hm^2，每年生产超过 600 万 t 谷粒。小黑麦能把黑麦对酸性土壤，潮湿及极端温度的胁迫和小麦的产量潜力融合在一起，小黑麦主要作为动物饲料。

作物诱变实验始于 20 世纪 20 年代。通常种子经辐射或化学处理，DNA 受到损伤，产生 DNA 序列变化，引起遗传变异。这些变异具有完全随机性，因此，诱变程序通常需要有非常大的群体（至少10 000个体）才能确保有用突变体产生。通过突变育种程序出现的第一个商业品种在50年代发放。这项育种技术在六七十年代被广泛应用，一直沿用至今。这无疑表明技术是成功的。

在油菜质量的改良上诱变育种发挥过重要作用，以这种方式产生的第一个油菜品种ReginaII于1953年发放。油菜是在第二次世界大战期间被引进英国旨在提供工业用油，至今仍有一些品种以这个目的而种植。这种油不适合人们食用，因为它含有较高含量的芥酸和硫苷。这两种化合物毒性很大并且硫苷有苦涩味。育种家应用诱变和杂交逐渐减少它们的含量，直到20世纪80年代油菜才可供人们食用和动物饲养。在北美洲将可食用的油菜品种命名为canola，这个名字现在已用于世界上所有品种。此外，诱变育种在面团小麦、水稻、白豆和大麦的改良上，同样发挥着重要作用。

遗传修饰

1977年，第一个重组质粒DNA分子产生四年之后，Nester、Gordon和Chilton证明，在农杆菌（*Agrobacterium tumefaciens*）感染期间，细菌的DNA能插入宿主植物细胞的DNA中（Chilton et al.，1977）。这种细菌能诱导植物感染癌肿病，在土层之上形成肿胀物（癌肿）。插入植物基因组DNA的片段称转移DNA（T-DNA），携带T-DNA的质粒称肿瘤诱导质粒或Ti质粒。除诱导寄主细胞激增形成瘿瘤外，农杆菌还能诱发糖和氨基酸衍生物的异常分泌物（opinen），农杆菌以此为生。不同的细菌品系感染植物后，会产生数种不同类型的opinen，包括nopaline和octopine。

瘿瘤的细胞不能分化，换言之，它们不能发育成正常植物的特定分化细胞。如果把它们从植物体上取下来，在避免真菌和细菌感染的同时，供给它们光和营养元素，它们就可以无限期地得以培养。这种未分化的细胞团称为愈伤组织。愈伤组织可以在实验室里，通过农杆菌（*A. tumefaciens*）感染外植体（叶、茎或块根的部分组织）而产生。愈伤组织中所有的细胞都含有来自细菌的T-DNA。

这个发现令人振奋，因为借助这一手段使植物细胞遗传组成可能被转换，其过程通常称为转化（transformation）。1983年，Schell和Van Montagu，Schilperoort、Chilton和Bevan及Fraley、Rogers和Horsch研究小组均表明，细菌抗药性基因能插入T-DNA并且通过Ti质粒将其转移到植物细胞（Bevan et al.，1983；Fraley et al.，1983；Herrera-Estrella et al.，1983；Hoekema et al.，1983）。Michael Bevan在剑桥开发了所谓的载体（质粒），该质粒能在大肠杆菌及农杆菌这两种细菌（双元载体）中复制，这样人们就可以在大肠杆菌内进行操作和收集质粒，而后再把质粒放到农杆菌中进行植物转化（Bevan，1984）。双元载体上的T-DNA含有左右边界，转化的基因不存在于“野生型”的T-DNA中。因为这些质粒缺少必需的毒性（*VIR*）基因，而不能单独将T-DNA转移到植物细胞。它们只有同农杆菌中的*VIR*基因或其他质粒一起存在时，才可以把T-DNA左右边界中间的DNA，进行植物转化。

愈伤组织必须被保存在无菌情况下，以防止细菌或真菌感染。通过植物激素处理，愈伤组织可以诱导形成苗，当苗与茎形成后除去激素，然后，诱导生根并且形成完整小植株，而后像其他植物一样，移植到土壤中。转基因植物的所有细胞DNA中已整合了T-DNA。T-DNA的全部基因将和植物其他基因一样可以在后代遗传。1983年，Tim

Hall应用这个方法产生携带扁豆种子蛋白质基因的向日葵植物（Murai et al.，1983），该基因不仅存在于植物每个细胞内，而且能被稳定地遗传和具有活性。这一成果开创了植物转化时代。

对植物进行这样的遗传操作被称为转化，也称为转基因、遗传工程。对于这个术语，科学家偏爱使用转基因，但非专业人士却广泛认可GM*。虽然，所有植物育种工作包含了基因的变异（或修饰），这些变异可以通过对自然突变体的选择，不同品种甚至相关种的杂交，也可以通过化学药品或辐射诱变人为诱导或随机变异发生。然而，这里所述的术语“遗传修饰（GM）”则是专门指通过人为插入单基因或基因组合转化的植物。现在农杆菌介导遗传的方法已为科学家们所接受。其他方法，包括最新的进展，将在本书第2章2.1节中报道。

遗传修饰是一个极有价值的植物遗传学研究工具。它能用于分析基因启动子活性、基因启动子内调节因子功能特性、基因代谢途径的功能，了解植物对光、病害、草、干旱、营养及其他刺激反应机理、对蛋白质结构、功能和调控的分析。但是，本书仅涉及在作物育种上的应用。

在实验室外和进入大田；商业性GM作物

与其他植物育种技术相比，遗传修饰有一些优点：①能将任何来源的基因导入作物，至少从技术而言，可以获得的基因资源极为丰富；②操作相对精确，只转移一个或少数基因；③在育种程序进入应用阶段前，其基因及其产品安全性在实验室内可以进行广泛地测试；④基因在插入植物之前，可能通过实验室操作改变其何时和何地显示活性，或改变其产生蛋白质的特性。这为植物育种者增添了一个不可替换并切实可行的新工具。

延迟成熟或延长保质期

第一个商业性发放的GM植物品种是能延缓成熟过程的番茄品种，它具有较长的保质期（shelf life）。1994年它们首次在美国被批准可供食品应用。在水果生产中有一个显著问题，是消费者想要买成熟果实，但是快速地成熟，通常会伴随着品质退化和腐烂。果实成熟是一个复杂过程，其间细胞壁变得柔和，变甜并且能生成有颜色、味道和芳香的化合物。该过程通常受植物激素乙烯所诱导。通过干扰乙烯的合成或对乙烯反应的过程进行遗传修饰，可以减慢果实成熟过程，延长成熟果实保质期。

这些品种的培养与遗传修饰技术的发明有密切联系，科学家应用遗传修饰降低（或沉默）特定植物基因的活性。首先得到应用的是反义链法（Grierson，1996）。反义基因沉默首先涉及基因的构建，即基因的一部分DNA片段以相反方向连接在启动子下游。启动子也许可从相同基因获得，但它通常是较强有力的。当GM植物携带这个基因时，它由转化基因合成反向的并且是互补序列的RNA。这个反义RNA干涉了体内基因RNA的积累，阻止它作为一个蛋白质合成模板。在植物中沉默目标基因的第二个

* 译者注：在中国，人们习惯称为转基因或遗传工程。

技术起始于一个似乎是反常的观察：一个或多个基因的全部或部分附加拷贝，即使是正向的，也具有如反义基因一样的效应。这种基因沉默的方法称为共抑制。

基因沉默其实是植物对病毒感染的自然防御。该机制包括产生许多小的、反义RNA，25个核苷酸长。由这些反义RNA干扰体内正常的RNA加工、运输和翻译。这种使基因沉默的第三个方法，称为RNA干扰（RNAi），其关键是在植物体内合成目标基因的双链RNA分子。具体的做法是在启动子下游先组装一段顺序为从头到尾的基因片段，再接一段从尾到头的相同片段（反向相同的DNA序列）。这样的基因导入植物体后，会产生RNA分子并形成发夹结构（双链），这些双链的RNA分子能被天然存在于植物细胞内的酶切成为小分子，每个分子长23个核苷酸。

反义链和共抑制已被用于降低编码多聚半乳糖醛酸酶（polygalacturonase，PG）的基因活性，该酶使成熟期间的细胞壁软化而产生了第一个GM番茄品种。两个竞争小组大约在相同时间培育了这些品种。美国Calgene是基于反义技术；而Zeneca与Grierson小组合作则应用共抑制技术。Calgene生产的是鲜果品种，商品名为“Flavr Savr”。1996年它首次大规模种植，但商业上并不成功，在一年内撤出市场。

Zeneca选择此特性并将其导入番茄用的加工业产品，并取得圆满成功。这些番茄比常规品种有较高的固体含量，在酱的生产中可以减少浪费和降低加工成本并且保持酱的厚度一致。此产品在许多国家市场上出售，并且在英国非常流行。其1996年引入直到1999年撤出，原因是英国大众对GM的反对。

一些延迟成熟的GM番茄品种仍然在美国市场上销售。它们降低了aminocyclopropane-1-羟基酸（ACC）合成酶的活性，此酶是合成乙烯所必需的。人们用绿针假单胞菌（*Pseudomonas chlororaphis*）基因编码的ACC脱氨基酶能分解体内的ACC。另一种相似的遗传修饰策略是，应用基因SAM编码水解酶分解乙烯前体S-腺苷甲硫氨酸（SAM），使果实延迟成熟并且改良其收获后的保质期，虽已用于番木瓜、芒果、菠萝等果树作物试验，但还没有商业品种出售。

除草剂耐性

番茄是一种重要的果实作物，但其生产与重要农作物比较则相形见绌。大豆和玉米这两种作物GM品种的开发和成功才真正表明遗传修饰已成为植物育种的重要工具。这些品种于1996年首次在美国大规模种植，包括除草剂耐性大豆及抗虫性玉米。这些特性现在已被导入其他作物并被结合到一些品种中。

耐除草剂GM作物的产生，简化了除草剂的使用并降低了除草剂的费用。当然，除草剂在遗传修饰发明之前就已经使用。第一个现代除草剂——2,4-二氯苯氧乙酸（2,4-D），于1941年合成并在1946年发放，它们现在是发达国家农民防治杂草的重要手段。但是，除了考虑其设备、人工成本及化学药品本身的费用以外，除草剂也给农民带来了许多的问题，多数除草剂对植物有选择性的杀伤，因此，农民必须使用那些耐除草剂作物以及有特异性的除草剂及其组合，以便能杀死杂草但不会伤害作物；又比如在生长季节的不同时间应用，有一些除草剂在作物种植之前就应施入地面，以免对人构成健康风险；此外，土壤存留还会使轮作产生困难。

迄今导入植物最成功的除草剂耐性是广谱的草甘膦（glyphosate）抗性。孟山都公司销售的转基因大豆品种 RoundUp Ready 携带草甘膦的抗性（Padgette et al.，1995）。草甘膦的应用相对安全，它会被微生物分解，使其不会长期存留在土壤，并且它能通过植物叶片被吸收，因此在杂草长出之后即能生效，并且相对廉价。草甘膦干扰的目标是5-烯醇丙酮酰莽草酸-3-磷酸合酶（EPSPS）。该酶催化磷酸烯醇丙酮酸（PEP）及莽草酸-3-磷酸盐（S3P）产生 EPSP。这个反应是莽草酸途径倒数第二个步骤（图 1.1.2），诱导形成分支酸（chorismic acid）的合成也需要分支酸参与，与此相反，分支酸对许多芳香植物代谢产物［包括苯丙氨酸（phenylalanine）、酪氨酸（tyrosme）和色氨酸（tryptophan）］也需要。动物体内不存在莽草酸途径，因此，在它们的饮食中必须获取苯丙氨酸（phenylalanine）、酪氨酸（tyrosine）和色氨酸（tryptophan）等重要氨基

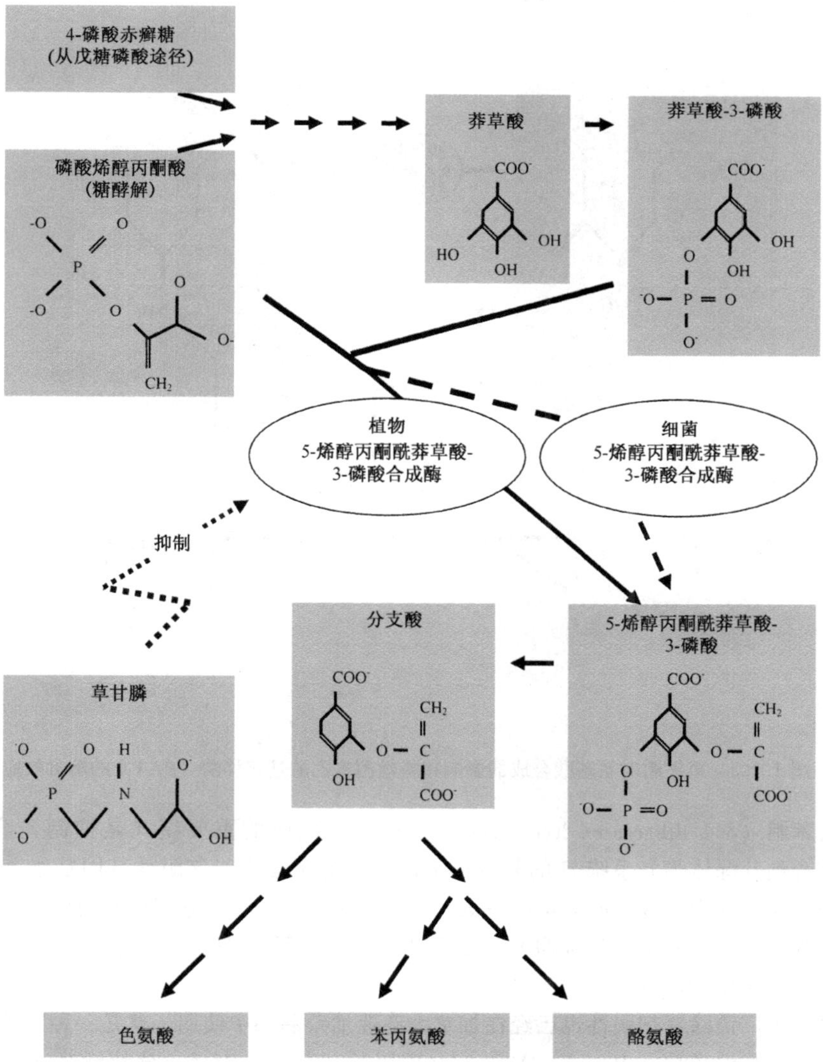

图 1.1.2 草甘膦影响的莽草酸途径

酸，这是草甘膦对动物毒性低的原因。该除草剂的耐性基因来自土壤细菌农杆菌，该基因产生的EPSPS不受草甘膦的影响。它已被导入大豆、玉米、棉花及油菜商业品种。同时许多其他含有草甘膦耐性的作物，如小麦、甜菜和洋葱，也已经得以开发，但还未上市。

还有另外两种广谱耐除草剂的GM正在应用中，包括除草剂草铵膦（glufosinate）及溴苯腈，它们由贝尔公司销售。草铵膦（图1.1.3）的学名为膦丝菌素，是谷氨酰胺合成酶（GS）的竞争抑制剂，GS是将氮同化成谷氨酰胺所必需的。植物对草铵膦抗性的基因来自吸水链霉菌（*Streptomyces hygroscopicus*），编码膦丝菌素乙酰基转移酶（PAT），该酶把膦丝菌素转换成乙酰膦丝菌素从而解毒除草剂（图1.1.3）（Thompson et al.，1987）。该基因已经转化到油菜、玉米、大豆和棉花品种中，也已被导入饲料甜菜和 。

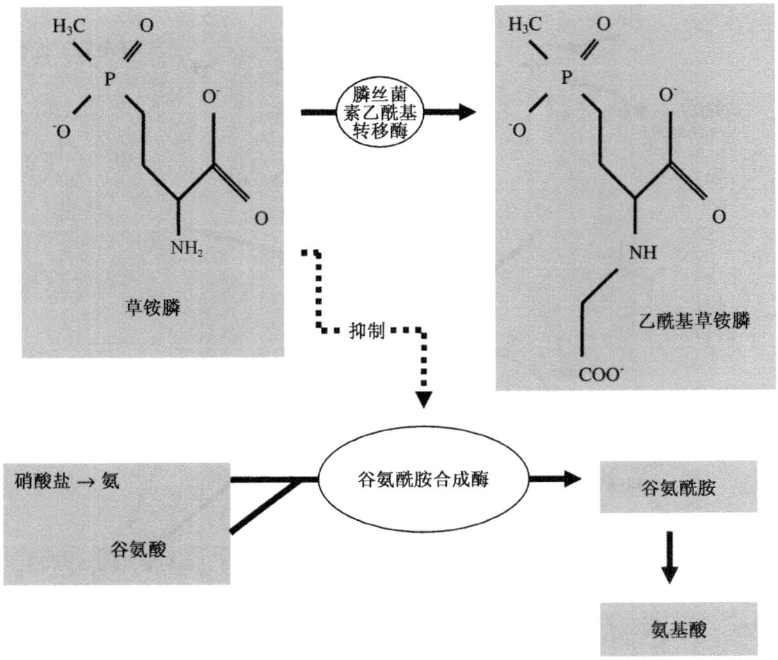

图1.1.3 草铵膦对氨基酸合成的影响和膦丝菌素乙酰基转移酶（PAT）的解毒效应

溴苯腈（3,5-dibromo-4-hydroxybenzonitrile）效应的重要模式是抑制光合作用，它能结合到叶绿体膜光系统II的复合体上，阻截电子运输；该耐性基因从细菌肺炎克雷伯菌（*Klebsiella pneumoniae ozanae*）中被分离出来，这是编码腈水解酶的基因，它能将溴苯腈转换成非毒性化合物3,5-二溴-4-羟基苯甲酸（图1.1.4）。这是目前加拿大商业油菜上应用的基因。

第4个广谱除草剂耐性也已经在加拿大商业油菜品种中使用，这是一种咪唑啉酮类除草剂，其耐性品种由Pioneer Hi-Bred（现属杜邦公司）育成。该特性是通过诱变而不是经遗传工程产生的。

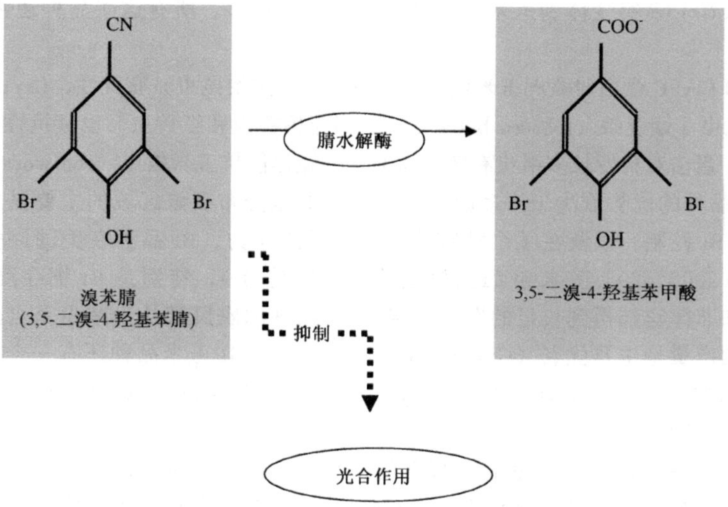

图 1.1.4 腈水解酶对溴苯腈的解毒效应

除草剂耐性已经由遗传修饰导入到许多作物中，这是迄今为止最成功的 GM 商品化的例子。在美国，2003 年有 81%的大豆、59%旱地棉花和 15%玉米属于除草剂耐性 GM 品种（Benbrook 2003）。耐除草剂大豆在阿根廷更受欢迎，占现在市场的 95%，除草剂耐性油菜在加拿大也占市场的 66%。这一成功可以归结为简便和安全地控制杂草，费用低以及在轮作上比较灵活等原因。

抗虫性

在有机蔬菜沙拉（organic and salad）生产中，几十年来一直使用着苏云金杆菌（一种土壤细菌）杀虫剂。该细菌产生的蛋白质称 Cry（crystal）蛋白（现在通常指 Bt 蛋白）；不同细菌品系产生不同的蛋白质。按其相似性可分成不同族群，据统计有 Cry1～Cry40，这些家族还可以进一步分成 Cry1A、Cry1B、Cry1C 等亚家族。

Cry 蛋白质是 δ-内毒素，它能与昆虫食道细胞膜蛋白质受体发生相互作用，使细胞膜出现阳离子的渗漏，引起细胞肿胀和破裂。这种互作具有明显的特异性，并且不同类型的 Cry 蛋白质会对不同类型的昆虫产生毒性。例如，Cry1 蛋白质对蝴蝶和飞蛾幼虫有效，而 Cry3 蛋白质则对甲虫有效。所有 Cry 蛋白质对哺乳动物、鸟和鱼的毒性均非常低。

苏云金芽孢杆菌（*Bacillus thuringiensis*）杀虫剂（Bt 杀虫剂）的使用已有相当长时间，并且有良好的安全纪录，该细菌的杀虫特性由单一基因编码的单一蛋白质提供，因而 Bt 系统很适用于作物生物技术。率先育成的玉米品种，包含由 Ciba-Geigy 公司[现在是先正达（Syngenta）公司的一部分]产生的 *Cry1A* 基因，1996 年开始广泛种植。携带 *Cry1* 基因的玉米和棉花品种则来自孟山都公司。贝尔公司、Mycogen 公司和迪卡公司（迪卡公司已被孟山都公司收购）现在也销售。安万特公司（现属贝尔公司）培育了携带 *Cry9C* 突变体的 StarLink 玉米品种。孟山都公司将 *Cry3A* 突变体导入到马铃薯（营销品种 NewLeafplus）。NewLeaf 携带抗虫性，后者还携带一个抗病毒基因。孟山都还导入*Cry3B*突变体到玉米，但这个品种还未见市。所有这些品种通常是指 Bt 品种。

Cry1A 和 Cry9C 蛋白对欧洲玉米螟（玉米种植区的主要昆虫）有抗性，Cry1A 对棉花的三个重要昆虫［烟夜蛾（tobacco budworm）、棉花棉铃虫和红铃虫］也有抗性。导入马铃薯的 Cry3A 蛋白对科罗拉多甲虫有效，而 Cry3B 蛋白能抗玉米根虫（rootworm）。

应用 Bt 品种的优势取决于许多因子，最明显的是分布在该区域的主要昆虫的特性（不是全部由 Bt 控制）以及在某个特定季节里的昆虫压力。Bt 品种在美国许多地域都是很成功的（2003，29%玉米和 41%旱地棉花作物是 Bt），特别是 Bt 棉在澳大利亚、中国、印度和菲律宾都得到长足的发展。应用 Bt 品种的农民都认为减少杀虫药的施用和（或）增加产量是主要优点（Gianessi et al.，2002）。Bt 玉米品种还有一个超乎寻常的优势，Bt 谷粒含有较低的真菌毒素（mycotoxins），如黄曲霉毒素和福米考星（fumicosin）（Dowd 2000）。

然而，也不是所有的 Bt 品种都是成功的。NewLeaf 和 NewLeaf plus 马铃薯在美国被撤出市场，那是因为在高度赚钱的快餐产业反对应用 Bt 品种。于是农民只能改用广谱杀虫药来对付科罗拉多甲虫。StarLink 玉米的失败是颇为昂贵的；它未被批准作为人类食用品，是由于人们对 Cry9C 蛋白的过敏性存有疑义。但是，后来考虑到玉米是一个异交繁殖作物，1998 年美国环境保护局（SRC）批准它作为动物饲料从而开展商业栽培。不可避免地，StarLink 及其他玉米品种间会发生串粉以致影响到人类食用的品种中去。因此，StarLink 就不得不撤出市场了。

通过遗传修饰导入植物抗虫性的其他方法也已经被开发和测试，但目前还没有商业化品种。编码消化酶抑制剂的基因中包括胰蛋白酶、其他蛋白酶和 α-淀粉酶。它们来源于不同的植物，并且是天然的，但有一些是对人体有毒性或是潜在的过敏原。因此，它们不适合在作物生物技术上应用。

植物凝集素是另一种与消化酶抑制剂相似的杀虫蛋白。这些蛋白质在许多豆类作物中天然存在，其中多数对动物有毒性，会诱发红血球聚集，妨碍生长、引起腹泻、干扰营养吸收，在消化道产生病理性损伤和出血等症状。但是，也并不是所有凝集素都对动物具有毒性。因此，某些保留杀虫特性而对动物没有毒性的凝集素，或许在生物技术上具有潜在的应用价值。

具有抗虫性的另一类蛋白质是几丁质酶，它能降解甲壳质（chitin）。甲壳质是存在于真菌细胞壁内的多聚糖，因此推测几丁质酶能防御真菌攻击。但是，甲壳质也存在于昆虫外骨骼中，虽然自然发生的几丁质酶不足以杀死大量昆虫，但通过遗传工程也许有可能增加其损伤昆虫中肠膜的程度。

随着植物抗虫基因工程策略的引入，抗性昆虫的出现引人关注。如果出现抗性昆虫，那么不仅会使 Bt 作物的优点荡然无存，并且也会使喷施 Bt 杀虫剂变得无效。确实人们担忧 Bt 抗性的昆虫出现会早于 GM 作物的选育，美国从 1996 年迅速发展 Bt 棉花和玉米后，采取了必要的措施。美国环境保护局设计了一个解决方案，即农民应用 Bt 作物的同时，必须种植一定比例的非 GM 作物。这为昆虫提供了一个“避难所”，使获得了抗性的昆虫对没有抗性的昆虫不具选择性的优势（事实上具选择性劣势）。非 GM

作物种植的比例应随特殊区域内种植的其他抗虫性 GM 作物的比例而变化；同时为防止基因漂流到野生种，Bt 品种不能种植在野生亲族发生的地方（在美国主要是棉花，而不是玉米）。迄今“避难所策略”在美国似乎是非常成功的，至于种植或可能种植 Bt 作物的每个国家能否强制实施这样的政策仍有疑义。

对于应用抗虫性作物，人们还担心抗虫性作物是否会对其他非靶生物产生威胁。对此明显的反应是，减少杀虫剂的使用总是有利的。在美国，棉花农场收集了很多观察性证据（anecdotal evidence），但是，要对它们进行科学的验证或反驳则是很困难的，这需要支付昂贵的费用。迄今有关 GM 作物生物多样性的效应的最大田间试验，评估是在英国的大农场实施。试验针对的是除草剂耐性，而不是抗虫性作物。实验室的结果总不是那么令人满意，有时甚至令人迷惑。有一个实例，1999 年《自然》杂志发表了美国康奈尔大学 John Losey 和他的小组的研究结果（Losey et al.，1999）。他们发现被迫摄食大量 Bt 玉米花粉的帝王蝶（monarch butterfly）幼虫，比未喂养花粉的幼虫呈现较高的死亡率。在野外，给帝王蝶幼虫喂饲的是乳草，而不是玉米花粉；而在实验中他们将花粉敷在乳草叶上，使幼虫不得不取食。但是随后的田间研究表明，在野外幼虫从来不会以这样高水平的玉米花粉进行饲食。

类似这样的实验也表明，如果在田间只给食肉昆虫诸如草蛉和瓢虫喂食 GM 抗虫植物上的虫子，那么它们的生存率也会降低。然而这些实验结果都不能重复。

病毒抗性

病毒抗性可通过两个方法获得：第一种方法利用交叉保护机理，即如果先用温和型病毒感染植物，继后再用高毒性的病毒感染时，植物就具有抗性了。所以用编码病毒外壳蛋白质基因转化植株，使之具有抗性就可能是根据这一保护机理。

该技术商品化的实例是产于夏威夷 Puna 的番木瓜（Ferreira et al.，2002；Gonsalves，1998）。在 20 世纪 90 年代由于番木瓜环斑病毒（PRSV）流行，番木瓜产业几乎被毁尽。后来含 PRSV 外壳蛋白基因的抗病毒 GM 品种在这里得到推广。

第二种方法是使用反义或共抑制技术抑制病毒基因的活性以提供植物病毒抗性。例如，上面讨论过的 NewLeaf plus 马铃薯品种，它携带马铃薯卷叶病毒（PLRV）复制酶（replicase）基因以及 Bt 抗虫性状。这个技术正应用于其他植物。在试验条件下，已有一个实例能防治马铃薯肿胀坏死的环斑病害（Racman et al.，2001）。在一些病毒病损失严重的发展中国家，这种技术具有很大的潜力。

修饰含油量

植物油的主要组分是脂肪酸，不同的植物油由其不同的脂肪酸含量决定。在植物中数百种不同的脂肪酸已被鉴定，它们具有不同的食品和非食品用途。例如，月桂酸应用于化妆用品和洗涤剂。棕榈酸、硬脂酸和油酸供作食品，而 γ-亚麻酸则属于健康产品。芥酸虽有毒性，但它可用于制造塑料和润滑油。

经含油量修饰的 GM 作物品种已在美国市场问世。Calgene 公司（现属孟山都公司）开发的遗传修饰油菜品种能产生高含量月桂酸。1995 年这个品种投入市场。它含有编码脂肪酸链提前终止的酶基因，该基因来源于加利福尼亚州的一种海湾植物。经油含量改造后，其月桂酸（含12个碳链）积累量约占总油量的40%，而在对照组非遗传修饰的油菜中含量仅为0.1%。常规生产洗涤剂月桂酸的方法是利用椰子或棕榈油生产的。

通过遗传修饰增加含油量的另一个重要作物是大豆。由PBI（属杜邦子公司）产生的GM品种能将油酸［含单烯键不饱和脂肪酸（monounsaturate）的十八碳脂肪酸］，积累到约占总油量的80%，而非GM品种大约只占20%。在常规大豆品种中，油酸积累较少是因为油酸会被转换成亚油酸，十八碳脂肪酸含有两个双键（烯键）聚合不饱和脂肪酸（polyunsaturate），参与的酶称为Δ^{12}-脱饱和酶。一些亚油酸进一步脱饱和成为亚麻酸，多数不饱和酸含3个烯键。在GM品种中，降低这种酶活性的基因可使油酸含量急增，而亚油酸和亚麻酸的含量降低。

与聚合不饱和脂肪酸（polyunsaturated fat）相比，油酸在油煎和烹调期间是非常稳定的，氧化作用也较弱，因而不容易产生变味的化合物。防止聚合不饱和脂肪酸氧化的常规方法是加氢反应（hydrogenation*），这样可能产生反式脂肪酸。在植物油里，反式脂肪酸含有对顺式脂肪酸不同方向的双键。它们的作用如同饱和脂肪酸，而后者会增加血液胆固醇，引起动脉阻塞。通过高油酸GM大豆产生的油，由于其加氢性能较弱，因而不易生成反式脂肪酸。

这些GM油菜和大豆品种的需求量较少，但是农民能从他们的溢价价格（premium price**）中获取利润。

GM作物的现状

表1.1.1显示了4个重要作物（大豆、玉米、棉花和油菜）GM品种的全球种植面积和商业化程度。2003年，农业生物技术国际服务组织（ISAAA，www.isaaa.org）报道GM作物在以下18个国家商业种植情况：阿根廷、澳大利亚、巴西、保加利亚、加拿大、中国、哥伦比亚、德国、洪都拉斯、印度、印度尼西亚、墨西哥、菲律宾、罗马尼亚、南非、西班牙、乌拉圭和美国。其中，阿根廷、巴西、加拿大、中国和美国的种植面积最大（James，2003）。

表1.1.1　全球4个重要作物商业化GM品种种植情况（2003年）

作物	全球作物种植面积/百万 hm^2		全球GM作物种植比例/%
	所有品种	GM品种	
大豆	76	41.40	54
玉米	140	15.50	11
棉花	34	7.20	21
油菜	22	3.60	16
总数	275	67.70	25

注：来源于英国食品标准局。

* 译者注：氢与其他化合物相互作用的反应过程。

** 译者注：是指与其他相似品牌相比的价格差。

当今全球GM作物发展很不平衡，在有些国家GM作物迅速发展，而有些国家则大众反对声浪很高，停滞不前。在欧洲，只有西班牙在种植Bt玉米。鉴于民众对于GM作物普遍抱有敌对的态度，欧盟已对GM作物及其食品的开发和行销立法，并实施严密控制，希望给消费者提供食物安全的保证。详细内容将在本书第3章3.3节讨论。简言之，任何用于欧盟内的GM作物或从中生产的食品必须经过欧盟批准，这是很难的。同时规定，任何粮食中只要GM作物的比例超过0.9%，就必须贴上标签，而用其他方式生产的新型食品则不需要这样做。遗憾的是，这些立法无疑地妨碍了种子公司对欧洲市场的开发，而且也根本没有获得消费者的信任。

我们真的不清楚为什么欧洲的民众比其他国家对GM作物更加恐惧。最近一次民意测验表明，在中国、泰国和菲律宾，66%的消费者相信在今后5年内，他们自身会从食品生物技术受益，美国民意测验则发现71%消费者会选择更少施用杀虫剂的生物技术产品，但英国和欧洲的民意测验显示民众继续持消极态度。

部分答案在于欧洲的消费者不那么信任他们的政府或科学家。牛海绵状白质脑病（疯牛病BSE）在英国的流行导致了英国历史上最大的一场食物恐慌。可是刚过了不久，在欧洲开放了GM产品。无论对与错，消费者都感到，在牛肉安全性上，他们已经被科学家和政府部门误导过。当然食物恐慌不仅仅在英国或欧洲发生。

消费者反对GM作物的另一个原因是，反对GM的团体在辩论中占有优势。消费者得到不准确的、似是而非的信息。即使他们不相信那些“恐怖”的故事，可是他们也不愿冒险去尝试GM食品。

1996年圣诞节之前，大豆和玉米的GM作物产品首次从美国向欧洲出口，其GM产品大约占2%。但是，美国生产商拒绝将GM和非GM产品加以分离，于是这个问题便成为媒体报道的热点。后来这个事件得以平息，然而全球的绿色和平朋友，以及其他竞选组织却将GM问题当成了他们的主要议题。1997年2月绿色和平简报的题目是“正如我们知道的世界末日”。科学文献中也正好有两个不利GM的报道：Arpad Pusztai给老鼠喂食含有凝集素的GM马铃薯（Ewen and Pusztai，1999）和John Losey用GM玉米花粉喂养帝王蝶幼虫（Losey et al.，1999）。Pusztai的论文被英国皇家学会社揭露批评，而帝王蝶幼虫在现实中也从不会被像Losey那样用大量玉米花粉喂养。凑巧的是，就在1996年美国大面积种植抗虫性GM玉米和棉花的时候，帝王蝶的繁殖习性受到破坏；尽管现在我们知道那是因为帝王蝶在墨西哥越冬时受到了威胁。可是时至今日，在英国还有多次、有不同的人信誓旦旦地声称帝王蝶的灭绝是GM作物导致的结果。

有关GM作物的辩论已经演变成一场反对资本主义、反对全球化公司的运动，脱离了科学家的辩论范围，而变成了一个政治问题。唯一能防止该技术在欧洲丢失的举措，只能是让GM作物在世界其他地区广泛种植。

结论

本节按植物育种悠久的历史前后顺序对作物的遗传修饰进行了描述。在遗传工程发明之前，植物育种已有悠久的科学基础。现在遗传修饰在全球许多国家已成为植物育种界的一个技术体系。虽然它们不是万能灵药，但植物育种者能用这种方式来改良作物，而通过其他方法是不能实现的。现在GM作物大约占全球农业的6%，并正在发达和发展中国家得以应用。种植GM作物的农民们体会到了很多的优越性：方便灵活、轮作简单、农业化学品的消费降低，产量或价值提高以致收益增加，同时农业部门也能获得很多好处。

在欧洲，延迟植物生物技术开发已经明显损害到欧洲植物生物技术产业，并使欧洲农业处于一个不利竞争的条件下。欧洲需要政治人物和食品产业来领导这个行业，但是还没有迹象表明他们会有什么作为；而且还有一些多国团体继续在反对GM作物和GM食品。但是尽管如此，农业生物技术还会继续发展的，至少在欧洲以外的国家和地区是这样，在这些国家和地区，农民们会应用GM作物，并使GM作物得以普及，取得成功。

参考文献

Avery, T., Macleod, C.M. and McCarty, M. (1944) Studies on the chemical nature of the substance inducing transformation of pneumococcal types. *Journal of Experimental Medicine* **79**, 137–1583.

Beadle, G. and Tatum, E. (1941) Genetic control of biochemical reactions in *Neurospora. Proceedings of the National Academy of Sciences USA* **27**, 499–506.

Benbrook, C.M. (2003) Impacts of Genetically Engineered Crops on Pesticide Use in the United States: The First Eight Years. BioTech InfoNet Technical Paper Number 6 (www.biotech-info.net/Technical_paper_6.pdf).

Bevan, M. (1984) Binary *Agrobacterium* vectors for plant transformations. *Nucleic Acids Research* **12**, 8711–8721.

Bevan, M.W., Flavell, R.B. and Chilton, M.D. (1983) A chimaeric antibiotic-resistance gene as a selectable marker for plant-cell transformation. *Nature* **304**, 184–187.

Chilton, M.D., Drummond, M.H., Merio, D.J., Sciaky, D., Montoya, A.L., Gordon, M.P. and Nester, E.W. (1977) Stable incorporation of plasmid DNA into higher plant cells: the molecular basis of crown gall tumorigenesis. *Cell* **11**, 263–271.

Cohen, S.N., Chang, A.C., Boyer, H.W. and Helling, R.B. (1973) Construction of biologically functional bacterial plasmids *in vitro. Proceedings of the National Academy of Sciences USA* **70**, 3240–3244.

Dowd, P.F. (2000) Indirect reduction of ear molds and associated mycotoxins in *Bacillus thuringiensis* corn under controlled and open field conditions: utility and limitations. *Journal of Economic Entomology* **93**, 1669–1679.

Ewen, S. and Pusztai, A. (1999) Effect of diets containing genetically modified potatoes expressing *Galanthus nivalis* lectin on rat small intestine. *The Lancet* **354**, 1353–1354.

Ferreira, S.A., Pitz, K.Y., Manshardt, R., Zee, F., Fitch, M. and Gonsalves D. (2002) Virus coat protein transgenic papaya provides practical control of papaya ringspot virus in Hawaii. *Plant Disease* **86**, 101–105.

Fraley, R.T., Rogers, S.G., Horsch, R.B., Sanders, P.R., Flick, J.S., Adams, S.P., Bittner, M.L., Brand, L.A., Fink, C.L., Fry, J.S., Galluppi, G.R., Goldberg, S.B., Hoffmann, N.L. and Woo, S.C. (1983) Expression of bacterial genes in plant cells. *Proceedings of the National Academy of Sciences USA* **80**, 4803–4807.

Gianessi, L.P., Silvers, C.S., Sankula, S. and Carpenter, J.E. (2002) *Plant Biotechnology: Current and Potential Impact for Improving Pest Management in US Agriculture: An Analysis of 40 Case Studies*. Washington: National Center for Food and Agricultural Policy.

Gonsalves, D. (1998) Control of papaya ringspot virus in papaya: a case study. *Annual Reviews of Phytopathology* **36**, 415–437.

Grierson, D. (1996) Silent genes and everlasting fruit and vegetables. *Nature Biotechnology* **14**, 828–829.

Herrera-Estrella, L., Depicker, A., Van Montagu, M. and Schell, J. (1983) Expression of chimaeric genes transferred into plant cells using a Ti-plasmid-derived vector. *Nature* **303**, 209–213.

Hoekema A., Hirsch P.R., Hooykaas P.J.J. and Schilperoort R.A. (1983) A binary plant vector strategy based on separation of Vir-region and T-region of the *Agrobacterium tumefaciens* Ti-plasmid. *Nature* **303**, 179–180.

Jackson, D.A., Symons, R.H. and Berg, P. (1972) Biochemical method for inserting new genetic information into DNA of Simian Virus 40: circular SV40 DNA molecules containing lambda phage genes and the galactose operon of *Escherichia coli. Proceedings of the National Academy of Sciences USA* **69**, 2904–2909.

James, C. (2003) *Preview: Global Status of Commercialized Transgenic Crops: 2003.* ISAAA Briefs No. 30. ISAAA: Ithaca, NY.

Lehman, I.R., Bessman, M.J., Simms, E.S. and Kornberg, A. (1958) Enzymatic synthesis of deoxyribonucleic acid. I. Preparation of substrates and partial purification of an enzyme from *Escherichia coli. Journal of Biological Chemistry* **233**, 163–170.

Losey, J.E., Raynor, L.S. and Carter, M.E. (1999) Transgenic pollen harms monarch larvae. *Nature* **399**, 214.

Malthus, T.R. (1798) An Essay on the Principle of Population as it Affects the Future Improvement of Society, with Remarks on the Speculations of Mr Godwin, M. Condorcet, and Other Writers. London: J. Johnson.

Maxam, A.M. and Gilbert, W. (1977) New method for sequencing DNA. *Proceedings of the National Academy of Sciences USA* **74**, 560–564.

Mullis, K.B. and Faloona, F.A. (1987) Specific synthesis of DNA *in vitro via* a polymerase-catalyzed chain-reaction. *Methods in Enzymology* **155**, 335–350.

Murai, N., Sutton, D.W., Murray, M.G., Slightom, J.L., Merlo, D.J., Reichert, N.A., Sengupta-Gopalan, C., Stock, C.A., Barker, R.F., Kemp, J.D. and Hall, T.C. (1983) Phaseolin gene from bean is expressed after transfer to sunflower *via* tumor-inducing plasmid vectors. *Science* **222**, 476–482.

Padgette, S.R., Kolacz, K.H., Delannay, X., Re, D.B., Lavallee, B.J., Tinius, C.N., Rhodes, W.K., Otero, Y.I., Barry, G.F., Eichholtz, D.A., Peschke, V.M., Nida, D.L., Taylor, N.B. and Kishore, G.M. (1995) Development, identification and characterization of a glyphosate-tolerant soybean line. *Crop Science* **35**, 1451–1461.

Racman, D.S., McGeachy, K., Reavy, B., Strukelj, B., Zel, J. and Barker, H. (2001) Strong resistance to potato tuber necrotic ringspot disease in potato induced by transformation with coat protein gene sequences from an NTN isolate of Potato virus Y. *Annals of Applied Biology* **139**, 269–275.

Sanger, F., Nicklen, S. and Coulson, A.R. (1977) DNA sequencing with chain-terminating inhibitors. *Proceedings of the National Academy of Sciences USA* **74**, 5463–5467.

Smith, H.O. and Wilcox, K.W. (1970) A restriction enzyme from *Hemophilus influenzae*. 1. Purification and general properties. *Journal of Molecular Biology* **51**, 379–391.

Thompson, C.J., Movva, N.R., Tizard, R., Crameri, R., Davies, J.E., Lauwereys, M. and Botterman, J. (1987) Characterization of the herbicide-resistance gene *bar* from *Streptomyces hygroscopicus. EMBO Journal* **6**, 2519–2523.

Watson, J. and Crick, F. (1953) A structure for deoxyribose nucleic acid. *Nature* **171**, 737.

Weiss, B. and Richardson, C.C. (1967) Enzymatic breakage and joining of deoxyribonucleic acid I. Repair of single-strand breaks in DNA by an enzyme system from *Escherichia coli* infected with T4 bacteriophage. *Proceedings of the National Academy of Sciences USA* **57**, 1021–1028.

（薛庆中　张玉华　译）

1.2　美国生物技术作物的经验及影响

Sujatha Sankula
National Center for Food and Agricultural Policy，Washington，DC，USA

引言

自 1996 年实现首次商业化种植以来，生物技术为虫害防治提供了新的解决方法，它的应用使美国农业发生了巨大的变革。生物技术作物，如抗虫或 Bt 作物，通过导入外源遗传物质的方式来防治虫害，其生长过程不需要喷施常规杀虫剂。在一些实例中，生物技术作物（如 Bt 作物和抗病毒作物）对植物虫害实现了有效防治。另外，一些生物技术作物对某些杀虫剂有抗性，但是常规作物则会受到杀虫剂的损伤。生物技术抗除草剂作物的种植使应用综合除草剂成为可能，从而实现更高效、低廉的杂草防治。

2003 年全球生物技术作物种植面积达 1.68 亿英亩（0.68 亿 hm^2）（James，2003），种植国家包括阿根廷、澳大利亚、巴西、保加利亚、加拿大、中国、哥伦比亚、德国、洪都拉斯、印度、印度尼西亚、墨西哥、菲律宾、罗马尼亚、南非、西班牙、美国和乌拉圭。2003 年和 2004 年，生物技术作物全球商业总价值约 63%来自美国（Runge and Ryan，2004）。

美国一直是全球农业生物技术领域的领军者。2003 年，美国农户已种植 1.06 亿英亩（0.42 亿 hm^2）生物技术作物，占全球生物技术作物总量的 63%（James，2003，表 1.2.1）。最近的评估表明，2004 年生物技术作物的应用增长了 10%（James，2004）。生物技术作物种植面积的逐年大幅度扩增表明，自 1996 年首次实现商业化以来，美国对生物技术作物的应用注入了前所未有的热情（表 1.2.1）。

表 1.2.1　生物技术作物的应用（百万 hm^2）

年份	全球	美国	占全球的比例/%
1996	2.02	2.02	54
1997	10.12	8.09	63
1998	25.90	19.83	73
1999	40.06	29.14	72
2000	44.11	29.95	69
2001	53.02	35.21	68
2002	59.08	38.85	66
2003	67.98	42.90	63
2004	80.94	47.75	59

资料来源：James，多年数据。

在过去几年里，农业生物技术及其应用引发了激烈的讨论，辩论的核心是生物技术对经济、农业、环境、安全等产生的影响。随着每年越来越多的国家更大面积种植新的生物技术作物，有关生物技术的争论不断延续着。

针对美国大面积种植且迅速推广的新技术，我们很有必要分析和了解其原因以及应用生物技术作物所产生的影响。本节旨在剖析生物技术作物在美国被优先种植的原因，同时综述了美国农户种植生物技术作物所获得的效益，这有助于分析生物技术作物未来的发展方向。概括地说，本节试图对若干生物技术作物争论的关键问题作出解释，更好地理解美国农户积极应用生物技术的原因。

生物技术作物在美国的应用

2003年生物技术作物在美国有三大类，即抗虫、抗病毒和抗除草剂，包括6种作物：油菜、玉米、棉花、番木瓜、大豆和南瓜（表1.2.2）。将近99.98%的耕地种植了大田作物、玉米、棉花和大豆。

2003年美国总共种植了11个生物技术作物品种，包括抗虫玉米（3个）和棉花（2个），抗病毒番木瓜和南瓜，抗除草剂油菜、玉米、棉花和大豆。

表1.2.2 2003年美国生物技术作物的应用

作物名	特性	占同类作物种植总面积的比例/%
玉米[a]	抗虫	31
棉花[a]	抗虫	46
番木瓜	抗病毒	46
南瓜	抗病毒	3
油菜[a]	抗除草剂	75
玉米[a]	抗除草剂	14
棉花[a]	抗除草剂	74
大豆	抗除草剂	82

a 包含所有种植应用，资料来源：Sankula 和 Blumenthal，2004年。

抗除草剂作物的种植最为广泛（表1.2.2），其中抗除草剂大豆占同类作物的种植比例最高（占82%），其次为抗除草剂油菜占75%，抗除草剂棉花占74%。虫害和病害的压力每年随环境改变，抗虫和抗病毒作物的种植面积也因目标虫害预测的群袭程度而改变。在抗虫作物中，棉花是种植比例最高的作物。自2003年商业化种植以防治虫害为主，预计抗虫作物新品种的应用，尤其是玉米，将有所增加。2004年欧盟市场开放从美国进口生物技术玉米，这将进一步推动美国Bt玉米的应用。

下面着重就常规作物所遇到的虫害防治问题以及生物技术作物如何解决这些问题进行讨论，同时，对单一作物的种植所涉及的有关对美国农业、经济和环境等也加以探讨。

抗虫作物

抗虫作物或Bt作物是美国通过生物技术方法培育的首批作物之一，这些作物包含来自土壤细菌苏云金芽孢杆菌（*Bacillus thuringiensis*）的某个基因，因此命名为Bt基因。Bt基因编码的Cry蛋白，对鳞翅类、双翅类或鞘翅类昆虫幼虫是有毒性的（Perlak et al., 1990；Swadener，1994）。当上述幼虫啃食Bt作物时，会摄入Cry蛋白。昆虫特有的消化酶溶解Cry蛋白并激活一种叫δ-内毒素的有毒物质。内毒素结合到昆虫肠内膜的特定受体，在肠膜上形成小孔。这些小孔会破坏肠的离子平衡，使幼虫停止进食、饥饿并最终死亡。

Bt基因虽然对某些昆虫有高度毒性，却对人类（及动物）无害，因为人体内缺乏可以溶解Cry蛋白使之激活的消化酶。因为Cry蛋白对防治虫害的有效性和它们的安全性，在美国作为杀虫剂以生产有机作物已有40多年的历史。

美国已经批准四种抗虫作物上市，即玉米、棉花、马铃薯和甜玉米。Bt马铃薯和Bt甜玉米尽管分别于1996年和1998年实现商业化种植，但因市场上的问题限制了它们的应用。下面对Bt作物加以讨论，但主要集中于玉米和棉花。

Bt 玉米

2003年美国有三个抗虫玉米系列产品（品种）实现了商业化种植：抗玉米螟 Bt 玉米（商品名 YieldGard Corn Borer 和 Herculex I）、抗地老虎（black cutworm）和黏虫（fall armyworm）的 Bt 玉米（商品名 Herculex I）以及抗根虫 Bt 玉米（商品名 YieldGard Rootworm）。YieldGard Corn Borer 在1996年就已经上市，Herculex I 和 YieldGard Rootworm 到2003年才实现首次商业化种植。

Bt11 和 Mon810 这两个抗玉米螟遗传转化品系带有相同的内毒素，故上市后统称为 YieldGard Corn Borer（Walker et al., 2000年）。YieldGard Corn Borer 中的 Bt 基因表达 Cry1A（b）和 Cry1A（c）两种蛋白，对欧洲玉米螟（European corn borer，简称 ECB)、西南玉米螟、黏虫、玉米棉铃虫（bollworm）和二化螟（stalk borer）具有抗性。不过在美国，欧洲玉米螟是 YieldGard Corn Borer 的主要虫害。YieldGard Corn Borer 的种植面积从1997年占总种植面积的8%稳步增长到1999年的26%，然而在2000年和2001年却下降到了19%，2003年回升到30%（表1.2.3)。Bt 作物的种植面积随预测虫害程度而变化，2000年和2001年因预测的虫害压力减轻使得种植面积相对比较低。这两年 Bt 作物种植面积减少的另一个原因是玉米价格的降低。

表1.2.3　美国抗虫 Bt 作物的应用

作物名	占种植总面积的比例/%							
	1996年	1997年	1998年	1999年	2000年	2001年	2002年	2003年
Bt 玉米 YieldGard Corn Borer[a]	1	8	18	26	19	19	24	30
Bt 玉米 Herculex I[b]	—	—	—	—	—	—	—	0.6
Bt 玉米 YieldGard Rootworm[b]	—	—	—	—	—	—	—	0.5
Bt 棉花 Bollgard I[c]	12	15	19	25	28	37	35	46
Bt 棉花 Bollgard II[b]	—	—	—	—	—	—	—	0.2

资料来源：a USDA-NASS（译者注：美国农业部国家农业统计服务局，下同），多年数据；b Sankula 和 Blumenthal, 2004；c USDA-AMS（译者注：美国农业部农业营销服务公司，下同），多年数据。

Herculex I 玉米表达 Cry1F 杀虫蛋白与 YieldGard Corn Borer 玉米表达的 Cry1A 蛋白不同（Dow AgroSciences，2002）。Herculex I 玉米抗欧洲玉米螟、西南玉米螟及玉米穗夜蛾（Corn earworm)，另外还抗地老虎和黏虫（Babcock and Bing，2001）。2003年 Herculex I 玉米在美国种植面积不到玉米总种植面积的1%，占抗玉米螟 Bt 玉米总种植面积的2%左右。同年约98%的 Bt 玉米地种植的是 YieldGard Corn Borer 品种（Bt11 和 MON 810 两品系合计）。

抗根虫玉米 YieldGard Rootworm Corn（MON863 品系）表达 Cry3Bb1 蛋白，此蛋白特异性地结合于玉米根虫幼虫的中肠内膜部位（Baum et al.，2004）。2003年 YieldGard 根虫玉米种植面积占玉米总种植面积的0.5%。因为在商业化种植的初级阶段，YieldGard 根虫玉米种子供应比较有限。随着农户可获取种子的增加，预计在今后几年里 YieldGard 根虫玉米的种植面积将大幅增长。有数据表明，2004年 YieldGard 根虫玉米的种植面积以10倍速度增长（Sankula and Blumenthal，2004）。

玉米虫害问题

在美国，玉米生产最重要的虫害是玉米螟、根虫、黏虫和地老虎。玉米螟（尤其是欧洲玉米螟）和玉米根虫是影响经济的两大重要玉米虫害，每年由于施用杀虫剂和虫害引起减产给农户带来了几十亿美元的损失（Mason et al.，1996；Monsanto，2003）。欧洲玉米螟和玉米根虫每年至少使作物损失10亿美元，故有绰号“十亿美元臭虫问题”。

欧洲玉米螟每年发生数代，并以不同方式损害玉米。欧洲玉米螟幼虫钻入所有地面上的植物组织取食，形成许多孔和洞，干扰植物体内水分和营养成分的转运，降低茎和穗的硬度。欧洲玉米螟幼虫取食也使果穗数减少，籽粒变小，减产或品质下降（Mason et al.，1996）。欧洲玉米螟幼虫还会使穗腐病菌孢子从叶片转到籽粒，进而引发二次感染（Christensen and Schneider，1950；Sobek and Munkvold，1999）。

尽管欧洲玉米螟给农业造成严重损失，许多农户仍不愿意使用目前推荐的虫害综合防治措施来防治这类虫害，其原因主要有以下三个：一是欧洲玉米螟的群袭很难预测且每年会发生变化，使得农户对花费成本去追踪、测定杀虫剂应用的收益不感兴趣。二是昆虫自身进食和生存技巧的错综复杂。玉米螟幼虫孵化后就会进食叶片，然后钻入茎秆，在茎内化蛹，避过杀虫剂。因此，为防治虫害，必须在孵卵期和幼虫期向植株茎钻孔期间的2～3天内喷施杀虫剂。三是不能有效地使用杀虫剂防治。如果杀虫剂施用时间及时，第一代幼虫防治的效率可达60%～95%，但对第二代幼虫防治效率也就只有40%～80%。

根虫是北方、南方或西方玉米食甲虫的幼虫（Levine and Oloumi-Sadeghi，1991；Monsanto，2003），幼虫在土壤里发育，并进食玉米根。这就限制了水和营养物质在体内转运，进而导致减产和植物倒伏。

使用土壤杀虫剂防治幼虫期甲虫和喷洒杀虫剂防治成年期甲虫，是避免根虫问题最为常用的方法。2000年抗玉米根虫杀虫剂的花费达到1.71亿美元（Alston et al.，2002）。然而，由于根虫对多种杀虫剂已产生抗药性，一些原来的好产品已经失效（Levine and Oloumi-Sadeghi，1991）。除使用杀虫剂外，作物轮作是另一种被广泛应用的防治根虫的耕作方法。由于一些虫的变种出现，不少地区玉米根虫已成为第一虫害，甚至发展到可以使作物轮作失效。玉米农户一直在寻求玉米根虫防治方面的突破。生物技术的应用提供了令人鼓舞的新方法，有望为美国玉米根虫防治开辟一个新时代。

地老虎是玉米的另一种主要土壤虫害，与根虫类似。玉米遭受到许多种不同地老虎的损害，遍布整个美国，而地老虎分布广泛，危害也最大（参见明尼苏达州农业部地老虎情况说明书）。地老虎幼虫会在土壤层附近剪断幼小期、小茎的玉米植物，使植物抵抗力降低，迫使农民重新种植。否则，地老虎导致的产量损失可高达25%（Pike，1995）。

在美国南部玉米种植区域，黏虫群袭非常普遍，因为它们在土壤冻结区域无法过冬（Sparks，1979）。晚种的和晚熟的杂交品种最容易被黏虫损害。一般而言，黏虫对大田玉米不存在威胁。但在黏虫暴发期，由于进食叶穗，这也可能造成约10%的明显损失。与欧洲玉米螟相似，黏虫因为它隐蔽的进食习性，对其防治也很困难。

农户们通常使用耕作法和化学方法来防治地老虎和黏虫。地老虎的耕作法防治是在苗床形成后延迟 7 天或更长时间种植以减少地老虎在作物地上部分的存活数量，以及在种植前 6 周防治杂草以减少可能的杂草蔓延的宿主。与此相反，为降低黏虫对玉米的压力，玉米提早种植是最为广泛推荐和有效的耕作措施。美国也有一些农户使用土壤杀虫剂防止黏虫和地老虎群袭，但是实践证明这个方法并不经济。

Bt 棉花

在美国已有两代 Bt 棉品种在商业化种植中应用，即 Bollgard I 和 Bollgard II。美国棉农在 1996 年开始种植 Bollgard I（Gianessi et al.，2002），2003 年种植 Bollgard II（Mills and Shappley，2004）。

Bollgard I 棉花表达 Cry1Ac δ 内毒素，其目标虫害是烟夜蛾和红铃虫，它同时可抑制棉铃虫、尺蛾、黏虫和其他次鳞翅目类棉花虫害。

Bollgard II 是第二代抗虫棉花，抗烟夜蛾和红铃虫（这点与 Bollgard I 相似），还能更好抵御棉铃虫、秋黏虫、甜菜黏虫和大豆尺蛾。与 Bollgard I 单个基因不同，Bollgard II 包含两个 Bt 基因，即 *Cry1Ac* 和 *Cry2Ab*。这两个基因可以为棉农提供更广谱的虫害防治，提高对某些虫害的抗性，进一步发展抗虫特性。Bollgard II 棉花的 *Cry1Ac* 基因和 *Cry2Ab* 基因均是棉花关键虫害很有效的杀虫剂。因此，Bollgard II 被认为是棉花抗虫防治的一个重要新型武器。

自从 Bollgard I 投产以来，其种植面积在美国稳步增长，到 2003 年已占棉花总种植面积的 46%（表 1.2.3）。而 Bollgard II 棉花 2003 年才刚引入，种植面积很有限，它的种植面积只占全国棉花总种植面积的 0.2%。一旦 Bollgard II 种子供应可充分满足农户的种植需求，Bollgard I 棉花将退出在美国的商业化种植。

棉花虫害及其防治问题

在美国，棉花是杀虫剂使用的主要市场（Gianessi and Marcelli，1997），超过 90% 的棉花种植面积施用杀虫剂。棉花最大的虫害是那些攻击蕾铃的，如棉铃虫、烟夜蛾、红铃虫、棉籽象鼻虫和绿盲蝽。

棉铃虫和烟夜蛾的幼虫（由于在早期难以识别，经常被称为棉铃虫/烟夜蛾混合体）通过破坏顶部进食幼小棉花植物，延缓作物生长。进食成熟作物会导致已开花朵、蕾和不育铃的反常授粉。受损的铃即使不被全部吃掉也会腐烂。棉铃虫/烟夜蛾混合体在开花期造成的产量损失特别高。如果不进行有效防治，棉铃虫和烟夜蛾会造成产量损失高达 67%（Schwartz，1983）。

在加利福尼亚、亚利桑那、新墨西哥和得克萨斯州的某些区域，红铃虫是主要的棉花虫害。红铃虫幼虫进食发育期的花和铃。幼虫进食蕾在早期虽然没有经济损失，但铃一旦形成后即成为幼虫首选的食物供应。破坏是依次通过铃壁和棉绒纤维而形成幼虫通道是后期发生的。幼虫钻洞会污染棉绒，破坏纤维，并降低棉籽的重量、活力和含油量。红铃虫在铃壁钻孔，主要是为了化蛹，这使铃很容易烂铃并受真菌感染。

在棉花虫害防治中，经常使用杀虫剂和耕作法实践（如操控种植、停灌和破茎的日期）。对美国棉农来说，棉铃虫、烟夜蛾和红铃虫的平均化学防治成本占总杀虫剂成本的 60%～70%（Gianessi et al.，2002）。棉花虫害，尤其是棉铃虫/烟夜蛾混合体，对有机磷酸酯、拟除虫菊酯和氨基甲酸盐类的杀虫剂产生了抗药性，使棉花虫害防治面临严重的威胁。生物技术抗虫棉将填补常规棉花虫害防治计划的空白。

抗虫作物的影响

直接影响：抗虫作物最实质性的影响是增加产量。与常规杀虫剂不同，Bt 作物可提供内在、长期和强效的抗虫保护，从而增加产量。抗虫作物的另一重要影响是减少主要杀虫剂的使用，因为 Bt 作物可减少杀虫剂的应用。杀虫剂总使用量和喷洒杀虫剂次数的减少可降低 Bt 作物的投入成本。

间接影响：Bt 作物的间接影响是对当地目标昆虫数量的影响，使田间昆虫总量下降。这种效果被定义为“光圈效应”，已在 Bt 玉米和棉花中得到证实。随着穗、铃掉落显著减少，这种类型的杂草植物在下一季的自发生长就减少了（Alstad et al., 1997）。

作为在植物体内自然形成的抗虫蛋白，Bt 作物减少了化学杀虫剂的需求及使用。通过减少化学喷洒，那些寄生在农田的有益昆虫被保留下来，提供了另一层面的虫害防治。据报道，取食昆虫的益鸟数量在 Bt 棉花田比常规田要高（Edge et al., 2001）。

抗虫作物的另一间接影响与环境有关。因杀虫剂使用的减少，能源消耗和大气 CO_2 都得以下降，因为杀虫剂在生产、运输和使用过程都需要燃料。以下将对种植 Bt 玉米和棉花所产生的影响作详细介绍。

Bt 玉米对抗玉米螟的影响

Bt 玉米品种（YieldGard 和 Herculex I）在抗玉米螟方面提供了很高水平的植物保护，其防治效果至少与常规虫害防治方法相当。Bt 玉米对曾经不受防治的玉米螟也产生抗性，有助于防止减产，增加产量。在某个指定的年份，根据欧洲玉米螟的虫害压力的变化，Bt 玉米产量的提高在 4%～8%。这还是在种植 20%常规玉米品种，以预防虫害抗药性发生变化的情况下（Marra et al., 2002；Sloderbeck et al., 2000）。

与作物产量相似，Bt 玉米对经济产生的影响也受虫害流行的变化而有所不同。虫害程度高时，Bt 玉米的经济效益非常明显（Alstad et al., 1997）。反之，虫害程度轻微时，Bt 玉米的经济效益要低些（Marra et al., 1998）。总而言之，Bt 玉米比常规品种的经济净收益要高（Fernandez-Cornejo and McBride, 2000）。

除了产量的提高，Bt 玉米还减少了杀虫剂的使用。与其他 Bt 作物如棉花有所不同，Bt 玉米只是适度减少了杀虫剂使用。这是因为在美国，每年只有一小部分耕地面积的欧洲玉米螟得以防治（Gianessi et al., 2002；Phipps and Park, 2002）。而且，防治欧洲玉米螟所使用的杀虫剂同样可以有效抵抗其他虫害，而 Bt 玉米对其他虫害无任何抗性。但对美国中西部几个州玉米农民的几份调查表明，自从种植 Bt 玉米杂交品种，杀虫剂的使用已大大减少（Rice, 2004）。

Bt 玉米另一个显著的间接好处是减少了轮作作物大豆、秋季蔬菜生长期间爆发玉米螟。美国大西洋中部地区的研究均说明，YieldGard 玉米，尤其是 Bt11 品系，比 Herculex I 玉米更能有效抑制玉米螟（G. Dively，马里兰大学，私人通讯，2004）。在大西洋中部地区，Bt 玉米杂交品种的应用使玉米螟蛾数量减少了至少 90%，虫害发生期也延迟了 2 周。因此，大豆和几种蔬菜作物小卷蛾[*]（podworm）的秋季爆发风险显著减小，从而为农民带来了间接的、实质性的帮助。

Bt 棉花在美国应用的同时，还减少了穗腐病和茎腐病的发生率。玉米螟在植株上形成伤口，成为开放的真菌感染位点，有时候玉米螟幼虫本身成为致病真菌如镰刀霉类的载体，将真菌孢子直接转移到伤口。上述病害的重要性与真菌毒素有关，尤其是伏马菌素（Fumonisin），它产生一种毒素能使家畜致命，可能使人体致癌（Munkvold and Desjardin，1997）。伏马菌素对人体健康的重要性仍有争论，但已有证据表明，在世界上某些地区，乳酸链球菌肽对癌发生率有一些影响（Marasas，1995）。多年研究表明，Bt 玉米因虫害进食籽粒减少，使得穗腐病的伏马菌素在 Bt 玉米的含量水平，比常规玉米要低很多。

具根虫抗性的 Bt 玉米及其影响

在大学试验场我们观察到 Bt 玉米有良好的根系保护。从经济损失的角度而言，如果 Bt 杂交玉米对根系的保护是 100%的话，那么杀虫剂的保护只为 63%（Rice，2004）。然而，有关抗根虫杂交玉米在产量方面的资料不多，因为 2003 年是种植第一年，大部分 Bt 杂交玉米品种的田间研究集中在根部虫害。不过，现有的资料显示 Bt 杂交品种一般比土壤杀虫剂处理的常规玉米，产量增加 1.5%～4.5%（Lauer，2004；Rice，2004）。

与抗玉米螟的 Bt 玉米不同的是，因为能对昆虫（根虫）群袭进行预测，所以在抗根虫玉米上使用的杀虫剂将进一步减少。不过，目前杀虫剂的使用总量及根虫受防治的耕地总面积均有所提高。美国玉米种植者每年防治欧洲玉米螟的玉米耕地面积不到 5%，然而，防治根虫的面积超过 10%（Alston et al.，2002）。自从种植抗根虫玉米后，预计杀虫剂的使用量减少 75%（Rice，2004）。抗根虫 Bt 杂交玉米的种植耕地面积只占总面积的 0.5%，每英亩（1 英亩＝0.404 686hm^2）的杀虫剂使用量减少 0.7 磅（0.3kg）活性成分，共 22.5 万磅（10.2 万 kg），仅在 2003 年杀虫剂成本就降低了 440 万美元（Sankula and Blumenthal，2004）。2000 年一份抗根虫玉米处理耕地面积产生的影响的事前分析报告提到，由于杀虫剂使用量的减少就节省了 580 万美元（Alston et al.，2002）。

与抗玉米螟的玉米相似，抗根虫玉米减少了根虫幼虫在玉米根部进食，从而减少了玉米茎腐病的发生率。与抗根虫玉米使用相关的其他无形效益将使杀虫剂使用量减少，对虫害防治更稳定，同时节省了时间、设备和劳动力（Rice，2004）。

抗地老虎和黏虫 Bt 玉米的影响

由于 Cry1F 蛋白能在植株整个生长期充分表达，使地老虎和黏虫的幼虫在其生命周期的所有阶段均受到 Bt 毒素的影响。因此，Bt 玉米能明显减少产量损失。基于 2003 年杀虫剂防治地老虎地区的玉米耕地面积以及该 Bt 玉米耕地种植面积低于 1%，产量增加和杀虫剂使用量减少，种植抗虫品种的经济净效益估计达到 960 万美元（Sankula and Blumenthal，2004）。2003 年是 Herculex I 商业化生产的第一年，加上黏虫是散发

* 译者注：大豆小卷蛾（soybean podworm）和玉米穗夜蛾（corn earworm）是同一昆虫的两种名称。

性害虫，故对其所产生的影响甚少。

Bt 棉的影响

Bt 棉给主要鳞翅类虫害提供了最好的防治方案。使用常规合成除虫菊酯杀虫剂已使烟夜蛾产生常规抗药性，在这些地区种植 Bt 棉能有效防治虫害。Bt 棉的生产非常合适棉籽象鼻虫的根除计划，所以它能在那些预期执行该计划的地区得以广泛种植。同时 Bt 棉刚好适用于缺乏昆虫天敌的地区，因为在这些地区烟夜蛾和棉铃虫的数量没有受到抑制，Bt 棉于是成了补救的措施。

Bt 棉的全面种植使农民的每英亩受益达到最大化，在所有抗虫作物中其杀虫剂使用量也减得最多。施用杀虫剂的面积和杀虫剂的用量显著降低，产量增加很多。研究证明，Bt 棉比常规棉提高了产量，减少了杀虫剂的使用，具有明显的经济效益（Bryant et al., 2000；Cooke et al., 2001；Gianessi and Carpenter, 1999；Mullins and Mills, 1999）。一般的，Bt 棉能增收 7%～12%（Bryant et al., 1999；Stark, 1997）。

在美国的某些州，棉农在棉花生长期间，杀虫剂施用减少 2～8 次（Fernandez-Cornejo and McBride, 2000）。2003 年棉花种植州平均杀虫剂的应用至少减少 2 次，节省了棉农在时间、劳力和能源上的支出（Mullins and Hudson, 2004; Sankula and Blumenthal, 2004）。美国环保局 EPA（2001）出示的 1999 年评估显示，由于 Bt 棉的种植，杀虫剂的施用减少了 160 万磅（72.6 万 kg）。到 2003 年，杀虫剂的使用量进一步减少了 50%（Sankula and Blumenthal, 2004）。

棉花的产量提高，而杀虫剂使用减少，尽管有相关的技术费用，也大大提高了种植收益。与 1996 年相比，1999 年因为 Bt 棉的应用使农民收益提高了 175%（EPA, 2001）。2003 年，美国 Bt 棉花（Bollgard I）带来的经济净收益达到了 1.9 亿美元（Sankula and Blumenthal, 2004）。

随着生物技术 Bt 棉种植以来，当地农田生态系统受影响很小。研究显示取食根虫的益鸟数量在 Bt 棉田比常规棉田要多（Edge et al., 2001）。

为了完全防治虫害如棉铃虫，Bollgard I 棉花需要追加其他杀虫剂进行弥补，这是不足之处。Bollgard I 棉花对烟夜蛾和红铃虫一直有效，但对棉铃虫、尺蛾、黏虫和其他小型鳞翅类棉花虫害却只起抑制作用。因此，为了彻底防治这些害虫，农民可能在某些情况下，尤其在开花阶段，不得不另外喷射其他杀虫剂。

2003 年，大约 74%的美国棉花作物遭受棉铃虫/烟夜蛾害虫混合体严重危害，其中 86%是棉铃虫（Williams, 2003），将近 52%的 Bollgard I 棉花喷射了杀虫剂来防治棉铃虫（Williams, 2003）。在 2003 年，Bt 棉用杀虫剂防治棉铃虫的数目每英亩平均 0.54 次。

实践证明，Bollgard II 棉花又大大提高了抗虫害的能力，而 Bollgard I 棉花抗虫性则相对较弱。用 Bollgard II 棉花提高了对主要的棉铃虫/烟夜蛾混合种群及次要鳞翅类虫害如黏虫和尺蛾的防治效果，从而进一步提高了产量，减少了杀虫剂在美国的使用。几个棉农种植的试验结果显示，Bollgard II 棉花比 Bollgard I 棉花，杀虫剂使用量平均降低了 83%，但皮棉产量增加了 26%，收益提高了 37%（Mullins and Hudson 2004）。在 2003 年，Bollgard II 棉花与常规棉花相比，每英亩平均减少杀虫剂施用 3.6 次，杀虫剂成本降低17美元，皮棉产量提高74磅（33.6kg），经济收益比非Bt棉增加40美元（Mullins and Hudson，2004）。

抗虫作物及昆虫生存保护

为减缓昆虫对Bt毒素适应性演变，导致有价值的技术失效，美国环境保护局于2000年强行要求Bt玉米和Bt棉种植者留出一些耕地作为“避难所”，种植非Bt作物作为一种昆虫生存保护措施。在这些保护耕地里，大量缺乏抗性的昆虫，会与Bt作物田块上的昆虫交配，这将有助于预防昆虫产生Bt毒素抗性。

玉米的强制保护法规定玉米农民有义务留出至少20%的耕地种植常规品种。这就意味着任何一个农场最多只能在80%的玉米地种植Bt玉米。而对棉农来说，从2001年开始则有三种不同方案的选择：保护区（“避难所”）内只能喷施20%的杀虫剂；除Bt玉米外5%Bt棉不喷施；或在Bt棉里夹种5%非Bt棉。Bollgard II棉花种植已商业化，目前昆虫抵抗力演变的可能还不是主要的问题。

研究开发Bt作物的几家公司（Dow AgroSciences、Pioneer Hi-Bred International，Inc、Monsanto Company以及Syngenta Seeds，Inc）掀起了积极而广泛的普及活动，使农民理解Bt作物抗虫性管理的责任所在。其中包括提供信息材料、基于网络的培训、农场专访及其他遵守法规教育和相应的活动。2002年由种子企业界倡导“一致性保证”计划（the compliance assurance program，CAP），让农民更加了解Bt作物的抗虫性管理（insect resistance management，IRM）办法。依据CAP，农民若连续两年违反IRM保护法，第三年将不再供给Bt玉米品种的种子。

因此在美国，大部分农民能遵从昆虫保护法。美国玉米种植者协会报告提到，2003年全国92%的农民遵守Bt玉米IRM保护法，同比2000年高出87%（美国玉米种植者协会新闻稿，2004）。美国农业生物技术委员会在2004年种植季节对玉米带和美国南部产棉地带的550名Bt玉米农民的调查报告中强调，91%符合调整后的种植保护区面积的要求，96%符合种植保护区距离的要求。美国环保局的一份内部报告显示，77%的棉农遵守2002年颁布的Bt棉保护法。

抗病毒作物

生物技术抗病毒作物含有和表达来自病原病毒本身的基因。这些基因在植物体内的表达影响了病毒的基础生命功能。外壳蛋白基因在植物抗病毒应用中最为广泛。虽然其介导抗性的特殊机制目前还不清晰，但有证据显示外壳蛋白基因能中断如复制、转录后基因翻译、病毒体的组装/去组装、细胞间运输等过程（Beachy et al.，1990；Kaniewski and Lawson，1998）。这样该基因的表达保护植物免受该病毒的感染，有时也免受其他病毒感染（Di et al.，1996）。

抗病毒作物的应用

两种抗病毒作物番木瓜和南瓜，1998年开始在美国种植，其中生物技术番木瓜是生物技术在美国成功应用的例子。抗病毒番木瓜自1998年商业化种植后其种植面积稳步增长，到2003年已达到总面积的46%（表1.2.4）。由于生物技术番木瓜在日本和欧盟一些国家不允许作为人类食品进口，因此美国种植番木瓜果的农民只能以常规品种满足市场需求。然而一旦出口市场获得允许，这种生物技术品种的装运量（shipments）将会显著提高。

表1.2.4 生物技术抗病毒番木瓜在美国的应用

年份	番木瓜种植面积/hm^2	抗病毒番木瓜占种植总面积的比例/%	抗病毒番木瓜种植面积/hm^2
1999	1297	37	480
2000	1123	42	472
2001	1100	37	429
2002	868	44	382
2003	963	46	443

资料来源：夏威夷农业统计服务机构，多年数据。

美国转基因南瓜的主要产地在佐治亚州，其次是佛罗里达州。这两个州的抗病毒南瓜的种植面积不大，在2003年只占全国总面积的3%。该作物还没有被广泛种植，其原因是生物技术南瓜不能抵抗环斑病毒。在美国目前开发的大量南瓜品种缺乏有效的抗病毒特性，是限制广泛推广生物技术品种的第二个因素。而在过去的几年，已引入几个抗关键病毒的常规品种。这些品种的种植面积比生物技术品种大。生物技术品种种子的高成本更阻碍了转基因南瓜的推广。生物技术南瓜品种种子的成本是易感病毒常规品种的2～4倍。相反，具有部分病毒抗性的常规品种比易感病毒品种成本只高出50%。

常规番木瓜与南瓜的病毒问题

番木瓜环斑病毒是番木瓜最严重的病害。在美国番木瓜生产主要集中在夏威夷，20世纪90年代因番木瓜环斑病毒的流行而减产。农民通过现场观察把感染病毒的树涂上红油漆，防止病毒蔓延到其他田块。从识别到清除已感染病毒果树的整个过程花费昂贵，效率低下，最后导致夏威夷番木瓜产业的失败。

在美国主要有4种病毒影响到夏季南瓜的生产，它们分别是南瓜花叶病毒、西瓜花叶病毒、黄瓜花叶病毒和番木瓜环斑病毒。这些病毒病能引起叶片斑驳和黄化、植株矮化、畸形果而导致南瓜生产巨大的损失。农民经常通过叶面喷施石油在传播病毒的蚜虫和植物之间建立一道屏障，预防蚜虫传播病毒感染植物。为提高效果，石油必须在蚜虫出现之前喷施在叶片上。

防治病毒最常规的方法是通过防治昆虫载体以及种植常规培育的抗性品种。通过昆虫载体防治病毒方法的实施非常困难，原因有二：其一，昆虫传播病毒几乎是瞬间完成，这使得杀虫剂使用失效；其二，病毒寄居的二级宿主并不限制任何病毒的病状。此外，所有作物都缺乏天然的抗病毒性，所施加的保护也高度变化。常规的抗病毒南瓜品种的推广已经取得了一些成绩，番木瓜却至今没有培育出抗病毒品种。

抗病毒作物的影响

番木瓜：番木瓜产业在夏威夷的持续发展归功于生物技术。抗病毒番木瓜极大地推进了常规品种在曾经受到大量番木瓜环斑病毒危害的地区进行种植，也使常规品种和生物技术新品种相邻种植成为可能（Gonsalves et al.，2004）。

番木瓜的生产从20世纪90年代早期到1998年下降了45%，到2003年又回升了44%（夏威夷农业统计服务机构，2004）。专家把这次番木瓜产量的提升归功于抗病毒品种的种植。生物技术番木瓜使接近于低谷的产业经济得以全面恢复。

南瓜：美国农民已经种植生物技术南瓜品种以确保产量。通常在南瓜秋植季节，病害盛行。抗病毒的南瓜使得每株结果数增多，单果重量增加，果实品质提高（Fuchs et al.，1998；Schultheis and Walters，1998）。抗病毒南瓜并未减少杀虫剂的使用量，因为生物技术南瓜还需要施用杀虫剂预防粉虱横行。

抗除草剂作物

在美国，抗除草剂作物从2003年进入商业种植，包括抗溴苯腈棉花（bromoxynil-resistant cotton，简称BXN），抗草铵膦玉米和油菜，抗草甘膦油菜、玉米、棉花和大豆。抗溴苯腈棉花在1995年开始种植，抗草铵膦玉米和油菜则分别于1997年和1999年实现商业化种植。抗草甘膦油菜、玉米、棉花和大豆则分别于1999年、1998年、1997年和1996年投放市场。抗草甘膦糖用甜菜在1999年实现商业种植，却由于市场问题没有再种植。

生物技术抗除草剂作物在美国的使用最广泛。它是首个商业化种植的作物，其种植面积和产量稳步增加。大豆是最主要的抗除草剂作物，玉米则稍晚一些。在2003年，抗除草剂油菜、玉米、棉花和大豆分别占总种植面积的75%、14%、74%和82%（表1.2.5）。

表1.2.5 美国抗除草剂作物的应用

作物	抗性	占种植总面积的比例/%								
		1995年	1996年	1997年	1998年	1999年	2000年	2001年	2002年	2003年
油菜[a]	草铵膦/草甘膦	—	—	—	—	31	47	~50	~70	75
玉米[b]	草铵膦/草甘膦	—	—	—	9	8	6	7	11	14
棉花[b,c]	溴苯腈	<1	<1	1	6	8	7	4	2	2
棉花[b,c]	草甘膦	—	—	4	21	37	54	55	61	72
大豆[d,b]	草甘膦	—	2	13	37	47	54	68	75	82

资料来源：a B. Coleman，美国北达科他州油菜种植者协会，私人通讯，2005年；b USDA-NASS，多年数据；c USDA-AMS，多年数据；d K. Marshall，Monsanto，私人通讯，2000年。

2003年，75%油菜种植面积种植了生物技术品种，其中55%种植草甘膦抗性品种。抗草铵膦油菜的种植面积在2002年和2003年也有显著增加，因为对其特性认识的深入，高产品种的育成，以及对品种也有更多选择的余地。

抗草甘膦和抗草铵膦玉米品种2003年在美国开始种植。然而相比草甘膦抗性玉米，抗草铵膦玉米在有些州的种植率极低，几乎为零。草甘膦在竞争价格、优良种子分配系统及防治野草上的成效，是抗草甘膦玉米优先应用的主要因素。

以前欧盟不批准生物技术玉米的出口，导致适宜玉米生长的抗除草剂品种缺乏，削弱了欧盟抗除草剂玉米的应用。不过，以延期 5 年的代价，抗除草剂玉米已于 2004 年被欧盟批准进口，估计抗除草剂玉米的应用在未来的几年将得到快速的增长。

2003 年美国约 97%的抗除草剂棉花为抗草甘膦品种，抗溴苯腈棉花的种植面积很少，只占 2%，并持续下降，其主要原因是它不能控制镰刀豆（sicklepod）等几种主要阔叶杂草。环境保护局对溴苯腈的限制使用，使抗除草剂兼抗虫的品种匮乏，更减少了抗溴苯腈棉花的应用。2004 年首次向农民提供的杂草防治管理系统就是种植抗草铵膦棉花。至今抗草铵膦棉花的种植面积仅仅停留在 2004 年的起始水平。

抗除草剂大豆的应用是农业历史上技术传播最快的例子。从 1996 年开始种植以来，应用率大大提高，到 2004 年达到 85%（Fernandez-Cornejo，2004）。这是世界上增长最快的生物技术作物。

作物杂草常规防治方法的缺点

通常，常规作物杂草防治规划要同许多除草剂结合施用，以防治特殊的杂草或杂草群。除草剂通常分为种植前土壤处理（pre-plant incorporated，PPI）、芽前除草剂（pre-emergence，PRE）、芽后除草剂（post-emergence，POST）或芽前除草剂与芽后除草剂的结合。

PRE 与 PPI 的推广应用受到几个因素的制约：PRE 和 PPI 应用都包括预测，因为杂草可能在除草剂施用前发生；另外，种植前土地处理和芽前除草剂使用的效果不可预见性很大程度上依赖于降雨量。降雨量过少或过多都将使杂草防治失效。因此，芽后除草剂的应用逐渐成为一种趋势。在 POST 项目里，除草剂按田间的杂草种类、作物与杂草生长的限制条件加以选用（Carpenter et al.，2002）。抗除草剂作物的种植为芽后除草剂如草甘膦和草铵膦的使用提供方便。

在常规作物中，单靠一种除草剂不能防治一生年和多年生的阔叶及杂草。多数情况下，需要除草剂混合使用来全面防治杂草。常规作物如棉花，平均使用 3 种除草剂，对应 3 种有效组分，加上 1～3 次耕作。而抗除草剂作物减少了对多样除草剂应用的需求，仅使用单个除草剂也可以全面防治杂草。这种简易的杂草防治是农民接纳抗除草剂作物的最主要原因（Carpenter et al.，2002）。

在杂草防治中抗除草剂作物良好的适应性也是被广泛应用的另一个原因。抗除草剂作物很少受到生长阶段、作物大小及杂草种类的限制。在作物生长阶段后期除草剂照常应用，这点与常规作物不同。例如，草甘膦在棉花 5 叶期、油菜 6 叶期、大豆开花期使用（Carpenter et al.，2002）。同常规作物相比，除草剂的应用要广泛得多。草甘膦用于防治两种玉米杂草，即狐尾草和秋黍，最高株高为 6 英寸（15.2cm），而常规除草剂莠去津/砜嘧磺隆/烟嘧磺隆（商品名 Basis Gold）只能防治株高 3 英寸（7.6cm）的杂草（Curran et al.，1999）。

除草剂用于常规作物常产生作物药害，这是个潜在的大问题，尤其对于大豆和棉花。应用抗除草剂作物可减少作物药害。除草剂应用于这些作物，对作物不再产生危害。而且，与常规作物不同的是，抗除草剂作物不存在除草剂残留物问题。生物技术作物不会残留草甘膦和草铵膦，因此作物不需要等待除草剂残留物分解才种植。

抗除草剂作物的影响

抗除草剂作物在美国被广泛应用简化了杂草防治，提高了农民整个作物生产效率，减少对大量除草剂使用的依赖性。单个作物的应用效果详细描述如下。

Canola油菜：油菜的杂草防治要比其他作物严格得多，主要有以下三个原因：①油菜初期生长缓慢竞争不过杂草；②狭窄的种植间隔无法进行耕作从而增加了对除草剂的依赖性；③杂草种子的污染会影响油籽质量导致价格剧跌，甚至卖不出去。虽然常规除草剂提供了对目标杂草的有效防治，但是油菜的杂草防治经常面临挑战，因为除草剂带来的作物药害，多年生杂草防治的解决方法很少且成本又高，以及杂草对常规除草剂产生抗性等。

农民接受抗除草剂油菜品种是因为容易防治野生芥末、地肤、加拿大蓟等杂草(Jenks B，美国北达科他州立大学，私人通讯)。用常规方法防治这些杂草需要大量除草剂因而成本昂贵。草甘膦和草铵膦油菜抗性品种防治杂草的效果与用常规除草剂相仿，但只需一种或两种除草剂，而且喷施一、二次就可以了。抗除草剂Canola油菜系统具一步操作特性，简化了杂草防治，同时降低了田间额外的机器操作成本。总体上，使用抗除草剂油菜的农民估计每英亩可以节约0.7磅（0.32kg）除草剂及15美元的杂草防治成本（Johnson et al.，2000）。最近一份影响评估显示，由于减少除草剂的使用量，其活性成分每英亩减少0.4磅（0.18kg）（pounds of active ingredient per acre，lb ai/A)，每英亩的成本也降低了11美元（Sankula and Blumenthal，2004）。

种植抗除草剂油菜的另一个好处在于减少了机械耕作及辅助性的杂草防治，这样能保持土壤表面湿润，创造了良好的苗床，这在常规杂草防治体系中是很难实现的。

玉米：抗除草剂玉米刚好可以解决某些常规方法难防治的问题杂草，如约翰逊草、百慕大草、马唐、刺黄瓜、旋花类草，以及一些抗除草剂杂草如地肤、藜等。除了成本效益，用抗除草剂玉米防治杂草提高了除草剂施用的灵活性，如在植物生长后期使用草甘膦和草铵膦，不易伤害作物（Brunoehler，1999）。

抗除草剂玉米已经证实是旱地生产系统的绝佳选择。在旱地，作物竞争不过杂草，使用土壤处理除草剂防治杂草必须依赖及时降雨。对抗除草剂玉米使用草甘膦或草铵膦则消除了对除草剂活性的要求，这些除草剂是芽后除草剂（POST)，不需要激活才生效。而且，抗除草剂玉米的应用还减轻了轮作作物（如紫花苜蓿和蔬菜）对残留除草剂敏感的问题。

常规玉米的杂草防治程序一般基于芽前除草剂莠去津（atrazine）的土壤应用，1998年美国2/3的玉米种植面积施用这种化学药品（USDA-NASS，1999)。生物技术玉米的除草剂程序以两种方式替换了先前的常规玉米除草剂程序，使用低比率的土壤，使用PRE除草剂，然后用草甘膦或草铵膦的芽后除草剂来防治问题杂草，或用草甘膦或草铵膦替换常规除草剂整个芽后除草剂程序。这个替换导致2003年除草剂使用每英亩减少0.96磅（0.44kg)，杂草防治成本每英亩降低10美元（Sankula and Blumenthal，2004)。早先预测抗除草剂玉米的种植将导致除草剂使用降低30%，即每英亩减少0.7磅（0.32kg）活性成分（Phipps and Park，2002)。可是由于除草剂的替换，除草剂施用的总量与过去差别不大。

棉花：常规棉花的杂草防治是比较复杂的，因为其早期生长缓慢，对除草剂敏感。与其他栽培作物相比，其选择余地有限。因此，常规棉花需要机械、手工和化学防治方法的结合。

生物技术抗除草剂品种的应用使棉花杂草防治进入一个新的时代。抗除草剂棉花的引入使杂草防治变得简便，因为一种和几种除草剂施用替换了许多常规防治方法及除草剂应用。同时，在应用过量芽后除草剂时还具有良好作物安全性的优点。

预计第二代抗草甘膦棉花品种（roundup ready flex cotton）将在今后几年里商业发放，届时除草剂对作物的安全性将进一步提高。第一代抗草甘膦棉花提供了非常好的营养生长耐性，而生殖生长期的耐性有限，所以在 5 叶期以后使用草甘膦会引起作物减产。Roundup Ready Flex Cotton 将扩大草甘膦的施用期，允许其芽后除草剂的施用能超过 5 叶期以后。这样就更能提高除草剂的使用效率。同时给农民提供更大的灵活性，可以根据天气环境决定除草剂的施用。Roundup Ready Flex Cotton 还能进一步提高效率。因为它将允许除草剂、杀虫剂及植物生长调节剂等混合使用。随着 Roundup Ready Flex Cotton 的商业推广，预期抗除草剂棉花种植面积将进一步增加。

在美国，除草剂使用的方式、剂量、施用次数均因抗除草剂棉花（主是抗草甘膦）的变化而变化。施用草甘膦的面积从 1994 年的 8%增长到 2003 年的 69%（USDA-NASS，2004）。相反，在常规棉花上使用的除草剂如甲基胂酸钠、氟乐灵、伏草隆就显著减少了。在抗除草剂棉花推广以前，农民通常使用每英亩 2.7 磅（1.22kg）除草剂（活性成分）以防治杂草（USDA-ERS，1997），而抗除草剂棉花每英亩的活性成分减少了 50%以上。根据 NASS 调查，2003 年除草剂在棉花地平均使用次数相比 1994 年下降了 5%。总而言之，棉农在 2003 年除草剂使用量减少了 970 万磅（440 万 kg）（Sankula and Blumenthal，2004）。

棉农应用抗除草剂品种降低了生产成本。农民节省了往返于棉田和住家的时间，也减少了很多补栽作物的工时，生产成本因此降低很多。由于抗除草剂棉花品种的应用，2003 年除草剂每英亩的应用次数平均减少 1.4 次，耕地操作每英亩减少 1.7 次，手工作业时间每英亩减少 2.8h（Sankula and Blumenthal，2004）。总之，棉农在 2003 年因为降低生产成本获得的纯收益估计为 221 亿美元。

大豆：自从普遍应用抗草甘膦大豆以来，大豆生产的杂草防治从根本上发生了变化。抗除草剂品种的使用令大豆生产管理变得更简单，更灵活，成本更低。常规除草剂的多次处理被单个广谱除草剂 1～2 次处理所代替，从而实现了杂草管理的简化。而且，抗草甘膦大豆避免了常规除草剂普遍存在的作物药害。草甘膦有效防治了对常规大豆除草剂有抗性的杂草，如水田杂草，这加速了抗草甘膦大豆的应用（Johnson and Smeda，2001）。

抗草甘膦大豆的一个主要影响是，很大程度上改变了除草剂在美国的使用模式。自从引入抗草甘膦大豆，大部分常规除草剂的使用减少了，相应地草甘膦的施用则增加了。1995 年大豆种植面积的 20%使用草甘膦，它是在种植前使用灼烧式除草剂，或生长季节里用除草剂对杂草点喷加以应用的。到 2002 年，草甘膦处理占大豆种植面积的 78%（USDA-NASS，2003）。1995 年咪草烟是最常使用的大豆除草剂，占 44%，而自从 1996 年抗草甘膦大豆商业化，咪草烟除草剂的使用逐年下降，到 2002 年只占 9%；

其他除草剂也类似这种趋势，2002 年二甲戊乐灵占 9%，氟乐灵占 7%，氯嘧磺隆占 6%。

抗草甘膦大豆的另一个主要影响是，每英亩除草剂的施用量减少。2000 年尽管大豆种植面积增加了 19%，但抗草甘膦大豆的除草剂施用量减少了 998 万 kg（占 13%）（Carpenter and Gianessi，2002）。田间机械操作次数的减少可以节约燃油，提高农场作业效率，减轻土壤压实情况等。

NASS 数据库关于除草剂施用情况说明，从 1995 年到 2002 年大豆除草剂的施用剂量略有增加（USDA-NASS，2003）。用草甘膦替换低利用率（low-use-rate）的除草剂，如咪草烟，扩大了大豆种植面积，同时增加免耕作业也可能略微增加草甘膦的用量。

抗除草剂大豆种植面积在美国快速扩大的另一个原因是抗草甘膦大豆杂草防治程序的低成本。与其他除草剂相比，草甘膦的价格低，所需的施用次数较少，所以抗除草剂大豆杂草防治的管理费用比常规的成本要低。根据 2003 年科技费用及除草剂应用成本计算，抗草甘膦大豆的杂草防治成本比常规大豆每英亩低 20 美元（Sankula and Blumenthal，2004）。

常规大豆生产常用的几种除草剂会影响地下水系，包括甲草胺、异丙甲草胺、嗪草酮。虽然除草剂从田间流失的量通常很小（小于总用量的 2%），但每年流失量平均浓度也经常超过饮用水标准（Shipitalo and Malone，2000）。因此，大豆中减少芽前除草剂的用量变得迫切。芽后除草剂如草甘膦因在叶面喷施，减少了流失量。总之自从引种抗除草剂大豆后，污染地下水的除草剂使用量减少了 60%，约为 1700 万磅（7700 万 kg）（Krueger，2001）。

除草剂抗性作物及其作物产量

常规作物的杂草防治通常是繁重的，包括需将多种除草剂和耕作多次结合施用，以有效地防治杂草，预防减产。因此，常规作物与抗除草剂作物在产量上没有差别（Fernandez-Cornejo，2004）。

产量受环境和遗传影响，是个复杂的现象。抗除草剂作物只在对杂草特性上区别于常规作物，作物产量则没有任何差别。然而，抗除草剂的性状使作物能抵抗非选择性除草剂，因而在杂草防治上比仅使用单一常规除草剂更有效。产量损失明显降低，最终增加产量。

抗除草剂作物对保护性耕作方式的影响

抗除草剂作物的种植不但对农艺和经济产生积极影响，对环境改善也有重要作用。通过农户调查及专家投票显示，自 1996 年抗除草剂作物首次种植后，免耕地面积逐步增加。

免耕地的主要问题是杂草防治。恶劣的天气条件阻碍了除草剂在免耕地的有效应用。对生物技术作物施用除草剂比以往常规作物的效果更好，这使农民有信心不依赖于耕作进行杂草防治。与抗除草剂作物商业化以前相比，2003 年美国大豆、玉米、棉花的免耕地面积分别增加了 45%，14%和 300%。Doane（2002）的市场调查报告同样表明，种植抗除草剂作物使农民有可能将免耕作业与农场作业得以成功结合。

与其他作物相比（表 1.2.6），棉花免耕面积有较大幅度的增加与以下几个因素有关：种植抗除草剂作物有可能过量（over-the-top）喷施除草剂；农民认识到传统免耕作业的优势；汽油价格的提高；在免耕地使用除草剂可有效防治杂草。然而，生物技术棉花的推广则是现在棉花免耕地增加更为主导的因素。

表 1.2.6 美国抗除草剂棉对免耕地面积的影响

年份	免耕地面积/百万 hm^2	免耕地占种植总面积的比例/%	相比 1996 年免耕地面积的增长率/%
1996	0.206	3.4	—
1997	0.214	3.7	4
1998	0.271	4.9	31
2000	0.546	8	166
2002	0.822	14	300

资料来源：Conservation Technology Information Center（保护性耕作技术信息中心，简称 CTIC），多年数据。

保护性耕作技术信息中心 2002 年报道，免耕地的增加有效减少了 95%的土壤侵蚀接近 10 亿吨，沉降处理成本节省了 35 亿美元（Fawcett and Towery，2002）。免耕地的其他好处有，燃料节省每英亩 3.9 加仑（17.7L），机械损耗降低，杀虫剂使用量减少 70%，水径流减少 69%，碳截存* 效率提高，鸟类和兽类生活环境的改善降低了温室效应气体排放。

一些专家赞誉抗除草剂作物把美国农业从高碳应用转换到碳截存时代。生物技术抗除草剂作物，提供了更有保障的杂草防治，促进了免耕技术的增长，提高了相关环境和经济效益。

结论

近十年的实践经验表明，美国生物技术作物使作物生产发生彻底变革，帮助农民增强信心去实现农业生产的目标：用最少的投入获得最多的收益。迹象说明生物技术在这个自然资源不足的世界上推广是势在必行、至关重要的。生物技术作物推动了生产力的持续增长，让美国及全世界农民提高食物安全而不必占用更多的森林土地进行农业生产。

美国农民种植生物技术作物从 1996 年的 500 万英亩（202.3 万 hm^2）增加到 2003 年的 1.06 亿英亩（4300 万 hm^2）。生物技术作物的应用自商业化开始逐年提高，这说明了生物技术作物产品确实产生了正面影响，前景非常乐观。

生物技术作物在美国快速增长应归功于它所产生的积极影响：效益提高，虫害得以更好的防治，有关虫害防治的耕作制度管理的成本得以降低，杀虫剂使用的减少，农民收益的提高等。生物技术作物已成为美国历史上非常重要的成就。美国农民对这些作物很有信心。Bt 作物的成功应用，使几个主要虫害得以有效防治，提高了产量，减少了杀虫剂使用量，并使利用抗除草剂进行作物杂草防治变得更为简便灵活。

尽管我们有很多已证明了的例子和已有例子所具有的正面影响，研究人员也肯定

---

* 译者注：碳截存是指二氧化碳的捕获、分离、存储或再利用。

了生物技术作物与常规作物一样安全，甚至更安全。但是反对者仍然对一些问题提出质疑，比如这些作物对害虫抗药性的问题，对人体健康的影响，以及对抗虫性及基因漂流的可能。这些不但与生物技术作物的应用同样重要，而且也涉及常规虫害的治理。因此，对风险与收益的权衡，和对有关技术价值的正确评估都是非常重要的。

美国目前种植的生物技术作物只对作物保护性状进行改良。第二代生物技术作物正在起步阶段，它们将包括如耐寒、耐旱、氮元素的高效使用等特性，改善产品特性如口感、外观、保质期、营养价值等。通过综合流程导入作物，有可能进一步提高作物产量，给消费者提供健康与安全的食品，相信在不久的将来，这些生物技术作物将被更多的人接受。

参考文献

Alstad, D.N., Witkowsi, J.F., Wedberg, J.L., Steffey, K.L., Sloderbeck, P.E., Siegfried, B.D., Rice, M.E., Pilcher, C.D., Onstad, D.W., Mason, C.E., Lewis, L.C., Landis, D.A., Keaster, A.J., Huang, F., Higgins, R.A., Haas, M.J., Gray, M.E., Giles, K.L., Foster, J.E., Davis, P.M., Calvin, D.D., Buschman, L.L., Bolin, P.C., Barry, B.D., Andow, D.A. and Alstad, D.N. (1997) In *Bt-Corn & European Corn Borer: Long-Term Success Through Resistance Management* (eds K.R. Ostlie, W.D. Hutchison and R.L. Hellmich). Available at www.extension.umn.edu/distribution/cropsystems/DC7055.html.

Alston, J.M., Hyde, J., Marra, M. and Mitchell, P.D. (2002) An ex ante analysis of the benefits from the adoption of corn rootworm resistant transgenic corn technology. *AgBio Forum* **5**, 71–84.

Anonymous (multiple years) Summary of losses from insect damage and costs of control in Georgia. University of Georgia.

Babcock, J.M. and Bing, J.W. (2001) Genetically enhanced Cry1F corn: broad-spectrum lepidopteran resistance. *Down to Earth* **56**, 10–15.

Baum, J.A., Chu, C-R., Rupar, M., Brown, G.R., Donovan, W.P., Huesing, J.E., Ilagan, O., Malvar, T.M., Pleau, M., Walters, M. and Vaughn, T. (2004) Binary toxins from *Bacillus thuringiensis* active against the western corn *rootworm, Diabrotica virgifera virgifera LeConte Applied and Environmental Microbiology* **70**, 4889–4898.

Beachy, R.N., Loesch-Fries, S. and Tumer, N.E. (1990) Coat protein-mediated resistance agains virus infection. *Annual Review of Phytopathology* **28**, 451–474.

Brunoehler, R. (1999) Farmers, researchers rate Roundup Ready corn. *Soybean Digest*, Januar edition.

Bryant, K.J., Allen, C.T., Bourland, F.M., Smith, K.L. and Earnest, L.D. (2000) Cost and returr comparisons of transgenic cotton systems in Arkansas. *Proceedings of the Beltwide Cottor Production Conference* **1**, 343–345.

Bryant, K.J., Roberston, W.C. and Lorenz, G.M. (1999) Economic evaluation of Bollgard cottor in Arkansas. *Proceedings of the Beltwide Cotton Conference* **1**, 349–359.

Carpenter, J., Felsot, A., Goode, T., Hammig, M., Onstad, D. and Sankula, S. (2002) *Comparative Environmental, Impacts of Biotechnology-Derived and Traditional Soybean, Corn, and Cotton Crops*, Council for Agricultural Science and Technology, Ames, Iowa.

Carpenter, J.E. and Gianessi, L.P. (2002) Trends in pesticide use since the introduction o genetically engineered crops in *Economic and Environmental Impacts of Agbiotechnology: A Global Perspective* (ed Nicholas Kalaitzandonakes), Kluwer-Plenum, NY.

Christensen, J.J. and Schneider, C.L. (1950) European corn borer (*Pyrausta nubilalis* HBN.) in relation to shank, stalk, and ear rots of corn. *Phytopathology* **40**, 284–291.

Cooke, F.T., Scott, W.P., Martin, S.W. and Parvin, D.W. (2001) The Economics of Bt Cotton in the

Mississippi Delta 1997–2000. *Proceedings of the Beltwide Cotton Conference* **1**, 175–177.

Curran, W.S., Lingenfelter, D.D., Calvin, D.D., Ayers, J.E. and Dewolf, E.D. (1999) Corn pest management. Part 2, Section 2. Available at www.agguide.agronomy.psu.edu/pm/default.html.

Conservation Technology Information Center (multiple years) Crop residue management. Available at www.ctic.purdue.edu/Core4/Core4Main.html

Di, R., Purcell, V., Collins, G.B. and Ghabrial, S.A. (1996) Production of transgenic soybean lines expressing the bean pod mottle virus coat protein precursor gene. *Plant Cell Reports* **15**, 746–750.

Dively, G. (2004) Personal Communication. University of Maryland.

Doane Marketing Research (2002) Conservation Tillage Study prepared for the Cotton Foundation. Available at www.cotton.org/tech/biotech/presentation/doanecontillfinalreport.ppt.

Dow Agrosciences News Center (2002) Herculex I earns Japanese approval, corn growers gain new option. Available at www.dowagro.com/herculex/news/japan_app.htm.

Edge, J.M., Benedict, J.H., Carroll, J.P. and Reding, H.K. (2001) Contemporary issues—Bollgard® cotton: an assessment of global economic, environmental, and social benefits. *Journal of Cotton Science* **5**, 121–136.

EPA (2001) Revised risks and benefits sections *Bacillus thuringiensis* plant-pesticides. Biopesticides Registration Action Document. Environmental Protection Agency, pp. 1–306.

Fawcett, R. and Towery, D. (2002) Conservation tillage and plant biotechnology: how new technologies can improve the environment by reducing the need to plow. Available at www.ctic.purdue.edu/CTIC/BiotechPaper.

Fernandez-Cornejo, J. (2004) Agricultural biotechnology: adoption of biotechnology and its production impacts. Available www.ers.usda.gov/Briefing/biotechnology/chapter1.htm.

Fernandez-Cornejo, J. and McBride, W.D. (2000) Genetically engineered crops for pest management in US agriculture: farm level impacts. Economic Research Service/USDA—Agricultural Economic Report—786.

Fuchs, M., Tricoli, D.M., Carney, K.J., Schesser, M., McFerson, J.R. and Gonsalves, D. (1998) Comparative virus resistance and fruit yield of transgenic squash with single and multiple coat protein genes. *Plant Disease* **82**, 1350–1356.

Gianessi, L. and Carpenter, J. (1999) *Agricultural Biotechnology Insect Control Benefits*, National Center for Food and Agricultural Policy, Washington, DC, pp. 1–78.

Gianessi, L.P. and Marcelli, M.B. (1997) *Pesticide Use in US Crop Production: 1997*, National Center for Food and Agricultural Policy, Washington, DC. Available at www.ncfap.org.

Gianessi, L.P., Silvers, C.S., Sankula, S. and Carpenter, J.E. (2002) The potential for biotechnology to improve crop pest management in the US: 40 case study. Available at www.ncfap.org.

Gonsalves, D., Gonsalves, C., Ferreira, S., Pitz, K., Fitch, M., Manshardt, R. and Slightom, J. (2004) Transgenic virus-resistant papaya: from hope to reality for controlling papaya ringspot virus in Hawaii. APSnet Feature, American Phytopathological Society. Available at www.apsnet.org/online/feature/ringspot.

Hawaii Agricultural Statistics Service (multiple years) Papaya acreage information from Online Publication Archive. Available at www.nass.usda.gov/hi.

James, C. (2003) Global status of commercialized transgenic crops: 2003. Number 30. ISAAA. Ithaca, New York.

James, C. (2004) Global status of commercialized biotech/GM crops: 2004. Number 32. ISAAA. Ithaca, New York.

James, C. (multiple years) Global status of commercialized transgenic crops. Available at www.isaaa.org.

Johnson, B., Zollinger, R., Hanson, B., Erikson, E., Riveland, N., Henson, R. and Jenks B. (2000) Herbicide-tolerant and conventional canola production systems comparisons, 2000 North Dakota Weed Control Research, pp. 8–10.

Johnson, W. and Smeda, R. (2001) Weed management issues in Roundup Ready soybeans in *Integrated Pest and Crop Management Newsletter*, Volume 11 (1), University of Missouri.

Kaniewski, W. and Lawson, C. (1998) Coat protein and replicase-mediated resistance to plant viruses, in *Plant Virus Disease Control* (eds A. Hadidi, R.K. Khetarpal and H. Koganezawa), APS Press, St. Paul, MN, pp. 65–78.

Kreuger, R.W. (2001) The public debate on agrobiotechnology: a biotech company's perspective. *AgBioForum* **4**, 209–220.
Lauer, J. (2004) 2003 performance of Bt-CRW in university trials. *Wisconsin Crop Manager* **11**, 14–15.
Levine, E. and Oloumi-Sadeghi, H. (1991) Management of Diabroticite rootworms in corn. *Annual Review of Entomology* **36**, 229–255.
Marasas, W.F.O. (1995) Fumonisins: their implications for human and animal health. *Natural Toxins* **3**, 193–198.
Marra, M., Carlson, G. and Hubbell, B. (1998) Economic impacts of the first crop biotechnologies. Available at www.ag-econ.ncsu.edu/faculty/marra.firstcrop/img001.gif
Marra, M., Pardey, P. and Alston, J. (2002) The payoffs of agricultural biotechnology—an assessment of the evidence. *International Food Policy Research Institute (IFPRI) Environment and Production Technology Division discussion paper* **87**, 1–57.
Mason, C.E., Rice, M.E., Calvin, D.D., Van Duyn, J.W., Showers, W.B., Hutchison, W.D., Witkowski, J.F., Higgins, R.A., Onstad, D.W. and Dively, G.P. (1996) *European Corn Borer: Ecology and Management*. North Central Regional Extension Publication 327, Iowa State University, Ames, IA.
Mills, J.A. and Shappley, Z. (2004) Performance review of Bollgard II in the midsouth. *2004 Beltwide Cotton Conferences*, p. 1617.
Monsanto (2003) Background on the corn rootworm. Available at www.monsanto.com/monsanto/content/media/backgrounders/rw_backgrounder.pdf.
Minnesota Department of Agriculture. Black Cutworm Factsheet. Available at www.mda.state.mn.us/pestsurvey/Factsheets/blkctworm.html.
Mullins, W. and Hudson, J. (2004) Bollgard II versus Bollgard sisterline economic comparisons. *2004 Beltwide Cotton Conferences*, pp. 1660–1661.
Mullins, J. and Mills, J. (1999) Economics of Bollgard versus non-bollgard cotton in 1998. *Proceedings of the Beltwide Cotton Conference* **2**, 958–961.
Munkvold, G.P. and Desjardin, A.E. (1997) Fumonisins in maize: can we reduce their occurrence? *Plant Disease* **81**, 556–565.
Munkvold, G.P., Hellmich, R.L. and Rice, L.F. (1999) Comparison of fumonisin concentrations in kernels of transgenic Bt maize hybrids and non-transgenic hybrids. *Plant Disease* **83**, 130–138.
National Corn Growers Association (2004) Press Release: IRM refuges are a must for Bt corn growers, compliance assurance program infractions may result in denied access to Bt technology in 2005. Available at www.fifra.info/x/press/2004/NCGA-20040423A.html.
Perlak, F.J., Deaton, R.W., Armstrong, T.A., Fuchs, R.L., Sims, S.R., Greenplate, J.T. and Fischoff, D.A. (1990) Insect resistant cotton plants. *Biotechnology* **8**, 939–943.
Phipps, R.H. and Park, J.R. (2002) Environmental benefits of genetically modified crops: global and European perspectives on their ability to reduce pesticide use. *Journal of Animal and Feed Sciences* **11**, 1–18.
Pike, D.R. (1995) Biologic and economic assessment of pesticide use on corn and soybeans. *USDA National Agricultural Pesticide Impact Assessment Program: Report Number 1-CA-95.*
Rice, M.E. (2004) Transgenic rootworm corn: assessing potential agronomic, economic and environmental benefits. *Plant Health Progress*. March 2004 online publication.
Runge, F. and Ryan, B. (2004) The global diffusion of plant biotechnology: international adoption and research in 2004. Available at www.apec.umn.edu/faculty/frunge/globalbiotech04.pdf.
Sankula, S. and Blumenthal, E. (2004) Impacts on US agriculture of biotechnology-derived crops planted in 2003—an update of eleven case studies. Available at www.ncfap.org.
Schultheis, J.R. and Walters, S.A. (1998) Yield and virus resistance of summer squash cultivars and breeding lines in North Carolina. *HortTechnology* **8**, 31–39.
Schwartz, P.H. (1983) Losses in yield of cotton due to insects, in *Cotton Insect Management with Special Reference to the Boll Weevil, Agricultural Handbook* (eds R.L. Ridgeway *et al.*), p. 589.
Shipitalo, M.J. and Malone, R.W. (2000) *Runoff Losses of Pre- and Post-Emergence Herbicides From Watersheds in a Corn–Soybean Rotation*, The Ohio State University, Ohio Agricultural Research and Development Center, pp. 1–4.

Sloderbeck, P., Buschman, L., Dumler, T. and Higgins, R. (2000) Economic comparison of Bt corn refuge planting strategies for south central and southwestern Kansas. Available at www.oznet.ksu.edu/ex_swao/Entomology/Bt_Folder/ btecfd.pdf.

Sobek, E.A. and Munkvold, G.P. (1999) European corn borer (Lepidoptera: Pyralidae) larvae as vectors of *Fusarium moniliforme*, causing kernel rot and symptomless infection of maize kernels. *Journal of Economic Entomology* **92**, 503–509.

Sparks, A.N. (1979) Review of the biology of the fall armyworm. *Florida Entomologist*, June edition.

Stark, C.R. (1997) Economics of transgenic cotton: some indications based on Georgia producers. *Proceedings of the Beltwide Cotton Conference* **1**, 251–253.

Swadener, C. (1994) Insecticide fact sheet: *Bacillus thuringiensis* (Bt). *Journal of Pesticide Reform* **14**, 13–20.

USDA-AMS (multiple years) Cotton varieties planted, United States. Available at www.ams.usda.gov/cotton/mncs/index.htm.

USDA-ERS (1997) Pest management in major field crops. AREI Updates. Number 19.

USDA-NASS (1999) National Agricultural Statistics Service: Agricultural Chemical Usage. Available at www.usda.gov/nass/pubs/estindx1.htm.

USDA-NASS (2003) National Agricultural Statistics Service: Agricultural Chemical Usage. Available at www.usda.gov/nass/pubs/estindx1.htm.

USDA-NASS (2004) National Agricultural Statistics Service: Agricultural Chemical Usage. Available at www.usda.gov/nass/pubs/estindx1.htm.

USDA-NASS (multiple years) National Agricultural Statistics Service: reports by commodity—acreage. Available at www.usda.gov/nass/pubs/estindx1.htm.

Walker, K.A., Hellmich, R.L. and Lewis, L.C. (2000) Late-instar European corn borer (Lepidoptera: Crambidae) tunneling and survival in transgenic corn hybrids. *Journal of Economic Entomology* **93**, 1276–1285.

Williams, M. (2003) Cotton insect loss estimates—2003. Available at www. msstate.edu/Entomology/CTNLOSS/2003/2003loss.html.

（叶琳　薛庆中　译）

1.3　中国生物技术作物的选育

Qingzhong Xue and Xianyin Zhang
College of Agriculture and Biotechnology, Zhejiang University, People's Republic of China
Yuhua Zhang
Crop Performance and Improvement, Rothamsted Research, Harpenden, Hertfordshire, AL5 2JQ, United Kingdom

引言

自20世纪90年代初期，中国在植物生物技术领域取得长足进展。利用转基因技术培育农作物新品种，增强了抗病虫害能力、提高产量、改善品质。与传统育种方法相比，转基因技术明显缩短了育种周期。用传统育种法选育一个新品种，需要5～8年时间，而利用转基因方法，可缩短到2～3年。以转基因技术为代表的新绿色革命必将对中国农业的未来产生重要的影响。

1993年，中国成立了国家生物遗传工程安全委员会。在1996年和2000年之间，从353项申请中批准了45项GM植物做田间试验，65项环境释放，及31项商品化（Huang et al., 2002）。迄今，中国转基因作物种植面积超过300万hm^2，有6种转基因植物已被批准商品化种植，包括棉花、大豆、玉米、油菜、番茄和辣椒（pepper）。目前最主要的转基因作物是棉花，除了偶尔用棉籽榨油，一般并不作为食品。2002年，中国转基因棉花种植面积居全球首位，达到150万hm^2，占全国棉花产量的1/3。

中国农业生物技术的快速发展得益于中国政府对转基因植物的研究和开发提供长期的支持。"国家高技术研究发展计划（863计划）"、"国家转基因植物研究与产业化专项"、"国家重点基础研究发展规划（973计划）"以及国家自然科学基金等用于农业生物技术研究的经费增加4倍，达到每年5亿美元。同时，中国在植物生物技术领域已建立了一支优秀的人才队伍，据不完全统计，通过正规培训的科研人员从1986年的740人增至1999年的1988人（Huang, 2002）。在发展中国家中，中国参与生物技术研究的人数最多。以转基因技术为先导兴起的新农业技术革命，将推进高产、优质、高效农业的发展，已受到了世界各国的关注。

本节主要介绍中国在转基因植物研究和在农业生产上的应用的创新点。

产生转基因植物的途径

聚乙二醇（PEG）介导转化法

20世纪80年代中期，随着水稻原生质体培养技术的突破和完善（Abdullah et al., 1986），为科学家将外源基因直接导入细胞提供了可能。Zhang和Wu（1988）用"台北309"粳稻品种成熟种子愈伤组织，建立起良好的悬浮细胞系，在分离原生质体基础上，借助 PEG 介导法首次获得水稻转基因植株。但由于原生质体再生体系的建立耗时并受基因型的限制，同时 PEG 对植物细胞还有一定毒性，因而该方法受到限制。

基因枪轰击法（microprojectile-mediated transformation，Biolistic method or particle gun-mediated transformation）

由美国康奈尔大学的 Sanford 开发出外源基因导入植物的新方法（Klein et al.，1987）。他们提出将 DNA 分子包被在 1μm 左右直径的金粉或钨粉上，直接将外源基因轰击植物组织或细胞的创意，并成功研制出导入外源基因的工具（基因枪）。这个技术克服了原生质体再生的困难，不受寄主范围的限制，而且，其载体质粒的构建也相对简单，很快成为单子叶植物外源基因转化的主要方法，得到了广泛应用。

农杆菌介导转化法

尽管农杆菌介导转化已普遍适用于双子叶植物，但是，在单子叶植物中尚有许多瓶颈。Chan 1992 年首先报道用农杆菌法转化籼稻“台中本地 1 号”的幼苗，得到了转化的根和愈伤组织，在转化组织中检测到了外源基因的表达。继而以水稻幼胚为材料，用马铃薯的悬浮培养液与农杆菌共培养，提高了转化效率，得到了转基因植株，并能稳定遗传给后代（Chan et al.，1993）。次年，农杆菌转化单子叶植物技术通过日本人 Hiei（1994）的研究得以证实和进一步完善。与基因枪轰击方法相比，农杆菌介导转化法转移的 T-DNA 片段比较确定，呈单拷贝，易操作、低费用，转化效率较高。因此，已被越来越多的实验室所接受。

花粉管通道法

1983 年，周光宇教授基于植物在开花、受粉过程中形成和伸长花粉管，提出在植物授粉后向子房注射含目的基因的 DNA 溶液，通过伸长的花粉管，外源 DNA 将可能进入受精卵并整合到合子细胞的基因组中，从而产生转基因植株。花粉管通道法是一种颇具特色的转基因技术，它以植物卵细胞或受精卵为转化对象，不受基因型限制，不需要经过复杂的组织培养技术，可以直接获得转基因植株，技术简单，易被常规育种工作者接受和掌握。尽管该方法转化率较低，在转化机理及转基因植株的分子证据方面尚未得到广泛认同，但已有愈来愈多的研究证实它的可行性（Zhou et al.，1993）。中国目前大面积推广的实用化的抗虫、抗病转基因棉花新品种（系），部分是用花粉管通道法培育出来的，这是中国科学家的一个重要贡献。

花粉介导法在玉米（*Zea mays* L .）上也获得成功，在开花期玉米用花粉与 pGL Ⅱ _ RC _ 1质粒 DNA 混合并附加超声波处理后，以人工授粉将几丁质酶基因导入玉米自交系中。已通过 DNA 斑点杂交、PCR 以及 Southern blot 杂交检测证明（Wang et al.，2001a）。

还有一些其他的转移基因的技术和方法可根据不同受体植物的特点加以选择。在进行转基因植物研究前需考虑以下环节。例如，目的基因和配套基因元件、外源基因和内源基因的协调，转基因遗传及其基因的表达稳定性，抗性选择标记基因的去除，选择效率等。

影响基因转化的因素

近年来，农杆菌介导法已成为大多数作物转基因的首选方法，并应用在水稻、玉米、小麦和大麦等禾谷类作物的遗传转化中（Cheng et al.，1997；Hiei et al.，1994），然而，由于不同实验室选用的菌株类型、载体类型、植物材料等有较大的差别，因而报道的效率也不同。植物基因转化效率受到多种因素的影响，其中某些因素非常重要。如：细菌菌株、双元载体、表达载体、基因型、培养基、乙酰丁香酮和愈伤组织生长的状况等。为提高转基因效率必须对所有上述因素进行优化。

启动子

为使转基因特定表达，构建植物表达载体时，在目的基因5′端和3′端需要分别加上适当的启动子和终止子序列。转基因初期被广泛应用的花椰菜花叶病毒的35S启动子和水稻的肌动蛋白基因启动子 *Actin1* 是组成型启动子。随着更多的目的基因被克隆，多种组织特异性启动子和诱导型启动子已被采用，旨在更精确地控制外源基因在生长发育期时表达的特性。例如，用种子特异表达的启动子改善品质，用诱导型启动子增强抗虫性，用花粉特异表达的启动子创造雄性不育等。表1.3.1列出了用于植物转基因的部分组织特异性启动子。

表 1.3.1　植物转基因试验中应用的组织特异性启动子

启动子	来源	表达组织	转入植物	目的基因
2A12	番茄	果实	番茄	ipt、GUS
Rch10	水稻	花器官	烟草	iaaL
A9	拟南芥	花药	烟草	Barnase
* TA29+35S	CaMV 等	花药	拟南芥	GUS
RTS	水稻	花药	水稻	GUS
Zm13	玉米	花药	玉米	Barnase
RTS	水稻	花药	水稻	Barnase
Patatin	马铃薯	块茎	马铃薯	乙肝表面抗原基因
PNZ1P	裂叶牵牛	绿色组织	烟草	GUS
Gt1	水稻	胚乳	水稻	GUS
4a	水稻	胚乳	水稻，烟草	GUS
BP	杨树	韧皮部	烟草	GUS
CP	竹节花黄斑驳病毒	韧皮部	烟草	GUS
SP	笋瓜韧皮部蛋白2	韧皮部	烟草	GUS
BSP	杨树树皮	韧皮部	烟草	GUS
PP2	笋瓜	韧皮部、分生组织	烟草	GUS，已修饰的GNA
RSP1、RSP2	水稻	维管束	水稻	GUS
GRP1.8	银杏	维管束	烟草	GUS
profilin2	拟南芥	维管束	伽蓝菜	GUS
CoYMV	竹节花黄斑驳病毒	维管组织	棉花	GUS

续表

启动子	来源	表达组织	转入植物	目的基因
CoYMV	竹节花黄斑驳病毒	维管组织	烟草	GUS
HRGP	胡萝卜	维管组织等	烟草	GUS
po1,po2,po3	香蕉束顶病毒	维管组织特异性	烟草	GUS、GFP
16S	烟草	叶绿体	烟草	aadA
水稻谷蛋白	水稻	种子	烟草	GUS
napinB	油菜	种子	烟草	GUS
BcNA1	甘蓝型油菜	种子	烟草	GUS
醇溶蛋白基因启动子	玉米	种子	烟草	GUS

Xie（2000）应用缺失分析研究了棉花曲叶病毒互补链基因启动子的功能区，并得到融合了5种不同长度的启动子GUS基因的转基因植物。通过GUS活性检测转基因植株，表明缺失负调控元件（cis）的启动子比全长启动子活性更强，其平均强度是CaMV 35S启动子的12倍。

内含子的作用

许多植物基因的内含子，如玉米*Adh1*、*Sh1*和水稻*Act1*，均能增强基因的表达，但在基因转化上内含子的效果不尽相同。将一个内含子插入到CaMV 35S启动子和GUS基因间，转基因水稻中GUS的表达增强了15倍，但在转基因烟草原生质体实验中基因表达却没有差异（Li et al., 1995）。研究了水稻5-烯醇丙酮莽草酸-3-磷酸合酶基因第一个内含子对转基因表达的作用，Xu等（2003）对转基因烟草植株GUS活性检测表明，EPI存在可以使GUS的平均表达水平高3倍，最高可达6倍。Chen和Wang（2004）报道在转基因水稻中，OsBP-73基因的启动子驱动GUS基因表达需要内含子，但其内含子序列自身并没有启动子的活性。相反，在蔗糖合酶（rice sucrose synthase）基因启动子活性研究中，Li等（2002a）报道转基因水稻植株第一内含子的有无对GUS基因启动子的表达特性没有明显影响。

选择标记

为促使转基因植株从众多的非转化细胞中筛选出来，在遗传转化中通常必须采用转基因筛选标记基因和与之搭配的筛选剂。常用的标记基因有新霉素磷酸转移酶基因（*NPTII*），产生对卡那霉素的抗性；潮霉素磷酸转移酶基因（*HPT*），产生对潮霉素的抗性和抗除草剂基因，如*BAR*基因PPT乙酰转移酶（*PAT*），产生对草丁膦（PPT）的抗性。

建立水稻高效快速农杆菌转化体系

为提高农杆菌转化效率，浙江大学薛庆中教授实验室在比较各种不同类型影响的因素基础上，对Hiei等（1994）的转化体系进行了修正，建立水稻高效快速农杆菌转化体系。构建了含Bt杀虫基因*CryIA*（*c*）和豇豆胰蛋白酶抑制剂基因*CpTI*的双价抗虫

转基因载体 *PCAM-Bt-CpTI*，并用于对粳稻品系“浙大 19”农杆菌（*Agrobacterium tumefaciens*）介导法遗传转化。约 2000 块盾片愈伤组织与农杆菌共培养后，得到约 1300 块潮霉素抗性愈伤，从中分化抗性再生苗约 1500 株。对不同抗性愈伤来源的 70 个 T_0 代再生株进行 PCR 及 PCR-Southern blot 检测，62 株为转 *CryIA*（*c*）和 *CpTI* 双价抗虫基因阳性植株，3 个转基因 T_1 代株系对二化螟有高的毒性（Li et al., 2002b）。

用成熟度 80%～90%新鲜胚诱导愈伤

在农杆菌介导水稻转化试验中，由于应用幼胚和幼穗受季节限制，所以常用成熟胚盾片诱导产生愈伤组织起始材料。研究了不同成熟度和储藏时间的种子对愈伤组织诱导的影响，发现 80%～90%成熟度的新鲜种胚诱导的愈伤组织不仅整齐，生长快，并且转化率高。

用新鲜的愈伤组织共培养

农杆菌转化时，通常愈伤组织先继代 3 周左右再进行共培养（Hiei et al., 1994）。但 GUS 检测表明，愈伤组织继代 3 周后瞬间表达频率仅为 20%，呈现蓝色点。当改用新鲜盾片愈伤组织直接转化或在新鲜培养基上继代 2～4 天后转化，转化频率提高到 30%～80%。

用普通的 MS 培养基（蔗糖 3%）培养重新悬浮的农杆菌

共培养前固体或液体培养基里培养的农杆菌，一般需要重新悬浮到含高浓度蔗糖（6.85%）和葡萄糖（3.6%）的 AAM 培养基（Hiei et al., 1994）。比较了不同细菌悬浮培养基对农杆菌转化效率的影响，发现用普通的 MS 培养基（蔗糖 3%）代替 AAM，转化效果反而更好。说明农杆菌转化水稻愈伤组织并不需要高渗条件。

预培养时间

农杆菌转化效率还受到预培养时间的影响。未经继代的愈伤组织经 1 天的预培养，GUS 瞬间表达量很低，但预培养时间延长到 3 天，GUS 瞬间表达愈伤量就可达 80%。

降低培养基中 2,4-D 量

比较了预培养基中植物生长激素对转化效率的效应，发现 BAP 和 NAA 组合优于 2,4-D，愈伤组织培养在含 2,4-D 培养基上 2.5～3 天后，GUS 染色的比例一般在 30%～80%，大面积染色的愈伤组织在 20%以下。

相反，用新鲜的愈伤组织在含有 500μg/L BAP 和 500μg/L NAA 的 N6 培养基上预培养 2.5～3 天，其 GUS 瞬间表达愈伤的比例可稳定地提高到 80%以上，并且愈伤组织大面积染色的比例也在 50%以上。

通过上述一系列的比较试验，对农杆菌转化的步骤进行优化，建立水稻高效快速农杆菌转化体系，如图 1.3.1 所示。该体系显示较高的转化效率，良好的重复性，将愈伤组织诱导到植株再生的时间从 3～5 个月缩短到 2 个月。

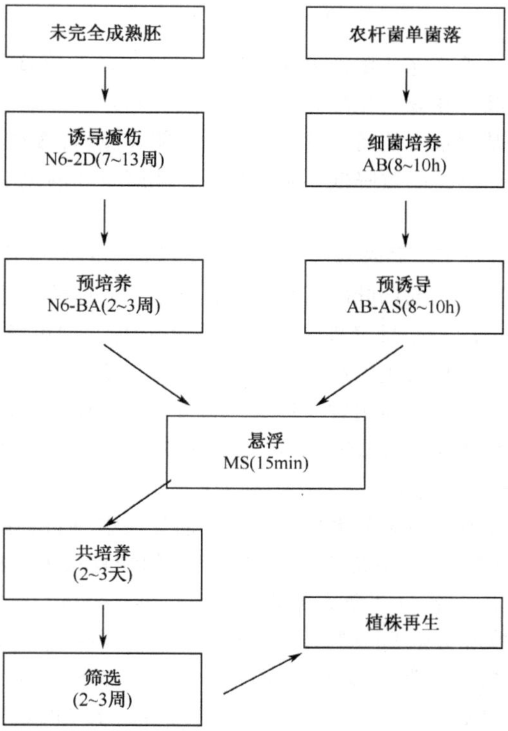

图 1.3.1 建立水稻高效快速农杆菌转化体系

转基因植物在中国农业上的应用

转基因棉花

从 20 世纪 90 年代起，中国开始了转基因抗虫棉的研究、开发和利用。转基因抗虫棉最常用的外源基因是 Bt 和 *CpTI* 基因。2001 年，转基因抗虫棉取得进展。中国农业科学院生物技术研究所获得抗虫棉基因专利“编码杀虫蛋白质融合基因和表达载体”。中国已审定抗虫棉品种 14 个，其中单价棉 11 个，双价棉 3 个，所有这些抗虫棉品种均高抗棉铃虫，品质好而且高产。2001 年有 3500 万农户种植转基因抗虫棉，占总数的 31%。中国选育的抗虫棉已经在河北、河南、山西、山东、湖南、湖北、江苏、安徽、新疆、辽宁等 17 个省推广 60 万 hm^2，占中国转基因棉总种植面积的 43.3%。

为确保 Bt 转基因棉的合理应用，中国已建立了配套技术措施，包括遗传纯合、良种繁育、栽培、抗虫性鉴定、Bt 毒性检测、棉铃虫的抗性治理、棉田害虫综合防治，以及安全性评估等（Jia，2001）。

虽然，抗虫棉已在中国推广种植，但是仍然存在以下问题，如抗虫性的时空变化、抗虫性较弱、抗虫谱狭窄及抗虫棉的安全管理。因此，需要寻找广谱抗虫基因，采用组织特异启动子和诱导表达启动子，培育转多基因抗虫棉，加强转基因抗虫棉的田间管理（Wang，2003）。

目前，转基因抗虫棉正在从单价棉向双价棉发展。转双价基因（*CryIAc*＋*CpTI*）抗虫棉的棉蕾、棉苞叶、花蕊、花瓣和棉铃的抗虫性均好于转单价基因抗虫棉，特别是高龄幼虫取食转双价基因抗虫棉后，其生长和发育明显减弱；幼虫的取食速率和消化率降低，代谢速率明显升高，蛹重降低，蛹期延长，化蛹率和羽化率降低，成虫寿命缩短（Cui et al.，2002）。

Rui 等（2002）调查了不同转基因抗虫棉杀虫活性的时空变化。他们发现其杀虫活性一般前期高于后期；生长前期叶的活性最高，而中、后期铃和蕾的活性较高。在生长中、后期，转 Bt 和 *CpTI* 双价棉活性明显高于单价 Bt 棉，并更稳定。但是，转 Bt 基因棉推广应用后，棉田非靶标害虫的种群发生数量明显上升，Deng 等（2003）观察 2000 年和 2001 年转 Bt 基因棉田（使用农药治虫）和自控田（仅依靠自然天敌治虫）分别比常规品种对照田棉蚜发生增加 37.9%，71.4%和 92.5 %，134.9%。昆虫天敌种群动态也因 Bt 棉的种植发生了变化。

转基因技术还应用在棉花恢复系的选育上，浙江大学 Wang 和 Li (2002) 将谷胱甘肽 S 转移酶基因（*GST*）导入棉花细胞质雄性不育的恢复系中。从转化植株的后代中，发现一个强恢复系，并定名为“浙大强恢”（Zhedaqianghui）。它比对照受体恢复系“DES HAF2 77”的恢复力强 25.8%，使杂种 F1 单株结铃数多 3.6 个，不孕籽率降低 10.1%，皮棉产量提高 10.6%。以基因 *GST* 作为探针做 Southern 和 Northern 分析表明，该新恢复系基因组中已整合转基因 GST，并有较高水平的表达。

转基因水稻

中国转基因水稻研究于 20 世纪 90 年代开始国际合作研究。浙江大学薛庆中实验室和美国康奈尔大学吴瑞（Wu R）实验室协作率先从转 *CpTI* 和 *PinII* 基因水稻中筛选出抗虫和抗除草剂水稻品系（Duan et al.，1996，Xu et al.，1996）。浙江大学舒庆尧实验室和加拿大协作培育出高抗螟虫新的水稻种质资源 KMD1 和 KMD2 等转 Bt 基因抗虫水稻（Chen et al.，1998，Shu et al.，2000，Ye et al.，2001）。

中科院遗传与发育生物学研究所朱祯实验室在转基因水稻中表达了经修饰的豇豆胰蛋白酶抑制剂基因（*CpTI*）。后期活性检测表明，*CpTI* 修饰基因比原基因提高了 2～4 倍，并表现出对二化螟等鳞翅目害虫的很高抗性。

Wang 等（2001b）检测了 Bt 转基因粳稻×常规籼稻和 Bt 转基因×常规粳稻的不同杂交群体转基因表达遗传。GUS 鉴定发现，籼粳交 BC-1 和 BCF-2 中转基因分别出现1∶1和 3∶1 分离，表明转基因属单基因显性遗传。利用 Western 点杂交发现 F1、F2 和 BC-1 代的 Bt 毒性表达量均高于转基因株亲本，呈现出表达能力上的杂种优势。此外发现上述两个杂交组合的农艺性状均无显著差异，如株高、穗长、分蘖数和千粒重。

为使转基因水稻抗虫性高效表达，Li 等（2002b）研究了蔗糖合酶基因启动子 *RSP1* 和 *RSP2* 在转基因水稻中的强度。由这两个启动子驱动的 GUS 基因在转基因水稻植株根、茎、叶及颖壳中高效表达，但在胚和胚乳中不表达。表明，水稻蔗糖合酶基因启动子可以直接应用于转基因育种并具有较高的食用安全性，因为转基因在籽粒可食部分没有活性。

Cheng 和 Xue（2003）以光敏不育系 ZAU11S 和三个转基因品系杂交，研究其 F2 群体中转基因的遗传及其表达特性。通过 PCR 分析、涂抹除草剂 Basta 和胰蛋白酶被抑制活性的测定，结果表明 F2 代转基因*BAR*和 *PINII* 按孟德尔方式遗传并紧密连锁，作为创伤诱导的 *PINII*基因具有明显的时空表达特性，其诱导信号传导不仅向上，也向下传导；在 3 个不同水稻转基因系中 *PINII* 基因的诱导表达不完全一致。在部分植株中 *BAR*基因表现沉默。

Sun 等（2001）利用基因枪法产生转雪花莲外源凝集素 *GNA* 基因植株。Southern blot 表明，79%的再生植株含有转基因。Western blot 表明，*GNA* 最高表达量占总可溶性蛋白的 0.5%。高表达品系对褐稻虱具有抗性。

基因转化也用于水稻抗病和抗逆性的改良上。Zhao 等（2000）首先将 *Xa21* 基因转入水稻雄性不育系培矮 64S 中，转基因植株对白叶枯病表现高度抗性。继后，Chen 等（2002）以转 *Xa21* 基因培矮 64S 后代与非转基因培矮 64S 杂交，PCR 检测 F1 植株含有 *Xa21* 基因，且绝大多数表现抗白叶枯病，F2 群体中抗病与感病株出现 3∶1 分离，表明转 *Xa21* 基因在杂交后代的传递属单基因显性遗传。长日高温下（培矮 64S/转 *Xa21* 基因培矮 64S）F1 植株完全可育，F2 群体可育与不育株出现 27∶1 分离。

Xa21 基因已转入中国 5 个水稻主栽品种，Zhai 等（2000），获得了 110 个独立的转基因系。Southern 分析揭示转基因已整合到受体植株基因组。*Xa21* 基因能稳定遗传，单拷贝整合的转化体在 T1 代呈现抗感 3∶1 的分离。病菌接种实验表明，转基因 T0 植株和 PCR 阳性 T1 植株对白叶枯病具高度抗性。

Feng 等（2001）报道共获得 49 个独立的转基因株系，它们包含 1～4 个抗真菌病基因。转基因植株中几丁质酶的活性均高于非转化对照植株，且转多个基因植株较转单个基因的植株其几丁质酶活性更高。

Wang 等（2000）用细菌编码甘露醇 1-磷酸脱氢酶（*MtlD*）基因和 6-磷酸山梨醇脱氢酶（*GutD*）基因转化水稻。气相色谱分析证明，转基因水稻积累了甘露醇和山梨醇，并且耐盐性远高于未转基因对照。

为修饰水稻种子蛋白组成，Zhang 和 Xue（2001）克隆了水稻谷蛋白基因 *Gt1* 启动子，以该启动子带动大豆球蛋白 *A1a* 和 *B1b* 亚基基因表达，并用农杆菌介导法获得转基因植株。经检测转基因已整合入水稻基因组，并在后代中稳定遗传。

抗虫性转基因水稻最近已应用于常规水稻育种程序中，并已培育出高产抗虫品系。然而，鉴于生物安全问题是由政府实施调控，至今转基因水稻品系还不允许被发放到大田。

转基因玉米

Bt *Cry1Ie1* 基因表达的毒蛋白对亚洲玉米螟显示高杀虫活性，虽然它在苏云金杆菌中不表达，但编码此毒蛋白的基因已由中国农业大学科学家克隆。*Cry1Ie1* 和 *Cry1Ac* 基因通过密码子用法修饰亚克隆成真核表达载体（Liu and Wang，2003）。产生了*Cry1A* 基因转基因玉米并表明，*Cry1A* 基因在转基因玉米中呈单位点显性基因遗传。Bt 毒性在不同株系中也有显著差异；转基因植株不同组织中的表达量也有明显差异，绿色组织中的表达量显著高于非绿色组织。在三个转基因株系中，Cry1A 杀虫蛋白的表达量在 R2 、R3 、R4 代之间无显著差异。

Wang 等（2002）利用花粉管通道技术将 Bt 毒性基因转化 9 个玉米自交系中，在 D1 代对 800 株转基因植株进行 PPT 筛选，成活植株占 30%，对其中 60 株进行 PCR 分子检测，证实三株为转化植株。Zhang 等（2003a）利用基因枪法将 Bt 基因轰击幼胚后，转至添加 Bialaphos 浓度为 10mg/L 的选择培养基上进行愈伤组织的诱导，继代筛选 3 轮，每轮 3 周，得到的抗性愈伤组织在不含 Bialaphos 的分化培养基上进行绿苗分化，获得了转化再生植株，PCR 鉴定结果表明 Bt 基因已整合到玉米自交系 501 和 C111 的基因组中。Liu 等（2003）对采用回交法育成的 Mo17Bt、478Bt、Zhong3Bt 和 871Bt 等四个转 Bt 基因自交系进行了抗虫性田间生物试验，表明 Bt 转基因自交系抗虫性优于对照，但不如阳性对照。

Li 等（2001）从玉米优良自交系芽尖分生组织诱导胚状体和丛生芽，建立起一种玉米丛生芽快速有效诱导体系。他们以丛生芽组织块为受体，用基因枪将从拟南芥（*Arabidopsis thaliana*）分离的抗除草剂基因 *ALS*（acetolactate synthase）导入玉米获得抗除草剂 chlorsulfuron 再生植株。

Zhang 等（2003b）首次报道了采用基因枪法将兔防御素基因（*NP-1*）导入玉米（*Zea mays* L.），在 5～7 叶期接种玉米大斑病菌（*Helminthosporium turcicum* Pass）0 号生理小种时，转基因玉米 T1 代表现良好的抗病性。此外，转口蹄疫病毒（foot and mouth disease virus，FMDV）结构蛋白 P1 基因植株也已获得（Yu et al.，2003）。

转基因油料作物

Chen 等（1999）建立了油菜农杆菌转基因技术体系，并将 *PEP* 反义基因在优良品种浙油 758 和浙优油 1 号中得以表达，获得高含油量的转基因油菜植株。

Zhou 等（2003）报道采用农杆菌感染的大豆子叶组织获得转 Bt 毒性基因（*Cry-IA*）大豆。Cui 等（2003）将几丁质酶基因导入 14 个大豆品种。用荧光显微镜观察了大豆花粉的萌发、花粉管的延伸和进入子房的情况，阐明了采用花粉管通道技术转基因成功率低的机理，并提出改进此转化技术的方法。

转基因烟草

烟草是最早应用于分子生物学和基因工程研究的模式植物。继后通过建立的有效的技术程序，包括对遗传性状、基因转移、表达载体构建、细胞培养和植株再生，以及优良株系选育等，获得了许多抗病、抗虫转基因烟草品种、品系。在中国已培育出抗烟草普通花叶病毒（TMV）、黄瓜花叶病毒（CMV）、马铃薯 Y 病毒（PVV）（译者注：原文误写成 PMV）的转基因烟草。但是，转基因烟草研究由于政策限制仅在实验室或严格控制的环境下进行（Zhao，2000）。

参考文献

Abdullah, R. and Cocking, E. (1986) Efficient plant regeneration from rice protoplasts through somatic embryogenesis. *Biotechnology* **4**, 1087–1090.

Chan, M.T., Lee, T.M. and Chang, H.H. (1992) Transformation of indica rice (*Oryza sativa* L.) mediated by *Agrobacterium tumefaciens. Plant Cell Physiology* **33**, 577–583.

Chan, M.T., Chang, H.H., Ho, S.L., Tong, W.F. and Yu, S.M. (1993) *Agrobacterium*-mediated production of transgenic rice plants expressing a chimeric alpha-amylase promoter/beta-glucuronidase gene. *Plant Molecular Biology* **22**, 491–506.

Chen, J.Q., Huang, R.Z., Lang, C.X., Hu, Z.H. and Liu, Z.H. (1999) Molecular cloning and sequencing of the *PEP* gene from *Brassica napus* and the construction of the antisense *PEP* gene. *Journal of Zhejiang University (Agricultural and Life Sciences)* **25**, 365–367.

Chen, J. and Wang, Z.Y. (2004) Expression of *OsBP-73* gene requires involvement of its intron. *Rice Journal of Plant Physiology and Molecular Biology* **30**, 81–86.

Chen, X.R., Qian, H.F. and Xue, Q.Z. (2002) Resistance to bacterial blight and fertility of the progenies from *Xa21* transgenic rice Pei'ai 64S. *Chinese Journal of Rice Science* **16**, 270–272.

Cheng, M., Fry, J.E., Pang, S., Zhou, H., Hironaka, C.M., Duncan, D.R., Conner, T.W. and Wan, Y. (1997) Genetic transformation of wheat mediated by *Agrobacterium tumefaciens. Plant Physiology* **115**, 971–980.

Cheng, Z.Y. and Xue, Q.Z. (2003) Inheritance and expression of potato proteinase inhibitor gene II (*pinII*) in transgenic rice. *Scientia Agricultura Sinica* **2**, 728–735.

Cheng, X.Y., Sardana, R., Kaplan, H. and Altosaar, I. (1998) *Agrobacterium*-transformed rice expressing synthetic *cry1Ab* and *cry1Ac* genes are highly toxic to striped stem borer and yellow stem borer. *Proceedings of the National Academy of Sciences USA* **95**, 2767–2772.

Cui, J.J., Xia, J.Y., Ma, L.H. and Wang, C.Y. (2002) Studies on the efficacy dynamic of the transgenic *CryIAc* plus *CpTI* cotton (ZGK9712) to cotton bollworm. *Acta Gossypii Sinica* **14**, 323–329.

Cui, Y., Yang, Q.K., Zhou, S.J. and Kong, F.J. (2003) An investigation of improving soybean transformation via pollen-tube pathway. *Soybean Science* **22**, 75–77.

Deng, S.D., Xu, J., Zhang, Q.W., Zhou, S.W. and Xu, G.J. (2003) Effect of transgenic Bt cotton on population dynamics of non-target pests and natural enemies of pests. *Acta Entomologica Sinica* **46**, 1–5.

Duan, X., Li, X., Xue, Q., Abo-el-Saad, M., Xu, D. and Wu, R. (1996) Transgenic rice plants harbouring an introduced potato proteinase inhibitor II gene are insect resistant. *Nature Biotechnology* **14**, 494–498.

Feng, D.R., Xu, X.P., Fan, Q., Li, B.J., Lei, C.L. and Ling, Z.Z. (2001) Rice plants of multiple transgenes for resistance to rice blast and sheath blight diseases. *Acta Agronomica Sinica* **27**, 293–301

Hiei, Y., Ohta, S., Komari, T. and Kumashiro, T. (1994) Efficient transformation of rice (*Oryza sativa* L.) mediated by *Agrobacterium* and sequence analysis of the boundaries of the T-DNA. *The Plant Journal* **6**, 271–282.

Huang, J., Rozelle, S., Pray, C. and Wang, Q. (2002) Plant biotechnology in China. *Science* **295**, 674–676.

Jia, S.R. (2001) *Transgenic Cotton.* China Science Press, Beijing.

Klein, T.M., Wolf, E.D., Wu, R. and Sanford, J.C. (1987) High-velocity microprojectiles deliver nucleic acids into living cells. *Nature* **327**, 70–73.

Li, Y.C., Zhang, X.Y. and Xue, Q.Z. (2002a) Cloning and specific expression of the rice sucrose synthase gene promoter in transgenic rice plants. *Acta Agronomica Sinica* **28**, 586–590.

Li, Y.C., Zhang, X.Y. and Xue, Q.Z. (2002b) The production of large number of transgenic rice plants with two insect-resistant genes by *Agrobacterium*-mediated transformation. *Journal of Agricultural Biotechnology* **10**, 60–63.

Li, G.S., Zhang, Q.W., Zhang, J.R., Bi, Y.P. and Shen, L. (2002c) Establishment of multiple shoot clumps from maize (*Zea mays* L.) and regeneration of herbicide-resistant transgenic plantlets. *Science in China, Ser.C* **1**, 40–49.

Liu, Y.J. and Wang, G.Y. (2003) The inheritance and expression of *cry1A* gene in transgenic maize. *Acta Botanica Sinica* **45,** 253–256.

Liu, Z.H., Tang, J.Z., Li, B.J., Fan, Y.L., Li, G.L., Ji, L.Y. and Chen, W.C. (2003) Primary study on identification of corn-borer resistance in corn inbred-lines transformed with Bt gene. *Acta Agronomica Sinica* **29**, 621–625.

Rui, C.H., Fan, X.L., Dong, F.S. and Guo, S.D. (2002) Temporal and spatial dynamics of the resistance of transgenic cotton cultivars to *Helicoverpa armigera* (Hübner). *Acta Entomologica Sinica* **45**, 567–570.

Shu, Q.Y., Ye, G.Y., Cui, H.R., Cheng, X.Y., Xiang, Y.B., Wu, D.X., Gao, M.W., Xia, Y.W., Hu, C., Sardana, R. and Altosaar, I. (2000) Transgenic rice plants with a synthetic *cry1Ab* gene from *Bacillus thuringiensis* were highly resistant to eight lepidopteran rice pest species. *Molecular Breeding* **6**, 433–439.

Sun, X.F., Tang, K.X., Wan, B.L., Qi, H.R. and Lu, X.G. (2001) Pure transgenic rice plants expressing the snowdrop lectin GNA are resistant to brown rice plant hopper. *Chinese Science Bulletin* **46**, 1108–1113.

Wang, G., Zhang, Y.Z., Wei, S.H., Hu, Y.G., Wu, Y. and Ji, J. (2002) Transferring insecticidal protein from *Bacillus thuringiensis* (Bt) into excellent maize inbred line. *Journal of Jilin Agricultural University* **24**, 40–44.

Wang, H.Z., Huang, D.N., Lu, R.F., Liu J.J., Qian, Q. and Pen, X.Y. (2000) Salt tolerance of transgenic rice by transformation of *mtlD/gutD* gene. *Chinese Science Bulletin* **45**, 724–729.

Wang, J.X., Sun, Y., Cui, G.M. and Hu, J.J. (2001a) Transgenic maize plants obtained by pollen-mediated transformation. *Acta Botanica Sinica* **43**, 275–279.

Wang, Z.H., Wu, G., Cui, H.R., Altosaar, I., Xia, Y.W. and Shu, Q.Y. (2001b) Genetic analysis of *cry1Ab* gene of Bt rice. *Acta Genetica Sinica* **28**, 846–851.

Wang, R.X. (2003) The development and application of transgenic insect-resistant cotton in China. *Cotton Science* **15**, 180–184.

Wang, X.D. and Li, Y.Y. (2002) Development of transgenic restorer of cytoplasmic male sterility in upland cotton. *Scientia Agricultura Sinica* **35**, 7–141.

Xie, Y.Q., Liu, Y.L. and Zhu, Z. (2000) Deletional analysis of functional regions of complementary sense promoter from cotton leaf curl virus. *Science in China (Series C)* **5**, 498–506.

Xu, J.W., Chang, T.J., Feng, D.J., Zhou, Z. and Li, X.G. (2003) Cloning of genomic DNA of rice 5-enolpyruvylshikimate 3-phosphate synthase gene and chromosomal localization of the gene. *Science in China (Series C)* **33**, 224–230.

Xu, D., Xue, Q., McElroy, D., Mawal, Y., Hilder, V.A. and Wu, R. (1996) Constitutive expression of a cowpea trypsin inhibitor gene, *CpTi*, in transgenic rice plants confers resistance to two major rice insect pests. *Molecular Breeding* **2**, 167–173.

Xue, Q., Duan, X., Xu, D. and Wu, R. (1996) Production and testing of insect-resistant transgenic rice plants, in *Rice Genetics III, Proceedings of the Third International Rice Genetics Symposium*, pp. 239–245.

Ye, G.Y., Shu, Q.Y., Yao, H.W., Cui, H.R, Cheng, X.Y., Hu, C., Xia, Y.W., Gao, M.W. and Altosaar, I. (2001) Field evaluation of resistance of transgenic rice containing a synthetic *cry1Ab* gene from *Bacillus thuringiensis* Berliner to two stem borers. *Journal of Economic Entomology* **94**, 271–276.

Yu, Y.Z., Wang, G., Jin, N.Y., Du, J. and Ji, J. (2003) Transformation of type II calli of maize inbred lines mediated via *Agrobacterium tumefaciens*. *Maize Science* **11**, 28–33.

Zhai, W.X., Li, X.B., Tian, W.Z., Zhou, Y.L., Pian, X.B., Cao, S.Y., Zhao, X.F., Zhao, B., Zhang, Q. and Zhu, L.H. (2000) Introduction of a blight resistance gene, *Xa21*, into Chinese rice varieties through an *Agrobacterium*-mediated system. *Science in China (Series C)* **43**, 361–368.

Zhang, H.M., Jia, L.M., Wang, G.Y. and Tan, Z.B. (2003a) Transfer of Bt gene into maize elite inbred line 501 and C111 by microprojectile bombardment. *Maize Science* **11**, 7–9.

Zhang, W.H., Zhao, Q., Yu, J.J., Zhu, D.Y. and Ao, G.M. (2003b) To obtain transgenic maize plants with rabbit defensin (*NP-1*) gene and analyze their disease resistance. *Journal of Agricultural Biotechnology* **11**, 342–346.

Zhang, X.Y. and Xue, Q.Z. (2001) Introduction of soybean glycinin gene into rice (*Oryza sativa* L.) with *Agrobacterium*-mediated transformation. *Journal of Zhejiang Agricultural University (Agricultural and Life Sciences)* **27**, 495–499.

Zhang, W. and Wu, R. (1988) Efficient regeneration of transgenic plants from rice protoplasts and correctly regulated expression of the foreign gene in the plants. *Theoretical and Applied Genetics* **76**, 835–840.

Zhao, B.D. (2000) Biotechnology and tobacco production in China. *Acta Tabacaria Sinica* **6**, 37–42.

Zhao, B., Wang, W.M., Zheng, X.W., Wang, C.L., Ma, B.J., Xue, Q.Z., Zhu, L.H. and Zhai, W.X. (2000) Introduction of wide spectrum rice bacterial blight resistance gene *Xa21* into two-line genic male sterile rice variety Pei'ai 64S. *Chinese Journal of Biotechnology* **16**, 137–141.

Zhou, G.Y., Chen, S.B. and Hang, J.Q. (1993) *Research Advances in Crop Molecular Breeding*. Chinese Agricultural Science and Technology Press, Beijing.

Zhou, S.J., Li, X.C., Liu, S.J., Liu, L.Y. and Yang, Q.K. (2001) Optimization of the *Agrobacterium*-mediated transformation system of soybean. *Journal of Northeast Agricultural University* **32**, 325–331.

（薛庆中　张宪银　译）

第 2 章　遗传工程作物最新进展

2.1　基因转化技术的发展

Huw Jones
Crop Performance and Improvement, Rothamsted Research, Harpenden, Hertfordshire, AL5 2JQ, United Kingdom

引言

植物遗传工程取决于两个关键步骤，其一是把 DNA 导入受体细胞并整合到基因组中；其二是从转化的细胞再生出可育的植株。从 20 世纪 80 年代初获得初步实验证据，到今天建立成熟的平台技术，该技术在单子叶植物和双子叶植物的实践由于各自的 DNA 导入方式及组织培养技术特点不同，经历了不同的发展过程。

双子叶植物基因转化的最初成功报道是利用农杆菌的致瘤菌株或解毒后的菌株（disarmed）和采用不同的外植体（综述见 Gasser and Fraley，1989；Klee et al.，1987；Wordragen and Dons，1992）。烟草的早期工作是利用可再生的原生质体或由其产生的细胞为受体材料（Horsch et al.，1984；Krens et al.，1982）。然而，实践证明，对于大部分植物而言，原生质体的再生相对困难，因而此后采用比较容易再生的外植体。如番茄用叶盘法比较成功（McCormick et al.，1986），而大豆用子叶节（Hinchee et al.，1988）和幼嫩的子叶（Parrott et al.，1989）比较好。芸薹属植物（Fry et al.，1987；Pua et al.，1987）和马铃薯（Ooms et al.，1987）则广泛采用茎段。基因直接导入（direct gene transfer，DGT）在双子叶植物中也有成功的事例，最初的报道来自于烟草的转化（Paszkowski et al.，1984）。虽然也有一些特别的例子，如甜菜保卫细胞原生质体的 PEG 转化（Hall et al.，1996），说明它可以作为常规的方法使用。但一般而言，当前农杆菌介导对于培养细胞或外植体的转化是首选方法，许多双子叶植物都有现成的转化程序（Curtis，2004）（表 2.1.1）。

表 2.1.1　双子叶粮食和园艺作物转化中外植体及农杆菌菌株和质粒的应用实例

物种	品种	外植体	农杆菌菌株	质粒	文献出处
杏树（*Prunus dulcis* Mill.）	Boa Casta	受伤叶片	LBA4404/HA105	p35SGUSint/FAJ3003	Miguel 和 liveira，1999
苹果（*Malus*× *domestica* Borkh.）	Rootstock M26	茎、叶片	A281/C58/A348	pCGP257/pBI121	Maheswaran 等，1992
苹果	Jonagold	带伤叶片	EHA101	pFAJ3003 pFAJ3027	DeBondt 等，1996
苹果（*Malus*× *pumila* Mill.）	Queen Cox	茎、叶片	EHA101	pSCV1.6	Wilson 和 James，2003

续表

物种	品种	外植体	农杆菌菌株	质粒	文献出处
杏树 (*Prunus armeniaca*)	Kecskemeter	未成熟子叶	LBA4404	pBinGUSint/ pBinPPVm	Machado 等, 1992
大白菜 (*Brassica campestris* ssp. *pekinensis*)	Spring Flavor	未成熟子叶	LBA4404	pTOK/BKS1	Jun 等, 1995
甘蓝型油菜 (*Brassica napus* L.)	Westar and Sabine	花芽浸泡	C58CIRif^R	pGV3101/ pNOV264	Wang 等, 2003
甘蓝 (*Brassica oleracea*)	Hercules, Cape spitz 等	未成熟子叶	A281	pKK6/pGA472	Pius 和 Achar, 2000
荞麦 (*Fagopyrum esculentum* Moench.)	Darja	子叶切片	A281	pGA427/pTi- Bo542	Miljusdjukic 等, 1992
棉花 (*Gossypium hirsutum* L.)	CUBQHRPIS	茎尖	LBA 4404	pBI121	Zapata 等,1999
棉花 (*Gossypium hirsutum* L.)	Coker201	子叶切片	LBA4404/ 15955	pH575	Firoozabady 等, 1987
樱草 (*Cyclamen persicum* Mill.)	Anneke	叶柄	AGL0/ LBA4404	pIG121Hm	Aida 等,1999
辣椒 (*Capsicum annuum* L.)	Pusa jawala	茎尖	EHA 105	pBI 121	Manoharan 等, 1998
橘子(*Citrus sinensis*)杂种	Sweet orange	上胚轴	EHA 105	p35SGUSint	Pena 等,2004
梨(*Pyrus communis* L.)	Conference	带伤叶片	EHA101	pFAJ3000	Mourgues 等, 1996
薄荷 (*Mentha*× *piperita* L.)	Black Mitcham38	叶盘	EHA105 LBA4404	pMOG410	Diemer 等,1998
松树(*Pinus radiata*)	GF17 GF19	子叶	AGL1	pGA643	Grant 等, 2004
杜鹃花 (*Rhododendron*sp.)	America, Mars 等	茎切段	LBA4404	pAL4404/ p35SGUSint	Pavingerova 等, 1997
大豆 (*Glycine max* L. Merr.)	Hefeng 35、39 和 Dongnong42	胚性茎尖	EHA 105	pCAMBIA2301	Liu 等,2004
大豆 (*Glycine max* L. Merr.)	Jack	未成熟子叶	EHA 105	pHIG/Z	Yan 等,2000
草莓 (*Fragaria*× *ananassa* Duch.)	Chandler	方块叶片	LBA4404 (用 在 PDS1000)	pAL4404/ pGUSint	de Mesa 等,2000
向日葵 (*Helianthus annus* L.)	KBSH-1	带伤幼苗	LBA 4404	pKIWI105	Rao 和 Rohini,1999
向日葵 (*Helianthus annus* L.)	HA300B	带伤茎尖	GV2260	p35SGUSint	Weber 等,2003
甜菜 (*Beta vulgaris* 和 *B. maritima*)	9 份材料	茎基部	EHA101 LBA4404	pGM221 pBI121	Hisano 等,2004
甜菜 (*Beta vulgaris*)	O-type 272	子叶	EHA101	p35SPMI	Joersbo 等, 1999

单子叶植物可育转基因植株最初是从用电击法或聚乙二醇（PEG）法转化裸露的DNA于原生质体分化而来的，包括水稻（Datta et al.，1990；Shimamoto et al.，1989；Toriyama et al.，1988；Zhang et al.，1988；Zhang and Wu，1988）和玉米（Rhodes et al.，1988）等。其他植物，由于从原生质体再生困难，人们把目标转移到其他容易再生的细胞类型，如培养细胞、愈伤组织和未成熟胚等外植体。外植体与改良的DNA导入技术——微粒轰击（基因枪）相结合，进入了技术发展的第二个阶段，导致玉米（Fromm et al.，1990；Gordon-Kamm et al.，1990）、甘蔗（Bower and Birch，1992）、小麦（Vasil et al.，1992）、六倍体大小麦（tritordium）（Barcelo et al.，1994）和黑麦（Castillo et al.，1994）等植物转基因技术的突破。此外，基因枪还克服了其他物种的基因型依赖性，使籼粳稻优良品种（Christou et al.，1991）和棉花（McCabe and Martinell，1993）的转化成为可能。

随后利用诸如未成熟胚等高再生能力外植体进行组织培养，应用农杆菌介导法使T-DNA导入许多单子叶植物成为可能（表2.1.2）。Hiei等（1994）报道了用带有额外*VIR*基因的超级双元载体转化粳稻成功。此后，相继报道了粳稻、籼稻和爪哇稻的高效转化，它们几乎没有基因型依赖（综述见Tyagi and Mohanty，2000；见1.3节）。在玉米、大麦和小麦中，农杆菌转化主要在特定的高再生品种中取得成功。如玉米自交系A188（Ishida et al.，1996）、大麦品种Golden Promise（Tingay et al.，1997）、Dissa（Wu et al.，1998）、Schooner（Wang et al.，2001）和所谓的‘Bobwhite’小麦品系（Cheng et al.，1997）。植物组织培养技术的改进表明，有可能扩展技术的应用范围，使以前不能转化的优良禾谷类品种转化成功（Gordon-Kamm et al.，2002；Murray et al.，2004；Wu et al.，2003）。高粱（Zhao et al.，2000）和饲草（Bettany et al.，2003）通过农杆菌共培养也获得了稳定转化体的再生。

表2.1.2 水稻、玉米、小麦和大麦农杆菌转化中外植体及农杆菌菌株、质粒的应用实例
（PCIE，预培养未成熟幼胚；EC，胚性愈伤；IE，未成熟幼胚）

品种(S-春性)(W-冬性)	外植体	农杆菌菌株(载体)	转化效率/%	植物筛选标记	报道植株数	文献
小麦						
Bobwhite(S)	PCIE EC	C58 pMON18365	1.4～4.3	G418	>100	Cheng等，1997
Fielder(S)	PCIE	AGL0	1.8	GFP，Timentin，Bialaphos	4	Weir等，2001
Florida(W)	IE	AGL1 pAL154/156	0.3～3.3	PPT (L-phosphinothricin)	39	Wu等，2003
Cadenza(S)	IE	AGL1 pAL154/156	2.5	PPT (L-phosphinothricin)	5	Wu等，2003
Veery-5(S)	EC	LBA4404 pHK21	1.2～3.9	Glufosinate ammonium	17	Khanna和Daggard，2003
Bobwhite(S)	PCIE;EC	C58 pMON18365	4.4	Glyphosate	3354	Hu等，2003
Bobwhite(S)	PCIE；EC	C58 pMON18365	4.8～19	Paromomycin Glyphosate	154	Cheng等，2003

续表

品种(S-春性)(W-冬性)	外植体	农杆菌菌株(载体)	转化效率/%	植物筛选标记	报道植株数	文献
Bobwhite(S)	PCIE	C58 pPTN155	0.5～1.5	G418	13	Haliloglu 和 Baenziger, 2003
大麦						
Golden Promise(S)	IE	AGL1 pDM805	4.2	Bialaphos	54	Tingay 等, 1997
Golden Promise (S)	IE	AGL1 pBGXYNR; pBHXYNR	6.0	Bialaphos	24	Patel 等, 2000
Golden Promise (S)	IE	AGL0; AGL1 pWBVec82b	2～12	潮霉素	63	Matthews 等, 2001
Schooner(S)	EC	AGL0; AGL1; LBA4404 pTO134; pHPAVpol;pB2Pol	0.5～2.9	潮霉素;Biolaphos	19	Wang 等, 2001
Golden Promise (S)	PCIE	AGL0 pBU-B35S.IG	1.7～6.3	Bialaphos	42	Trifonova 等, 2001
Golden Promise (S)	IE	AGL0 pYF133	3.5	潮霉素,GFP	11	Fang 等, 2002
Golden Promise(S)	IE	H228 pNRG040	N/A	Bialaphos	42	Horvath 等, 2003
Golden promise; Schooner; Chebec 和 Sloop (全部 S)	IE	AGL1 pWBVec8; pVec8-GFP; pVec8-Gusl	0.6～12.0	潮霉素;GFP; GUS	34	Murray 等, 2004
玉米						
Funk's G90	茎尖	EHA1 TiBO542;pGUS3	N/A	卡那霉素	6	Gould 等, 1991
A118 等	EC,IE	LBA4404 pSB131; pTOK233	5～30	PPT; Bialaphos	>100	Ishida 等, 1996
A118	IE	LBA4404 pNOV117	0.7～32	甘露醇	>50	Negrotto 等,2000
Hi II	IE	LBA4404 pSB11Ubi bar/35SGUS	40	Bislaphos	>500	Zhao 等, 2002
Hi II	IE	EHA101 pTF102	5.5	Bialaphos	50	Frame 等, 2002
Hi II	IE	LBA4404 p108-p111, 用 pSB11 构建	0.5～25	Bialaphos	>100	Gordon-Kamm 等,2002
A118, Hi II 及杂种	IE	LBA4404 pWCO38; pWCO39	N/D	Butafenecil; mannose	>2500	Li 等, 2003
水稻(*Oryza sativa* L.)						
爪哇稻 Rojolele	EC	EHA101 pAFT14	7～23	潮霉素	71	Rachmawati 等,2004
爪哇稻 Taipei309 Gulfmont Jefferson	EC	LBA4404/EHA101 pTOK233/pIG121	8～13	潮霉素	>100	Dong 等, 1996
粳稻 Nortai 和 Radon	IE	LBA4404 pTOK233	27	潮霉素	346	Aldemita 和 Hodges, 1966
籼稻 IR72 和 TCS10	IE	At656 pCNL56	1～5	潮霉素	9	Aldemita 和 Hodges, 1966

续表

品种(S-春性)(W-冬性)	外植体	农杆菌菌株(载体)	转化效率/%	植物筛选标记	报道植株数	文献
籼稻 Basmati370，385 和 6129	EC	EHA101 pIG121Hm	22(cv 370)；5(cv 385)	潮霉素	30	Rashid 等，1996
籼稻 Pusa Basmati1	EC	LBA4404 pTOK233	184	潮霉素	25	Mohanty 等，1999
粳稻 Tsukino-hikari，Asanohikari 和 Koshihikari	EC IE 盾片	LBA4404/EHA101 pTOK233/pIG121Hm	13～29	潮霉素	300	Hiei 等，1994

农杆菌和农杆菌载体

对大多数生物技术研究和应用来说，农杆菌介导法与其他 DNA 导入方法（包括基因枪法）相比，具有许多优势。如导入的 DNA 片段较大、重排较少、拷贝数较少、转化效率较高、成本较低等（综述见 Gelvin，2003；Gheysen et al.，1998；Hansen and Wright，1999；Kohli et al.，2003）。这些优点促使了单子叶植物的转化技术从直接转化向农杆菌介导转化改变。除了这些大量的植物类型之外，农杆菌介导的 T-DNA 转化在酵母（Bundock et al.，1995）、线状真菌（de Groot et al.，1998；dos Reis et al.，2004；Park and Kim，2004）和人的 HeLa 细胞（Kunik et al.，2001）也都有报道。

农杆菌是一种致病性的土壤细菌，它会感染敏感植物，引起冠瘿病特有的瘤体生长。致瘤的原因是农杆菌能把它的 Ti（致瘤）质粒的一部分基因转移到宿主植物的细胞中。转入宿主的 DNA，通常在原始的 Ti 质粒“T-区”（在修饰的质粒上称为“T-DNA”）上带有的基因，可以整合到植物的基因组中，参与编码生长素和细胞分裂素（引起肿瘤的植物激素）以及作为细菌营养的冠瘿碱。T-区的两侧带有左右边界序列（为 24 或 25bp 的不完全重复序列），界定了被转移的 DNA 部分。Ti 质粒还有一个毒性区域，内有 *VirA*、*VirB*、*VirC*、*VirD*、*VirE*、*VirG* 和 *VirH* 等基因，这些基因产物和一些染色体上的基因产物一起，决定了 T 复合物的形成、转移和整合（综述见 Gelvin，2003；Tzfira et al.，2004；Zupan et al.，2000）。

利用农杆菌做植物转化需要删除其致瘤功能产生无毒菌株，并对质粒进行修饰，以便在左右边界之间插入外源 DNA。可采用两种方法减小野生型 Ti 质粒的体积（在农杆菌菌株 C58 中，Ti 质粒为 214233bp，Gooder et al.，2001）。其一是通过同源重组或共整合，把外源基因顺式整合到原始的 Ti 质粒中，产生无毒的 Ti 质粒（Ruvkun and Ausubel，1981；Vanhaute et al.，1983；Zambryski et al.，1983）。这种方法的步骤相当繁琐，只有在特殊情况下使用。其二是对转化必须的 Ti 质粒功能除了边界序列之外通过双元载体系统进行反式提供。双元载体系统由两个质粒组成，一个质粒边界序列两侧带有方便多克隆的位点，可选择的标记基因和在大肠杆菌容易保存的复制起始点；另一个是去毒的 Ti 质粒（没有致瘤基因，但保留有 *Vir* 基因），其产物与 T 链相互作用，能促进 DNA 向植物细胞的转化。

基于双元系统已经开发出许多专用的载体系统（综述见 Hellens et al.，2000a）。如BIBAC 和 TAC 载体设计供转化大片段基因组 DNA 插入（Hamilton，1997；Liu et al.，1999）。通过删除质粒一半骨架序列，以便在多克隆位点上产生更多的单一酶切位点，由此构建出了一系列微型的双元载体（Xiang et al.，1999）。pMVTBP 是专门为小麦而设计的一个模块载体（modular vector），带有核糖体黏附序列（attachment sequence），利于提高翻译的效率；FLAG 和组胺酸标签便于免疫检测和蛋白纯化（Peters et al.，1999）。pSoup/pGreen 是一套载体，其中 pGreen 上的 *RepA* 复制功能被删除，所以只有在同一个菌株中带有 pSoup 质粒给他反式提供复制功能，才能在农杆菌中进行复制（Hellens et al.，2000b）。一种 pSoup/pGreen 特殊载体组还带有已整合的额外拷贝的 *VirB*、*VirC* 和 *VirG* 基因，来自所谓的 Komari 片段，可能与带有 pTiBo542 质粒的菌株的超致病性有关（Hood et al.，1987；Komari，1989；1990）。还可以选用一套与入门载体（GATEWAY）（Invitrogen，Gaithersburg，MD，USA）相匹配的目标载体（destination vector），它带有各种适合农杆菌植物转化的报告基因和筛选标记基因。许多农杆菌的菌株和载体可以在线定购，如 www.cambia.org，www.pgreen.ac.uk，www.cbs.knaw.nl/index 等。

其他 DNA 转化方法

虽然对于大多数植物都偏爱采用农杆菌转化的方法，直接转化包括普通转化和特殊转化的应用也十分广泛。直接转化是从禾谷类植物上最先开发和使用的，这是由于起初用农杆菌存在困难。把裸露的 DNA 导入植物细胞并使转基因得到表达可采用各种方法，如电穿孔、大量和微量注射、碳化硅纤维振荡、聚乙二醇、超声波和激光介导摄入及微粒轰击等（综述见 Barcelo et al.，2001）。其中有些方法，如 PEG 介导法和电穿孔法，对原生质体最为有效，但在谷类植物基因转化中，原生质体的分离十分费事且再生困难。其他方法或效率不高，或重复性不好，不能再生。因此，基因枪（微粒轰击，也叫生物微弹，biolistics）已成为应用广泛并可靠的方法，其装置是由杜邦公司开发的氦气驱动微粒转化系统，由伯乐公司商品化为 PDS1000/He。其他装置，如微粒注入枪（particle inflow gun，PIG）和 ACCELL$^{(TM)}$ 电射技术（electrical discharge technology）也有一定应用（Sanford，1988；1990）。基因枪也被用来把 DNA 导入叶绿体和线粒体的基因组中（综述见 Sanford et al.，1993）。通过对常规方法的改进，大肠杆菌和农杆菌细胞也可直接用于基因枪中（Kikkert et al.，1999；Rasmussen et al.，1994）。

体外（*in vitro*）转化和活体（*in planta*）转化

对大多数生物技术的应用而言，把外源基因整合到植物靶细胞基因组后，我们必须能生产出非嵌合的、完整的可育植株。这个过程通常基于植物细胞的全能性和可塑性，通过体外微繁殖培养方法，获得完整植株。其主要途径有两种：体细胞胚胎发生（somatic embryogenesis）和器官发生（organogenesis）。体细胞胚胎发生是一种无性繁殖的过程。在这个过程中，体细胞分化成合子胚的结构，有茎和根分生组织。在合适的植物激素和添加其他培养基成分下，体细胞胚会“萌发”，形成成体植株。大部分谷类植物的再生是通过这条途径实现（综述见 Barcelo et al.，2001）。器官发生指的是某些植物组织（如下胚轴、子叶、叶片基部或从这些部位诱导的愈伤组织）先重新形成茎分生组织，然后在茎上生根，形成完整的植株。转化过程中，脱分化前的叶盘、茎等外植体，或已脱分化的愈伤组织都可以用作转化的外植体。

通过组织培养获得植株再生是当前植物遗传工程的唯一途径，但这种方法费事、费劳力、费材料，不可预测的体细胞变异，还增加了遗传不稳定性。因此，成为许多物种高效转化的瓶颈。同时也引起人们对活体［也称种系（germline）］转化的相当兴趣。这种方法是基于在授粉前后，把裸露的 DNA 或 T-DNA 导入配子、配子母细胞或合子，避免了组织培养的麻烦。在拟南芥的农杆菌转化上，已开发了真空渗入法（vacuum infiltration）和浸花法（floral dip）（Bechtold et al.，1993；Clough and Bent，1998），其靶组织为未受精的卵细胞（Bechtold et al.，2000；Desfeux et al.，2000；Ye et al.，1999）。农杆菌浸花技术也成功地用于豆科的模式植物紫花苜蓿（*Medicago truncate*）和白菜［*Brassica campestris*（*pakchoi*）］（Liu et al.，1998；Trieu et al.，2000）。用基因枪对雄性种系的高效转化在烟草上已取得成功（Aziz and Machray，2002），同时，中国在大豆活体转化上取得成功（Hu and Wang，1999）。目前单子叶植物的活体转化还没有应用，如果此技术得以完善，禾谷类植物转化技术将会有重大突破。

转基因的整合和基因打靶（gene targeting）

对非靶向直接转化的整合位点分子分析表明，转化基因是利用植物本身的 DNA 修复机制，通过单个（有时一个以上）位点的非同源双链交换随机性插入。插入位点可能包括一个或多个转基因拷贝，也可能同时产生与邻接植物基因组 DNA 同源的“填充”DNA（filler DNA）（Kohli et al.，1998；Pawlowski and Somers，1998；Svitashev et al.，2000，2002）。对 T-DNA 的加工、转移和整合到植物基因组 DNA 的生物化学过程已通过带有 *Vir*、*Chv*、*Psc* 和 *Att* 基因的突变体进行了研究（综述见 Christie，1997；Ward et al.，2002；Zupan et al.，1998，2000）。虽然 T-DNA 整合的精确机制还不清楚，T-复合体很有可能在通过双链非同源重组整合之前变成双链。T-DNA 转化似乎没有序列特异性，但有证据显示，整合优先发生在转录活跃区域（Feldmann，1991；Koncz et al.，1989；Lindsey et al.，1993；Topping et al.，1991），所以有可能对内源基因造成潜在破坏。然而，最近的结果表明，这种现象可以用选择偏差来做部分解释。经 PCR 鉴定的 T-DNA 原始插入位点中，有 30%位点表现沉默（Francis and Spiker，2005）。

克服转基因重排、多拷贝数或天然基因（native gene）非故意破坏（unintentional disruption）等问题的常规方法是先获得大量的转基因株系，然后从中筛选单拷贝的株系。然而，转基因的这种不可预见性是转基因技术反对者最关心的问题，通过同源重组的基因打靶技术是一种比较精确的遗传操作技术，给问题的解决提供了新的途径。基因打靶技术普遍用于小鼠、原核生物、苔藓等较低等植物的核基因组和植物的叶绿体基因组中（Capecchi，2001；Evans，2001；Maliga，2004；Schaefer and Zryd，1997；Smithies，2001），但在高等植物中频率很低。然而，最近的两篇报道显示，基因打靶技术有可能成为植物遗传工程的有效工具。拟南芥在400万株以诱导双重组为目的的转基因植株中，只鉴定出一株没有异位T-DNA插入的真正基因打靶植株（Hanin et al.，2001）。Terada等（2002）的结果比较令人鼓舞，他们获得了通过真正的同源重组而敲除糯质（waxy）基因的6个植株，同源重组的频率为6.5×10^{-4}。这6个植株在waxy位点全部都是杂合的，一个位点为野生型，另一个为突变型，没有检测到随机或异位插入。

基因打靶技术经过进一步的发展，可以诱导任何一个基因变异，并重新导入其原来染色体的位置。这种技术可以用来敲除单个的基因，或修饰由其基因编码的蛋白质特性。此外，还可以通过把转基因打靶到预先设定的稳定的基因组位置，从而部分地消除遗传操作的随机性带来的担忧。

良性筛选方法和标记基因的去除

选择性标记基因在研究中的常规应用使得大肠杆菌、酵母的DNA高效克隆和植物基因转化的效率大大提高。然而，由于已知的基因水平转移和垂直转移的风险，使这种标记基因不受欢迎，特别是在实施大田试验的地方。因此，应努力发展良性的筛选系统，或在转化过程中减少对选择标记基因的依赖性。最常用的无害选择系统采用了Syngenta公司研制的*ManA*基因，它编码磷酸甘露糖异构酶（PMI），能把主碳源6-磷酸甘露糖转化成可以呼吸利用的6-磷酸果糖（Joersbo，2001；Joersbo et al.，1999）。未转化的细胞不仅缺乏碳源，同时甘露糖对它也有负面作用，包括可能是磷酸饥饿引起的糖酵解途径的抑制。PMI选择在许多作物上有效，包括小麦和玉米（Negrotto et al.，2000；Reed et al.，2001；Wang et al.，2000；Wright et al.，2001）、水稻（Lucca et al.，2001）和珍珠稷（O' Kennedy et al.，2004）等。其他用于植物筛选的基因与底物组合包括木糖异构酶基因和以木糖为主碳源的培养基（Haldrup et al.，1998，2001）、大肠杆菌的苏氨酸脱氨酶基因和异亮氨酸类似物L-*O*-甲基苏氨酸（Ebmeier et al.，2004），以及编码能降解D-氨基酸酶基因，D-氨基酸对植物生长有抑制作用（Erikson et al.，2004）。

在少数情况下，把分别构建在不同质粒上的目的基因和筛选标记基因一起用基因枪转化到植物的不连锁位点上，从这些株系的后代植株中可以分离筛选到只有目的基因而没有筛选标记基因的个体。但即使通过分离获得没有筛选标记基因的植株，其与目的基因连锁的细菌筛选标记、复制起始点和质粒骨架仍然残留在转基因植株中。为了克服这个问题，Fu等（2000）应用只包括转基因表达盒的DNA片段，用基因枪法转化水稻。他们发现，这种办法不仅消除了载体骨架，同时低拷贝、结构简单的转基因座的比例也增加了。纯化只包含转化基因表达盒的DNA片段的工作量比较大，农杆菌的T-DNA可视为遗传上的清洁器（cleaner）。因为在理想的情况下，只有左右边界界定的序列会被转移。有人在大麦上实验用双T-DNA系统产生无筛选标记植物，有1/3的转化植株带有两种T-DNA，其中大约1/4两个T-DNA独立分离，产生无标记植株（Matthews et al.，2001）。最近，用带双T-DNA结构质粒的农杆菌介导法转化了一批优良水稻品种，证明了这种方法是产生无标记基因的粮食作物的有效方法（Breitler et al.，2004）。

消除标记基因的其他方法有：利用位点特异性的重组酶或转移酶直接切除标记基

因，或将其转移到别处再通过分离消除。这些方法已成功用于双子叶模式植物（综述见 Ebinuma et al., 2001；Hohn et al., 2001），以及水稻（ Hoa et al., 2002）和玉米(Zhang et al., 2003) 上。然而，这些方法仍然会留一些片段在植物基因组中，而现在商业化生物技术则要求完全避免不需要的序列，并不是用分子工具去除。消除外源 DNA 更彻底的新方法是利用植物中存在的农杆菌 T-DNA 边界序列类似物（叫做 P-DNA），也能在转化过程中起界定 T 链合成和 DNA 转移的作用（Rommens et al., 2004）。在这项研究中，用农杆菌方法产生的无标记、无骨架转基因马铃薯植株，以降低一种与采后脱色有关的酶的活力。这是通过植物本身的基因组修饰进行作物改良的重大突破，如果能发现类似 T-DNA 类似物，在谷类植物中也有可能应用这项技术。

参考文献

Aida, R., Hirose, Y., Kishimoto, S. and Shibata, M. (1999) *Agrobacterium tumefaciens*-mediated transformation of *Cyclamen persicum* Mill. *Plant Science* **148**, 1–7.

Aldemita, R.R. and Hodges, T.K. (1996) *Agrobacterium tumefaciens*-mediated transformation of japonica and indica rice varieties. *Planta* **199**, 612–617.

Aziz, N. and Machray, G.C. (2002) Efficient male germ line transformation for transgenic tobacco production without selection. *Plant Molecular Biology* **51**, 203–211.

Barcelo, P., Hagel, C., Becker, D., Martin, A. and Lorz, H. (1994) Transgenic cereal (Tritordeum) Plants obtained at high-efficiency by microprojectile bombardment of inflorescence tissue. *The Plant Journal* **5**, 583–592.

Barcelo, P., Rasco-Gaunt, S., Thorpe, C. and Lazzeri, P.A. (2001) Transformation and gene expression, in *Advances in Botanical Research Incorporating Advances in Plant Pathology*, Volume 34 (eds P.R. Shewry, P.A. Lazzeri, and K.J. Edwards), pp. 59–126.

Bechtold, N., Ellis, J. and Pelletier, G. (1993) *In planta Agrobacterium*-mediated gene transfer by infiltration of adult *Arabidopsis thaliana* plants. *Comptes Rendus De L Academie Des Sciences Serie Iii-Sciences De La Vie-Life Sciences* **316**, 1194–1199.

Bechtold, N., Jaudeau, B., Jolivet, S., Maba, B., Vezon, D., Voisin, R. and Pelletier, G. (2000) The maternal chromosome set is the target of the T-DNA in the *in planta* transformation of *Arabidopsis thaliana*. *Genetics* **155**, 1875–1887.

Bettany, A.J.E., Dalton, S.J., Timms, E., Manderyck, B., Dhanoa, M.S. and Morris, P. (2003) *Agrobacterium tumefaciens*-mediated transformation of *Festuca arundinacea* (Schreb.) and *Lolium multiflorum* (Lam.). *Plant Cell Reports* **21**, 437–444.

Bevan, M. (1984) Binary agrobacterium vectors for plant transformation. *Nucleic Acids Research* **12**, 8711–8721.

Bower, R. and Birch, R.G. (1992) Transgenic sugarcane plants via microprojectile bombardment. *The Plant Journal* **2**, 409–416.

Breitler, J.C., Meynard, D., Van Boxtel, J., Royer, M., Bonnot, F., Cambillau, L. and Guiderdoni, E. (2004) A novel two T-DNA binary vector allows efficient generation of marker-free transgenic plants in three elite cultivars of rice (*Oryza sativa* L.) *Transgenic Research* **13**, 271–287.

Bundock, P., Dendulkras, A., Beijersbergen, A. and Hooykaas, P.J.J. (1995) Transkingdom T-DNA transfer from *Agrobacterium tumefaciens* to *Saccharomyces cerevisiae*. *EMBO Journal* **14**, 3206–3214.

Capecchi, M.R. (2001) Generating mice with targeted mutations. *Nature Medicine* **7**, 1086–1090.

Castillo, A.M., Vasil, V. and Vasil, I.K. (1994) Rapid production of fertile transgenic plants of rye (*Secale cereale* L.). *Bio-Technology* **12**, 1366–1371.

Cheng, M., Fry, J.E., Pang, S.Z., Zhou, H.P., Hironaka, C.M., Duncan, D.R., Conner, T.W. and Wan, Y.C. (1997) Genetic transformation of wheat mediated by *Agrobacterium tumefaciens*. *Plant Physiology* **115**, 971–980.

Cheng, M., Hu, T.C., Layton, J., Liu, C.N. and Fry, J.E. (2003) Desiccation of plant tissues post-*Agrobacterium* infection enhances T-DNA delivery and increases stable transformation efficiency in wheat. *In Vitro Cellular and Developmental Biology-Plant* **39**, 595–604.

Christie, P.J. (1997) *Agrobacterium tumefaciens* T-complex transport apparatus: a paradigm for a new family of multifunctional transporters in eubacteria. *Journal of Bacteriology* **179**, 3085–3094.

Christou, P., Ford, T.L. and Kofron, M. (1991) Production of transgenic rice (*Oryza sativa* L.) plants from agronomically important indica and japonica varieties via electric discharge particle acceleration of exogenous DNA into immature zygotic embryos. *Bio-Technology* **9**, 957–962.

Clough, S.J. and Bent, A.F. (1998) Floral dip: a simplified method for *Agrobacterium*-mediated transformation of *Arabidopsis thaliana*. *The Plant Journal* **16**, 735–743.

Curtis, I.S. (2004) *Tansgenic Crops of the World—Essential Protocols*. Kluwer, Dordrecht.

Datta, S.K., Peterhans, A., Datta, K. and Potrykus, I. (1990) Genetically engineered fertile indica-rice recovered from protoplasts. *Bio-Technology* **8**, 736–740.

de Groot, M.J.A., Bundock, P., Hooykaas, P.J.J. and Beijersbergen, A.G.M. (1998) *Agrobacterium tumefaciens*-mediated transformation of filamentous fungi. *Nature Biotechnology* **16**, 839–842.

de Mesa, M.C., Jimenez-Bermudez, S., Pliego-Alfaro, F., Quesada, M.A. and Mercado, J.A. (2000) *Agrobacterium* cells as microprojectile coating: a novel approach to enhance stable transformation rates in strawberry. *Australian Journal of Plant Physiology* **27**, 1093–1100.

DeBondt, A., Eggermont, K., Penninckx, I., Goderis, I. and Broekaert, W.F. (1996) *Agrobacterium*-mediated transformation of apple (*Malus × domestica* Borkh): an assessment of factors affecting regeneration of transgenic plants. *Plant Cell Reports* **15**, 549–554.

Deframond, A.J., Barton, K.A. and Chilton, M.D. (1983) Mini-Ti—a new vector strategy for plant genetic-engineering. *Bio-Technology* **1**, 262–269.

Desfeux, C., Clough, S.J. and Bent, A.F. (2000) Female reproductive tissues are the primary target of *Agrobacterium*-mediated transformation by the *Arabidopsis* floral-dip method. *Plant Physiology* **123**, 895–904.

Diemer, F., Jullien, F., Faure, O., Moja, S., Colson, M., Matthys-Rochon, E. and Caissard, J.C. (1998) High efficiency transformation of peppermint (*Mentha × piperita* L.) with *Agrobacterium tumefaciens*. *Plant Science* **136**, 101–108.

Dong, J.J., Teng, W.M., Buchholz, W.G. and Hall, T.C. (1996) *Agrobacterium*-mediated transformation of javanica rice. *Molecular Breeding* **2**, 267–276.

dos Reis, M.C., Fungaro, M.H.P., Duarte, R.T.D., Furlaneto, L. and Furlaneto, M.C. (2004) *Agrobacterium tumefaciens*-mediated genetic transformation of the entomopathogenic fungus *Beauveria bassiana*. *Journal of Microbiological Methods* **58**, 197–202.

Ebinuma, H., Sugita, K., Matsunaga, E., Endo, S., Yamada, K. and Komamine, A. (2001) Systems for the removal of a selection marker and their combination with a positive marker. *Plant Cell Reports* **20**, 383–392.

Ebmeier, A., Allison, L., Cerutti, H. and Clemente, T. (2004) Evaluation of the *Escherichia coli* threonine deaminase gene as a selectable marker for plant transformation. *Planta* **218**, 751–758.

Erikson, O., Hertzberg, M. and Nasholm, T. (2004) A conditional marker gene allowing both positive and negative selection in plants. *Nature Biotechnology* **22**, 455–458.

Evans, M.J. (2001) The cultural mouse. *Nature Medicine* **7**, 1081–1083.

Fang, Y.D., Akula, C. and Altpeter, F. (2002) *Agrobacterium*-mediated barley (*Hordeum vulgare* L.) transformation using green fluorescent protein as a visual marker and sequence analysis of the T-DNA: barley genomic DNA junctions. *Journal of Plant Physiology* **159**, 1131–1138.

Feldmann, K.A. (1991) T-DNA insertion mutagenesis in *Arabidopsis*—mutational spectrum. *The Plant Journal* **1**, 71–82.

Firoozabady, E., Deboer, D.L., Murray, E.E., Merlo, D.J., Adang, M.J. and Halk, E.L. (1987) Transformation of cotton (*Gossypium hirsutum* L.) by *Agrobacterium tumefaciens* and regeneration of transgenic plants. *In Vitro Cellular and Developmental Biology* **23**, A67.

Frame, B.R., Shou, H.X., Chikwamba, R.K., Zhang, Z.Y., Xiang, C.B., Fonger, T.M., Pegg, S.E.K., Li, B.C., Nettleton, D.S., Pei, D.Q. and Wang, K. (2002) *Agrobacterium tumefaciens*-mediated transformation of maize embryos using a standard binary vector system. *Plant Physiology* **129**, 13–22.

Francis, K.E. and Spiker, S. (2005) Identification of *Arabidopsis thaliana* transformants without selection reveals a high occurrence of silenced T-DNA integrations. *The Plant Journal* **41**, 464–477.

Fromm, M.E., Morrish, F., Armstrong, C., Williams, R., Thomas, J. and Klein, T.M. (1990) Inheritance and expression of chimeric genes in the progeny of transgenic maize plants. *Bio-Technology* **8**, 833–839.

Fry, J., Barnason, A. and Horsch, R.B. (1987) Transformation of *Brassica napus* with *Agrobacterium tumefaciens* based vectors. *Plant Cell Reports* **6**, 321–325.

Fu, X.D., Duc, L.T., Fontana, S., Bong, B.B., Tinjuangjun, P., Sudhakar, D., Twyman, R.M., Christou, P. and Kohli, A. (2000) Linear transgene constructs lacking vector backbone sequences generate low-copy-number transgenic plants with simple integration patterns. *Transgenic Research* **9**, 11–19.

Gasser, C.S. and Fraley, R.T. (1989) Genetically engineering plants for crop improvement. *Science* **244**, 1293–1299.

Gelvin, S.B. (2003) *Agrobacterium*-mediated plant transformation: the biology behind the "gene-jockeying" tool. *Microbiology and Molecular Biology Reviews* **67**, 16–37.

Gheysen, G., Angenon, G. and Van Montague, M. (1998) *Agrobacterium*-mediated plant transformation: a scientifically intriguing story with significant application in *Transgenic Plant Research* (ed K. Lindsey), Harwood Academic Press, The Netherlands, pp. 1–33.

Goodner, B., Hinkle, G., Gattung, S., Miller, N., Blanchard, M., Qurollo, B., Goldman, B.S., Cao, Y.W., Askenazi, M., Halling, C. Mullin, L., Houmiel, K., Gordon, J., Vaudin, M., Iartchouk, O., Epp, A., Liu, F., Wollam, C., Allinger, M., Doughty, D., Scott, C., Lappas, C., Markelz, B., Flanagan, C., Crowell, C., Gurson, J., Lomo, C., Sear, C., Strub, G., Cielo, C. and Slater, S. (2001) Genome sequence of the plant pathogen and biotechnology agent *Agrobacterium tumefaciens* C58. *Science* **294**, 2323–2328.

Gordon-Kamm, W., Dilkes, B.P., Lowe, K., Hoerster, G., Sun, X.F., Ross, M., Church, L., Bunde, C., Farrell, J., Hill, P., Maddock, S., Snyder, J., Sykes, L., Li, Z., Woo, Y-M., DeBidney, D. and Larkins, B.A. (2002) Stimulation of the cell cycle and maize transformation by disruption of the plant retinoblastoma pathway. *Proceedings of the National Academy of Sciences USA* **99**, 11975–11980.

Gordon-Kamm, W.J., Spencer, T.M., Mangano, M.L., Adams, T.R., Daines, R.J., Start, W.G., Obrien, J.V., Chambers, S.A., Adams, W.R., Willetts, N.G., Rice, T.B., Mackey, C.J., Krueger, R.W., Kausch, A.P. and Lemaux, P.G. (1990) Transformation of maize cells and regeneration of fertile transgenic plants. *Plant Cell* **2**, 603–618.

Gould, J., Devey, M., Hasegawa, O., Ulian, E.C., Peterson, G. and Smith, R.H. (1991) Transformation of *Zea mays* L. using *Agrobacterium tumefaciens* and the shoot apex. *Plant Physiology* **95**, 426–434.

Grant, J.E., Cooper, P.A. and Dale, T.M. (2004) Transgenic *Pinus radiata* from *Agrobacterium tumefaciens*-mediated transformation of cotyledons. *Plant Cell Reports* **22**, 894–902.

Haldrup, A., Noerremark, M. and Okkels, F.T. (2001) Plant selection principle based on xylose isomerase. *In Vitro Cellular and Developmental Biology, Plant* **37**, 114–119.

Haldrup, A., Petersen, S.G. and Okkels, F.T. (1998) Positive selection: a plant selection principle based on xylose isomerase, an enzyme used in the food industry. *Plant Cell Reports* **18**, 76–81.

Halilogiu, K. and Baenziger, P.S. (2003) *Agrobacterium tumefaciens*-mediated wheat transformation. *Cereal Research Communications* **31**, 9–16.

Hall, R.D., RiksenBruinsma, T., Weyens, G.J., Rosquin, I.J., Denys, P.N., Evans, I.J., Lathouwers, J.E., Lefebvre, M.P., Dunwell, J.M., vanTunen, A. and Krens, F.A. (1996) A high efficiency technique for the generation of transgenic sugar beets from stomatal guard cells. *Nature Biotechnology* **14**, 1133–1138.

Hamilton, C.M. (1997) A binary-BAC system for plant transformation with high-molecular-weight DNA. *Gene* **200**, 107–116.

Hanin, M., Volrath, S., Bogucki, A., Briker, M., Ward, E. and Paszkowski, J. (2001) Gene targeting in *Arabidopsis*. *The Plant Journal* **28**, 671–677.

Hansen, G. and Wright, M.S. (1999) Recent advances in the transformation of plants. *Trends in Plant Science* **4**, 226–231.

Hellens, R., Mullineaux, P. and Klee, H. (2000a) A guide to *Agrobacterium* binary Ti vectors. *Trends in Plant Science* **5**, 446–451.

Hellens, R.P., Edwards, E.A., Leyland, N.R., Bean, S. and Mullineaux, P.M. (2000b) pGreen: a versatile and flexible binary Ti vector for *Agrobacterium*-mediated plant transformation. *Plant Molecular Biology* **42**, 819–832.

Hiei, Y., Ohta, S., Komari, T. and Kumashiro, T. (1994) Efficient transformation of rice (*Oryza sativa* L.) mediated by *Agrobacterium* and sequence analysis of the boundaries of the T-DNA. *The Plant Journal* **6**, 271–282.

Hinchee, M.A.W., Connorward, D.V., Newell, C.A., McDonnell, R.E., Sato, S.J., Gasser, C.S., Fischhoff, D.A., Re, D.B., Fraley, R.T. and Horsch, R.B. (1988) Production of transgenic soybean plants using *Agrobacterium*-mediated DNA transfer. *Bio-Technology* **6**, 915–921.

Hisano, H., Kimoto, Y., Hayakawa, H., Takeichi, J., Domae, T., Hashimoto, R., Abe, J., Asano, S., Kanazawa, A. and Shimamoto, Y. (2004) High frequency *Agrobacterium*-mediated transformation and plant regeneration via direct shoot formation from leaf explants in *Beta vulgaris* and *Beta maritima*. *Plant Cell Reports* **22**, 910–918.

Hoa, T.T.C., Bong, B.B., Huq, E. and Hodges, T.K. (2002) Cre/lox site-specific recombination controls the excision of a transgene from the rice genome. *Theoretical and Applied Genetics* **104**, 518–525.

Hoekema, A., Hirsch, P.R., Hooykaas, P.J.J. and Schilperoort, R.A. (1983) A binary plant vector strategy based on separation of Vir-region and T-region of the *Agrobacterium tumefaciens* Ti-plasmid. *Nature* **303**, 179–180.

Hohn, B., Levy, A.A. and Puchta, H. (2001) Elimination of selection markers from transgenic plants. *Current Opinion in Biotechnology* **12**, 139–143.

Hood, E.E., Fraley, R.T. and Chilton, M.D. (1987) Virulence of *Agrobacterium tumefaciens* strain-A281 on legumes. *Plant Physiology* **83**, 529–534.

Horsch, R.B., Fraley, R.T., Rogers, S.G., Sanders, P.R., Lloyd, A. and Hoffmann, N. (1984) Inheritance of functional foreign genes in plants. *Science* **223**, 496–498.

Horvath, H., Rostoks, N., Brueggeman, R., Steffenson, B., von Wettstein, D. and Kleinhofs, A. (2003) Genetically engineered stem rust resistance in barley using the *Rpg1* gene. *Proceedings of the National Academy of Sciences USA* **100**, 364–369.

Hu, C.Y. and Wang, L.Z. (1999) *In planta* soybean transformation technologies developed in China: procedure, confirmation and field performance. *In Vitro Cellular and Developmental Biology, Plant* **35**, 417–420.

Hu, T., Metz, S., Chay, C., Zhou, H.P., Biest, N., Chen, G., Cheng, M., Feng, X., Radionenko, M., Lu, F. and Fry, J. (2003) *Agrobacterium*-mediated large-scale transformation of wheat (*Triticum aestivum* L.) using glyphosate selection. *Plant Cell Reports* **21**, 1010–1019.

Ishida, Y., Saito, H., Ohta, S., Hiei, Y., Komari, T. and Kumashiro, T. (1996) High efficiency transformation of maize (*Zea mays* L.) mediated by *Agrobacterium tumefaciens*. *Nature Biotechnology* **14**, 745–750.

Joersbo, M. (2001) Advances in the selection of transgenic plants using non-antibiotic marker genes. *Physiologia Plantarum* **111**, 269–272.

Joersbo, M., Petersen, S.G. and Okkels, F.T. (1999) Parameters interacting with mannose selection employed for the production of transgenic sugar beet. *Physiologia Plantarum* **105**, 109–115.

Jun, S.I., Kwon, S.Y., Paek, K.Y. and Paek, K.H. (1995) *Agrobacterium*-mediated transformation and regeneration of fertile transgenic plants of Chinese cabbage (*Brassica campestris* ssp. *pekinensis* cv. Spring Flavor). *Plant Cell Reports* **14**, 620–625.

Karimi, M., Inze, D. and Depicker, A. (2002) GATEWAY(TM) vectors for *Agrobacterium*-mediated plant transformation. *Trends in Plant Science* **7**, 193–195.

Khanna, H.K. and Daggard, G.E. (2003) *Agrobacterium tumefaciens*-mediated transformation of wheat using a superbinary vector and a polyamine-supplemented regeneration medium. *Plant Cell Reports* **21**, 429–436.

Kikkert, J.R., Humiston, G.A., Roy, M.K. and Sanford, J.C. (1999) Biological projectiles (phage, yeast, bacteria) for genetic transformation of plants. *In Vitro Cellular and Developmental Biology, Plant* **35**, 43–50.

Klee, H., Horsch, R. and Rogers, S. (1987) *Agrobacterium*-mediated plant transformation and its further applications to plant biology. *Annual Review of Plant Physiology and Plant Molecular Biology* **38**, 467–486.

Kohli, A., Leech, M., Vain, P., Laurie, D.A. and Christou, P. (1998) Transgene organization in rice engineered through direct DNA transfer supports a two-phase integration mechanism mediated by the establishment of integration hot spots. *Proceedings of the National Academy of Sciences USA* **95**, 7203–7208.

Kohli, A., Twyman, R.M., Abranches, R., Wegel, E., Stoger, E. and Christou, P. (2003) Transgene integration, organization and interaction in plants. *Plant Molecular Biology* **52**, 247–258.

Komari, T. (1989) Transformation of callus cultures of nine plant species mediated by *Agrobacterium*. *Plant Science* **60**, 223–229.

Komari, T. (1990) Transformation of cultured cells of *Chenopodium quinoa* by binary vectors that carry a fragment of DNA from the virulence region of Ptibo542. *Plant Cell Reports* **9**, 303–306.

Koncz, C., Martini, N., Mayerhofer, R., Konczkalman, Z., Korber, H., Redei, G.P. and Schell, J. (1989) High frequency T-DNA-mediated gene tagging in plants. *Proceedings of the National Academy of Sciences USA* **86**, 8467–8471.

Krens, F.A., Molendijk, L., Wullems, G.J. and Schilperoort, R.A. (1982) *In vitro* transformation of plant protoplasts with Ti-plasmid DNA. *Nature* **296**, 72–74.

Kunik, T., Tzfira, T., Kapulnik, Y., Gafni, Y., Dingwall, C. and Citovsky, V. (2001) Genetic transformation of HeLa cells by *Agrobacterium*. *Proceedings of the National Academy of Sciences USA* **98**, 1871–1876.

Li, X.G., Volrath, S.L., Nicholl, D.B.G., Chilcott, C.E., Johnson, M.A., Ward, E.R. and Law, M.D. (2003) Development of protoporphyrinogen oxidase as an efficient selection marker for *Agrobacterium tumefaciens*-mediated transformation of maize. *Plant Physiology* **133**, 736–747.

Lindsey, K., Wei, W.B., Clarke, M.C., McArdle, H.F., Rooke, L.M. and Topping, J.F. (1993) Tagging genomic sequences that direct transgene expression by activation of a promoter trap in plants. *Transgenic Research* **2**, 33–47.

Liu, F., Cao, M.Q., Yao, L., Li, Y., Robaglia, C. and Tourneur, C. (1998) *In planta* transformation of pakchoi (*Brassica campestris* L. ssp. *chinensis*) by infiltration of adult plants with *Agrobacterium*. *Acta Horticulturae* **467**, 187–192.

Liu, H.K., Yang, C. and Wei, Z.M. (2004) Efficient *Agrobacterium tumefaciens*-mediated transformation of soybeans using an embryonic tip regeneration system. *Planta* **219**, 1042–1049.

Liu, Y.G., Shirano, Y., Fukaki, H., Yanai, Y., Tasaka, M., Tabata, S. and Shibata, D. (1999) Complementation of plant mutants with large genomic DNA fragments by a transformation-competent artificial chromosome vector accelerates positional cloning. *Proceedings of the National Academy of Sciences USA* **96**, 6535–6540.

Lucca, P., Ye, X.D. and Potrykus, I. (2001) Effective selection and regeneration of transgenic rice plants with mannose as selective agent. *Molecular Breeding* **7**, 43–49.

Machado, M.L.D., Machado, A.D., Hanzer, V., Weiss, H., Regner, F., Steinkellner, H., Mattanovich, D., Plail, R., Knapp, E., Kalthoff, B. and Katinger, H. (1992) Regeneration of transgenic plants of *Prunus armeniaca* containing the coat protein gene of Plum Pox virus. *Plant Cell Reports* **11**, 25–29.

Maheswaran, G., Welander, M., Hutchinson, J.F., Graham, M.W. and Richards, D. (1992) Transformation of apple rootstock M26 with *Agrobacterium tumefaciens*. *Journal of Plant Physiology* **139**, 560–568.

Maliga, P. (2004) Plastid transformation in higher plants. *Annual Review of Plant Biology* **55**, 289–313.

Manoharan, M., Vidya, C.S.S. and Sita, G.L. (1998) *Agrobacterium*-mediated genetic transformation in hot chilli (*Capsicum annuum* L. var. Pusa jwala). *Plant Science* **131**, 77–83.

Matthews, P.R., Wang, M.B., Waterhouse, P.M., Thornton, S., Fieg, S.J., Gubler, F. and Jacobsen, J.V. (2001) Marker gene elimination from transgenic barley, using co-transformation with adjacent 'twin T-DNAs' on a standard *Agrobacterium* transformation vector. *Molecular Breeding* **7**, 195–202.

McCabe, D.E. and Martinell, B.J. (1993) Transformation of elite cotton cultivars via particle bombardment of meristems. *Bio-Technology* **11**, 596–598.

McCormick, S., Niedermeyer, J., Fry, J., Barnason, A., Horsch, R. and Fraley, R. (1986) Leaf disk transformation of cultivated tomato (*Lycopersicon esculentum*) using *Agrobacterium tumefaciens*. *Plant Cell Reports* **5**, 81–84.

Miguel, C.M. and Oliveira, M.M. (1999) Transgenic almond (*Prunus dulcis* Mill.) plants obtained by *Agrobacterium*-mediated transformation of leaf explants. *Plant Cell Reports* **18**, 387–393.

Miljusdjukic, J., Neskovic, M., Ninkovic, S. and Crkvenjakov, R. (1992) *Agrobacterium*-mediated transformation and plant regeneration of buckwheat (*Fagopyrum esculentum* Moench). *Plant Cell Tissue and Organ Culture* **29**, 101–108.

Mohanty, A., Sarma, N.P. and Tyagi, A.K. (1999) *Agrobacterium*-mediated high frequency transformation of an elite indica rice variety Pusa Basmati 1 and transmission of the transgenes to R2 progeny. *Plant Science* **147**, 127–137.

Mourgues, F., Chevreau, E., Lambert, C. and deBondt, A. (1996) Efficient *Agrobacterium*-mediated transformation and recovery of transgenic plants from pear (*Pyrus communis* L.). *Plant Cell Reports* **16**, 245–249.

Murray, F., Brettell, R., Matthews, P., Bishop, D. and Jacobsen, J. (2004) Comparison of *Agrobacterium*-mediated transformation of four barley cultivars using the GFP and GUS reporter genes. *Plant Cell Reports* **22**, 397–402.

Negrotto, D., Jolley, M., Beer, S., Wenck, A.R. and Hansen, G. (2000) The use of phosphomannose isomerase as a selectable marker to recover transgenic maize plants (*Zea mays* L.) via *Agrobacterium* transformation. *Plant Cell Reports* **19**, 798–803.

O'Kennedy, M.M., Burger, J.T. and Botha, F.C. (2004) Pearl millet transformation system using the positive selectable marker gene phosphomannose isomerase. *Plant Cell Reports* **22**, 684–690.

Ooms, G., Burrell, M.M., Karp, A., Bevan, M. and Hille, J. (1987) Genetic transformation in two potato cultivars with T-DNA from disarmed *Agrobacterium*. *Theoretical and Applied Genetics* **73**, 744–750.

Park, S.M. and Kim, D.H. (2004) Transformation of a filamentous fungus *Cryphonectria parasitica* using *Agrobacterium tumefaciens*. *Biotechnology and Bioprocess Engineering* **9**, 217–222.

Parrott, W.A., Hoffman, L.M., Hildebrand, D.F., Williams, E.G. and Collins, G.B. (1989) Recovery of primary transformants of soybean. *Plant Cell Reports* **7**, 615–617.

Paszkowski, J., Shillito, R.D., Saul, M., Mandak, V., Hohn, T., Hohn, B. and Potrykus, I. (1984) Direct gene transfer to plants. *EMBO Journal* **3**, 2717–2722.

Patel, M., Johnson, J.S., Brettell, R.I.S., Jacobsen, J. and Xue, G.P. (2000) Transgenic barley expressing a fungal xylanase gene in the endosperm of the developing grains. *Molecular Breeding* **6**, 113–123.

Pavingerova, D., Briza, J., Kodytek, K. and Niedermeierova, H. (1997) Transformation of *Rhododendron* spp. using *Agrobacterium tumefaciens* with a GUS-intron chimeric gene. *Plant Science* **122**, 165–171.

Pawlowski, W.P. and Somers, D.A. (1998) Transgenic DNA integrated into the oat genome is frequently interspersed by host DNA. *Proceedings of the National Academy of Sciences USA* **95**, 12106–12110.

Pena, L., Perez, R.M., Cervera, M., Juarez, J.A. and Navarro, L. (2004) Early events in *Agrobacterium*-mediated genetic transformation of citrus explants. *Annals of Botany* **94**, 67–74.

Peters, N.R., Ackerman, S. and Davis, E.A. (1999) A modular vector for *Agrobacterium* mediated transformation of wheat. *Plant Molecular Biology Reporter* **17**, 323–331.

Pius, P.K. and Achar, P.N. (2000) *Agrobacterium*-mediated transformation and plant regeneration of *Brassica oleracea* var. capitata. *Plant Cell Reports* **19**, 888–892.

Pua, E.C., Mehrapalta, A., Nagy, F. and Chua, N.H. (1987) Transgenic plants of *Brassica napus* L. *Bio-Technology* **5**, 815–817.

Rachmawati, D., Hosaka, T., Inoue, E. and Anza, H. (2004) *Agrobacterium*-mediated transformation of javanica rice cv. Rojolele. *Bioscience Biotechnology and Biochemistry* **68**, 1193–1200.

Rao, K.S. and Rohini, V.K. (1999) *Agrobacterium*-mediated transformation of sunflower (*Helianthus annus* L.): a simple protocol. *Annals of Botany* **83**, 347–354.

Rashid, H., Yokoi, S., Toriyama, K. and Hinata, K. (1996) Transgenic plant production mediated by *Agrobacterium* in indica rice. *Plant Cell Reports* **15**, 727–730.

Rasmussen, J.L., Kikkert, J.R., Roy, M.K. and Sanford, J.C. (1994) Biolistic transformation of tobacco and maize suspension cells using bacterial cells as microprojectiles. *Plant Cell Reports* **13**, 212–217.

Reed, J., Privalle, L., Powell, M.L., Meghji, M., Dawson, J., Dunder, E., Suttie, J., Wenck, A., Launis, K., Kramer, C., Chang Y-F., Hansen, G. and Wright, M. (2001) Phosphomannose isomerase: an efficient selectable marker for plant transformation. *In Vitro Cellular and Developmental Biology-Plant* **37**, 127–132.

Rhodes, C.A., Pierce, D.A., Mettler, I.J., Mascarenhas, D. and Detmer, J.J. (1988) Genetically transformed maize plants from protoplasts. *Science* **240**, 204–207.

Rommens, C.M., Humara, J.M., Ye, J.S., Yan, H., Richael, C., Zhang, L., Perry, R. and Swords, K. (2004) Crop improvement through modification of the plant's own genome. *Plant Physiology* **135**, 421–431.

Ruvkun, G.B. and Ausubel, F.M. (1981) A general method for site-directed mutagenesis in prokaryotes. *Nature* **289**, 85–88.

Sanford, J.C. (1988) The biolistic process. *Trends in Biotechnology* **6**, 299–302.

Sanford, J.C. (1990) Biolistic plant transformation. *Physiologia Plantarum* **79**, 206–209.

Sanford, J.C., Smith, F.D. and Russell, J.A. (1993) Optimizing the biolistic process for different biological applications. *Methods in Enzymology* **217**, 483–509.

Schaefer, D.G. and Zryd, J.P. (1997) Efficient gene targeting in the moss *Physcomitrella patens*. *The Plant Journal* **11**, 1195–1206.

Shimamoto, K., Terada, R., Izawa, T. and Fujimoto, H. (1989) Fertile transgenic rice plants regenerated from transformed protoplasts. *Nature* **338**, 274–276.

Smithies, O. (2001) Forty years with homologous recombination. *Nature Medicine* **7**, 1083–1086.

Svitashev, S., Ananiev, E., Pawlowski, W.P. and Somers, D.A. (2000) Association of transgene integration sites with chromosome rearrangements in hexaploid oat. *Theoretical and Applied Genetics* **100**, 872–880.

Svitashev, S.K., Pawlowski, W.P., Makarevitch, I., Plank, D.W. and Somers, D.A. (2002) Complex transgene locus structures implicate multiple mechanisms for plant transgene rearrangement. *The Plant Journal* **32**, 433–445.

Terada, R., Urawa, H., Inagaki, Y., Tsugane, K. and Iida, S. (2002) Efficient gene targeting by homologous recombination in rice. *Nature Biotechnology* **20**, 1030–1034.

Tingay, S., McElroy, D., Kalla, R., Fieg, S., Wang, M.B., Thornton, S. and Brettell, R. (1997) *Agrobacterium tumefaciens*-mediated barley transformation. *The Plant Journal* **11**, 1369–1376.

Topping, J.F., Wei, W.B. and Lindsey, K. (1991) Functional tagging of regulatory elements in the plant genome. *Development* **112**, 1009–1019.

Toriyama, K., Arimoto, Y., Uchimiya, H. and Hinata, K. (1988) Transgenic rice plants after direct gene transfer into protoplasts. *Bio-Technology* **6**, 1072–1074.

Trieu, A.T., Burleigh, S.H., Kardailsky, I.V., Maldonado-Mendoza, I.E., Versaw, W.K., Blaylock, L.A., Shin, H.S., Chiou, T.J., Katagi, H., Dewbre, G.R., Weigel, D. and Harrison, M.J. (2000) Transformation of *Medicago truncatula* via infiltration of seedlings or flowering plants with *Agrobacterium*. *The Plant Journal* **22**, 531–541.

Trifonova, A., Madsen, S. and Olesen, A. (2001) *Agrobacterium*-mediated transgene delivery and integration into barley under a range of *in vitro* culture conditions. *Plant Science* **161**, 871–880.

Tyagi, A.K. and Mohanty, A. (2000) Rice transformation for crop improvement and functional genomics. *Plant Science* **158**, 1–18.

Tzfira, T., Li, J.X., Lacroix, B. and Citovsky, V. (2004) *Agrobacterium* T-DNA integration: molecules and models. *Trends in Genetics* **20**, 375–383.

Vanhaute, E., Joos, H., Maes, M., Warren, G., Schell, J. and Vanmontagu, M. (1983) Intergeneric transfer and exchange recombination of restriction fragments cloned in Pbr322—a novel strategy for the reversed genetics of the Ti plasmids of *Agrobacterium tumefaciens*. *EMBO Journal* **2**, 411–417.

Vasil, V., Castillo, A.M., Fromm, M.E. and Vasil, I.K. (1992) Herbicide resistant fertile transgenic wheat plants obtained by microprojectile bombardment of regenerable embryogenic callus. *Bio-Technology* **10**, 667–674.

Wang, A.S., Evans, R.A., Altendorf, P.R., Hanten, J.A., Doyle, M.C. and Rosichan, J.L. (2000) A mannose selection system for production of fertile transgenic maize plants from protoplasts. *Plant Cell Reports* **19**, 654–660.

Wang, M.B., Abbott, D.C., Upadhyaya, N.M., Jacobsen, J.V. and Waterhouse, P.M. (2001) *Agrobacterium tumefaciens*-mediated transformation of an elite Australian barley cultivar with virus resistance and reporter genes. *Australian Journal of Plant Physiology* **28**, 149–156.

Wang, W.C., Menon, G. and Hansen, G. (2003) Development of a novel *Agrobacterium*-mediated transformation method to recover transgenic *Brassica napus* plants. *Plant Cell Reports* **22**, 274–281.

Ward, D.V., Zupan, J.R. and Zambryski, P.C. (2002) *Agrobacterium* VirE2 gets the VIP1 treatment in plant nuclear import. *Trends in Plant Science* **7**, 1–3.

Weber, S., Friedt, W., Landes, N., Molinier, J., Himber, C., Rousselin, P., Hahne, G. and Horn, R. (2003) Improved *Agrobacterium*-mediated transformation of sunflower (*Helianthus annuus* L.): assessment of macerating enzymes and sonication. *Plant Cell Reports* **21**, 475–482.

Weir, B., Gu, X., Wang, M.B., Upadhyaya, N., Elliott, A.R. and Brettell, R.I.S. (2001) *Agrobacterium tumefaciens*-mediated transformation of wheat using suspension cells as a model system and green fluorescent protein as a visual marker. *Australian Journal of Plant Physiology* **28**, 807–818.

Wilson, F.M. and James, D.J. (2003) Regeneration and transformation of the premier UK apple (*Malus × pumila* Mill.) cultivar Queen Cox. *Journal of Horticultural Science and Biotechnology* **78**, 656–662.

Wordragen, M.F. and Dons, J.J.M. (1992) *Agrobacterium tumefaciens*-mediated transformation of recalcitrant crops. *Plant Molecular Biology Reporter* **10**, 12–36.

Wright, M., Dawson, J., Dunder, E., Suttie, J., Reed, J., Kramer, C., Chang, Y., Novitzky, R., Wang, H. and Artim-Moore, L. (2001) Efficient biolistic transformation of maize (*Zea mays* L.) and wheat (*Triticum aestivum* L.) using the phosphomannose isomerase gene, *pmi*, as the selectable marker. *Plant Cell Reports* **20**, 429–436.

Wu, H., Sparks, C., Amoah, B. and Jones, H.D. (2003) Factors influencing successful *Agrobacterium*-mediated genetic transformation of wheat. *Plant Cell Reports* **21**, 659–668.

Wu, H.X., McCormac, A.C., Elliott, M.C. and Chen, D.F. (1998) *Agrobacterium*-mediated stable transformation of cell suspension cultures of barley (*Hordeum vulgare*). *Plant Cell Tissue and Organ Culture* **54**, 161–171.

Xiang, C.B., Han, P., Lutziger, I., Wang, K. and Oliver, D.J. (1999) A mini binary vector series for plant transformation. *Plant Molecular Biology* **40**, 711–717.

Yan, B., Reddy, M.S.S., Collins, G.B. and Dinkins, R.D. (2000) *Agrobacterium tumefaciens*-mediated transformation of soybean *Glycine max* (L.) Merrill. using immature zygotic cotyledon explants. *Plant Cell Reports* **19**, 1090–1097.

Ye, G.N., Stone, D., Pang, S.Z., Creely, W., Gonzalez, K. and Hinchee, M. (1999) *Arabidopsis* ovule is the target for *Agrobacterium in planta* vacuum infiltration transformation. *The Plant Journal* **19**, 249–257.

Zambryski, P., Joos, H., Genetello, C., Leemans, J., van Montagu, M. and Schell, J. (1983) Ti plasmid vector for the introduction of DNA into plant cells without alteration of their normal regeneration capacity. *EMBO Journal* **2**, 2143–2150.

Zapata, C., Park, S.H., El-Zik, K.M. and Smith, R.H. (1999) Transformation of a Texas cotton cultivar by using *Agrobacterium* and the shoot apex. *Theoretical and Applied Genetics* **98**, 252–256.

Zhang, H.M., Yang, H., Rech, E.L., Golds, T.J., Davis, A.S., Mulligan, B.J., Cocking, E.C. and Davey, M.R. (1988) Transgenic rice plants produced by electroporation-mediated plasmid uptake into protoplasts. *Plant Cell Reports* **7**, 379–384.

Zhang, W., Subbarao, S., Addae, P., Shen, A., Armstrong, C., Peschke, V. and Gilbertson, L. (2003) Cre/lox-mediated marker gene excision in transgenic maize (*Zea mays* L.) plants. *Theoretical and Applied Genetics* **107**, 1157–1168.

Zhang, W. and Wu, R. (1988) Efficient regeneration of transgenic plants from rice protoplasts and correctly regulated expression of the foreign gene in the plants. *Theoretical and Applied Genetics* **76**, 835–840.

Zhao, Z.Y., Cai, T.S., Tagliani, L., Miller, M., Wang, N., Pang, H., Rudert, M., Schroeder, S., Hondred, D., Seltzer, J. and Pierce, D. (2000) *Agrobacterium*-mediated sorghum transformation. *Plant Molecular Biology* **44**, 789–798.

Zhao, Z.Y., Gu, W.N., Cai, T.S., Tagliani, L., Hondred, D., Bond, D., Schroeder, S., Rudert, M. and Pierce, D. (2002) High throughput genetic transformation mediated by *Agrobacterium tumefaciens* in maize. *Molecular Breeding* **8**, 323–333.

Zupan, J., Muth, T.R., Draper, O. and Zambryski, P. (2000) The transfer of DNA from *Agrobacterium tumefaciens* into plants: a feast of fundamental insights. *The Plant Journal* **23**, 11–28.

Zupan, J.R., Ward, D. and Zambryski, P. (1998) Assembly of the VirB transport complex for DNA transfer from *Agrobacterium tumefaciens* to plant cells. *Current Opinion in Microbiology* **1**, 649-655.

（张宪银　薛庆中　译）

2.2 增强粮食作物的营养价值

Dietrich Rein
BASF Plant Science Holding GmbH, Agricultural Center, D-67117 Limburgerhof, Germany
Karin Herbers
Sungene GmbH, D-06466 Gatersleben, Germany. Current address: BASF Plant Science GmbH, Agricultural Center, D-67117 Limburgerhof, Germany

引言

农业技术在增加和保障作物产量以及改善农产品质量取得巨大成功。目前，育种工作者已将重点放到增加大量营养元素和产量上。发达国家食物能量已经供给过剩，现代农业转而努力提高粮食质量、微量营养成分和功能组分。植物生物技术可以对粮食作物向具有更好的农艺性状及丰富的营养成分进行定向改良，使有价值的营养成分得到增加或者被新引入到作物中。这些营养成分可直接应用于某种食品，或从植物中提取，添加到食品中。通过生物技术的方法也能减少或去除不利营养及过敏原的成分。随着人类寿命的延长，许多疾病主要包括心血管疾病、癌症、Ⅱ型糖尿病、肥胖症、骨质疏松症、免疫功能紊乱和精神障碍等，已成为危害人类健康的主要慢性疾病，而这些疾病多数受到生活方式和饮食的影响。因此，营养学着重研究营养功能成分，使老年人更健康，并保持生活在最佳状态。本节我们着重从提供健康效益的营养保健品方面来讨论作物适应人类需求的可能。介绍不同选择和各自的技术特征：①提高食品中的功能成分（高叶黄素的水果、高植物甾醇的谷类和高维生素 A 原的作物）；②使植物产生有营养价值的成分维生素 E（vitamin E）和油料作物的多烯键不饱和脂肪酸（polyunsaturated fatty acids，PUFAs)]；③改良其组分（高抗性淀粉，high-resistance starch）。

我们每个人可以通过对食物数量和质量精心选择，达到优化饮食或提高营养价值的目的。而通过植物生物技术可使健康食品分配更有效，更具风味，并且保存更久。另外，生物技术可为过敏体质的人群提供健康食品。当今的膳食建议充分考虑众多个人生理和生活方式及疾病的风险因素，从而确定最佳的食物组成和饮食模式。食品选择的建议基于营养学和医学研究方面的知识积累。鉴于饮食-疾病关系和健康组分上的科学发现，有关营养建议在不断更新。目前“健康”与“不健康”食品区别的标准主要在于不同食品和添加剂的消费数量、加工方法、新鲜度和污染物浓度。一方面，西方人普通饮食中富含对健康有益的类黄酮（flavonoids）、纤维素（fiber）和 n-3（或 omega-3）脂肪酸等物质已淡出现代食品（O'Keefe, Jr. and Cordain, 2004; Simopoulos, 1999）；另一方面，如植物甾醇（plant sterol）等成分已被认可或推荐，抗性淀粉（resistant starch, Behall and Howe, 1995）、玉米黄质（zeaxanthin）和叶黄素（lutein)(Krinsky et al., 2003）经科学验证对健康有益（Katan et al., 2003）并且最好在食物中增加它们的摄入量；最后，我们还想从饮食中减少高分子量的饱和及反式脂肪酸（trans fatty acid）

(Grundy et al., 2002; Sacks and Katan, 2002) 或高糖 (high glycemic) 食品 (Jenkins et al., 2002) 不健康的元素。此外，抗营养 (antinutritive)，有毒或引起过敏症的一些物质，如植酸 (phytic acid) (Davidsson, 2003)、真菌毒素 (mycotoxin)(Cleveland et al., 2003; 联合国粮农组织, 1979)、麦谷蛋白 (wheat gluten) (Green and Jabri, 2003) 和食品过敏原 (food allergen) (Breiteneder and Radauer, 2004) 可能对个别人是有害的。

GM 作物支持现有的健康概念，为改善人类健康提供契机。然而，在选育强化营养价值的转基因作物上还存限制：①某些情况下，促进健康的新成分仍被划为药物，不管它们是否已被确认对大众健康有益，如阿司匹林 (aspirin) (Schafer, 1996) 和洛伐他汀 (lovastatin) (Smith, 2000)；②某些化合物质对健康有促进效果，但还不足以证明这些富含活性物质作物值得进行昂贵的商业开发，如白藜芦醇 (resveratol) (Pervaiz, 2003; Stewart et al., 2003)；③转基因植物材料或转基因技术产品没有获得大众的接受，特别是在欧洲的粮食市场；④通过分子工程可能很难获得商业水准的目标成分；⑤有限的市场不能证明其高成本的前期开发费用是否合理。

本节将概述植物生物技术应用于对人类健康有益的功能食品和功能食品组分的现状及发展前景。将具有充分健康证据的营养组分作为我们的研究重点以便捕捉可能的商业契机。这些营养组分包括维生素 A 原 (pro-vitamin A)、叶黄素和玉米黄质、植物甾醇、抗性淀粉和多烯键不饱和脂肪酸 (PUFA)。

增强营养的定义

强化营养意味着：①通过食物补充必需营养，而不是通常指的分别补充单一的营养素；②去除食物中起供应能量以外作用的成分；③添加食品成分，以提高营养促进健康及机能，或预防疾病。“营养保健品”指的是具有特殊功能的食物组成成分，既可作为膳食营养补充品、也可作为功能食品市场销售。功能食品是强化食品，它通过添加、浓缩或生物技术导入营养保健食品（添加剂）使其达到功能水平。

营养保健品的经济发展

发达国家对功能食品的需求日渐增长。在美国，2003 年宣称约有 220 亿美元的需求，估计年增长率在 7% (营养商业国际有限公司, Nutrition Business International LLC, 2003)，这大约占美国 5500 亿食品市场的 4%。美国的膳食补品市场似乎更成熟，2003 年销售额约 190 亿美元，到 2013 年前预计只有 2%～4%的小额增长 (营养商业国际有限公司, 2003)。据估计，2002 年日本营养保健制品的 210 亿美元市场中，60%是功能食品。日本功能食品人均年消费大约 100 美元，居世界最高 (Yamaguchi, 2003; FOSHU Approval—Is It Worth The Price? www.npicenter.com)，而美国少于 70 美元。日本有 454 种产品 (2004 年 9 月) 被批准为 FOSHU (特殊健康用途食品，foods of special healthuse)，2003 年其销售额超过 40 亿美元 (www.naturalproductsasia.com, www.npicenter.com)。与美国不同，欧洲更喜欢作为功能食品的保健品而不是含添加剂的食品。在欧盟早期 15 个国家中功能食品的零售消费额约 170 亿美元，膳食补充品低于 150 亿美元的。

21 世纪的人口老龄化将促使人们更注重个人的自我保健。随着 65 岁以上人口的增加，（例如美国到 2035 年这一人口数字将达到 7000 万）慢性病患者的医疗保健花费将大幅提高（www.cdc.gov）。受饮食影响最大的慢性疾病是肥胖（obseity）、心血管疾病（cardiovascular disease）、糖尿病（diabetes）、龋齿（dental caries）和癌症。2004 年，美国居民直接和间接用于心血管疾病的费用约 3680 亿美元（美国心脏协会，American Heart Association，2003）。据估计美国疾病控制和预防中心每年超过 330 亿美元的医药费和因心脏病、癌症、脑梗死和糖尿病导致的 90 亿美元劳动力损失都与饮食有关。

发展中国家人口的增加也带来了对营养的需求。增加营养指的是通过在基本营养成分中补充维生素、蛋白质和矿物质等，以减少营养不良（malnutrition）的发生。世界卫生组织宣称，在 2002 年其 192 个成员国中，每年有 3440 万老年人由于营养缺乏而损害健康（世界卫生组织，2004）。每年有 1690 万老年人患蛋白-热能营养不良症，80 万人患维生素 A 缺乏症。人们食用来自有限农业地表的食物越多，植物基础的营养愈加重要。尽管动物来源的蛋白质有更高的营养价值，但在一些地区供应不足。富含高质量蛋白质和优化营养素的大宗作物可成为人们既经济又营养的选择。在这些地区对人类健康和营养的开发是政府项目及私人公司非营利的重要投资项目。育种计划和分子工程将加快大宗作物与特殊植物生产珍贵的植物营养补充品，以及健康促进物质供人类直接食用。表 2.2.1 概括了目前正进行理论研究的重要强化营养制品和作物。植物生物技术产业已采用其中的一些特性以便开发各自市场的特性。该表尚不完全，没有覆盖诸如无过敏反应食品、类黄酮等保健品。

表 2.2.1　运用植物生物技术生产的重要营养保健品一览表

特征	推荐作物	保健效果	说明
维生素 E	油料作物	通过抗氧化作用和基因调控补充生育酚（tocopherol）或生育三烯酚（tocotrienol）（Zingg and Azzi，2004），可减少心血管疾病（Brigelius-Flohe et al.，2002；Harris et al.，2002）也可预防癌症（Dutta and Dutta，2003；Kuchide et al.，2003）和糖尿病（Vega-Lopez et al.，2004）	生育酚和生育三烯酚的疗效是否超出维生素 E 尚不确定；其机制尚不清楚，生育酚和生育三烯酚的相对功效还有争议
β-胡萝卜素	水稻胚乳，香蕉，其他谷类、番茄和油料作物	β-胡萝卜素转化为维生素 A，可防止失明，维持免疫系统和维持健康；发展中国家仍明显缺乏（Potrykus，2003；世界卫生组织，2004；Zimmermann and Hurrell，2002）	最近的科学成就已显示具营养价值的相应浓缩的 β-胡萝卜素可在水稻中表达（Paine et al.，2005）。商业化产品有待开发
铁和锌	包括水稻的主食作物	营养缺乏（主要是蛋白、铁、锌、碘和维生素 A）影响全世界 30 多亿人，是近 2/3 的儿童死亡的原因（世界卫生组织，2004），一旦微量营养素强化的作物体系建成可能较现在补品的方法的疗效更持久（Bouis，2003；Welch and Graham，2004）	常规育种技术在增加大宗作物矿物质含量上可能更有效；生物强化的大宗作物可能掩盖了膳食多样性和其他营养物质的缺乏

续表

特征	推荐作物	保健效果	说明
抗性淀粉	淀粉储藏作物，如玉米、小麦和马铃薯	大麦中高直链淀粉(high-amylose starch)作为抗性淀粉源可降低血糖和胰岛素反应(insulin response)(Behall et al., 1989; Behall and Hallfrisch, 2002)及能量密度；抗性淀粉可供给受糖尿病或代谢综合征(metabolic syndrome)影响的个体(Brand-Miller, 2003)	仅在特殊加工烹调的食品中有生理效果；一些人有肠胃反应
类胡萝卜素、玉米黄质和叶黄素	番茄、马铃薯、胡萝卜和其他作物	膳食玉米黄质和叶黄素能增加人类黄斑色素密度(macular pigment density)(Richer et al., 2004)，这可预防老年性的黄斑病变(AMD, age-related macular degeneration)(Krinsky et al., 2003)；类胡萝卜素有对暴露的皮肤和组织(Siesand Stahl, 2003)保护的作用	已经证明类胡萝卜素摄入量与减少AMD有因果关系；但是，仍不清楚哪种类胡萝卜素最有效
类胡萝卜素、虾青素(astaxanthin)	番茄、胡萝卜和其他作物	高效抗氧化剂类胡萝卜素可有效预防疾病(Guerin et al., 2003)，如免疫紊乱(immune disorder)、肿瘤诱导或生长、炎症(inflammation)和感染(Bennedsen et al., 1999; Chew and Park, 2004; Jyonouchi et al., 2000)	对人类健康的促进仅是建议，因为大多研究是在细胞培养和动物上进行的；虾青素与某些健康功能有关，对其机制了解尚少
类胡萝卜素，番茄红素(lycopene)	番茄、胡萝卜和其他	强大的抗氧化剂，可减少癌症危险(如前列腺癌prostate, Hadley et al., 2002; Kristal, 2004; Muller, Alteheld and Stehle, 2003)	临床上仍缺少对前列腺癌(prostate cancer)的预防效果的研究；还不清楚合成的番茄红素和富含番茄红素的胡萝卜素混合物的区别
鱼油型脂肪酸，EPA，DHA	大豆、亚麻籽等含油作物	含较健康的油脂，较少污染和风味更佳的可持续植物来源的EPA和DHA，减少患心血管疾病(Bang, Dyerberg and Hjoorne, 1976; Geelen et al., 2004; Kromann and Green, 1980; MacLean et al., 2004; von Schacky, 2004)、精神障碍和癌症的风险(Larsson et al., 2004)	心血管的健康益处已被认可，但对糖尿病、炎症性疾病或癌症的益处尚未确定；作用机制了解不足；EPA和DHA在食品中的风味仍受到挑战
植物甾醇类(phytosterols)	油料作物、蔬菜和谷物	已证明可降低血浆低密度脂蛋白-胆固醇复合体(lower plasmaL DL-cholesterol)，用作药品和食品添加剂(Katan et al., 2003; Ostlund, 2004)在美国认证为营养保健品及在欧盟特许销售时有一美国食品健康宣称(www.cfsan.fda.gov/_dms/flg-6c.html)	当前仍有很多传统生产力阻止对GM作物的投资；尽管已证明其健康疗效，但消费者的兴趣增长比期望的慢
白藜芦醇(resveratrol)	番茄和其他水果、油菜	可以预防前列腺癌等特殊的癌症(Cal et al., 2003; Stewart et al., 2003)，而且可以提供抗氧化剂等健康疗效(Pervaiz, 2003)	临床研究的效益尚不完善，大多是从细胞培养和动物研究中推断出的；有类似药学的抗癌效果，该作用可能和营养保健品的安全要求相冲突
洛伐他汀(2-甲基丁酸)	特殊作物	比较成熟的三羟基三甲基戊二酸单酰辅酶A(HMG-CoA)还原酶抑制剂对心血管有疗效和极好的安全记录(Davidson, 2001)，最初是从真菌中分离的(Tobert, 2003)，2004在英国已经取得"非处方药"的身份(http://medicines.mhra.gov.uk)，在美国讨论列为非处方药(Smith, Jr., 2000)；在认证后适于并入功能食品	没有认证为补品或食品添加剂；对个别人有副作用
ARA	油料作物	为胎儿发育所需，其功能如类二十烷酸前体(eicosanoid precursor)，发育调节剂和结构膜成分，婴儿必需饮食等还有争议(Carlson et al., 1993; Innis, 2003; Larque et al., 2002)	仅限于婴儿配方食品市场；很少用于成人

续表

特征	推荐作物	保健效果	说明
经过修饰的脂肪	油料作物	尽管有类似的味道和技术特性，1，3-甘油二酯（1，3-Diacylglycerol）较甘油三酯（triacylglycerols）需更少的脂肪合成能量（Maki et al.，2002；Nagao et al.，2000；Tada and Yoshida，2003）	对食用1，3甘油二酯的临床长期效果还未进行充分研究，因此不排除偶尔会出现不必要的负效应
乳铁结合蛋白（lactoferrin）	谷类	小麦和水稻表达有生物活性的高品质乳铁结合蛋白，其活性包括抗菌（Farnaud and Evans，2003）、免疫调节作用、抗氧化、抗炎（Weinberg，2001）和益生菌效果，它起调节铁动态平衡的作用（Ward and Conneely，2004）；有活性的乳铁结合蛋白对食品卫生应用有用（Naidu and Nimmagudda，2003）	人类基因需要生产植物来源的"人类乳铁结合蛋白"；不过，来源于植物的乳铁结合蛋白与人类乳铁结合蛋白在糖链上明显不同，其作用尚不清楚
腹腔（celiac）疾病敏感蛋白	小麦	腹腔疾病病人可能耐受的大麦和小麦产品能缓解受该病影响的患病个人的营养缺乏症状（Fasano et al.，2003；Green et al.，2003）	不能保证所有腹腔疾病患者无过敏；改变或去除腹腔疾病敏感蛋白可能在食品技术上有困难
口味更佳的豆类	大豆	减少或去除腥味的大豆能使大豆从小量的食品添加剂转变为健康食品作物	在有过敏史个体、传统肉类产品中掺假等情况下，豆类可能不会被明显辨认出，这仍是个问题（尽管大豆通常被认为是更健康的选择）
经过修饰的脂肪酸	油料作物（玉米、大豆、红花、向日葵和油菜）	为提高稳定性和黏度的高油酸油作为油脂氢化作用的健康选择或用作饱和脂肪（http://web.aces.uiuc.edu/value/factsheets/）；美国营养标注始于2006年（http://www.cfsan.fda.gov/_dms/transfat.html）；与欧洲先前的标注相似	促进健康的Ω-3脂肪酸被中性油酸替换，而不是寻找技术方案以稳定Ω-3s的敏感性；已通过转基因或非转基因产生高油酸特性

ARA，arachidonic acid 花生四烯酸；DHA，docosahexaenoic acid 二十二碳六烯酸；EPA，eicosapentaenoic acid 十二碳五烯酸；LDL，low density lipoprotein 低密度脂蛋白。

β-胡萝卜素（β-carotene），维生素A前体物（precursor for vitamin A）

维生素A缺乏是常见的营养性疾病之一，常伴有蛋白质、铁和碘的缺乏，主要发生在发展中国家（世界卫生组织，2004）。FAO/WHO（联合国粮食和农业组织或世界卫生组织）估计成年人日平均需求和安全摄入量是500～850μg维生素A等价物（retinol equivalent，RE）（或3～5mg β-胡萝卜素），两者转化率为1μg β-胡萝卜素＝0.167μg RE（联合国粮农组织，2002）。许多非洲和亚洲发展中国家维生素A缺乏的发生率很高（世界卫生组织，1998），显然是经济落后导致人们不能持续性地获取长久的维生素或β-胡萝卜素前体。维生素A的有效来源主要是动物产品，然而动物产品价格昂贵。因此，开发提供维生素A植物的需求在这些国家显得十分重要。

β-胡萝卜素的营养价值和疾病预防作用

维生素A在体内最初以视黄醇（retinol）和维生素A酯（retinyl ester）的形式被发现，大部分储存在肝脏。它的主要功能是视觉感知、细胞分化和免疫反应。对于视觉，维生素 A 以维生素 A 醛（retinal）参与视觉循环，还以维生素 A 酸（retinoic acid）形式调节基因表达，对维持肠（intestine）、皮肤和肺部上皮细胞（epithlial cell）的分化（Solomons，2001）起重要作用。

维生素 A 缺乏的早期症状包括由维生素 A 醛导致的夜盲症（night blindness）。随着缺乏程度加重，视黄醇（retinol ）和维生素 A 酸（retinoic acid）在免疫和基因表达上的作用出现异常（联合国粮农组织，2002；Sommer and Davidson，2002）。晚期表现为角膜的细菌侵入和出现永久疤痕（眼球干燥症，xerophthalmia）等症状。维生素 A 缺乏与儿童死亡率升高、易感染麻疹（measles）和腹泻（diarrhea）相关。严重缺乏时还会导致失明，肠、皮肤和肺部外观及功能的改变。维生素 A 缺乏对儿童的危险最大，因为儿童肝脏还不能储藏足够的维生素 A。

Sommer 和 Davidson (2002) 估计 14 000 万学龄前儿童和至少 720 万怀孕妇女缺少维生素 A。大多数妇女不仅出现临床症状，主要是眼球干燥症，而且增加了胎儿死亡率。据估计，世界范围内 50 万失明儿童中有 70%是由于维生素 A 缺乏导致的。据报道患角膜软化症失明或角膜疾病的儿童，50%以上将会死亡（联合国粮农组织，2002）。微量营养元素缺乏给健康生命带来如此极大痛苦，已成为人道主义和经济学问题，因此有必要通过 GM 技术着手解决。

β-胡萝卜素的来源

β-胡萝卜素存在于绿色蔬菜（例如菠菜和各种来源的幼叶）、黄色蔬菜（南瓜和胡萝卜）、非柑橘类水果（芒果、杏和番茄）和棕榈油或果实（联合国粮农组织，2002；www.nal.usda.gov/fnic/foodcomp/Data/car98/car _ tble.pdf）。维生素 A 的前体则仅发现在动物产品（如肝和蛋）或强化加工的食品（ Solomons，2001）中。以淀粉类主食为生的贫困人口，其饮食中只有少量水果和蔬菜，胡萝卜素和维生素 A 极少。如果他们能获得高 β-胡萝卜素主食（谷物和块根）将有助于缓解这些地区人民的营养缺乏。

目前正在尝试培育含有高水平 β-胡萝卜素的工程作物。转基因水稻、番茄和油菜已得到成功的改良（表 2.2.1，Herbers，2003；图 2.2.1 描述了类胡萝卜素的植物生物合成途径）。“黄金稻”是植物中维生素 A 前体遗传工程中最突出的例子。一种全新的类胡萝卜素（carotenoid）生物合成途径被成功引入水稻，其胚乳中含 β-胡萝卜素（参看 Beyer 的综述，Beyer et al.，2002）。尽管已获得很有希望的结果，但这些水稻植株中 β-胡萝卜素的水平（1.6mg/kg 干重水稻胚乳）还不足以满足人们对维生素 A 的需要量。最近采用玉米八氢番茄素合成酶（maize phytoene synthase）替代来自黄水仙花（daffodil）的基因使转基因水稻 β-胡萝卜素量取得进展。其浓度达到 37mg β-胡萝卜素/kg 干重（Paine et al.，2005）。含有该 β-胡萝卜素浓度的主食大米可提供人体每日所需的维生素 A 前体。

应用 Brassica napin 启动子表达 *E. uredovora* 的八氢番茄红素合成酶（crtB）基因，使油菜种子中 β-胡萝卜素的含量增加了 50 倍。每公斤种子中 β-胡萝卜素水平达 0.7g，而 α-胡萝卜素为 0.4g/kg (Shewmaker et al.，1999)。同时通过同步表达 crtB，八氢番茄红素脱氢酶（crtI）和 β-环化酶（crtY），β/α 胡萝卜素比例可由 2∶1 转变为大约 3∶1（Ravanello et al.，2003)。拟南芥中，由 napin A 启动子控制的拟南芥八氢番茄红

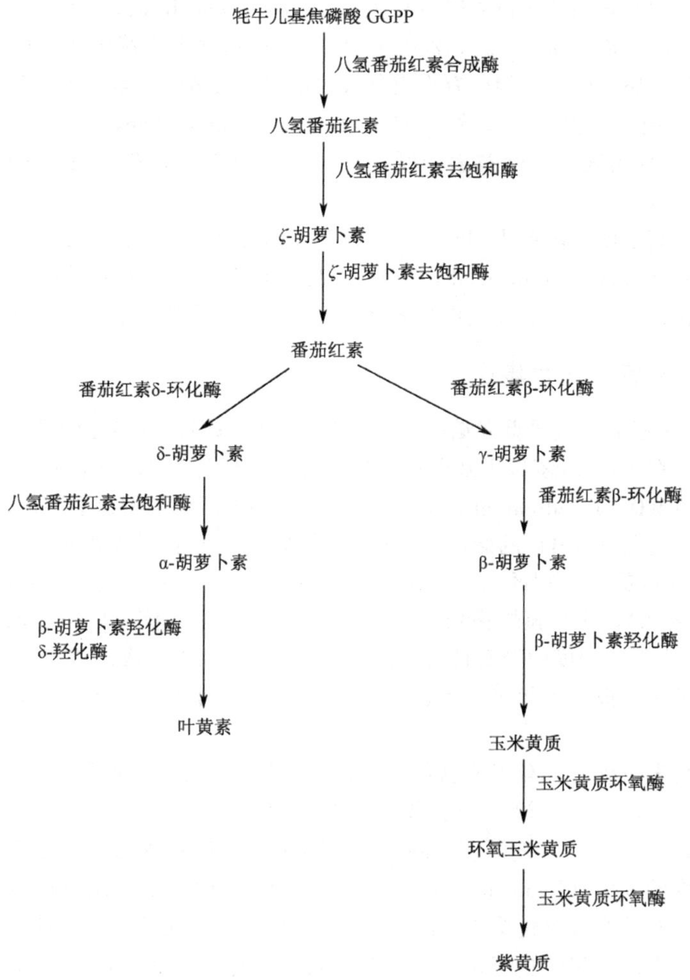

图 2.2.1 植物中类胡萝卜素的生物合成

素合成酶，β-胡萝卜素平均增加 43 倍（Lindgren et al.，2003）。

最近，在转基因番茄中 35S 启动子调控的番茄红素 β-环化酶（tlcy-b）的表达，产生的 β-胡萝卜素水平令人注目（D'Ambrosio et al.，2004）。由于番茄红素全部转化为 β-胡萝卜素且总类胡萝卜素大致增加两倍，果实中可达到 0.2g/kg 鲜重。如果每天 β-胡萝卜素的摄入量为 3～5mg，大约 20g 的新鲜番茄就能满足个体摄入量的需求。

具生物活性的类胡萝卜素、玉米黄质和叶黄素

非维生素 A 的类胡萝卜素、玉米黄质和叶黄素有助于预防视力退化。老年黄斑变性（age-related macula degeneration，AMD）伴有类胡萝卜素黄色色素损失（carotenoid pigment），这些色素在人类黄斑黄体（macula lutea）中不能合成。玉米黄质和叶

黄素消耗的增加和较高黄斑色素密度相关（Landrum and Bone, 2001），但其因果关系还未被试验证明（Krinsky et al., 2003）。尽管通过膳食玉米黄质和叶黄素对老年黄斑变性的预防效果还不确定，但已有报道称有效增加了血清叶黄素和黄斑色素浓度及可能防止曝光组织损伤，促进其普及（Alves-Rodrigues and Shao, 2004; Sies and Stahl, 2003）。但日常食用这两种叶黄素中哪一种对人类健康更有意义在生理学上仍有争议（Krinsky et al., 2003）。

含有相对高浓度玉米黄质和叶黄素的蔬菜在西方饮食中仅占一小部分，应考虑它们的生物利用率（Castenmiller et al., 1999）。利用GM方法导入或增加作物中玉米黄质和叶黄素的含量，会使食品补充更多方面功能以获得更高的血浆和组织水平。

营养价值，疾病预防和建议

AMD是引起老年人严重视觉损伤和失明的主要原因。神经血管性的AMD伴或不伴区域性萎缩在美国40岁以上及老年人中的患病率估计为1.5%且0.6%～0.7%的居民患有晚期AMD（Friedman et al., 2004）。由于西方居民的快速老龄化，到2020年将有超过1%的人受到AMD的影响。AMD主要影响视网膜对强视觉中心反应的状况。两种主要的眼病是有区别的（National Eye Institute, 2002）：①干性AMD（非渗出性，约80%病例），视网膜的感光细胞下存在晶簇，脂肪沉淀，后期出现萎缩症。干性AMD早期视力下降程度中等而且过程缓慢；②湿性AMD（渗出性，约20%）由于视网膜下血管破裂和液体渗漏使得新血管形成，对视力威胁更大，干扰了视力并形成疤痕组织。

在黄斑色素被确定含有黄色色素以后很久，膳食补充玉米黄质和叶黄素才被建议用于治疗AMD（Krinsky, 2002）。人视网膜中心，黄斑含有丰富的类胡萝卜素3R，3′R-型玉米黄质，3R，3′SL（内消旋，meso）-玉米黄质和叶黄素的浓度达到1mmol/L，几乎是血浆浓度的3倍（Landrum and Bone, 2001）。同时叶黄质能防止高能量蓝光对眼睛的损伤，以及具有抗氧化功能（Krinsky, 1989），它们可用作辐射淬灭剂和辐射链断裂抗氧化剂，因此建议膳食玉米黄素和叶黄素可防止黄斑病（包括AMD）（Landrum and Bone, 2001）。

通过膳食玉米黄素和叶黄素能很好地从食品或补品中吸收并通过血浆脂蛋白分布到周边组织。叶黄素能离体转化为玉米黄质（Khachik et al., 1997）而玉米黄质转化为全反式-3脱氢叶黄素（all-E-3-dehydrolutein）（Hartmann et al., 2004）。然而，还不知道在视网膜上的内消旋-玉米黄质究竟是哪一类胡萝卜素形式（Krinsky et al., 2003）。补充叶黄素可以增加黄斑色素浓度（Richer et al., 2004）。黄斑、玉米黄质和内消旋玉米黄质对维持视网膜内光保护的功能已经被证实（Landrum and Bone, 2001; Mozaffarieh et al., 2003）。AMD流行的增加和视力严重损坏导致巨大经济负担，因此用玉米黄质和叶黄素预防该病产生巨大的社会和经济效益。

玉米黄质和叶黄素的来源

玉米黄质和叶黄素主要存在于蔬菜中。这些包括［玉米黄质＋叶黄素 mg/100g可食用部分，（www.nal.usda.gov/fnic/foodcomp/Data/car98/car _ tble.pdf; Elmadfa et al.,2004)]：玉米（2)、花椰菜（2)（broccoli)、南瓜（2)（zucchini)、甘蓝（8)（collards)、绿芜青（8）（turnip greens)、菠菜（7～12）（spinach)、皱叶甘蓝（22)（savoy cabbage）和羽衣甘蓝（15～40）（kale)。鉴于西方饮食一般提供 1～3mg/d 玉米黄质和叶黄素，这些蔬菜中玉米黄质和叶黄素的浓度较高（Nebeling et al.，1997)。不管富含黄色色素蔬菜的有效性，低平均摄入量表明这些蔬菜的相对较低的普及率。

对于添加剂和功能性食品，蔬菜和万寿菊（*Tagetes erecta*，主要产叶黄素）含有丰富的叶黄素。在美国，FAD 没有关于“晶体叶黄素”的疑问。玉米黄质和叶黄素的混合物可添加到各种食品中，每次食用 0.3～3.0mg 的范围被认为是 GRAS（安全的，GRN 140)。“晶体叶黄素”可从万寿菊的油脂中提纯，该油脂是用一种疏水溶剂从万寿菊的干花瓣中提取的。玉米黄质可合成生产，也能产自突变的黄杆菌培养物，该菌的类胡萝卜素生物合成基因（Pasamontes et al.，1997）已知晓。有几种细菌生产体系能供应补品和功能食品市场。

提高玉米黄质内源水平的 GM 方法（图 2.2.1 的生物合成方案）已在番茄和马铃薯块茎中实施。在八氢番茄红素去饱和酶启动子控制下同时高度表达拟南芥环化酶和胡椒胡萝卜素脱氢酶，第一次使番茄果实中玉米黄质得到增加（Dharmapuri et al.，2002)。该双转化株隐黄质集聚达 11mg/kg 鲜重和玉米黄质达 13mg/kg 鲜重（Dharmapuri et al.，2002)。在野生果实里，因为集聚番茄红素，使得玉米黄质通常低于可检测水平。Römer 等（2002）在转基因马铃薯块茎中成功应用了另一个转基因策略。在这些器官中最丰富的类胡萝卜素是紫黄质（图 2.2.1)，其次是叶黄素，总类胡萝卜素产量在 10mg/kg 和 25mg/kg 干重块茎之间。紫黄质是玉米黄质环氧酶，由单环氧介导通过花药黄素作用形成。Römer 等（2002）减少了玉米黄质环氧酶的表达。这种方法使玉米黄质水平提高了 130 倍，达到 40mg/kg 干重。再者，大多数玉米黄质含量高的块茎表现总类胡萝卜素水平的增加（达到 5.7 倍)。因而建议叶黄素和玉米黄质的每天摄入＞6mg的水平，这在 GRAS 通告 GRN110 和 GRN140 中可被 FDA 接受。显然转基因番茄和马铃薯已经通过遗传改良显著强化了玉米黄质。

健康血脂的植物甾醇丰富的食品

随着优化膳食的摄入，植物甾醇（plant sterols)、植物甾醇类（phytosterols）及植物甾烷醇酯（stanols，1.5～2g/d）可降低大约 10％人血清总的及低密度脂蛋白（low-density lipoprotein，LDL）或者“有害”胆固醇（Katan et al.，2003)，相关的冠状心脏疾病临床表现减少到 20％（Miettinen and Gylling，2003)。通过强化或未强化的食物载体，每天 0.8～1.0g 适量溶解的游离或酯化的植物甾醇/植物甾烷醇或者等价的酯类物，同时摄入低含量的低密度脂蛋白胆固醇，能维护心脏健康（Berger et al.，2004)。西方膳食中平均植物甾醇摄入量仅 0.2～0.4g/d（Normen et al.，2001)。历史上，人类摄入植物甾醇较高，后来由于油脂和脂肪提炼技术的引入，油脂的风味及稳定性得到改善，同时降低了膳食中的植物甾醇。今天油脂精炼中的除臭步骤，根据加工应用，几乎去除一半的油脂甾醇（sterol)，即饮食中的甾醇（Belitz and Grosch 1999；Przybylski，2001)。

植物甾醇富含于种子和果实的脂质部分。许多重要甾醇、β-谷甾酮（β-sitosterol)、菜油甾醇（campesterol）和豆甾醇（stigmasterol）（Normen et al.，2001）含于包括小麦的谷类中。植物甾烷醇是对应植物甾醇氢化而自然发生的。膳食植物甾醇摄入量中主要的甾烷醇，β-谷甾酮和菜油甾醇的摄入低于10%（Normen et al.，2001)。类固醇都有一个带胆固醇的环状结构，但其侧链各自不同。植物胆固醇或以游离的长链脂酰基酯(long-chain fatty acyl esters）存在（大约50%)，或以糖苷（较小的）存在。

在食物链特定食品中添加甾醇或者通过遗传的方法增加农作物甾醇含量就有可能在饮食中摄入较高植物甾醇含量的食物。如果植物甾醇能适当乳化，即便低脂肪食物也能有效地降低血清胆固醇（Ostlund，2004)。与欧洲食物产品大约含250mg/100g精炼油相比，小麦（60～80mg/100g）和其他谷物有相对高的甾醇含量（Piironen et al.，2002)，表明低脂食品明显有助于植物甾醇的摄入（Normen et al.，2001)。因此，除了油料作物，能提供蛋白质或淀粉的大豆、豌豆、小麦、玉米、香蕉或番茄等作物在膳食甾醇摄入中也起重要作用，经改良后在将来可能使甾醇过量表达。

食用植物的高植物甾醇特性将在每份营养含量中提供一份高效剂量的植物甾醇/甾烷醇。美国FDA认证了植物甾醇或甾烷醇可减少心血管疾病的危险。如果一种食品可以每天吃俩份，而每份含有0.4g的游离甾醇，那么在结合低饱和脂肪酸和低胆固醇的饮食中就可以称其为“降低心脏病风险”的食品（21 CFR 101.83)。

营养价值、疾病预防和建议

植物甾醇/甾烷醇酯类通过降低血液胆固醇，减少动脉粥样硬化（atheroschlerosis）和心脏血管疾病的危险（美国健康条款，21 CFR 101.83，www.cfsan.da.gov/_dms/hclaims.html)。人的肠能选择性地吸收、代谢胆固醇和植物甾醇，这一点对了解低胆固醇机制很重要。尽管植物甾醇和胆固醇有相似的生物化学特性，但胆固醇能被有效吸收并在脂蛋白中复性（35%～70%)，而分子质量小的植物甾醇/甾烷醇则能在血浆中复性（0.02%～3.5%，de Jong et al.，2003)。

对植物甾醇降低胆固醇效应的解释有两种假说。第一个假说是由于它们相似的生理生化特性，植物甾醇取代肠内脂肪微小粒的胆固醇，不被大量吸收到血浆。第二个假说是植物甾醇与胆固醇一起被肠道细胞（enterocytes）迅速吸附；而一旦进入肠道细胞，植物甾醇就增加腺苷三磷酸结合盒A1甾醇载体（adenosine triphosphate-binding cassette A1 sterol transporter）的表达（Ostlund，Jr.，2004；Platand Mensink，2002)；肠细胞感应器（SREBP-2和LXR）也可能不区分植物甾醇和胆固醇。其结果，转载体介导甾醇成分排泄出肠细胞外返回肠腔（Plat and Mesink，2002)。

试验已经表明摄入0.2～0.4g/d的低植物甾醇膳食就可能降低胆固醇吸收的生物活性（Normen et al.，2001；Ostlund，2002)。由于它们能降低胆固醇，FDA批准了关于植物甾醇的健康条例，承认对于每份食物参考数量下至少含有0.65g植物甾醇酯或1.7g甾烷醇的食物可以降低冠心病风险（21 CFR 101.83)。目前研究表明，甾醇和甾烷醇降低胆固醇的效应有些区别（Ostlund，2002)。作为一种治疗选择，美国国家胆固醇教育项目推荐每天2g的植物甾醇/甾烷醇以降低LDL（NCEP，2004)。这个推荐量是通过饮食（每天1.5～2g游离型）或2.5～3.3g酯化型植物甾醇/甾烷醇可获得的

LDL 胆固醇降低的最大范围（10%）（Katan et al.，2003；Lichtenstein，2002）。除了精加工的碳水化合物和动物制品（Normen et al.，2001），虽然几乎所有食物中都可提供一些植物甾醇/甾烷醇，但只能通过食用强化食品才能达到建议的每天摄入克数。

植物甾醇和甾烷醇的来源

植物甾醇是蔬菜油加工过程的副产品，而富含植物甾醇的制品来自妥尔油，一种造纸业的废品。初级蔬菜油的精炼是通过一系列的物理或碱精制的单元操作进行的，该加工过程包括脱胶、腐蚀精炼、脱色和除臭的步骤（Belitz and Grosch，1999）。除臭的最初目的是去除不需要的挥发物和色素，以提高味道、气味和稳定性。甾醇是从大豆、玉米和菜子油除臭蒸馏物的未皂化部分回收的。甾醇可通过蒸馏等技术进一步的浓缩。

妥尔油（tall oil）是从妥尔油皂（tall oil soap）的有机可溶提取物中产生，妥尔油皂是造纸中针叶树纸浆化加工的副产品。妥尔油可以用酒精提取并加热生成初级植物甾醇晶体。冷却后，水洗这些晶体并过滤分离残余物。植物甾醇再次结晶、过滤、真空干燥、磨粉和过筛，获得的晶体制品主要就是谷甾醇（β-sitosterol）、谷甾烷醇（β-sitostanol）、菜油甾醇（campesterol ）和菜油甾烷醇（campestanol）的混合物（被美国公认安全公告，GRN 39 和 112 认证 www.cfsan.fda.gov/～rdb/opa-gras.html）。植物甾醇类和甾烷醇丰富的产品，包括蔬菜油涂剂、色拉的敷料剂、健康饮料、健康酒吧和酸奶型制品。

代谢工程方法表明，通过表达编码关键调控酶的单基因，能增加植物中的甾醇水平。迄今为止，已报道通过表达 HMG-CoA 还原酶使烟草植物甾醇的最大量增至 3～6 倍（Chappel et al.，1995；Schaller et al.，1995）。烟草 C-24 转甲基酶Ⅰ型（C-24 methyltransferase type 1）的表达水平提高了大约 1.4 倍（Holmberg et al.，2002）。Venkatramesh 等（2003）在转基因油菜（*B. napus*）和大豆中通过表达链霉菌（*Streptomyces*）的编码 3-羟基类固醇氧化酶（3-hydroxysteroid oxidase）基因，将植物甾醇转化为它们各自氢化形式的甾烷醇。由此可见，通过遗传改良强化营养使粮食作物有可能富含植物甾醇和甾烷醇。

抗性淀粉，一种有价值的食物纤维

在美国和欧洲Ⅱ型糖尿病和肥胖症的发病数量日渐增多（Mokdad et al.，2001）。改善碳水化合物质量的关键因素是葡萄糖被消化和吸收到血液循环的时间（血糖反应，glycemic response）。如果碳水化合物，如抗性淀粉或膳食纤维，在小肠内缓慢消化或不消化，就有益健康（Augustin et al.，2003；Brand-Miller，2003），包括实现糖尿病的血糖控制（Willett et al.，2002），以及减少血液中的胰岛素和餐后的血脂（Behall and Hallfrisch，2002；Behall et al.，1989）。另外，抗性淀粉影响大肠微生物群，同时产生丁酸用作能量来源。这样可以减少Ⅱ型糖尿病发生的危险（Salmeron et al.，1997a，b）。

增加某种淀粉类粮食作物中抗性淀粉含量是有价值的，如通常食用的马铃薯、玉米和水稻等高糖食品。淀粉食品通常含有 75%的支链淀粉（amylopectin），其余为直链淀粉（amylose）。直链淀粉由于较低的肠内 α-淀粉酶降解而较支链淀粉和蔗糖难于消化。白色马铃薯是美国大量消费的淀粉类蔬菜（美国农业与农业研究服务部，2000）。玉米和水稻同样是具有高血糖指数的最受欢迎、大多数情况下的主食（Foster-Powell et al.，2002）。高直链淀粉玉米中，逆转支链淀粉与直链淀粉的比例，能降低含该组分食物的升血糖作用（Vonk et al.，2000）。在其他含淀粉的作物（马铃薯或水稻）中，淀粉部分的高直链淀粉，也能提高对快速降解和吸收这些高血糖食物的抗性。

营养价值和疾病预防

对于来自不同食物来源的直链淀粉，潜在的主要好处在于该淀粉类型相对慢的消化及延迟吸收后血液葡萄糖化和相关胰岛素反应（Behall et al.，1989；Goddard et al.，1984）。许多直链淀粉的双螺旋和淀粉-脂类复合物能降低人类小肠内胰腺 α-淀粉酶对淀粉的消化。因此，直链淀粉被认为是“抗性淀粉”并能产生缓慢，较支链淀粉和蔗糖相对小的，但更平稳升高的葡萄糖和胰岛素水平。直链淀粉消化对胰岛素的需求相对较低（Behall et al.，1988），而支链淀粉显著升高血糖、胰岛素和胰高血糖素水平，从而抑制了葡萄糖的调控。

评价碳水化合物质量的一种方法是根据其血糖生成指数（glycemic index），即测量相对膳食糖分或白面包的特定食物碳水化合物的血糖反应（Ludwig and Eckel，2002）。尽管对血糖生成指数一直有争议（Pi-Sunyer，2002），在大量可预见性流行病学研究中所有高血糖指数的饮食都与Ⅱ型糖尿病的高风险相关（Willett et al.，2002）。糖尿病饮食的目的是通过避免食用血糖快速升高的食物来保持相对稳定的血糖水平。一些研究演示了在高胰岛素分泌及人用直链淀粉替代支链淀粉的饮食的降低血糖反应（Behall et al.，2002；Behall and Howe，1995）。利用抗性淀粉减少血糖反应的糖尿病预防计划可能比药物治疗更有效（Brand-Miller，2004）。

高直链淀粉也对心血管健康有益。餐后血脂（postprandial lipemia），高胰岛素血症和糖尿病增加心血管疾病的危险。前瞻性队列研究显示低血糖负荷（碳水化合物量乘以血糖生成指数）饮食与Ⅱ型糖尿病和心血管疾病低风险相关（Liu and Willett，2002）。在护士健康研究中低血糖负荷与“有益”高密度脂蛋白-胆固醇提高有关（Liu et al.，2001）。因此，尽管高抗性淀粉对血浆脂蛋白的效果有限，但它可以通过稳定血葡萄糖水平来维持心脏健康。高抗性淀粉饮食也影响食物的摄入量和体重控制。减少饱感和血糖的波动及胰岛素水平对控制体重是至关重要的（Ludwig，2000）。进食高血糖食物后葡萄糖的快速吸收能诱导一系列激素和代谢的改变，更促进食物的摄取。

总之，增加食物中的抗性淀粉部分有助于降低餐后血糖和胰岛素反应及食物的摄入。减少的血糖反应可以降低糖尿病、次生心血管病和肥胖的发病风险。用抗性淀粉替代大众淀粉作物（马铃薯、玉米和水稻）中大量快速消化的碳水化合物可以提高营养。

抗性淀粉的来源

澳大利亚已允许食物制品标签低血糖生成指数（glycemic index），条件是该食物制品符合某些营养标准。而其他大多数国家还不允许这种标签。高直链淀粉目前主要来自非遗传改良的高直链淀粉谷（玉米）突变体。一些高直链淀粉水稻品种及特殊加工的木薯淀粉已能提供低血糖生成指数（Foster-Powell et al.，2002）。

生产和经销高直链抗性淀粉的厂家包括 Hylon、Hi-Maize™、Novelosel®（National Starch and Chemical Company，Bridgewater，NJ）、AmyloGel（Cargill，Cedar Rapids，IA）、Gelose®（Penford Australia，Lane Cove，Australia）和 Eurylon®（Roquette America，Inc.）。基于非 GMO 高直链淀粉（50%～90%）玉米加工成抗性淀粉（Vonk et al.，2000）。Cerestar（Mechelen，Belgium）提供的 C* ActiStar 为部分水解和糊化的非 GMO 木薯淀粉，含有>50%的抗性淀粉。上述淀粉也可标注食品内淀粉部分含 30%～60%总膳食纤维。在美国，有抗性淀粉的配方制品，若每份制品含有 2.5g 纤维可标注“纤维丰富”，达 5.0g 则标注为“高量纤维素”。抗性淀粉的另一个好处是供给人们低能量的营养，根据不同产品，其能量值大致为 2～3kcal/g，而不是 4kcal/g（Behall and Howe，1996）。食品种类包括糖尿病人面包制品、早餐谷类、面食和空心食品。

最近综述总结了获得高直链淀粉遗传工程的技术成就（Jobling，2004））。迄今为止，增加直链淀粉水平最成功的尝试是通过同时下调淀粉分支酶Ⅰ和Ⅱ（SBE I 和 II，Schwall et al.，2000）或表达对 SBEII 的抗体（Jobling et al.，2003），使直链淀粉水平从一般的 20%～30%增加到>60%。这两种方法已经在转基因马铃薯植株中得以实现。这些方法可以转用于其他淀粉作物，以增加直链淀粉的数量。

多烯键不饱和脂肪酸（PUFA）

长链多烯键不饱和 *n*-3 系（Ω-3）脂肪酸是人体新陈代谢的关键要素。对于成年人，二十碳五烯酸（eicosapentaenoic acid，EPA）和二十二碳六烯酸（docosahexaenoic acid，DHA）主要具有保护心血管，减少炎症和精神行为的生理效益。婴儿可以从添加 DHA 和花生四烯酸（arachidonic acid，ARA）的婴儿配方乳中获取。因此，他们可以吸收到近似母乳的营养，从而保证发育中的婴儿得到 DHA。DHA 是大脑和眼睛中脂肪的初级结构，它还是 ARA 的前体。而 ARA 又是类激素（hormone-like）的生长调节剂及在大脑中最普遍存在的 Ω-6 脂肪酸（Jensen，1999）。在这里我们将讨论通过 EPA 和 DHA 提高成人的营养。大量的科学证据表明，成人健康受益增加了对 EPA 和 DHA 需求，并对营养要求有更稳定和安全的生产体系。

现在 EPA 和 DHA 的主要来源是鱼、海洋动物和海洋微藻。油料作物缺乏去饱和脂肪酸及延长它们的脂肪酸以产生 EPA 和 DHA 的基因。油料作物中 EPA 和 DHA 的制品远优于鱼油（Wu et al.，2005），因为鱼油积累了诸如重金属（heavy metal）、二英（dioxin）和多氯联苯（polychlorinated biphenyl）等污染物。鱼油中的主要脂肪酸是典型的饱和动物脂肪，因而不如植物来源的健康。更重要的是，在将来的作物油料中，没有异味胺和金属催化剂降解的脆弱脂肪酸，将能明显提高风味和稳定性。最后，现代作物的可持续性和经济性将会使 EPA 和 DHA 同时引入到更多的作物中。

营养价值、疾病预防和建议

EPA 和 DHA 是人类大脑和视网膜的重要组成，是影响慢性疾病的类激素介质二十碳脂肪酸类（eicosanoids）的前体。尽管只有 *n*-6 亚油酸［linoleic-(*n*-6)acid］和 α-亚麻酸（n-3）(linolenic acid）对人类极为重要［食品和营养委员会，Food and Nutrition Board (FNB)，2002］，大量证据表明，添加 EPA 和 DHA 的膳食对大多数人具有增强心血管和其他功能（von Schacky，2004）。膳食 EPA 和 DHA 减少血液凝固、降低血脂和血压，可改善脂蛋白的特性并且有抗心律失常作用（Calder，2004；Geelen et al.，2004）。EPA 和 DHA 可以抑制炎症和过敏（Calder 2002），有助于精神失常（Horrocks and Farooqui，2004；Morris et al.，2003）和抑郁症的缓解（Hibbeln，2002）。有关心血管健康收益已讨论了多年，最近的科学事实已经使美国 FDA 最终同意将现在对"Ω-3 脂肪酸和冠心脏病"的合格健康声明（Qualified Health Claim）（Docket No. 2004Q-0401）升级为全面开放（full claim）。

最近 30 年，已积累了膳食补充 EPA 和 DHA 有助于预防慢性病的证据（Bang et al.，1976；Kromann et al.，1980）。Burr 等（1989）的研究表明适当多吃高脂肪鱼类能降低心肌梗死症恢复后的男性的死亡率。GISSI 预防研究试验证实了心肌梗死患者干扰研究中的保护性作用（GISSI-Prevenzione Investigators，1999）。每天摄入大约 0.9g 的 EPA 和 DHA 乙酯的治疗可以明显降低心肌梗死和心血管死亡的危险。有关 EPA 和 DHA 增加Ⅱ型糖尿病胰岛素敏感性的作用现在是相当有趣的领域。流行病学研究表明，食用鱼类虽然没有改善糖尿病的血浆胰岛素水平或增加胰岛素敏感性（Hu et al.，2003），但却能防治心血管疾病和降低糖尿病总死亡率。有关糖尿病的临床研究结果不一，需要进一步研究（Julius，2003）。

有关膳食脂肪酸的推荐显示了鱼油型脂肪或 EPA 和 DHA 重要性得以认可的国际趋势（PUFA 通讯，2003 年 9 月，www. fatsoflife. com）。在美国和大多数欧洲国家，每日 Ω-3 脂肪酸的成年人摄入量为 1～2g（能量的 0.5%～1.0%），大部分来自 α-亚麻酸，但每日仅有 0.1～0.3g 来自 EPA 和 DHA（Kris-Etherton et al.，2000；Sanders，2000）。一些工业化国家，如葡萄牙、西班牙、法国和日本，都有较高的鱼油摄入量。素食者，特别是严格的素食主义者，人体组织中显示出低 EPA 和 DHA 水平（Davis and Kris-Etherton，2003）。在引入当今富 *n*-6 系油料作物之前，*n*-3 系脂肪酸在我们的饮食中发挥着重要的作用，饮食中 *n*-6/*n*-3 脂肪酸的比率大约为 2∶1（Simopoulos，1999）。今天大多数西方饮食中，该比率可能超过 10∶1，但是其促炎症反应（pro-inflammatory）及 ARA 代谢产生的花生酸的调控作用却引起了人们的关注。因此，提高植物油来源的 EPA 和 DHA 的供给很有必要。

综上所述，根据已经获得 EPA 和 DHA 有益于成年人健康的科学证据以及产生有益作用时 EPA 和 DHA 的剂量，以摄入 0.5～1.0g/d EPA 和 DHA 为宜。因此，成年人应比目前摄入量增加 3～5 倍。对此 GM 油类作物或许是一种健康而且持续的选择。

PUFA 的来源

为供应未来扩大食物营养补充所需的大量活性成分，现在的生产体系既不足也不经济。EPA 和 DHA 的主要来源是鱼和鱼油。一些高脂肪鱼，特别是大比目鱼、鲭、青鱼和鲑鱼是 EPA 和 DHA 的丰富来源。*n*-3 脂肪酸含量因鱼的类型、环境和是否饲养和野生等因素影响而有很大变化。一般，渔场在捕获期通过在饲料中添加海产油使喂养鲑鱼的脂肪酸结构调整到与其野生对应的结构。其他诸如物理活性和环境等因素也会影响鱼类脂肪酸的结构，但这种方法很有限。野生鱼类的开发已对海洋渔业产业产生严重的生态学影响（Myers and Worm，2003），因而渴求可持续性的经营（Pauly et al.，2002）。

DHA 也可通过微藻类的发酵和鱼油的次级提取进行生产（Australia New Zealand Food Authority C，2002）。发酵生产体系因油产量及饲喂和能量效率已被优化。由于该技术的高成本，仅进行小批量生产。假如转基因油料作物在成本效益生产上许多方面优于水产业、野生鱼类开发和微藻类发酵，它可能成为一种替代方法。至于转基因工程领域的技术成就，建议读者参阅 Wu 等（2005）的文献和 2.3 节。

结论

当今老龄化社会，特别是在工业化国家，对于增强营养以保持健康行为在未来将变得更加重要。基于疾病预防策略，营养药物食品既包含功能性食品，也可用做补充品。通常这些成分在营养定义中不是“必需的”。我们讨论了来自各种生物化学领域的几种有健康效益，并具有多样化效果的化合物。简而言之，科学文献表明植物甾醇有助于健康的血液脂蛋白含量的结构；PUFA 可减少心血管疾病危险和智力退化；维生素-A 原具有保护基本的视觉功能。玉米黄质和叶黄素可以预防视觉退化，而食用抗性淀粉则可以减少血糖反应，以降低患Ⅱ型糖尿病和肥胖症的危险。

讨论表明对每一种营养药食的生产存在几种选择，包括化学合成、发酵、从可获得的自然资源中提取、育种和植物生物技术。总之，生物技术已经取得重大进步，各种化合物产量在多种转基因植物品种中获得提高。

这些技术成就中，GM 作物可以提供丰富并具有健康疗效的植物成分从而改善食品成分。此外，代谢工程也能将稀少的食品或者有健康弊端的食品转化为健康组分添加到大众主食食品中，使其更有益于健康。另外，本章节还没有讲到的一个重要的话题，GM 技术能帮助减少食品中过敏原类似物（3.1 节）和对健康不利的化合物等有害成分。因此，GM 能充分地提高饮食健康功效和食品质量。

经济报酬将决定私人公司选择生产增强营养的化合物。GM 技术开发的特性是费用昂贵且引入市场需要有很长时间。但在以下方面是有利的：①营养药物食品的质量和含量应该真实可靠，②栽培、生产或提取的成本与竞争体系相比应相对较低，③为了获得投资回报，发达国家的目标是高价市场。迄今为止，尽管包括玉米、棉花、油菜和大豆的几个 GM 作物的商品化已获利，但很少致力于改良食品的质量（Liu and Willett，2002；Stoutjesdijk et al.，2000）。GM 作物的下一世代很可能满足消费者对营养收益的需要，例如来自油料作物的 PUFAs（Drexler et al.，2003；Wu et al.，2005；Qi et al.，2004）。

通过 GM 技术增强营养的概念也适合发展中国家。通过开放基金制度发展的协作研究支持 GM 的开发，使发展中国家作物生产不仅改良了农艺性状，也改善了食品营养。此外，含有 β-胡萝卜素的胚乳遗传工程水稻提供了干扰维生素 A 缺乏症的可选择方法（Toenniessen，2002）。最近，水稻胚乳中 β-胡萝卜素所达到的浓度已达到相当的水平，为维生素 A 需要提供适当来源（Paine et al.，2005）。碘和锌等微量元素缺乏，在发展中国家严重影响人们的健康，目前正在进行育种和遗传工程的研究以改善现状（Lucca et al.，2001；Zimmermann and Hurrell，2002）。

致谢

感谢 Bernd Sonnenberg 对本文的审阅。

参考文献

Alves-Rodrigues, A. and Shao, A. (2004) The science behind lutein. *Toxicology Letters* **150**, 57–83.

American Heart Association (2003) *Heart Disease and Stroke Statistics (2004) Update*, Dallas, TX, pp. 1–52.

Augustin, L.S., Gallus, S., Bosetti, C., Levi, F., Negri, E., Franceschi, S., Dal Maso, L., Jenkins, D.J., Kendall, C.W. and La Vecchia, C. (2003) Glycemic index and glycemic load in endometrial cancer. *International Journal of Cancer* **105**, 404–407.

Australia New Zealand Food Authority C. Review of Infant Formula, Supplementary Final Assessment (Inquiry—S.24) Report. ANZFA—Review Of Infant Formula Proposal P93, 1–276. 8-5-2002.

Bang, H.O., Dyerberg, J. and Hjoorne, N. (1976) The composition of food consumed by Greenland Eskimos. *Acta Medica Scandinavica* **200**, 69–73.

Behall, K.M. and Hallfrisch, J. (2002) Plasma glucose and insulin reduction after consumption of breads varying in amylose content. *European Journal of Clinical Nutrition* **56**, 913–920.

Behall, K.M. and Howe, J.C. (1995) Effect of long-term consumption of amylose vs. amylopectin starch on metabolic variables in human subjects. *American Journal of Clinical Nutrition* **61**, 334–340.

Behall, K.M. and Howe, J.C. (1996) Resistant starch as energy. *Journal of the American College of Nutrition* **15**, 248–254.

Behall, K.M., Scholfield, D.J., Yuhaniak, I. and Canary, J. (1989) Diets containing high amylose vs. amylopectin starch: effects on metabolic variables in human subjects. *American Journal of Clinical Nutrition* **49**, 337–344.

Behall, K.M., Scholfield, D.J. and Canary, J. (1988) Effect of starch structure on glucose and insulin responses in adults. *American Journal of Clinical Nutrition* **47**, 428–432.

Belitz, H-D. and Grosch, W. (1999) *Food Chemistry*, Springer-Verlag, Berlin, Germany.

Bennedsen, M., Wang, X., Willen, R., Wadstrom, T. and Andersen, L.P. (1999) Treatment of *H. pylori* infected mice with antioxidant astaxanthin reduces gastric inflammation, bacterial load and modulates cytokine release by splenocytes. *Immunology Letters* **70**, 185–189.

Berger, A., Jones, P.J. and Abumweis, S.S. (2004) Plant sterols: factors affecting their efficacy and safety as functional food ingredients. *Lipids in Health and Disease* **3**, 5–23.

Beyer, P., Al-Bibili, S., Ye, X., Lucca, P., Schaub, P., Welsch, R. and Potrykus, I. (2002) Golden rice: introducing the β-carotene biosynthesis pathway into rice endosperm by genetic engineering to defeat vitamin A deficiency. *Journal of Nutrition* **132**, 506S–510S.

Bouis, H.E. (2003) Micro-nutrient fortification of plants through plant breeding: can it improve nutrition in man at low cost? *Proceedings of the Nutrition Society* **62**, 403–411.

Brand-Miller, J.C. (2003) Glycemic load and chronic disease. *Nutrition Reviews* **61**, S49–S55.

Brand-Miller, J.C. (2004) Postprandial glycemia, glycemic index, and the prevention of type 2 diabetes. *American Journal of Clinical Nutrition* **80**, 243–244.

Brigelius-Flohe, R., Kelly, F.J., Salonen, J.T., Neuzil, J., Zingg, J.M. and Azzi, A. (2002) The European perspective on vitamin E: current knowledge and future research. *American Journal of Clinical Nutrition* **76**, 703–716.

Breiteneder, H. and Radauer, C. (2004) A classification of plant food allergens. *Journal of Allergy and Clinical Immunology* **113**, 821–830.

Burr, M.L., Fehily, A.M., Gilbert, J.F., Rogers, S., Holliday, R.M., Sweetnam, P.M., Elwood, P.C. and Deadman, N.M. (1989) Effects of changes in fat, fish, and fibre intakes on death and myocardial reinfarction: diet and reinfarction trial (DART). *Lancet* **2**, 757–761.

Cal, C., Garban, H., Jazirehi, A., Yeh, C., Mizutani, Y. and Bonavida, B. (2003) Resveratrol and cancer: chemoprevention, apoptosis, and chemo-immunosensitizing activities. *Current Medicinal Chemistry Anticancer Agents* **3**, 77–93.

Calder, P.C. (2002) Dietary modification of inflammation with lipids. *Proceedings of the Nutrition Society* **61**, 345–358.

Calder, P.C. (2004) n-3 Fatty acids and cardiovascular disease: evidence explained and mechanisms explored. *Clinical Science* **107**, 1–11.

Carlson, S.E., Werkman, S.H., Peeples, J.M., Cooke, R.J. and Tolley, E.A. (1993) Arachidonic acid status correlates with first year growth in preterm infants. *Proceedings of the National Academy of Sciences USA* **90**, 1073–1077.

Castenmiller, J.J., West, C.E., Linssen, J.P., van het Hof, K.H. and Voragen, A.G. (1999) The food matrix of spinach is a limiting factor in determining the bioavailability of beta-carotene and to a lesser extent of lutein in humans. *Journal of Nutrition* **129**, 349–355.

Chappell, J., Wolf, F., Prouix, J., Cueller, R. and Saunders, C. (1995) Is the reaction catalyzed by 3-hydroxy-3-methyl-glutaryl coenzyme A reductase a rate limiting step for isoprenoid biosynthesis in plants? *Plant Physiology* **109**, 1337–1343.

Chew, B.P. and Park, J.S. (2004) Carotenoid action on the immune response. *Journal of Nutrition* **134**, 257S–261S.

Cleveland, T.E., Dowd, P.F., Desjardins, A.E., Bhatnagar, D. and Cotty, P.J. (2003) United States Department of Agriculture-Agricultural Research Service research on pre-harvest prevention of mycotoxins and mycotoxigenic fungi in US crops. *Pest Management Science* **59**, 629–642.

D'Ambrosio, C., Giorio, G., Marino, I., Merendino, A., Petrozza, A., Salfi, L., Stigliani, A.L. and Cellini, F. (2004) Virtually complete conversion of lycopene into β-carotene in fruits of tomato plants transformed with the tomato lycopene β-cyclase (tlcy-b) cDNA. *Plant Science* **166**, 207–214.

Davidson, M.H. (2001) Safety profiles for the HMG-CoA reductase inhibitors: treatment and trust. *Drugs* **61**, 197–206.

Davidsson, L. (2003) Approaches to improve iron bioavailability from complementary foods. *Journal of Nutrition* **133**, 1560S–1562S.

Davis, B.C. and Kris-Etherton, P.M. (2003) Achieving optimal essential fatty acid status in vegetarians: current knowledge and practical implications. *American Journal of Clinical Nutrition* **78**, 640S–646S.

Dharmapuri, S., Rosati, C., Pallara, P., Aquilani, R., Bouvier, F., Camara, B. and Giuliano, G. (2002) Metabolic engineering of xanthophylls content in tomato fruits. *FEBS Letters* **519**, 30–34.

Drexler, H., Spiekermann, P., Meyer, A., Domergue, F., Zank, T., Sperling, P., Abbadi, A. and Heinz, E. (2003) Metabolic engineering of fatty acids for breeding of new oilseed crops: strategies, problems and first results. *Journal of Plant Physiology* **160**, 779–802.

Dutta, A. and Dutta, S.K. (2003) Vitamin E and its role in the prevention of atherosclerosis and carcinogenesis: a review. *Journal of the American College of Nutrition* **22**, 258–268.

Elmadfa, I., Aign, W., Muskat, E. and Fritzsche, D. (2004) GU Nährwert-Kalorien-Tabelle 2004/05. Munich, Germany, Gräfe und Unzer Verlag GmbH.

Farnaud, S. and Evans, R.W. (2003) Lactoferrin—a multifunctional protein with antimicrobial properties. *Molecular Immunology* **40**, 395–405.

Fasano, A., Berti, I., Gerarduzzi, T., Not, T., Colletti, R.B., Drago, S., Elitsur, Y., Green, P.H., Guandalini, S., Hill, I.D., Pietzak, M., Ventura, A., Thorpe, M., Kryszak, D., Fornaroli, F., Wasserman, S.S., Murray, J.A. and Horvath, K. (2003) Prevalence of celiac disease in at-risk and not-at-risk groups in the United States: a large multicenter study. *Archives of Internal Medicine* **163**, 286–292.

Food and Agriculture Organization of the United Nations (1979) Recommended practices for the prevention of mycotoxins in food, feed and their products. *FAO Food Nutrition Papers* **10**, 1–71.

Food and Agriculture Organization of the United Nations (2002) Vitamin A, in *Human Vitamin and Mineral Requirements*, FAO and WHO, Rome, Italy.

Food and Agriculture Organization of the United Nations (2004) The State of Food and Agriculture 2003–2004, FAO and WHO, Rome, Italy.

Food and Nutrition Board, Institute of Medicine (2002) Dietary reference intakes for energy, carbohydrate, fiber, fat, fatty acids, cholesterol, protein, and amino acids (macronutrients). http://www.nap.edu/books/0309085373/html/.

Foster-Powell, K., Holt, S.H. and Brand-Miller, J.C. (2002) International table of glycemic index and glycemic load values: 2002. *American Journal of Clinical Nutrition* **76**, 5–56.

Friedman, D.S., O'Colmain, B.J., Munoz, B., Tomany, S.C., McCarty, C., de Jong, P.T., Nemesure, B., Mitchell, P. and Kempen, J. (2004) Prevalence of age-related macular degeneration in the United States. *Archives of Ophthalmology* **122**, 564–572.

Geelen, A., Brouwer, I.A., Zock, P.L. and Katan, M.B. (2004) Antiarrhythmic effects of n-3 fatty acids: evidence from human studies. *Current Opinion in Lipidology* **15**, 25–30.

GISSI-Prevenzione Investigators (1999) Dietary supplementation with n-3 polyunsaturated fatty acids and vitamin E after myocardial infarction: results of the GISSI-Prevenzione trial. Gruppo Italiano per lo Studio della Sopravvivenza nell'Infarto miocardico. *Lancet* **354**, 447–455.

Goddard, M.S., Young, G. and Marcus, R. (1984) The effect of amylose content on insulin and glucose responses to ingested rice. *American Journal of Clinical Nutrition* **39**, 388–392.

Green, P.H. and Jabri, B. (2003) Coeliac disease. *Lancet* **362**, 383–391.

Grundy, S.M., Abate, N. and Chandalia, M. (2002) Diet composition and the metabolic syndrome: what is the optimal fat intake? *American Journal of Medicine* **113** (Suppl 9B) 25S–29S.

Guerin, M., Huntley, M.E. and Olaizola, M. (2003) *Haematococcus astaxanthin*: applications for human health and nutrition. *Trends in Biotechnology* **21**, 210–216.

Hadley, C.W., Miller, E.C., Schwartz, S.J. and Clinton, S.K. (2002) Tomatoes, lycopene, and prostate cancer: progress and promise. *Experimental Biology and Medicine* **227**, 869–880.

Harris, A., Devaraj, S. and Jialal, I. (2002) Oxidative stress, alpha-tocopherol therapy, and atherosclerosis. *Current Atherosclerosis Reports* **4**, 373–380.

Herbers, K. (2003) Vitamin production in transgenic plants. *Journal of Plant Physiology* **160**, 821–829.

Hibbeln, J.R. (2002) Seafood consumption, the DHA content of mothers' milk and prevalence rates of postpartum depression: a cross-national, ecological analysis. *Journal of Affective Disorders* **69**, 15–29.

Holmberg, N., Harker, M., Gibbard, C.L., Wallace, A.D., Clayton, J.C., Rawlins, S., Hellyer, A. and Safford, R. (2002) Sterol C-24 methyltransferase type 1 controls the flux of carbon into sterol biosynthesis in tobacco seed. *Plant Physiology* **130**, 303–311.

Horrocks, L.A. and Farooqui, A.A. (2004) Docosahexaenoic acid in the diet: its importance in maintenance and restoration of neural membrane function. *Prostaglandins, Leukotrienes and Essential Fatty Acids* **70**, 361–372.

Hu, F.B., Cho, E., Rexrode, K.M., Albert, C.M. and Manson, J.E. (2003) Fish and long-chain omega-3 fatty acid intake and risk of coronary heart disease and total mortality in diabetic women. *Circulation* **107**, 1852–1857.

Innis, S.M. (2003) Perinatal biochemistry and physiology of long-chain polyunsaturated fatty acids. *Journal of Pediatrics* **143**, S1–S8.

Jenkins, D.J., Kendall, C.W., Augustin, L.S., Franceschi, S., Hamidi, M., Marchie, A., Jenkins, A.L. and Axelsen, M. (2002) Glycemic index: overview of implications in health and disease. *American Journal of Clinical Nutrition* **76**, 266S–273S.

Jensen, R.G. (1999) Lipids in human milk. *Lipids* **34**, 1243–1271.

Jobling, S. (2004) Improving starch for food and industrial applications. *Current Opinion in Plant Biology* **7**, 210–218.

Jobling, S.A., Jarman, C., The, M.M., Holmberg, N., Blake, C. and Verhoeyen, M.E. (2003) Immunomodulation of enzyme function in plants by single-domain antibody fragments. *Nature Biotechnology* **21**, 77–80.

Julius, U. (2003) Fat modification in the diabetes diet. *Experimental Clinical Endocrinology and Diabetes* **111**, 60–65.

Jyonouchi, H., Sun, S., Iijima, K. and Gross, M.D. (2000) Antitumor activity of astaxanthin and its mode of action. *Nutrition and Cancer* **36**, 59–65.

Katan, M.B., Grundy, S.M., Jones, P., Law, M., Miettinen, T. and Paoletti, R. (2003) Efficacy and safety of plant stanols and sterols in the management of blood cholesterol levels. *Mayo Clinic Proceedings* **78**, 965–978.

Khachik, F., Bernstein, P.S. and Garland, D.L. (1997) Identification of lutein and zeaxanthin oxidation products in human and monkey retinas. *Investigative Ophthalmology and Visual Science* **38**, 1802–1811.

Krinsky, N.I. (1989) Antioxidant functions of carotenoids. *Free Radical Biology and Medicine* **7**, 617–635.

Krinsky, N.I. (2002) Possible biologic mechanisms for a protective role of xanthophylls. *Journal of Nutrition* **132**, 540S–542S.

Krinsky, N.I., Landrum, J.T. and Bone, R.A. (2003) Biologic mechanisms of the protective role of lutein and zeaxanthin in the eye. *Annual Reviews of Nutrition* **23**, 171–201.

Kris-Etherton, P.M., Taylor, D.S., Yu-Poth, S., Huth, P., Moriarty, K., Fishell, V., Hargrove, R.L., Zhao, G. and Etherton, T.D. (2000) Polyunsaturated fatty acids in the food chain in the United States. *American Journal of Clinical Nutrition* **71**, 179S–188S.

Kristal, A.R. (2004) Vitamin A, retinoids and carotenoids as chemopreventive agents for prostate cancer. *Journal of Urology* **171**, S54–S58.

Kromann, N. and Green, A. (1980) Epidemiological studies in the Upernavik district, Greenland. Incidence of some chronic diseases 1950–1974. *Acta Medica Scandinavica* **208**, 401–406.

Kuchide, M., Tokuda, H., Takayasu, J., Enjo, F., Ishikawa, T., Ichiishi, E., Naito, Y., Yoshida, N., Yoshikawa, T. and Nishino, H. (2003) Cancer chemopreventive effects of oral feeding alpha-tocopherol on ultraviolet light B induced photocarcinogenesis of hairless mouse. *Cancer Letters* **196**, 169–177.

Landrum, J.T. and Bone, R.A. (2001) Lutein, zeaxanthin, and the macular pigment. *Archives of Biochemistry and Biophysiology* **385**, 28–40.

Larque, E., Demmelmair, H. and Koletzko, B. (2002) Perinatal supply and metabolism of long-chain polyunsaturated fatty acids: importance for the early development of the nervous system. *Annals of the New York Academy of Sciences* **967**, 299–310.

Larsson, S.C., Kumlin, M., Ingelman-Sundberg, M. and Wolk, A. (2004) Dietary long-chain n-3 fatty acids for the prevention of cancer: a review of potential mechanisms. *American Journal of Clinical Nutrition* **79**, 935–945.

Lichtenstein, A.H. (2002) Plant sterols and blood lipid levels. *Current Opinion in Clinical Nutrition and Metabolic Care* **5**, 147–152.

Lindgren, L.O., Stalberg, K.G. and Höglund, A.S. (2003) Seed-specific over-expression of an endogenous *Arabidopsis* phytene synthase gene results in delayed germination and increased levels of carotenoids, chlorophyll, and abscisic acid. *Plant Physiology* **132**, 779–785.

Liu, S. and Willett, W.C. (2002) Dietary glycemic load and atherothrombotic risk. *Current Atherosclerosis Reports* **4**, 454–461.

Liu, S., Manson, J.E., Stampfer, M.J., Holmes, M.D., Hu, F.B., Hankinson, S.E. and Willett, W.C. (2001) Dietary glycemic load assessed by food-frequency questionnaire in relation to plasma high-density-lipoprotein cholesterol and fasting plasma triacylglycerols in postmenopausal women. *American Journal of Clinical Nutrition* **73**, 560–566.

Lucca, P., Hurrell, R. and Potrykus, I. (2001) Genetic engineering approaches to improve bioavailability and the level of iron in rice grains. *Theoretical and Applied Genetics* **102**, 392–397.

Ludwig, D.S. and Eckel, R.H. (2002) The glycemic index at 20 y. *American Journal of Clinical Nutrition* **76**, 264S–265S.

Ludwig, D.S. (2000) Dietary glycemic index and obesity. *Journal of Nutrition* **130**, 280S–283S.

MacLean, C.H., Mojica, W.A. and Morton, S.C. (2004) Effects of omega-3 fatty acids on lipids and glycemic control in type II diabetes and the metabolic syndrome and on inflammatory bowel disease, rheumatoid arthritis, renal disease, systemic lupus erythematosus, and osteoporosis. 89: 04-E012-1. 2004. AHRQ Publication.

MacLeod, G. and Ames, J. (1988) Soy flavor and its improvement. *Critical Reviews in Food Science and Nutrition* **27**, 19–400.

Maki, K.C., Davidson, M.H., Tsushima, R., Matsuo, N., Tokimitsu, I., Umporowicz, D.M., Dicklin, M.R., Foster, G.S., Ingram, K.A., Anderson, B.D., Frost, S.D. and Bell, M. (2002) Consumption of diacylglycerol oil as part of a reduced-energy diet enhances loss of body weight and fat in comparison with consumption of a triacylglycerol control oil. *American Journal of Clinical Nutrition* **76**, 1230–1236.

Miettinen, T.A. and Gylling, H. (2003) Non-nutritive bioactive constituents of plants: phytosterols. *International Journal for Vitamin and Nutrition Research* **73**, 127–134.

Mokdad, A.H., Bowman, B.A., Ford, E.S., Vinicor, F., Marks, J.S. and Koplan, J.P. (2001) The continuing epidemics of obesity and diabetes in the United States. *Journal of the American Medical Association* **286**, 1195–1200.

Morris, M.C., Evans, D.A., Bienias, J.L., Tangney, C.C., Bennett, D.A., Wilson, R.S., Aggarwal, N. and Schneider, J. (2003) Consumption of fish and n-3 fatty acids and risk of incident Alzheimer disease. *Archives of Neurology* **60**, 940–946.

Mozaffarieh, M., Sacu, S. and Wedrich, A. (2003) The role of the carotenoids, lutein and zeaxanthin, in protecting against age-related macular degeneration: a review based on controversial evidence. *Nutrition Journal* **2**, 20–27.

Muller, N., Alteheld, B. and Stehle, P. (2003) Tomato products and lycopene supplements: mandatory components in nutritional treatment of cancer patients? *Current Opinion in Clinical Nutrition and Metabolic Care* **6**, 657–660.

Myers, R.A. and Worm, B. (2003) Rapid worldwide depletion of predatory fish communities. *Nature* **423**, 280–283.

Nagao, T., Watanabe, H., Goto, N., Onizawa, K., Taguchi, H., Matsuo, N., Yasukawa, T., Tsushima, R., Shimasaki, H. and Itakura, H. (2000) Dietary diacylglycerol suppresses accumulation of body fat compared to triacylglycerol in men in a double-blind controlled trial. *Journal of Nutrition* **130**, 792–797.

Naidu, A.S. and Nimmagudda, R. (2003) Activated lactoferrin. Part 1: a novel antimicrobial formulation. AgroFood Industry Hi-Tech 47–50.

National Cholesterol Education Program (NCEP) (2004) *Expert Panel. Detection, Evaluation, and Treatment of High Blood Cholesterol in Adults (Adult Treatment Panel III)*, Volume 3. National Guideline Clearinghouse, pp. 1–36.

National Eye Institute (2002) *Vision Problems in the U.S., Prevalence of Adult Vision Impairment and Age-Related Eye Disease in America*, National Eye Institute, Bethesda, MD, pp. 1–42.

Nebeling, L.C., Forman, M.R., Graubard, B.I. and Snyder, R.A. (1997) Changes in carotenoid intake in the United States: the 1987 and 1992 National Health Interview Surveys. *Journal of the American Dietetic Association* **97**, 991–996.

Normen, A.L., Brants, H.A., Voorrips, L.E., Andersson, H.A., van Den Brandt, P.A. and Goldbohm, R.A. (2001) Plant sterol intakes and colorectal cancer risk in the Netherlands Cohort Study on Diet and Cancer. *American Journal of Clinical Nutrition* **74**, 141–148.

O'Keefe, J.H., Jr. and Cordain, L. (2004) Cardiovascular disease resulting from a diet and lifestyle at odds with our Paleolithic genome: how to become a 21st-century hunter-gatherer. *Mayo Clinic Proceedings* **79**, 101–108.

Ostlund, R.E. Jr. (2002) Phytosterols in human nutrition. *Annual Reviews of Nutrition* **22**, 533–549.

Ostlund, R.E. Jr. (2004) Phytosterols and cholesterol metabolism. *Current Opinion in Lipidology* **15**, 37–41.

Paine, J.A., Shipton, C.A., Chaggar, S., Howells, R.M., Kennedy, M.J., Vernon, G., Wright, S.Y., Hinchliffe, E., Adams, J.L., Silverstone, A.L. and Drake, R. (2005) Improving the nutritional value of Golden Rice through increased pro-vitamin A content. *Nature Biotechnology* **23**, 482–487.

Pasamontes, L., Hug, D., Tessier, M., Hohmann, H.P., Schierle, J. and van Loon, A.P. (1997) Isolation and characterization of the carotenoid biosynthesis genes of Flavobacterium sp. strain R1534. *Gene* **185**, 35–41.

Pauly, D., Christensen, V., Guenette, S., Pitcher, T.J., Sumaila, U.R., Walters, C.J., Watson, R. and Zeller, D. (2002) Towards sustainability in world fisheries. *Nature* **418**, 689–695.

Pervaiz, S. (2003) Resveratrol: from grapevines to mammalian biology. *FASEB Journal* **17**, 1975–1985.

Piironen, V., Toivo, J. and Lampi, A.M. (2002) Plant sterols in cereals and cereal products. *Cereal Chemistry* **79**, 148–154.

Pi-Sunyer, F.X. (2002) Glycemic index and disease. *American Journal of Clinical Nutrition* **76**, 290S–298S.

Plat, J. and Mensink, R.P. (2002) Increased intestinal ABCA1 expression contributes to the decrease in cholesterol absorption after plant stanol consumption. *FASEB Journal* **16**, 1248–1253.

Potrykus, I. (2003) Nutritionally enhanced rice to combat malnutrition disorders of the poor. *Nutrition Reviews* **61**, S101–S104.

Przybylski, R. (2001) *Canola Oil: Physical and Chemical Properties*, Canola Oil Technical Information Kit, Canola Council of Canada, Winnipeg, Canada, pp. 1–12.

Qi, B., Fraser, T., Mugford, S., Dobson, G., Sayanova, O., Butler, J., Napier, J.A., Stobart, A.K. and Lazarus, C.M. (2004) Production of very long chain polyunsaturated omega-3 and omega-6 fatty acids in plants. *Nature Biotechnology* **22**, 739–745.

Ravanello, M.P., Ke, D., Alvarez, J., Huang, B. and Shewmaker, C.K. (2003) Coordinate expression of multiple bacterial carotenoid genes in canola leading to altered carotenoid production. *Metabolic Engineering* **5**, 255–263.

Richer, S., Stiles, W., Statkute, L., Pulido, J., Frankowski, J., Rudy, D., Pei, K., Tsipursky, M. and Nyland, J. (2004) Double-masked, placebo-controlled, randomized trial of lutein and antioxidant supplementation in the intervention of atrophic age-related macular degeneration: the Veterans LAST study (Lutein Antioxidant Supplementation Trial). *Optometry* **75**, 216–230.

Römer, S., Lübeck, J., Kauder, F., Steiger, S., Adomat, C. and Sandmann, G. (2002) Genetic engineering of a zeaxanthin-rich potato by antisense inactivation and co-suppression of carotenoid epoxidation. *Metabolic Engineering* **4**, 263–272.

Sacks, F.M. and Katan, M.B. (2002) Randomized clinical trials on the effects of dietary fat and carbohydrate on plasma lipoproteins and cardiovascular disease. *American Journal of Medicine* **113**, (Suppl 9B) 13S–24S.

Salmeron, J., Ascherio, A., Rimm, E.B., Colditz, G.A., Spiegelman, D., Jenkins, D.J., Stampfer, M.J., Wing, A.L. and Willett, W.C. (1997a) Dietary fiber, glycemic load, and risk of NIDDM in men. *Diabetes Care* **20**, 545–550.

Salmeron, J., Manson, J.E., Stampfer, M.J., Colditz, G.A., Wing, A.L. and Willett, W.C. (1997b) Dietary fiber, glycemic load, and risk of non-insulin-dependent diabetes mellitus in women. *Journal of the American Medical Association* **277**, 472–477.

Sanders, T.A. (2000) Polyunsaturated fatty acids in the food chain in Europe. *American Journal of Clinical Nutrition* **71**, 176S–178S.

Schafer, A.I. (1996) Antiplatelet therapy. *American Journal of Medicine* **101**, 199–209.

Schaller, H., Grausem, B., Benveniste, P., Chye, M.L., Tan, C.T., Song, Y.H. and Chua, N.H. (1995) Expression of the *Hevea brasiliensis* (H.B.K.) Müll. Arg. 3-hydroxy-3-methylglutaryl-coenzyme A reductase 1 in tobacco results in sterol overproduction. *Plant Physiology* **109**, 761–770.

Schwall, G.P., Safford, R., Westcott, R.J., Jeffcoat, R., Tayal, A., Shi, Y.C., Gidley, M.J. and Jobling, S.A. (2000) Production of very-high-amylose potato starch by inhibition of SBE A and B. *Nature Biotechnology* **18**, 551–554.

Shewmaker, C.K., Sheehy, J.A., Daley, M., Colburn, S. and Ke, D.Y. (1999) Seed-specific overexpression of phytoene synthase: increase in carotenoids and other metabolic effects. *Plant Journal* **20**, 401–412.

Sies, H. and Stahl, W. (2003) Non-nutritive bioactive constituents of plants: lycopene, lutein and zeaxanthin. *International Journal for Vitamin and Nutrition Research* **73**, 95–100.

Simopoulos, A.P. (1999) Essential fatty acids in health and chronic disease. *American Journal of Clinical Nutrition* **70**, 560S–569S.

Smith, S.C., Jr. (2000) Bridging the treatment gap. *American Journal of Cardiology* **85**, 3E–7E.

Solomons, N.W. (2001) Vitamin A and carotenoids, in *Present Knowledge in Nutrition* (eds B.A. Bowman and R.M. Russel), ILSI Press, Washington, DC, pp. 127–145.

Sommer, A. and Davidson, F.R. (2002) Assessment and control of vitamin A deficiency: the Annecy Accords. *Journal of Nutrition* **132**, 2845S–2850S.

Stewart, J.R., Artime, M.C. and O'Brian, C.A. (2003) Resveratrol: a candidate nutritional substance for prostate cancer prevention. *Journal of Nutrition* **133**, 2440S–2443S.

Stoutjesdijk, P.A., Hurlestone, C., Singh, S.P. and Green, A.G. (2000) High-oleic acid Australian *Brassica napus* and *B. juncea* varieties produced by co-suppression of endogenous Delta12-desaturases. *Biochemical Society Transactions* **28**, 938–940.

Tada, N. and Yoshida, H. (2003) Diacylglycerol on lipid metabolism. *Current Opinion in Lipidology* **14**, 29–33.

Toenniessen, G.H. (2002) Crop genetic improvement for enhanced human nutrition. *Journal of Nutrition* **132**, 2943S–2946S.

Tobert, J.A. (2003) Lovastatin and beyond: the history of the HMG-CoA reductase inhibitors. *Nature Reviews Drug Discovery* **2**, 517–526.

US Department of Agriculture—Agriculture Research Service (1998) *Pyramid Servings Intakes by U.S. Children and Adults: 1994–96*, 2000, Agricultural Research Service, U.S. Department of Agriculture, Beltsville, MD, pp. 1–47.

Vega-Lopez, S., Devaraj, S. and Jialal, I. (2004) Oxidative stress and antioxidant supplementation in the management of diabetic cardiovascular disease. *Journal of Investigative Medicine* **52**, 24–32.

Venkatramesh, M., Karunanandaa, B., Sun, B., Gunter, C.A., Boddupalli, S. and Kishore, G.M. (2003) Expression of a *Streptomyces* 3-hydroxysteroid oxidase gene in oilseeds for converting phytosterols to phytostanols. *Phytochemistry* **62**, 39–46.

von Schacky, C. (2004) Omega-3 fatty acids and cardiovascular disease. *Current Opinion in Clinical Nutrition and Metabolic Care* **7**, 131–136.

Vonk, R.J., Hagedoorn, R.E., de Graaff, R., Elzinga, H., Tabak, S., Yang, Y.X. and Stellaard, F. (2000) Digestion of so-called resistant starch sources in the human small intestine. *American Journal of Clinical Nutrition* **72**, 432–438.

Ward, P.P. and Connelly, O.M. (2004) Lactoferrin: role in iron homeostasis and host defense against microbial infection. *Biometals* **17**, 203–208.

Welch, R.M. and Graham, R.D. (2004) Breeding for micro-nutrients in staple food crops from a human nutrition perspective. *Journal of Experimental Botany* **55**, 353–364.

Weinberg, E.D. (2001) Human lactoferrin: a novel therapeutic with broad spectrum potential. *Journal of Pharmacy and Pharmacology* **53**, 1303–1310.

Welch, R.M. and Graham, R.D. (2002) Breeding crops for enhanced micro-nutrient content. *Plant and Soil* **245**, 205–214.

Willett, W.C., Manson, J.E. and Liu, S. (2002) Glycemic index, glycemic load, and risk of type 2 diabetes. *American Journal of Clinical Nutrition* **76**, 274S–280S.

World Health Organization (2004) The world health report 2004—changing history.

World Health Organization (1998)Vitamin A deficiency (VAD) prevalence by level of public health significance (map). WHO Global Database on vitamin A deficiency.

Wu, G., Truksa, M., Datla, N., Vrinten, P., Bauer, J., Zank, T., Cirpus, P., Heinz, E. and Qiu, X. (2005) Stepwise engineering to produce high yields of very long-chain polyunsaturated fatty acids in plants. *Nature Biotechnology* **23**, 1013–1017.

Zimmermann, M.B. and Hurrell, R.F. (2002) Improving iron, zinc and vitamin A nutrition through plant biotechnology. *Current Opinion in Biotechnology* **13**, 142–145.

Zingg, J.M. and Azzi, A. (2004) Non-antioxidant activities of vitamin E. *Current Medicinal Chemistry* **11**, 1113–1133.

（朱惠琴　单鹏飞　薛庆中　译）

2.3 转基因植物中长链多不饱和脂肪酸的产生

Louise V. Michaelson, Frédéric Beaudoin, Olga Sayanova and Johnathan A. Napier
Crop Performance and Improvement, Rothamsted Research, Harpenden, Hertfordshire, AL5 2JQ, United Kingdom

引言

长链多不饱和脂肪酸（long-chain polyunsaturated fatty acid，LC-PUFA）对人体健康和营养很重要。特别是胎儿的发育在很大程度上依赖于 n-3 聚合不饱和脂肪酸的供给量。同时，n-3 聚合不饱和脂肪酸对心血管疾病具有保护作用，并且能降低代谢综合征的发病风险。鉴于海水鱼储存量（n-3 聚合不饱和脂肪酸的自然来源）的下降，迫切需要寻找可替代资源。一种策略就是，表达转基因植物中的 LC-PUFA 生物合成途径。目前，该策略已初见成效，证明了运用转基因植物来合成这些人体重要营养物的可行性。

运用分子技术来获得营养组分得以改善或增强作物的潜力很大（Tucker，2003）。通过增加植物内源营养物（如维生素 E）的含量水平（Cahoon et al.，2003）或引进一些外源化合物（如必需脂肪酸；Jaworski and Cahoon，2003），可改善作物的营养成分。把转基因植物开发成一些营养物的新型资源，具有很明显的经济学和生态学意义，因为其中很多化合物的获得均来自于非再生或经济学上不能独立生存的资源（Ohlrogge，1999；Tucker，2003）。

转基因植物能增加和积累对人体健康和营养有益的特异化合物，已成为时下可行的替代资源（Thelen and Olrogge，2002）。虽然“绿色工厂”（如通过转基因工程使植物合成有价值的产品）的概念并不很新，仅仅过去几年，该技术的美好前景已经开始显现（Ohlrogge，1999；Tucker，2003）。但围绕转基因植物能否被人们所接受，甚至理想地进入人类食物链的争辩不断进行着，这使得利用 GM 技术获得营养强化植物的潜在效益蒙上阴影（Sayanova and Napier，2004）。

转基因技术最初只被允许应用于诸如增强除草剂耐性或抗虫性等性状上（Thelen and Olrogge，2002）。这些性状对于农民和传统农业实践而言具有益处，但它们对于消费者的利益并不明显，也不能消除公众对于 GM 食物及其安全性的担心。人们希望通过转基因工程能够获得对于消费者有价值的化合物，包括合成一些分子，比如单链抗体和能增加营养价值的食物（Paine et al.，2005；Warzecha and Mason，2003），这可能有助于说服公众接受该技术（Sayanova and Napier，2004；Tucker，2003）。

我们对于通过转基因工程来进行 LC-PUFA 生物合成的可能性尤其感兴趣，因为那些途径通常只发生在水生微生物中（Sayanova and Napier，2004）。

LC-PUFA 与人类健康

LC-PUFA 在人体代谢中，包括在双分子层膜（membrane bilayer）上发挥生物物理学作用，并且，它能够作为类花生酸，具备 20 个碳原子（C20）的前体，参与脂肪酸相关的代谢（Funk，2001）。类花生酸由白细胞三烯、前列腺素和凝血烷组成。这些分子对于血小板、血管和大多数器官系统均具有生物学活性，它们主要是通过 G 蛋白偶联受体（GPCR）或过氧化物酶增生子激活受体（PPAR）（Funk，2001），在免疫系统调节、血凝结、神经传递和胆固醇代谢等过程中行使着重要的生理功能（Hwang，2000）。

类花生酸的形成经过了一系列物理或化学反应，它能导致 LC-PUFA 从磷脂膜上释放（在磷脂酶的作用下）及随后的由特异加氧酶进行的氧化（Funk，2001）。类花生酸合成的分子类型（及其产生的身体反应）由多个因素所决定，包括接受和对胁迫进行响应的特异细胞类型（比如血小板、白细胞或内皮细胞），产生代谢变化的加氧酶（环氧合酶及脂氧合酶）和细胞膜上 C_{20} LC-PUFA 的底物水平。来自 n-6 和 n-3 LC-PUFA 的类花生酸具有截然不同的代谢属性。整体而言，类花生酸可归类到三种不同的 LC-PUFA 代谢组中：series-1 和 series-3 是抗炎的，而 series-2 是促炎的。来自 n-6 底物的类花生酸通常促炎、抗血小板凝集和免疫激活（Hwang，2000）；而来自 n-3 脂肪酸的类花生酸，比如十二碳五烯酸（20：5，n-3；EPA）没有或只有少许炎症活性，它能够调节血小板聚合和免疫反应（Funk，2001）。正因为这些能感知的优良特性，目前人们对 n-3 脂肪酸的兴趣越来越浓厚。

大量证据表明，n-3 LC-PUFA 是人类抵抗诸如心血管疾病的重要因子。Dyerberg，Bang 和他们的同事们发现，因纽特人（Inuit）社区发生心血管疾病的风险较低，原因是他们的食物中含有较多的高脂鱼（oily fish）（Band，Dyerberg and Hjoorne，1976；Dyerberg and Band，1982），而这些鱼油中富含 n-3 LC-PUFA。作者推测，这种食物成分有助于降低这些人群中发生心血管疾病的概率。这些几乎 30 年前的研究结果，评价了 n-3 LC-PUFA 对人类健康的重要性，并已有证据表明，这些食物成分在预防心血管疾病的发生中发挥了主要的保护作用（Burr et al.，1989；GISSI-Prevenzione Investigators，1999；Hu，Manson and Willett，2001；von Shacky，2003），这为进行许多大规模干涉研究奠定了基础。

近来发现，n-3 LC-PUFA 还有降低获得性代谢综合征风险的作用。代谢综合征指的是很多种疾病的并发，它能够预示心血管疾病和其他诸如肥胖症和Ⅱ型糖尿病等疾病的发展进程（Nugent，2004；Sargent and Tacon，1999）。因此，看来在鱼油中发现的这种类型的 n-3 LC-PUFA，不仅能够帮助治疗像心血管疾病等慢性病，而且能够作为积极的保护因子来阻止这些疾病的发展。特别是代谢综合征，能够通过食物进行治疗，即减少碳水化合物的摄入量，但应包括含有 n-3 LC-PUFA 的鱼油。代谢综合征的发生常有一些征兆，比如腰围增加、高血压、高甘油三酯和不正常的血糖浓度等，这些都预示发生心血管疾病及Ⅱ型糖尿病的风险在加大（Nugent，2004）。

在北美和欧洲人群中，发生肥胖症和糖尿病的人数在快速增加。目前估计，每 5 个美国人中就有1人患有代谢综合征和（或）肥胖症。鱼油中富含LC-PUFA，据估计，如果把食物中长链脂肪酸的含量提升到推荐水平，单就美国而言，鱼类的消耗量将增加4倍（Kris-Etherton et al., 2000）。遗憾的是，人们的饮食习惯是很顽固的，试图改变其食用习惯有难度。此外，全球鱼类的存储量正在下降，尤其是有些鱼类物种正在濒临灭绝（Jackson et al., 2001; James et al., 2003）。由于过度捕捞，海洋渔业正处在全球危机中；而饲养的鱼，比如鲑鱼和金枪鱼，要用其他的鱼来喂养，这使得这些问题更加复杂（Pauly et al., 1998; 2003）。因此，人们期望发现一种能够持久替代海水鱼的LC-PUFA来源，这将有助于保护这些海洋鱼生态资源。

由于二氧化合物、PCB和重金属等环境污染物可能在鱼的肝脏中集聚，使得人们对于海洋资源补充物的适宜性也存在疑虑。尤其是对婴儿辅助食品补充物的使用更应特别注意。确实，美国是不允许在婴幼儿食品中添加鱼油的（Ratledge, 2004）。

LC-PUFA的生物合成

人类食物中必须包含LC-PUFA或它们的前体，因为我们自身无法合成这些脂肪酸（Simopoulos, 2000）。哺乳动物包括人类，必须从食物中摄取亚油酸（18：2；*n*-6；LA）和α-亚麻酸（18：3；*n*-3；ALA）这两种必需脂肪酸*。Δ^{12}和Δ^{15}-去饱和酶能够将油酸（Δ^9 18∶1）转化为亚油酸和α-亚麻酸，而人体内缺少这样的去饱和酶，不能将单价不饱和化合物转化为这两种必需脂肪酸（Wallis et al., 2002）。植物中亚油酸和α-亚麻酸的含量非常丰富，人们通过正常的饮食便可以获得足量的必需脂肪酸。这两种脂肪酸进入LC-PUFA生物合成途径，经过一系列有氧去饱和和链延伸过程便产生C_{20-22} PUFA（Sayanova and Napier, 2004; Wallis et al., 2002）（详细过程见图2.3.1）。

人体中LC-PUFA的生物合成主要受几个因素影响。首先是，必需脂肪酸转化为LC-PUFA的效率相对较低（Leonard et al., 2004; Simopoulos, 2000），因此需要强调通过摄取食物中的LC-PUFA来补充我们自身内源代谢的不足；另一个重要因素是，不同的发育阶段各种LC-PUFA的需求也不一样。比如，现在人们已意识到花生四烯酸（20：4，*n*-6；ARA）和二十二碳六烯酸（22：6，*n*-3；DHA）对于新生儿和婴幼儿的健康，尤其对于他们视觉和大脑的发育至关重要（Leonard et al., 2004）。为此，正在考虑在婴幼儿牛奶中补充这两种LC-PUFA，并将有计划地供应这种婴幼儿牛奶以替代富含这两种脂肪酸的母乳。还有证据显示，人们在患病时期和步入年老后，体内LC-PUFA的代谢功能将会削弱，但可以通过补充这些脂肪酸使这一现象得到缓解（Leonard et al., 2004）。

哺乳动物LC-PUFA生物合成的一个重要特点是：不能将诸如ARA等*n*-6类脂肪酸转化为EPA或DHA等*n*-3类脂肪酸（Leonard et al., 2004; Sayanova and Napier, 2004）。其结果是，LC-PUFA必须由必需脂肪酸合成，并且再转化成类花生酸，因为LA（*n*-6）只能产生诸如ARA等*n*-6 LC-PUFA，而ALA（*n*-3）也只能产生EPA和DHA等*n*-3 PUFA*。这些脂肪酸向类花生酸转化过程中会产生许多具有不同生物活性

* 译者注：脂肪酸根据其双键发生的位置，划分为*n*-6和*n*-3两个系列，或称为omega 6和omega 3两类。

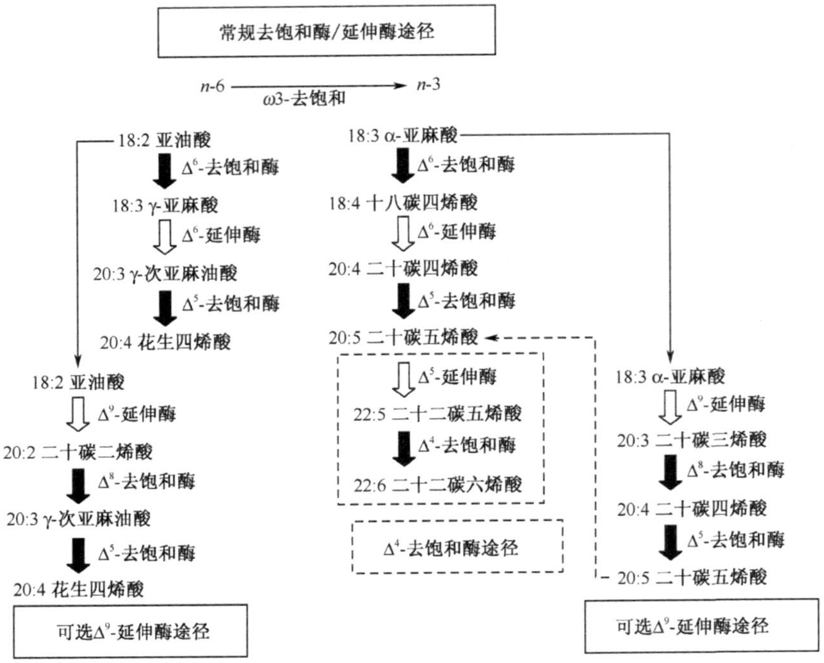

图 2.3.1　LC-PUFA 的生物合成途径

常规 Δ^6-去饱和酶/延伸酶途径，从必需脂肪酸亚麻酸和 α-亚麻酸合成花生四烯酸和二十碳五烯酸，选择 Δ^9-延伸酶路线。虚线框表示经由 Δ^5-延伸酶/Δ^4-去饱和酶路线合成二十二碳六烯酸，因为 ω3-去饱和化可将 n-6 底物转化为 n-3 形式（存在于一些较低等真核生物中）。实线和空心箭头分别表示 LC-PUFA 生物合成两重底物中的甘油酯连接反应和酰基辅酶 A 反应。

的分子，证明 n-6 和 n-3 LC-PUFA 的功能截然不同。

过去几个世纪里，人类的食谱已发生改变，从食用蔬菜和鱼类（富含 n-3 必需脂肪酸和 LC-PUFA；类似于现在的地中海食物）为主，改变为多吃红色肉食（含有高水平的 n-6 脂肪酸）(Simopoulos，2000)。由此推断 100 多年以前，人们的典型食谱中，n-6 和 n-3 的比率为 2∶1，而现代西方人的食谱中，这一比例已远远超过 10∶1（Simopoulos，2000)。正因为如此，人们才不会感到惊奇，为什么像代谢综合征和肥胖症等疾病正在西方社会急剧增加。然而，这些疾病的发生完全可以通过摄取 n-3 LC-PUFA 得以避免（Hu et al.，2001)。

由于 LC-PUFAs 在人体健康和营养方面的重要性和效用（GISSI-Prevenzione Investigator，1999；Hu et al.，2001；Nugent，2004)，以及海水鱼存储量（含有大量可消耗 LC-PUFA）的下降，人们迫切需要开发这些脂肪酸的替代资源。

一些微藻类和真菌的油类可用作 n-3 LC-PUFA 资源（Ratledge，2004)。真菌高山

* 译者注：陆地动植物的油脂中，n-3 脂肪酸占绝对优势；而在鱼类等水产品中，则以 n-6 脂肪酸比例较大。EPA 和 DHA 都属 n-3 系列，它们可以互相转变，但是 n-3 和 n-6 两个系列之间却不能相互转变。

被孢霉（*Mortereilla alpina*）可用做 ARA 资源。富含 EPA 和（或）DHA 的水生藻类，比如隐甲藻（*Crypthecodinium cohnii*），需要在几乎没有控制的条件下进行培养，经过提取，即可用于食品或补充物生产中。由于购置大型设备所需的费用很高，且产出量也比较低。时下，来自微藻类的油类的生产规模还远不能满足供应全球消费的需求（Ursin，2003）。

通过基因工程将 LC-PUFA 生物合成途径转化到转基因油料作物种子中（Abbadi et al.，2001；Graham et al.，2004；Napier，2004；Opsahl-Ferstad et al.，2003），将产生较为可靠和持久的 LC-PUFAs 资源。将编码初始 LC-PUFA 生物合成的酶转移到合适的异源宿主后，尚需要对这一过程进行鉴定和识别，以满足对 *n*-3 LC-PUFA 可替代资源的迫切需求（German et al.，2003）。接下来，将对目前进行的这些工作进行归纳和介绍。

LC-PUFA 生物合成途径的特性

近几年，在许多科学工作者的共同努力下，LC-PUFA 的线性生物合成途径已在分子水平上得到了充分阐释（Leonard et al.，2004；Napier et al.，2003；Sayanova and Napier，2004；Sperling et al.，2003）（详见图 2.3.1）。ARA 和 EPA 这两种 C_{20} LC-PUFA 的主要生物合成路线是通过 Δ^6-去饱和亚油酸和 α-亚麻酸等必需脂肪酸前体，而分别产生 γ-亚麻酸（18：3；*n*-6；GLA）和 stearadonic 酸（18：4；*n*-3；STA）。

微粒体 Δ^6-脂肪酸去饱和酶（microsomal Δ^6 fatty acid desaturase）是该反应的关键酶，它的功能首先在琉璃苣（*Borago officinalis*；少数能够执行去饱和化反应的物种之一）中得以鉴定（Sayanova et al.，1997）。目前已从包括哺乳动物、无脊椎动物、真菌和藻类等许多物种中分离得到了 Δ^6-脂肪酸去饱和酶的直系同源物，它们的一个共同特征就是在其 N 端序列中含有一个细胞色素 b_5 结构域，这是与其他微粒体去饱和酶不同的地方（Napier et al.，2003；Sperling et al.，2003）。大部分 Δ^6-脂肪酸去饱和酶对于 *n*-6 或 *n*-3底物似乎没有特殊的偏好，比如它们能够以相同的效率去饱和亚油酸或 α-亚麻酸。这证实了食物中必需脂肪酸成分在其代谢中对 LC-PUFA 的重要性，因为，上述大部分高等真核生物都缺少能将 *n*-6 底物转化成 *n*-3 类型的去饱和酶（Sayanova and Napier，2004）。近来有研究证明，许多低等真核生物中该酶的直系同源物能够利用卵亚油酸或 α-亚麻酸作为底物，进行磷脂（PC）*sn*-2 位酯化（Domergue et al.，2003）。这些数据证实了下述较早期观测到的现象：即植物微粒体，包括在玻璃苣中观察到的 Δ^6-脂肪酸去饱和酶反应，依赖于甘油酯（Browse and Somerville，1991）。相反，动物的 Δ^6-去饱和酶则使用酰基辅酶 A（acyl-CoA）作为底物（Sperling et al.，2003）。

一旦这些脂肪酸经过 Δ^6-脂肪酸去饱和化，其产物（GLA 和 STA）将通过 Δ^6-延伸酶（elongase）添加两个碳进行延伸，分别产生二高-γ-亚麻酸（20：3，*n*-6；DHGLA）和二十碳四烯酸（20：4，*n*-3；ETetA）。第一个微粒体 Δ^6-延伸酶（elongase）是通过酵母中异源基因表达的方式，在模式低等动物线虫和真菌高山被孢霉（*M. alpina*）中鉴定得到的（Beaudoin et al.，2000；Parker-Barnes et al.，2000）。这些实验表明，虽然延伸过程需要四种酶作用（浓缩、酮还原、脱水和烯酰还原），但只有一种异源延伸酶是必需的（以假定的浓缩酶形式）。后者对于重构一种对 C_{18} Δ^6-去饱和化底物具有特异活性。研究发现，线虫（*Caenorhabditi selegans*）和高山被孢霉 C_{18} Δ^6-延伸活性（elongating activitiy）与酵母 *ELO* 基因具有同源性，该基因参与神经鞘脂类中饱和酰基链（saturated acyl chains）的合成（Beaudoin et al.，2000；Sayanova and Napier，2004；Wallis et al.，2002）。实验证实，LC-PUFA 延伸活性是酵母 *ELO* 基因的旁系同源物，这促进了与此相关的其他基因的克隆（见 Leonard 等 2004 年的综述）。微粒体延伸（microsomal elongation）需要酰基辅酶 A（acyl-CoA）作底物，该过程是 LC-PUFA 生物合成中的关键步骤。

合成花生四烯酸（ARA）或二十碳五烯酸（EPA）的最后步骤是在其延伸产物 DHGLA 或 ETetA 中引入一个额外的双键。其反应由微粒体 Δ^5-去饱和酶催化。采用在酵母中异源基因表达手段，该酶在高山被孢霉（*M. alpina*）中首先得以鉴定（Knutzon et al.，1998）。脂肪酸 Δ^5-去饱和酶与 Δ^6-去饱和酶表现出相同的底物特异性：哺乳动物中该酶以酰基辅酶 A 为底物，而低等生物如真菌的直系同源物却需要甘油酯依赖型底物（Domergue et al.，2003）。

近来，在分子水平上确定了 ARA 和 EPA 合成的另外一种替代途径。以前的研究发现，很多生物体中 ARA 或 EPA 的合成可在缺少 Δ^6-去饱和化的情况下进行（Leonard et al.，2004；Napier et al.，2003；Sayanova and Napier，2004；Sperling et al.，2003）。这一现象可在 LC-PUFA 生物合成的另一途径中发生，在该途径中 C_2 延伸步骤先于去饱和化。在该替代代谢途径中，底物 LA 和（或）ALA 延伸产生二十碳二烯酸（20：2，*n*-6；EDA）和类花生酸（20：3，*n*-3；ETriA），然后被 C_{20} Δ^8-去饱和酶进行去饱和化。这产生了 DHGLA 和 ETetA，它们随后在与常规途径相同的过程中被 Δ^5-去饱和而分别产生 ARA 和 EPA。由于组成该系统的酶行为截然不同，故这一途径被称作 Δ^9-延伸酶/Δ^8-去饱和酶途径（Domergue et al.，2003；Napier et al.，2003）。

虽然 Δ^9-延伸步骤（利用 Δ^9-去饱和化亚油酸和 α-亚麻酸）需要酰基辅酶 A，但是 C_{20} Δ^8-去饱和酶的底物需求特性并不明确。对水生微生物小眼虫（*Euglena gracilis*）的 C_{20} Δ^8-去饱和酶进行分子鉴定和功能分析发现，它与其他 LC-PUFA 去饱和酶，如微粒体 Δ^6 和 Δ^5-去饱和酶相似（Wallis and Browse，1999）。在这方面，人们推测 Δ^8-去饱和酶可能也表现出相似的底物需求，即和低等生物中甘油酯相连。但这一推测还未被证实。最近从海洋微生物球等鞭金藻（*Isochrysis galbana*）中偶然分离得到了 Δ^9-延伸活性（Δ^9-elongating activity）。对 *Isochrysis* 中一个 ELO-like 延伸活性进行功能研究发现，它仅仅利用亚油酸和 α-亚麻酸作为底物（Qi et al.，2002）。虽然以前认为 *Isochrysis* 能够合成 LC-PUFA，但未曾想到还存在另外的可替代的生物合成途径。重要的是，在分子水平上，*Isochrysis* 的 Δ^9-延伸活性与常规途径中 Δ^6-延伸活性的差异并不明显（Qi et al.，2002），也许它们就来自同一个祖先。

由于对常规的及可替代途径中 ARA 和 EPA 合成所需的酶活性的分子鉴定，在 PUFA 合成生物（PUFA-synthesizing organism）中克隆得到了许多额外的直系同源物（Napier et al.，2003）。更重要的是，获得编码 PUFA 生物合成酶的 cDNA 或基因组序列，使得首次有机会将 LC-PUFA 特性转移到生物体中，这种受体生物本身缺少该途径但却含有高水平的诸如亚油酸和 α-亚麻酸等底物。正因为这个原因，人们已经着力于

在转基因植物 C_{20} LC-PUFA 生物合成方面的异源重组。最近有两篇报道证明了在转基因植物中合成 ARA 和 EPA 的可能性。虽然这两个互补试验，在转基因植物中关于 ARA 和 EPA 的积累水平等方面的结果相似，但它们所采用的研究策略并不同。这些研究除了通过生物工程手段对 LC-PUFA 生物合成途径进行"概念性的验证"（proof-of-concepts）外，还有利于深入理解植物中脂肪酸和脂质生物合成的调控。

转基因植物中 C_{20} PUFA 的成功合成

对 *Isochrysis* 中 Δ^9-延伸途径的鉴定为研究者提供了一种研究转基因植物中重组 LC-PUFA 合成的理想策略，因为不像常规的 Δ^6-去饱和酶/延伸酶途径，合适的底物（以 LA-CoA 和 ALA-CoA 形式）已作为高等植物脂质代谢的内源组分存在。在转基因拟南芥中表达（在组成型启动子驱动下）*Isochrysis* C_{18} Δ^9-延伸活性导致其所有组织中 C_{20} 延伸产物 EDA 和 ETriAd 的合成量显著增加（约 15%总脂肪酸）（Qi et al., 2004）。这是首次证明了转基因植物中 LC-PUFA 延伸酶能有效地进行重组，同时证实了利用转基因工程在植物中积累 C_{20} 多不饱和脂肪酸的可行性。值得注意的是，虽然在所有植物组织中 C_{20} 2-和 3-烯脂肪酸（di- and tri-enoic fatty acid）的积累量都很高，但这并未导致拟南芥形态或发育的中断（Qi et al., 2004）。不同的是，拟南芥脂肪酸链延长酶基因（*FAE1*）编码一种对种子脂质中合成 $C_{20\text{-}22}$ 单不饱和脂肪酸相关的浓缩酶，在该基因持续性表达的情况下，当组织中 C_{20+} 单不饱和脂肪酸的含量超过 10%时，足以破坏其正常的形态发育（Millar et al., 1998）。

对在转基因拟南芥中表达 *Isochrysis* Δ^9-延伸酶后不同脂类 EDA 和 ETriA 的分布进行了分析，其研究结果有利于深入了解植物中的外源脂肪酸运输通道（channeling of non-native fatty acid）（Fraser et al., 2004）。例如，在不同的组织中，EDA/ETriA 的比值变化较大，但这并不一定反映出 Δ^9-延伸酶底物（亚油酸和 α-亚油酸）的比率。在拟南芥不同类型脂质中，这两种新型 C_{20} 脂肪酸的积累和比率变化很大。比如，*n*-3 ETriA 在质体半乳糖脂中的含量非常丰富，在 *sn*-1 位的积累量可达总脂肪酸的 30%（Browse and Somerville, 1991）。而 *n*-6 EDA 则在磷脂中占主要地位，它在磷脂酸 PA 或 PC 的 *sn*-2 位的积累量可达到总脂肪酸的 20%左右。尤其有意思的是，EDA 在 PC 的 *sn*-2 位的积累量很高，这与伸长后的 LA 的再酰基化（re-acylation）反应一致（Browse and Somerville, 1991）。该过程可能是高效重构 C_{20} LC-PUFA 生物合成的中心点，因为与细胞质酰基辅酶 A 依赖延伸反应相比，高等植物的去饱和化常发生在甘油酯相连的底物上（glycerolipid-linked substrate）。在转基因植物中生产 LC-PUFA，首要考虑甘油酯和酰基辅酶 A 池间底物和产物的交换能力。

Isochrysis Δ^9-延伸酶能够定向合成高水平的 EDA 和 ETriA，这足以促进完全重构 ARA 和 EPA 生物合成替代途径的尝试（图 2.3.1）。*Euglena* Δ^8-去饱和酶及 *M. alpina* Δ^5-去饱和酶能与 *Isochrysis* Δ^9-延伸酶共表达。这三个基因由同一组成型启动子驱动，应用不同选择标记的重组体连续转化到拟南芥中（Qi et al., 2004）。这三种基因转化的植株在形态上与野生型拟南芥难以区别。但是，对这些转基因植株的脂肪酸组分进行分析，显示存在包括 ARA 和 EPA 在内的几种 C_{20} LC-PUFA（Sayanova et al.,

1997)。在转基因拟南芥叶片组织中，这两种 LC-PUFA 的总积累量达到总脂肪酸含量的10%左右，其中又以 ARA（n-6）的积累量居多。同样，这也不能反映 n-6 或 n-3 底物的比值，因为 ALA（n-3）在植物组织中占绝对优势。

除了 ARA 和 EPA 外，在转基因拟南芥中还鉴定了另两种 C_{20} PUFA：sciadonic 酸（20：3$\Delta^{5,11,14}$）和 juniperonic 酸（20：4$\Delta^{5,11,14,17}$）。这两种非亚甲基间断的 PUFA（non-methylene-interupted PUFA）可能来自 Δ^5-去饱和酶的混杂活性（promiscuous activity）。该酶的作用底物经历过 Δ^8-去饱和化。虽然这些去饱和酶能利用相似的底物（PC sn-2 位的 C_{20} 酰基链），但这是否代表了底物运输的多样性（perturbation to substrate channeling）仍然不知。虽然 sciadonic 酸和 juniperonic 酸并不是转基因植物合成和积累的首要目标产物，但现有证据显示它们对于人类健康有益，并且在人体代谢中也发挥了一定的调控作用，而且，人们发现这两种酸存在于多个松树品种的种子中，过去人们曾食用这些种子，并未发现它们具有任何不利营养的作用（anti-nutritional effect）。

研究发现，用于重构 LC-PUFA 生物合成替代途径的 *M. alpina* Δ^5-去饱和酶，在转基因油菜（canola）中单个表达时，常利用非预期的底物（unexpected substrate），从而导致十八碳二烯酸（taxoleic）及松油酸（pinolenic acid）等不寻常 Δ^5-去饱和化 C_{18} 脂肪酸的积累（Knutzon et al.，1998）。这表明对影响该去饱和酶底物特异性的决定因子目前尚不了解。

在转基因植物中，重构 Δ^9-延伸酶/Δ^8-去饱和酶 LC-PUFA 生物合成的替代途径被认为是获得这些营养成分持久方式的一个主要里程碑（Green，2004）。无论怎样，虽然当前获得的数据表明，已对植物组织中该系统进行了“概念性的验证”，但关键是要证明，在那些发育的种子中重构一套相似、高效 LC-PUFA 生物合成替代途径的可能性，以利于 ARA 和 EPA（更偏好）在储藏脂质如甘油三酯中积累。

关于 LC-PUFA 积累研究，近来已有第二个重要报道，即传统 Δ^6-去饱和酶/延伸酶途径的组分能在转基因植物中进行表达（Abbadi et al.，2004）。该研究加深了我们对于转基因油类种子发育过程中异源 LC-PUFA 合成的了解。将来自不同 LC-PUFA 积累物种的酶编码基因进行转基因，所获得的亚麻子和烟草品系能够表达常规途径中的三种酶，即 Δ^6-去饱和酶，Δ^6-延伸酶和 Δ^5-去饱和酶（Abbadi et al.，2004）（图 2.3.1）。与上述有关 LC-PUFA 合成替代途径的研究所不同的是，这三个酶的编码基因受种子特异性的启动子所调控。另外，将这三个异源基因共价转化而非逐个地转化到烟草或亚麻子中去。对转基因烟草和亚麻子的纯合子进行分析，证实存在非常高含量的 Δ^6-去饱和化脂肪酸（占到总脂肪酸含量的30%左右），但 ARA 和 EPA 的量相对较低。这些数据清楚地证明，转基因油料种子中常规 Δ^6-去饱和酶 LC-PUFA 生物合成途径已进行了种子特异性重构。他们对以前在酵母中观测到的低效合成 C_{20} LC-PUFA 也进行了分析。结果发现，在该途径的延伸步骤存在一个的潜在的制约瓶颈，而这主要是由于甘油酯和酰基辅酶 A 池间交换的效率比较低造成的。

对转基因亚麻子中这些酶表达的深入分析得出一些重要结论。首先，虽然 Δ^6-去饱和酶和 Δ^6-延伸酶作用的效率显著不同（通过对它们生物合成产物的积累进行估计），但这两个酶的编码基因却具有相似的转录水平；第二，对从转基因发育的种子中分离到的微粒体片断进行体外延伸实验证实，当提供外源酰基辅酶 A 底物时，异源 Δ^6-延伸酶具有活性；第三，虽然在微粒体膜，尤其在 PC 的 *sn*-2 位有大量的 Δ^6-去饱和化脂肪酸积累，但这并不能反映 Δ^6-去饱和化酰基辅酶 A 的量也随之增加（通过酰基辅酶 A 池的量进行确定）。目前已经清楚，当酰基辅酶 A 池中缺少 Δ^6-去饱和化脂肪酸时将妨碍 Δ^6-延伸酶作用的效率，但对于这些底物残存于微粒体膜脂质中的原因并不明了。这可能反映出从 PC 到酰基辅酶 A 池的交换效率比较低。

对转基因种子中 TAG 的酰基成分进行分析发现，与在其他脂类如 PC、PE 和 DAG 中的分布相比，*n*-3 Δ^6-去饱和化脂肪酸 STA 在 TAG 的含量水平很高（Abbadi et al., 2004）。相反，*n*-6 Δ^6-去饱和化脂肪酸 GLA 在 PC 中的含量很高，而 STA 的含量非常低，即使在相关底物（LA、ALA）含量相似的情况下。Abbadi 等（2004）对转基因 TAG 进行了全方位分析（full positional analysis）以确定这些新型 Δ^6-去饱和化脂肪酸的确切分布，发现 STA 主要分布在 *sn*-3 位，而 GLA 则存在于 *sn*-2 和 *sn*-3 位。

这些数据对脂肪酸进入不同类型脂质提出了多种可能性。特别是当酰基辅酶 A 池中缺少 Δ^6-去饱和化脂肪酸时能反映出多种假设，包括：CoA 和 PC 库间交换率低；Δ^6-去饱和的酰基辅酶 A 被快速运输到脂质中，以至于没有发现它们的存在；通过独立于酰基辅酶 A 的途径，磷脂酶：甘油二酯酰基转移酶（PDAT）脂肪酸被输送到脂质中（Beaudoin and Napier, 2004）。在这方面，*n*-3 Δ^6-去饱和化脂肪酸 STA 在 PDAT 酶的作用下很可能被直接从 PC 输送到 TAG，而阻止它进一步延伸和去饱和化。此外，也存在这样一种可能，即 *n*-3 或 *n*-6 Δ^6-去饱和化脂肪酸在 PC 与酰基辅酶 A 池间的交换由内源溶血磷脂酰胆碱：酰基转移酶（lyso-phosphatidylcholine: acyltransferase, LPCAT）低效催化，以及底物抑制了外源 LC-PUFA 延伸酶的活性（Abbadi et al., 2004; Beaudoin and Napier, 2004）。因此，至少这两种通道活性的联合导致了转基因油类种子中低水平的 C_{20} LC-PUFA（比新型 C_{18} Δ^6-PUFA 少 10%，而且倾向于 *n*-6 的积累）（Abbadi et al., 2004）。

将上述研究结果进行综合分析推测，限制 C_{20} LC-PUFA 经常规 Δ^6-去饱和酶/Δ^6-延伸酶途径重构效率的主要因素是甘油酯去饱和化和酰基辅酶 A 延伸对底物需求的不协调。然而，即使酰基底物（acyl-substrate）的交换和运输并未达到理想标准，但在转基因亚麻种子的脂质中获得的 ARA 和二十碳五烯酸（EPA）的量仍然显著。因此，这些结果对于 LC-PUFA 的种子特异合成途径得以“概念性验证”可视为是很大的鼓舞。

将来的研究趋势和前景

上述两个例子已经证明了在转基因植物中进行 C_{20} LC-PUFA 合成的异源重构的可能性（Abbadi et al., 2004; Qi et al., 2004）。这可通过对主要生物合成酶的反义工程（reverse engineering）来实现，而且可获得显著水平的诸如 ARA 和 EPA 等重要的营养型 C_{20} LC-PUFA。这些数据或许有同等重要的意义（perhaps of equal significance），以便我们理解这些脂肪酸合成和积累的生化过程，诚然，我们的理解仍然不太完全，尤其是酰基通道（acyl-channeling）在底物识别（substrate presentation）或脂质分隔（compartmentation of lipid）等方面的作用仍然是待研究和解决的课题（Beaudoin and Napier，2004）。

从最初基本原理到直接通过转基因植物进行 LC-PUFA 合成的另一个想法是，需要用一种持久的资源来替代日益减少的鱼油储量（Napier，2004；Opsahl-Ferstad et al.，2003）。转基因植物显然能够合成和积累 C_{20} LC-PUFA，而且得到的是 *n*-6 和 *n*-3 脂肪酸的混合物。与水生食物链（如合成 LC-PUFA 的藻类和吃这些藻类的鱼）不同的是，后者中占主要地位的只是 EPA 和 DHA 等 *n*-3 脂肪酸（Opsahl-Ferstad et al.，2003；Sayanova and Napier，2004）。从人类健康和营养角度而言，*n*-3 LC-PUFA 有利于避免代谢综合征和心血管疾病的发生，而 ARA *n*-6 LC-PUFA 能够通过类花生酸代谢途径引发促炎反应（Nugent，2004；Sargent and Tacon，1999）。从这个角度来说，在亚麻子中观测到的将 *n*-3 脂肪酸转运到储存脂质（如 TAG）的过程可能是制约 *n*-3 LC-PUFA 合成效率的另一个潜在瓶颈，因为它将 *n*-3 底物从异源 LC-PUFA 生物合成途径中摒除了（Abbadi et al.，2004）。接下来还需要观察，其他油类种子是否也存在同样很强的，将 *n*-3 脂肪酸转移到 TAG 的运输通道。

转基因植物能够合成 EPA，而 EPA 运输通道能在种子 TAG 中特异性积累。这将是获得持久 LC-PUFA 资源的重要步骤。另外的目标就是获得 C_{22} 脂肪酸 DHA。为此，将新鉴定的 C_{20} Δ^5-延伸酶（EPA 已延伸到 22∶5）（Meyer et al.，2004；Pereira et al.，2004）和功能已经明确的 C_{22} Δ^4-去饱和酶联合应用（Napier et al.，2003；Sperling et al.，2003）以促进 DHA 合成的异源重构是可行的。起初在酵母中进行的“概念性验证”实验发现，使用包含常规 LC-PUFA 生物合成途径酶（比如 C_{18} Δ^6-延伸酶、C_{20} Δ^5-去饱和酶、C_{20} Δ^5-延伸酶和 C_{22} Δ^4-去饱和酶）的菌株能够通过生物工程手段合成 DHA，虽然合成的量较少但效果显著（Meyer et al.，2004）。为转基因酵母供应很高比例的 *n*-3 C_{18} STA，能延伸生成 ETetA，这很可能是由于酰基辅酶 A 作为底物被高效应用。EPA 可在新鉴定的 Δ^5-延伸酶的作用下延伸生成 DPA，而 DPA 经 Δ^4-去饱和酶作用能正确生成 DHA，但生成的量很低（约占总脂肪酸量的 1%）。这可能是由于微粒体 Δ^5-去饱和酶将 ETetA 转换为 EPA 的效果很差所造成的（Meyer et al.，2004）。

正如上述所讨论的，能够加强 LC-PUFA 生物合成基础的微粒体，其去饱和化反应能利用 PC *sn*-2 位的底物，而 Δ^5-去饱和酶的效率低下，可能简单地反映出甘油酯相连底物的缺乏（即使 ETetA 的整体水平较高）。关于 LC-PUFA 生物合成途径的效率这方面，酵母中 $C_{20}>C_{22}$ LC-PUFA 生物合成途径中的异源重构的数据证实了在酵母和转基因植物中 $C_{18}>C_{20}$ 途径有瓶颈限制的观点（Abbadi et al.，2004；Beaudoin et al.，2000；Sperling et al.，2003；Qi et al.，2004）。特别是，延伸和去饱和化需要二重底物（dichotomy of substrate）这一现象表明还需要有额外的因子，比如酰基转移酶来改善此过程的效率。当前，在转基因植物中积累 DHA 的尝试为在这些生物体中异源 LC-PUFA 生物合成确定了附加约束条件。

结论

现在，利用两种不同的研究策略已经最后证明，在转基因植物中进行 C_{20} LC-PUFA 的生物合成是有效的。这些数据不仅清楚地表明了利用转基因植物合成的重要脂肪酸可作为替代的持久资源的潜力，而且也使我们深入了解了脂质的生物化学，尤其是了解脂肪酸经过不同脂质通道的运输途径。在这些方面，异源表达系统不仅使人们意识到在转基因植物中生产这些重要营养成分的可能性，而且也为深入研究植物脂质代谢提供了一种新的试验工具。

参考文献

Abbadi, A., Domergue, F., Meyer, A., Riedel, K., Sperling, P., Zank, T. and Heinz, E. (2001) Transgenic oilseeds as sustainable source of nutritionally relevant C_{20} and C_{22} polyunsaturated fatty acids? *European Journal of Lipid Science and Technology* **103**, 106–113.

Abbadi, A., Domergue, F., Fahl, A., Ott, C., Bauer, J., Napier, J.A., Welti, R., Cirpus, P. and Heinz, E. (2004) Biosynthesis of very long chain polyunsaturated fatty acids in transgenic oilseeds: constraints on their accumulation. *Plant Cell* **16**, 2734–2748.

Bang, H.O., Dyerberg, J. and Hjoorne N. (1976) The composition of food consumed by Greenland Eskimos. *Acta Medica Scandinavica* **200**, 69–73.

Beaudoin, F., Michaelson, L.V., Hey, S.J., Lewis, M.J., Shewry, P.R., Sayanova, O. and Napier J.A. (2000) Heterologous reconstitution in yeast of the polyunsaturated fatty acid biosynthetic pathway. *Proceedings of the National Academy of Sciences USA* **97**, 6421–6426.

Beaudoin, F. and Napier, J.A. (2004) Biosynthesis and compartmentalisation of triacyglycerol in higher plants. *Topics in Current Genetics* **6**, 267–287.

Browse, J. and Somerville, C. (1991) Glycerolipid synthesis—biochemistry and regulation. *Annual Review of Plant Physiology and Plant Molecular Biology* **63**, 467–506.

Burr, M.L., Fehily, A.M., Gilbert, J.F., Rogers, S., Holliday, R.M., Sweetnam, P.M., Elwood, P.C. and Deadman, N.M. (1989) Effects of changes in fat, fish, and fibre intakes on death and myocardial reinfarction: diet and reinfarction trial (DART). *Lancet* **2**, 757–761.

Cahoon, E.B., Hall, S.E., Ripp, K.G., Ganzke, T.S., Hit, W.D. and Coughlan, S.J. (2003) Metabolic redesign of vitamin E biosynthesis in plants for tocotrienol production and increased antioxidant content. *Nature Biotechnology* **21**, 1082–1087.

Domergue, F., Abbadi, A., Ott, C., Zank, T.K., Zahringer, U. and Heinz, E. (2003) Acyl carriers used as substrates by the desaturases and elongases involved in very long-chain polyunsaturated fatty acids biosynthesis reconstituted in yeast. *Journal of Biological Chemistry* **278**, 35115–35126.

Dyerberg, J. and Bang, H.O. (1982) A hypothesis on the development of acute myocardial infarction in Greenlanders. *Scandinavian Journal of Clinical and Laboratory Investigation Supplement* **161**, 7–13.

Fraser, T.C.M., Qi, B., Elhussein, S., Chatrattanakunchai, S., Stobart, A.K. and Lazarus, C.M. (2004) Expression of the *Isochrysis* C18-Δ9 polyunsaturated fatty acid specific elongase component alters *Arabidopsis* glycerolipid profiles. *Plant Physiology* **135**, 859–866.

Funk, C.D. (2001) Prostaglandins and leukotrienes: advances in eicosanoids bioilogy. *Science* **294**, 1871–1875.

German, J.B., Roberts, M.A. and Watkins, S.M. (2003) Genomics and metabolomics as markers for the interaction of diet and health: lessons from lipids. *Journal of Nutrition* **133**, 2078S–2083S.

GISSI-Prevenzione Investigators (1999) Dietary supplementation with *n-3* polyunsaturated fatty acids and vitamin E after myocardial infarction: results of the GISSI-Prevenzione trial. Gruppo

Italiano per lo Studio della Sopravvivenza nell'Infarto miocardico. *Lancet* **354**, 447–455.

Graham, I.A., Cirpus, P., Rein, D. and Napier, J.A. (2004) The use of very long chain polyunsaturated fatty acids to ameliorate metabolic syndrome: transgenic plants as an alternative sustainable source to fish oils. *Nutrition Bulletin* **29**, 228–233.

Green, A.G. (2004) From alpha to omega—producing essential fatty acids in plants. *Nature Biotechnology* **22**, 680–682.

Hu, F.B., Manson, J.E. and Willett, W.C. (2001) Types of dietary fat and risk of coronary heart disease: a critical review. *Journal of the American College of Nutrition* **20**, 5–19.

Hwang, D. (2000) Fatty acids and immune responses—a new perspective in searching for clues to mechanism. *Annual Review of Nutrition* **20**, 431–456.

Jackson, J.B., Kirby, M.X., Berger, W.H., Bjorndal, K.A., Botsford, L.W., Bourque, B.J., Bradbury, R.H., Cooke, R., Erlandson, J., Estes, J.A., Hughes, T.P., Kidwell, S., Lange, C.B., Lenihan, H.S., Pandolfi, J.M., Peterson, C.H., Steneck, R.S., Tegner, M.J. and Warner, R.R. (2001) Historical overfishing and the recent collapse of coastal ecosystems. *Science* **293**, 629–637.

James, M.J., Ursin, V.M. and Cleland, L.G. (2003) Metabolism of stearidonic acid in human subjects: comparison with the metabolism of other *n-3* fatty acids. *American Journal of Clinical Nutrition* **77**, 1140–1145.

Jaworski, J. and Cahoon, E.B. (2003) Industrial oils from transgenic plants. *Current Opinion in Plant Biology* **6**, 178–184.

Knutzon, D.S., Thurmond, J.M., Huang, Y.S., Chaudhary, S., Bobik, Jr. E.G., Chan, G.M., Kirchner, S.M. and Mukerji, P. (1998) Identification of Δ5-desaturase from *Mortierella alpina* by heterologous expression in Bakers, yeast and canola. *Journal of Biological Chemistry* **273**, 29360–29366.

Kris-Etherton, P.M., Taylor, D.S., Yu-Poth, S., Huth, P., Moriarty, K., Fishell, V., Hargrove, R.L., Zhao, G. and Etherton, T.D. (2000) Polyunsaturated fatty acids in the food chain in the United States. *American Journal of Clinical Nutrition* **71**, 179–188.

Leonard, A.E., Pereira, S.L., Sprecher, H. and Huang, Y.S. (2004) Elongation of long-chain fatty acids. *Progress in Lipid Research* **43**, 36–54.

Meyer, A., Kirsch, H., Domergue, F., Abbadi, A., Sperling, P., Bauer, J., Cirpus, P., Zank, T.K., Moreau, H., Roscoe, T.J., Zahringer, U. and Heinz, E. (2004) Novel fatty acid elongases and their use for the reconstitution of docosahexaenoic acid biosynthesis. *Journal of Lipid Research* **45**, 1899–1909.

Millar, A.A., Wrischer, M. and Kunst, L. (1998) Accumulation of very-long-chain fatty acids in membrane glycerolipids is associated with dramatic alterations in plant morphology. *Plant Cell* **10**, 1889–1902.

Napier, J.A., Michaelson, L.V. and Sayanova, O. (2003) The role of cytochrome b_5 fusion desaturases in the synthesis of polyunsaturated fatty acids. *Prostaglandins, Leukotrienes and Essential Fatty Acids* **68**, 135–143.

Napier, J.A. (2004) The production of long chain polyunsaturated fatty in transgenic plants: a sustainable source for human health and nutrition. *Lipid Technology* **16**, 103–107.

Nugent, A.P. (2004) The metabolic syndrome. *Nutrition Bulletin* **29**, 36–43.

Ohlrogge, J. (1999) Plant metabolic engineering: are we ready for phase two? *Current Opinion in Plant Biology* **2**, 121–122.

Opsahl-Ferstad, H-G., Rudi, H., Ruyter, B. and Refstie, S. (2003) Biotechnological approaches to modify rapeseed oil composition for applications in aquaculture. *Plant Science* **165**, 349–357.

Paine, J.A., Shipton, C.A., Chaggar, S., Howells, R.M., Kennedy, M.J., Vernon, G., Wright, S.Y., Hinchliffe, E., Adams, J.L., Silverstone, A.L. and Drake, R. (2005) Improving the nutritional value of golden rice through increased pro-vitamin A content. *Nature Biotechnology* **23**, 482–487.

Parker-Barnes, J.M., Das, T., Bobik, E., Leonard, A.E., Thurmond, J.M., Chaung, L.T., Huang, Y.S. and Mukerji, P. (2000) Identification and characterization of an enzyme involved in the elongation of *n-6* and *n-3* polyunsaturated fatty acids. *Proceedings of the National Academy of Sciences USA* **97**, 8284–8289.

Pauly, D., Alder, J., Bennett, E., Christensen, V., Tyedmers, P. and Watson, R. (2003) The future for fisheries. *Science* **302**, 1359–1361.

Pauly, D., Christensen, V., Dalsgaard, J., Froese, R. and Torres, F., Jr. (1998) Fishing down marine food webs. *Science* **279**, 860–863.

Pereira, S.L., Leonard, A.E., Huang, Y.S., Chuang, L.T. and Mukerji, P. (2004) Identification of two novel microalgal enzymes involved in the conversion of the omega-3 fatty acid, eicosapentaenoic acid, into docosahexaenoic acid. *Biochemistry Journal* **384**, 357–366.

Qi, B., Beaudoin, F., Fraser, T., Stobart, A.K., Napier, J.A. and Lazarus, C.M. (2002) Identification of a cDNA encoding a novel C_{18}-$\Delta 9$ polyunsaturated fatty acid-specific elongating activity from the docosahexaenoic acid (DHA)-producing microalga, *Isochrysis galbana*. *FEBS Letters* **510**, 159–165.

Qi, B., Fraser, T., Mugford, S., Dobson, G., Sayanova, O., Butler, J., Napier, J.A., Stobart, A.K. and Lazarus, C.M. (2004) The production of very long chain polyunsaturated omega-3 and omega-6 fatty acids in transgenic plants. *Nature Biotechnology* **22**, 739–745.

Ratledge, C. (2004) Fatty acid biosynthesis in microorganisms being used for single cell oil production. *Biochimie* **86**, 807–815.

Sargent, J.R. and Tacon, A.G. (1999) Development of farmed fish: a nutritionally necessary alternative to meat. *Proceedings of the Nutrition Society* **58**, 377–383.

Sayanova, O. and Napier, J.A. (2004) Eicosapentaenoic acid: biosynthetic routes and the potential for synthesis in transgenic plants. *Phytochemistry* **65**, 147–158.

Sayanova, O., Smith, M.A., Lapinskas, P., Stobart, A.K., Dobson, G., Christie, W.W., Shewry, P.R. and Napier, J.A. (1997) Expression of a borage desaturase cDNA containing an N-terminal cytochrome b5 domain results in the accumulation of high levels of Δ^6-desaturated fatty acids in transgenic tobacco. *Proceedings of the National Academy of Sciences USA* **94**, 4211–4216.

Simopoulos, A.P. (2000) Human requirement for *n-3* polyunsaturated fatty acids. *Poultry Science* **79**, 961–970.

Sperling, P., Ternes, P., Zank, T.K. and Heinz, E. (2003) The evolution of desaturases. *Prostaglandins, Leukotrienes and Essential Fatty Acids* **68**, 73–95.

Thelen, J.J. and Ohlrogge, J.B. (2002) Metabolic engineering of fatty acid biosynthesis in plants. *Metabolic Engineering* **4**, 12–21.

Tucker, G. (2003) Nutritional enhancement of plants. *Current Opinion in Biotechnology* **14**, 221–225.

Ursin, V.M. (2003) Modification of plant lipids for human health: development of functional land-based omega-3 fatty acids. *Journal of Nutrition* **133**, 4271–4274.

von Schacky, C. (2003) The role of omega-3 fatty acids in cardiovascular disease. *Current Atherosclerosis Reports* **5**, 139–145.

Wallis, J.G. and Browse, J. (1999) The $\Delta 8$-desaturase of *Euglena gracilis*: an alternate pathway for synthesis of 20-carbon polyunsaturated fatty acids. *Archives of Biochemistry and Biophysiology* **365**, 307–316.

Wallis, J.G., Watts, J.L. and Browse, J. (2002) Polyunsaturated fatty acid synthesis: what will they think of next? *Trends in Biochemical Sciences* **27**, 467–470.

Warzecha, H. and Mason, H.S. (2003) Benefits and risks of antibody and vaccine production in transgenic plants. *Journal of Plant Physiology* **160**, 755–764.

（刘庆坡　薛庆中　译）

2.4　应用基因工程手段改良禾谷类作物的籽粒品质

Peter R. Shewry
Crop Performance and Improvment Rothamsted Research, Harpenden, Hertfordshire, AL5 2JQ, United Kingdom

引言

禾谷类作物是世界上最重要的粮食作物，年产量超过 20 亿吨。而块根和块茎类作物年产低于 7 亿吨，豆类和油料作物约为 3.8 亿吨（FAO，2003）。小麦、玉米和水稻三种禾谷类作物年产量相近，均在 6 亿吨左右。

禾谷类作物籽粒的主要成分是淀粉，占干物质总量的 70%～80%。因此，通常把禾谷类作物看作能量的主要来源。籽粒中还含有 8%～15%的蛋白质，是人类和家畜所需蛋白质的重要来源。事实上，从禾谷类作物籽粒中摄取的蛋白质总量约为大豆（蛋白含量最高可达 40%）的 4 倍以上，是其他种子类作物的 2 倍多。另外，禾谷类作物籽粒是饮食结构中纤维、维生素和矿物质的重要来源，这些营养成分主要集中于糊粉层，在碾磨（小麦）和去壳（水稻）后通常被丢弃。值得一提的是，目前普遍认为小麦是导致广泛存在的食物不耐受（消化疾病）的主要原因，它还能引起多种饮食和呼吸道过敏症状。本节主要围绕这些内容展开论述，而淀粉组成和品质将在 2.5 节论述。

食物和饲料的营养品质

氨基酸组成

禾谷类作物在反刍动物的饲料或人类饮食结构中占有很高比例，因此，其籽粒蛋白的营养品质显得尤为重要。蛋白质的营养品质取决于必需氨基酸的量。动物自身不能合成必需氨基酸，只能从摄取的食物中获得。如果某种必需氨基酸缺乏，其他氨基酸也就不能被吸收而排出体外，导致氮素流失到环境中去。20 种氨基酸中有 9 种为人类和动物所必需（赖氨酸、异亮氨酸、亮氨酸、苯丙氨酸、酪氨酸、苏氨酸、色氨酸、缬氨酸和甲硫氨酸）。动物可能通过甲硫氨酸合成半胱氨酸，因此半胱氨酸通常也被视为动物的必需氨基酸。

储藏蛋白占禾谷类作物籽粒总蛋白的一半以上，因此储藏蛋白的成分对籽粒的营养品质起决定作用。小麦、大麦、玉米、高粱及其他多数禾谷类作物中，储藏蛋白主要是醇溶性蛋白，其赖氨酸含量较低，成为第一限制性氨基酸（小麦、大麦和玉米的赖氨酸含量分别为 2.0%、3.1%和 3.5%，低于 WHO 的要求 5.5%）（Shewry，2000）。蛋氨酸和苏氨酸以及玉米中的色氨酸含量同样较低。与其他主要禾谷类作物不同，燕麦和水稻的储藏蛋白属于 11S/12S 球蛋白家族，且必需氨基酸含量充足。

目前，主要用两种互补方法提高禾谷类作物籽粒中的赖氨酸含量。首先，籽粒中绝大多数氨基酸以蛋白的形式存在，但少量（通常为 1%，甚至更低）以游离氨基酸的形式存在。植物体内的赖氨酸、蛋氨酸和苏氨酸均由天冬氨酸途径合成，在其合成的起始点和赖氨酸形成分支点分别受反馈调节酶（天冬氨酸激酶和二氢吡啶二羧酸合成酶，DHPS）的催化。为增加自由氨基酸的积累，通过转化来自细菌或玉米对反馈不敏感的DHPS，削弱两种酶的反馈调控作用，从而提高赖氨酸含量。Mazur、Krebbers 和 Tingey（1999）发现在玉米胚和糊粉中表达棒状杆菌酶能增加游离赖氨酸含量，使籽粒中的赖氨酸总量提高 2 倍。但当棒状杆菌酶在淀粉含量丰富的胚乳中表达时，由于赖氨酸的降解，赖氨酸总量没有增加。在其他作物（大豆和油菜）中也观察到类似的赖氨酸降解现象（Falco et al.，1995；Mazur et al.，1999）。对拟南芥的研究结果表明，敲除编码赖氨酸代谢酶基因能消除这种降解作用（Zhu and Galili，2003）。相反，Brinch-Pedersen 等（1996）报道，用组成型 35S 启动子带动来自大肠杆菌的反馈不敏感型 DHPS 表达，使籽粒中的游离赖氨酸含量增加了 2 倍。Lee 等（2001）将玉米中编码 DHPS 的基因进行突变，并使之组成型表达消除了对反馈调节的敏感度，使水稻籽粒中的游离赖氨酸增加了 2.5 倍，尽管在这一过程中赖氨酸的分解代谢也有所加强。

提高必需氨基酸含量的第二种方法是增加富含这些氨基酸的蛋白质含量，这种方法尤其适用于提高蛋氨酸含量。对有些禾谷类作物而言，蛋氨酸属第三种限制性氨基酸，通常跟缺乏蛋氨酸的豆类作物混合起来作为牲畜饲料。目前已经鉴定出大量富含蛋氨酸的植物蛋白，总体上分成两类：一类是双子叶植物籽粒中的 2S 贮藏清蛋白；另一类是玉米和具圆锥花序的禾谷类作物（高粱和稷）籽粒中的醇溶性蛋白。

唯一能在禾谷类作物中表达富含蛋氨酸 2S 清蛋白的是向日葵籽粒中的 SFA8，该蛋白共含有 103 个氨基酸残基，其中包括 16 个蛋氨酸残基和 8 个半胱氨酸残基（Kortt et al.，1991）。此蛋白在水稻籽粒中表达使蛋氨酸含量增加 27%，不过这导致半光氨酸含量降低 15%（Hagan et al.，2003），但对籽粒的整体营养品质影响不大。在双子叶植物籽粒中表达巴西坚果的 SFA8 和富含甲硫氨酸的 2S 清蛋白，对籽粒中硫的再分布产生类似的影响（硫的总含量并未增加），表明此基因的表达对提高籽粒中的硫含量非常有限（Shewry et al.，2005a）。使用 2S 清蛋白的另一个缺点是，许多清蛋白包括 SFA8 和巴西坚果的清蛋白易引起过敏症状（Kelly and Hefle，2000；Kelly et al.，2000；Melo et al.，1994；Nordlee et al.，1996）。

玉米 β-醇溶蛋白和 γ-醇溶蛋白中，其甲硫氨酸的含量分别为 11.4% 和 26.9 %（Pedersen et al.，1986；Swarup et al.，1995），而其他作物如高粱中则存在富含甲硫氨酸的醇溶谷蛋白（Chamba et al.，2005）。据报道，通过转化手段提高 γ-玉米蛋白的拷贝数（Anthony et al.，1997）或改良 mRNA 的稳定性（Lai and Messing，2002）能增加 γ-玉米蛋白含量，使籽粒中甲硫氨酸总量增加。然而，虽然没有直接计算籽粒中的硫含量，Lai 和 Messing（2002）等认为籽粒中的半胱氨酸含量略有下降。因此，通过富含甲硫氨酸蛋白的基因表达来提高籽粒中甲硫氨酸含量，可能增加硫向籽粒的运输。

对富含赖氨酸的蛋白研究较少，而这些蛋白在植物中的分布也少，可能是由于它们带有高电荷。对富含赖氨酸的蛋白质研究最多的是大麦籽粒蛋白糜蛋白酶抑制剂 2（CI-2），它常作为蛋白质折叠的模式系统而受到广泛关注，因此对 CI-2 的结构及其特性了解比较详细（Clore et al.，1987a，b；McPhalen and James，1987；Otzen and Fersht，1995，1998）。CI-2 抑制子富集于富含赖氨酸的大麦 Hiproly 种子中，有利于提高赖氨酸含量（Hejgaard and Boisen，1980）。因此，禾谷类作物籽粒中赖氨酸的积累对植株发育没有负面影响。籽粒中 CI-2 的积累对蛋白消化同样没有显著影响。CI-2 由 83 个氨基酸残基组成，其中含有 8 个赖氨酸残基，当前已诱导出赖氨酸摩尔含量达 25 %的突变体。此外，大肠杆菌中表达的突变蛋白分析表明，有些突变蛋白能在转基因植物中稳定表达（Forsyth et al.，2005；Roesler and Rao，1999；2000）。采用类似的方法设计出高甲硫氨酸衍生物（hordothionin）蛋白的富赖氨酸形式，它是由 45 个氨基酸残基组成的一种大麦籽粒蛋白，其中包括 5 个赖氨酸残基（Rao et al.，1994）。然而，在转基因植物中这种蛋白如植物抗菌肽（thionins）表达，尚不能被人们接受，因为此富硫蛋白在体外对微生物（细菌，真菌和酵母）、无脊椎动物和动物细胞来说是剧毒的（Florack and Stiekema，1994）。

消除过敏症和不耐症

据统计，世界 1%～2%的人口受到食品过敏症的影响，尤其是在儿童中非常普遍（约 8%）。禾谷类作物不是产生过敏症状的主要原因，但仍有显著性的影响。例如，小麦饮食过敏症发生虽不普遍，但可引起过敏性皮炎和运动诱发的食物依赖性过敏反应。有一类禾谷类种子蛋白与食品和呼吸过敏症的相关研究已经相对深入，这就是胰蛋白酶或 α-淀粉酶抑制剂家族中低分子量的富硫蛋白，与上文提到的 2S 清蛋白和主要醇溶蛋白关系密切（Shewry et al.，2004）。已经证明这一个蛋白家族是引起面包师哮喘（小麦、大麦和黑麦粉引起的呼吸道过敏症状）和大米饮食过敏症的主要诱发因子（Salcedo et al.，2004）。

这些 α-淀粉酶/胰蛋白酶抑制剂由许多结构上相似，由一个多基因家族编码的成员组成。因此，利用基因工程可能下调整个蛋白家族或其中的单个基因。这种方法的可行性已在水稻中得到证实，即反义表达单个基因序列能够下调相对分子量为 14000～16000 的相关蛋白质，使饮食过敏症降低到野生型的 25%（Tada et al.，1996）。尽管这种转基因水稻的致敏度已降低，但仍含有一定量的 α-淀粉酶/胰蛋白酶抑制剂，因而还是不适合于那些有大米过敏症的消费者。

食物不耐症是最常见的腹部疾病，这种疾病是 T 细胞介导的免疫反应，由小麦谷蛋白和大麦、黑麦中的一系列相关蛋白引起，在某些国家受这种疾病困扰的人数达到 1%（Kasarda，2001）。业已证明这些蛋白的毒性不同，取决于许多谷蛋白的氨基酸序列，并且不同品种之间此蛋白的含量也有差异。因此，将传统的植物育种方法和基因工程手段相结合有可能培育出低毒性的品系，尽管并不能完全消除毒性。需要注意的是，小麦制品消费前需经过多道加工工序，任何谷蛋白成分的变化不会影响到它的功能特性。

提高籽粒矿物质和维生素含量

虽然禾谷物作物籽粒是矿物质营养潜在的重要来源，但它们通常以植酸钙镁或植酸钙镁盐的形式存在而不能被吸收。这些盐类占禾谷类作物籽粒磷酸盐总量的 70%以上，其他矿物质如 Mg^{2+}、K^{+}、Fe^{3+}、Zn^{2+}、Ca^{2+} 和 Cu^{2+} 中也占有一定比例。植酸钙镁以颗粒形式存在于禾谷类作物的糊粉层和胚细胞中，萌发过程中经降解释放出矿物质。然而，植酸钙镁盐不能被人或者牲畜所消化，直接排出体外。牲畜饲养密集区磷酸盐的排放，会造成当地天然水富营养作用和使人体内矿物质缺乏，尤其对发展中国家的妇女和儿童影响更大。

应用基因工程手段，通过调控来自曲霉菌（一种真菌，能分泌胞外植酸酶，已作为商业化生产的动物饲料添加剂）编码植酸酶基因的表达，减少禾谷类等多种作物的植酸盐含量。饲养研究表明：这种转基因大豆和油菜降低了植酸盐的排出量，同时能促进猪和鸡生长（Denbow et al., 1998; Zhang et al., 2000a, b)。在小麦和水稻中也有表达真菌植酸酶的报道（Brinch-Pedersen et al., 2000; 2003; Lucca et al., 2001)。研究热点集中在增强植酸酶（来自烟曲霉）的热稳定性，以减少食品和饲料加工过程中因加热籽粒而造成的酶活性丧失（Brinch-Pedersen Sorensen and Holm 2002; Lucca et al., 2001)。

铁缺乏是人类矿物质缺乏的最普遍形式，它对世界30%的人口产生影响（WHO, 1992)。禾谷物作物籽粒中的铁元素主要以植酸盐的形式存在，经植酸酶消化之后才能被释放出来。补充铁元素的另一种方法是增加种子中与铁离子结合的其他成分，如铁蛋白，它能与植物、动物以及细菌体内的铁离子结合形成一种储备物质，这一点研究最为透彻（Theil, 1987)。Lucca (2001) 发现在处于发育阶段的水稻种子中表达大豆铁蛋白基因，可使铁离子含量增加 2～3 倍。

禾谷类作物还是食物中硒元素的重要来源，英国人所摄取的硒元素约有 10%来源于禾谷类作物。如果不依赖于作物改良则硒元素主要靠作物从土壤中吸收。在这种情况下，籽粒中硒含量则主要取决于土壤，而很难通过遗传工程得以改良（Adams et al., 2002)。

禾谷类作物籽粒中含有多种脂溶性和水溶性维生素，这些维生素一般富集在胚和糊粉层中，绝大部分在碾磨（小麦）或去壳（水稻）过程中损失掉。因此，如果精细加工的食品在饮食结构中占有很大比例，容易引起维生素缺乏症。人们对维生素 A 和大米消费量的关系了解最多。据统计，东南亚每年有 25 万儿童，因为取食缺乏维生素 A 的稻米而失明。将水仙花中的两个基因和来自细菌 *Erwinia uredova* 中的一个基因导入水稻培育出的黄金稻，增加了 β-胡萝卜素（能在人体内转化为维生素 A）的积累（Ye et al., 2000)，从而引起人们对黄金稻的广泛关注。在黄金稻中外源植酸酶基因表达，能提高籽粒的矿物质含量（如前所述），但尚未将这些性状导入商业化生产的水稻中（参见 2.2 节）。

禾谷类作物遗传工程的另一个重要目标是增加叶酸含量，缺乏叶酸将导致胎儿神经中枢发育缺陷，对成年人也会产生一系列不良影响。因此，美国政府规定必须提高所有籽粒产品的叶酸含量，在英国暂时还没有这样的规定。最新研究表明，在拟南芥中表达大肠杆菌的单个环化水解酶（GTP, Cyclohydrolase）基因，其叶酸含量最高能达 3.3 倍（Hossain et al., 2004)，这种方法也可能应用到禾谷类作物中。

动物饲料的特殊要求

大量禾谷类作物籽粒被用作动物饲料，尤其是玉米、小麦、大麦和燕麦的籽粒用作牛、猪和家禽的饲料。总体而言，不同动物对营养的需求大体一致，但也存在着显著差异。

对蛋白质的质量而言，氨基酸的精细组分仅对单胃（非反刍）动物重要。因为不管饲料组分如何，存在于反刍动物瘤胃里的细菌都能稳定合成其全部必需氨基酸。相反，为增加磷酸盐和其他矿物质含量的可利用性，必须降低牲畜饲料中的植酸水平。当禾谷类作物用做鸡和其他家禽饲料时，植株的细胞壁组成成分就显得尤为重要，高含量的β-葡聚糖和阿拉伯糖会导致粪便黏稠。增加小麦和大麦籽粒硬度能提高反刍动物和非反刍动物的饲料质量，但原因有所不同。通常用籽粒来喂养反刍动物，基质蛋白与淀粉颗粒的粘连强，能降低瘤胃消化作用造成的淀粉损失。相反，用作单胃动物饲料的籽粒通常需要碾磨成粉，硬籽粒中的蛋白质/淀粉互作越强，磨粉过程中破坏的淀粉越多，越利于消化。如何改变籽粒质地将在下文讨论。

食品的加工质量

通常，水稻和玉米的完整籽粒可以蒸煮烹调后食用，而小麦尚需加工成一系列食品（面包、蛋糕、馅饼、饼干、通心粉和面条）才能被食用，因此小麦的加工特性对决定加工成何种产品就显得特别重要。同理，大麦虽然也有少量加工成食品（包括整个籽粒和麦芽），人类消费主要是经发芽和蒸馏工艺制成的啤酒和威士忌酒，因此，大麦的发芽和蒸馏特性就显得格外重要。

啤酒大麦的品质

麦芽的制取过程包括籽粒的控制性发芽、干燥及适当的窑烧。籽粒发芽时，糊粉层细胞和盾片分泌的酶能分解胚乳淀粉细胞的细胞壁和存在于细胞内的一些蛋白质，使籽粒易碎易碾磨。同时，使酶进入淀粉粒，但淀粉降解是有限的。烘干和窑烧（kilning）过程即通过降低水分含量稳定籽粒，防止进一步消化，但需慎重选择温度，防止酶活性过分丧失。高温窑烧过程有助于麦芽糖的风味调制，产生烟熏（smoky）或者烧烤（burnt）的味道（Bamforth，1998）。

由此可见，麦芽制作是一个复杂的过程，它受到多种参数影响。包括籽粒发育过程中决定成熟籽粒的结构和组成的因素，以及影响麦芽制作过程本身的许多因素。

籽粒发育过程中诸因子决定了胚乳淀粉细胞壁的相对厚度、籽粒蛋白含量、籽粒质地以及β-淀粉酶和α-葡萄糖苷酶（麦芽糖酶）两种水解酶的合成和积累。发芽过程主要因子决定一系列水解酶的产生、活性以及稳定性，这些水解酶包括β葡聚糖酶和其他细胞壁降解酶、蛋白酶以及淀粉分解酶（α-淀粉酶，限制性糊精酶和α-葡萄糖苷酶）。所有这些酶都可作为改良对象，但目前为止，仅少数的酶已经或有可能容易地通过遗传工程加以改良。

β-淀粉酶是糖化力（diastatic power）的主要成分，尤其在用大量淀粉辅料酿酒（brewing）时（如其他禾谷类淀粉）显得更为重要。β-淀粉酶是在籽粒发育阶段合成的水解酶，主要集中于糊粉层和胚乳淀粉层。其含量受可利用性氮素调节，这方面有储藏蛋白的性质（Giese and Hejgaard，1984；Yin et al.，2002）。β-淀粉酶在活性上也存在着遗传变异，这为选择高含量的β-淀粉酶株系提供了可能（Yin et al.，2002）。然而，应注重提高淀粉酶的热稳定性，因为在窑烧以及65℃碾碎过程中（Bamforth and Quain，

1988)，淀粉酶容易丧失活性。不同栽培大麦品种间，β-淀粉酶热稳定性往往存在着自然变异（Kihara et al.，1998，1999；Malysheva et al.，2004；Zhang et al.，2004）。利用蛋白质工程也可以提高大麦 β-淀粉酶的热稳定性，7 个残基发生突变时 T_{50}（即酶活性丧失一半时的温度，30min 以上）提高了 11.6℃（从 57.4℃到 69℃）（Yoshigi et al.，1995）。这种高活性的酶可成为通过遗传改良在大麦中表达的理想酶。目前正在嗜热性微生物如 *Clostridium thermosulfurogens* 中，寻找热稳定性 β-淀粉酶（Kitamoto et al.，1998）。

Kihara 等（1997，2000）曾报道在转基因大麦籽粒中表达由 β-淀粉酶自身启动子控制的经改良的热稳定性 β-淀粉酶（Yoshigi et al.，1995）。从 9 个转化株系中发现了 6 个阳性转化系，酶活性在成熟种子中受到的影响很小甚至没有影响。但是，在温度为 65℃的时候，5 个株系的 β-淀粉酶热稳定性显著提高。而且，半小时后，酶活性仍能维持初始活性的 20%～60%，相比之下，对照活性完全丧失。

麦芽制作过程中，细胞壁被消化使籽粒蛋白溶解、淀粉颗粒释放，有利于发酵。相反，未消化的细胞壁限制淀粉发酵，导致麦芽汁黏性增加，酿酒过滤失败（Fox et al.，2003）。因此，麦芽制作质量和成熟种子中 β-葡聚糖（细胞壁的主要成分）含量或种子萌发过程中产生的 β-葡聚糖酶量关系密切。

另外，提高 β-葡聚糖酶热稳定性可阻止其在窑烧和捣碎过程中变性。von Wettstein 与他的同事们（Jensen et al.，1996；Horvath et al.，2000）采用以下两种方法在转基因大麦中表达来自杆状菌属且经修饰过的热稳定性(1,3-1,4)-β-葡聚糖酶。方法一：使用大麦醇溶蛋白（Hor 3）启动子，使 β-葡聚糖酶在发育中的胚乳淀粉层中表达；方法二：使用 α-淀粉酶基因启动子和信号肽，使其在糊粉层细胞中表达。两种方法都会导致 β-葡聚糖酶的合成和积累。进一步研究发现：将表达由 α-淀粉酶启动子启动的 β-葡聚糖酶的转基因品系籽粒与鸡饲料混合，喂食后鸡体重显著增加，黏稠粪便明显减少（von Wettstein et al.，2000）。但这些品系的麦芽制作特性未见报道。

至于 GM 作物的潜在效益，应当注意到麦芽制作业、酿酒工业以及蒸馏酒业在引进新材料时仍然十分保守，这是可以理解的，在没有公众广泛接受的情况下，采用 GM 原材料的可能性不大。

小麦籽粒质地与面团强度

由于最终用途不同，根据小麦的两个主要特征，籽粒质地（硬度）和面筋强度划分成不同类。硬度是小麦最重要的特征，它直接影响到普通小麦的用途（Pomeranz and Williams，1990），影响到磨粉特性（韧度、产量、面粉颗粒的大小形状及密度）和加工特征（面包、面条、蛋糕和饼干）。硬质小麦和软质小麦的主要差别体现在水分吸收能力上。硬质小麦磨成的面粉具较高的烘烤吸光度，品质好，因而提高了利润。这种差异是由于硬质小麦淀粉颗粒与蛋白基质结合更为紧密，磨粉过程中对淀粉造成更大程度的破坏。然而，区分硬质与玻璃质化是非常重要的，其胚乳似乎是玻璃质化的。所有品种尤其是生长在高氮肥或高温条件下的品种都可能发生玻璃质化，该性状并不明显受遗传控制（Pomeranz and Williams，1990）。硬度与面团强度间没有紧密关系，尽管当前育种家培育出的小麦品种用于面包制作通常具有一定的硬度和强度。

一般认为，籽粒硬度的差异主要由淀粉颗粒表面与基质蛋白（例如，谷蛋白）的结合力决定，细胞壁成分与基质蛋白的结合也起作用。

籽粒硬度的突破性研究进展证明了 *M*r15 000 蛋白质一般存在于软质小麦水洗淀粉的表面，而在硬质小麦中此蛋白含量降低甚至缺失，硬粒小麦中（超硬）则完全缺失（Greenwell and Schofield, 1986）。因此，将这种蛋白质称为脆性蛋白（friabilin），它决定了籽粒的脆性，而且可作为非黏性蛋白阻止淀粉和蛋白的结合。随后的研究表明，脆性蛋白是多种蛋白质的混合物，主要成分是两个相关蛋白质 puroindolines（Pins）a 和 b（Gautier et al., 1994）。遗传分析表明，*Pin a* 和 *Pin b* 由面包小麦 5D 染色体上的 *Ha* 位点基因编码，这一位点使面包小麦质地较软，而具有超硬质地的硬粒小麦缺失此位点。

脆性蛋白还由其他几个次要蛋白组成（Morris et al., 1994; Oda and Schofield, 1997），其中一个蛋白质称作籽粒软质蛋白（GSP）也被定位到 Ha 基因座（locus）（Chantret et al., 2004; Jolly et al., 1996），但尚未证实其功能的重要性。

相反，从遗传和分子生物学角度都证实了 Pin 蛋白在决定小麦硬粒质地上起直接作用。Morris，Giroux 及其同事对 Pin 蛋白进行了详细研究，结果表明，软度与面包小麦 *Pin a* 或者 *Pin b* 基因突变有关（Giroux and Morris, 1997; 1998; Morris, 2002）。这些突变有两种类型，两个基因中的一个发生无效突变，导致编码的相应蛋白缺失，或者 *Pin b* 基因的编码序列发生点突变，从而影响到 Pin 蛋白的氨基酸序列。最普遍的 *Pin b* 基因突变导致氨基乙酸代替了与色氨酸残基簇相邻的丝氨酸残基，色氨酸残基簇为脂质结合位点（Kooijman et al., 1997）。

Giroux 和他的合作者们通过遗传转化的功能互补法直接证实了 puroindolines 蛋白决定了籽粒的软度。最初，将小麦 *Pin a* 和 *Pin b* 基因导入水稻（Krishnamurthy and Giroux, 2001），后来将野生型小麦的 *Pin b* 基因在硬质面包小麦中表达（Beecher et al., 2002）。

我们分别在硬粒小麦中表达 *Pin a* 基因和硬质面包小麦中表达 *Pin b* 基因，得到了相近的结果（Guang He, Paul Wiley, Paola Tosi, Sue Steele, Huw Jones and Peter Shewry，未发表）。

上述结果清楚表明，通过表达编码 puroindolines 的基因，可以改变禾谷类作物籽粒的碾磨质地。在面包小麦和硬粒小麦上也证实了这一结论，推测该方法也能应用于大麦和燕麦，因为大麦和燕麦中含有类似于 puroindolines 的蛋白（Beecher et al., 2001; Darlington et al., 2001; Gautier et al., 2000）。另外，这种方法在水稻中也有应用，尽管已报道水稻中存在可能的 GSP 基因（Chantret et al., 2004），但缺少 puroindoline 的同源基因，从而为培育适合于加工和作为动物饲料的禾谷类作物优质新品种创造了机会。

面包制作是人类采用的最古老的“生物技术”方式之一，可追溯到古埃及和美索不达米亚时代，也是当今世界分布最广的食品加工方式，并为不同文化背景的人所制作和消费，从大家最熟悉的欧洲和北美的平底盘和壁炉烘制的蓬松面包到中国和远东的馒头，以及中东、北非和印度半岛的多种袖珍面包，包括蓬松的以及不蓬松的。还有非常重要的一点是由其他禾谷类作物（即便是大麦和黑麦）不能制造出与面包相当的产品，由大麦、黑麦或二者与小麦混合粉制成的面包的消费范围很窄，主要在北欧和东欧。由小麦粉制成面包的特性很大程度上取决于谷蛋白（gluten protein），它决定面团附着力和黏弹性。

与小麦谷蛋白相对应的是储藏蛋白，后者占成熟籽粒总氮量的一半以上。这些蛋白质储存于胚乳淀粉层细胞中不连续的蛋白体中，在籽粒成熟的最后阶段融合成连续的基质。因此，它们在来自淀粉质胚乳细胞的面粉中含量很高。面粉与水混合后形成面团，释放出存在于单个面粉颗粒中的谷蛋白，形成决定黏性的连续网络（continutous network）。

面筋是一个相当复杂的多态蛋白混合物，根据它们的功能或化学和分子特性分为几类。按照传统的分类方法分为两大类：醇溶蛋白和麦谷蛋白，这种分类方法使用了一个多世纪，反映了醇溶蛋白和麦谷蛋白在决定面筋属性上所起的作用不同。醇溶蛋白为单组分蛋白（monomeric protein），与其他面筋蛋白通过非共价键互作，主要是氢键。因此，它们在很大程度上决定了面筋和面团黏性。相反，麦谷蛋白即由高分子质量的聚合体（相对分子质量约为 1 000 000）组成，链间二硫键起稳定麦谷蛋白的作用，而且多聚体之间又相互作用。同时麦谷蛋白与醇溶蛋白还通过非共价键发生作用，从而决定了面筋弹性，又称强度。

小麦面粉的强度变化很大，可根据不同用途选择籽粒。例如，弱面团适合做蛋糕和饼干，强面团适宜做面包。面团强度低是用小麦粉制作面包的最常见问题。因此培育具有可靠强度面团的品种是植物育种家的主要目标。

小麦生长环境是影响面团强度的主要因素，但也明显受到遗传调控作用。大量研究表明，谷蛋白等位基因变异和组分同面团强度存在直接联系，它们都是高分子质量（HMW）的麦谷蛋白亚基。

这些蛋白质约占籽粒蛋白总量的 12%，或面粉干重的 1%～1.7%（Halford et al.，1992；Nicolas，1997；Seilmeier et al.，1991）。然而，欧洲小麦面包制作特性方面 45%～70%的遗传变异由高分子质量麦谷蛋白亚基引起（Branlard and Darderet，1985；Payne et al.，1987，1988）。因此，在过去 20 多年里，HMW 亚基是研究最透彻的小麦籽粒蛋白（参见综述 Payne，1987；Shewry et al.，2003）。

从这些研究可以看出，HMW 亚基在决定高分子质量麦谷蛋白多聚体数量及其属性方面起重要作用。然而，等位基因具有两个不同的效应：数量效应和质量效应。数量效应主要与表达基因的数量有关，所有面包小麦品种都含有 6 个 HMW 亚基基因，而仅有 3、4 或 5 个亚基基因表达。因为每个 HMW 亚基基因的贡献平均占籽粒总蛋白的 2%（Halford et al.，1992；Seilmeier et al.，1991），这样 HMW 亚基蛋白对籽粒蛋白总量产生数量效应。相反，由等位基因亚基结构和属性差异引起的为质量效应，有些亚基能促进形成更大且更具有弹性的多聚体（Popineau et al.，1994）。

由于表达基因的数量和面团弹性存在着直接联系，有人试图通过表达外源 HMW 亚基基因来提高面团强度（Altpeter et al.，1996；Alvarez et al.，2000，2001；Anderson and Blechl，2000；Barro et al.，1997；Blechl and Anderson，1996；Darlington et al.，2003；Popineau et al.，2001；Rooke et al.，1999；Vasil et al.，2001；Zhang et al.，2003）。根据报道，总体上外源 HMW 亚基基因的表达水平同内源 HMW 亚基基因相当。然而，基因的大量表达可能由转基因的多拷贝引起（Rooke，et al.，1999）。

有几个研究小组报道了生长在温室或田间的转基因株系的功能特征，尽管很难对来自不同遗传背景的株系作比较。另外，品种 Bobwhite 再生频率高，因此常被用作遗传转化分析材料，但其染色体 1BL/1RS 的转位作用造成面团黏稠，因而不适于用于研究谷蛋白功能。从以上研究结果可以看出：通过转化 HMW 亚基基因可增加面团强度，提高面包制作质量，但不同基因间这种效应变化很大。

图 2.4.1 比较了小麦的一个品系（L88-31）中两个 HMW 亚基的表达，选择这个品系的原因是它只有两个 HMW 亚基表达（亚基 1Bx17 和 1By18，显示为单条带如 a 图箭头所示）。面粉调混性自动记录仪显示了较低的抗性峰和较短的混合时间，得到中等大小的面包。而如 c 图所示，1Ax1 HMW 亚基基因在这个背景下的表达改进了混合曲线（也就是，混合时间变长，抗性峰提高）和面包体积增大。通过杂交转化基因也得到类似的结果。相反地，如 b 图所示，表达相同水平的外源 1Dx5 基因的则对混合特征、面包体积和质地产生不利影响。这些差异主要是由两种蛋白的氨基酸序列不同所造成，1Dx5 亚基含有额外的半胱氨酸残基，从而形成高度交叉连接的多聚体，使面团混合过程中不能与水充分结合（Popineau et al.，2001）。

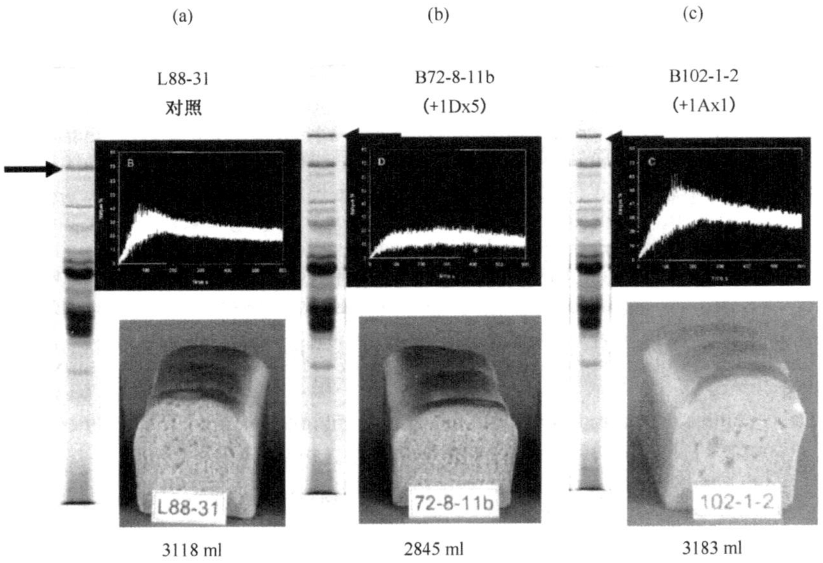

图 2.4.1　表达 HMW 亚基对小麦混合和烘焙特征产生的影响

株系 L88-31：表达内源 HMW 亚基 1Bx17＋1By18［二者共迁移，图（a）箭头所指］；B72-8-11b：表达外源 1Dx5 亚基［图（b）箭头所指］；B102-1-2：表达 1Ax1 亚基［图（c）箭头所指］。图（a）～（c）显示通过 SDS-PAGE 分离的蛋白，面粉调混性自动记录仪记录的曲线及从田间三个株系上收获的籽粒加工而成的面包片［经作者同意，图片摘自 Popineau 等（2001），Journal of Agricultural Food Chemistry，49：399，图 4（部分）］

图 2.4.1 所示的试验是采用“模式”小麦品系以便比较两个亚基的功能特性。此后，我们的结果表明，在英国商品化生产的组 1 和组 2 品系（如 Conon 和 Cadenza）中表达 1Ax1 基因，也使面团强度增加（Pastori et al.，2000；Shewry et al.，2005b）。

硬粒小麦的面团强度也是加工意大利面食的一个重要质量特征。采用上述转基因方法表达外源 1Ax1 基因，面粉调混性自动记录仪显示面团强度大大增强（He et al.，1999）。然而，研究表明硬粒小麦的麦谷蛋白低分子质量亚基（LMW）比高分子质量亚基（HMW）对面团强度的影响更大（Pogna et al.，1990；Ruiz and Carillo，1995）。另外，这些影响可能与某种亚基蛋白表达量的差异有关，亚基蛋白（LMW-2）的合成量超过普遍存在的等位基因（LMW-1）（Masci et al.，1995；Payne et al.，1984）。因此，Masci 等（2003）测定了过量表达单个 LMW 亚基对硬质小麦功能特性造成的影响，识别了一个株系，该株系转基因亚基的表达量是内源蛋白基因的 12 倍，而这种过量表达对面筋强度产生了较大的负面效应。相反，Tosi 等培育了大量用商品化小麦品种表达 LMW 亚基的转基因株系（Tosi et al.，2004），其中有两个株系表达外源 LMW 亚基的水平相似，它们的差异在于一个株系与主要内源 LMW 亚基形成共抑制关系，造成两个株系的功能特征不同，其中在没有共抑制关系的株系上面筋强度增强，而存在共抑制关系的株系中面筋强度则下降（Tosi et al.，2005）。

这些研究结果表明：不仅调控面包小麦和硬粒小麦的谷蛋白组成切实可行，而且增加基因的表达量还能赋予小麦品种新的特性（如增加的交联作用），对于培育适当的新型食品或非食品利用的新品系具有一定的参考价值。

结论

目前已建立了所有主要禾谷类作物的遗传转化技术，尽管有些作物，如高粱，遗传转化技术尚不成熟，小麦的转化方法也有待改进。同样地，在生物化学和分子水平上对许多质量性状有了更深入地了解，并识别和分离了一些关键基因。限制这项生物技术推广的主要因素是公众的接受程度，尤其是在英国和西欧国家当转化技术应用到粮食作物时。

作者认为提高公众接受程度的关键是培育有利健康的作物，特别是针对那些对 21 世纪消费者健康具有潜在危险的主要病症：Ⅱ型糖尿病、肥胖症、与饮食有关的癌症以及心血管病。这些目标都非常具有挑战性，但植物生物技术有很大潜力，能对这些目标产生重大影响。

致谢

Rothamsted Research 得到英国生物技术和生物科学研究委员会的资助。

参考文献

Adams, M.L., Lombi, E., Zhao, F-J. and McGrath, S.P. (2002) Evidence of low selenium concentrations in UK bread-making wheat grain. *Journal of the Science of Food and Agriculture* **82**, 1160–1165.

Altpeter, F., Vasil, V., Srivastava, V. and Vasil, I.K. (1996) Integration and expression of the high-molecular-weight glutenin subunit 1Ax1 gene into wheat. *Nature Biotechnology* **14**, 1155–1159.

Alvarez, M.L., Guelman, S., Halford, N.G., Lustig, S., Reggiardo, M.I., Ryabushkina, N., Shewry, P.R., Stein, J. and Vallejos, R.H. (2000) Silencing of HMW glutenins in transgenic wheat expressing extra HMW subunits. *Theoretical and Applied Genetics* **100**, 319–327.

Alvarez, M.L., Gomez, M., Carrillo, J.M. and Vallejos, R.H. (2001) Analysis of dough functionality of flours from transgenic wheat. *Molecular Breeding* **8**, 103–108.

Anderson, O.D. and Blechl, A.E. (2000) Transgenic wheat—challenges and opportunities, in, *Transgenic Cereals* (eds L. O'Brien and R. Henry), American Association of Cereal Chemists, St. Paul, MN, USA pp. 1–27.

Anthony, A., Brown, W., Buhr, D., Ronhovde, G., Genovesi, D., Lane, T., Yingling, R., Rosato, M. and Anderson, P. (1997) Transgenic maize with elevated 10 kDa zein and methionine, in, *Sulphur Metabolism in Higher Plants* (eds W. G. Cram *et al.*), Backhuys Publishers, Leiden, p. 295.

Bamforth, C.W. and Quain, D.E. (1988) Enzymes in brewing and distilling, in *Cereal Science and Technology* (ed G.H. Palmer), Aberdeen University Press, Aberdeen, UK, pp. 326–366.

Bamforth, C. (1998) *Beer—Tap Into the Art and Science of Brewing*, Insight Books, New York, USA.

Barro, F., Rooke, L., Békés, F., Gras, P., Tatham, A.S., Fido, R.J., Lazzeri, P., Shewry, P.R. and Barcelo, P. (1997) Transformation of wheat with HMW subunit genes results in improved functional properties. *Nature Biotechnology* **15**, 1295–1299.

Beecher, B., Smidansky, E.D., See, D., Blake, T.K. and Giroux, M.J. (2001) Mapping and sequence analysis of barley hordoindolines. *Theoretical and Applied Genetics* **102**, 833–840.

Beecher, B., Bettge, A., Smidansky, E. and Giroux, M.J. (2002) Expression of wild-type *pinB* sequence in transgenic wheat complements a hard phenotype. *Theoretical and Applied Genetics* **105**, 870–877.

Blechl, A.E. and Anderson, O.D. (1996) Expression of a novel high-molecular-weight glutenin subunit gene in transgenic wheat. *Nature Biotechnology* **14**, 875–879.

Branlard, G. and Dardevet, M. (1985) Diversity of grain protein and bread wheat quality. II. Correlation between high molecular weight subunits of glutenin and flour quality characteristics. *Journal of Cereal Science* **3**, 345–354.

Brinch-Pedersen, H., Galili, G., Knudsen, S. and Holm, P.B. (1996) Engineering of the aspartate family biosynthetic pathway in barley (*Hordeum vulgare* L.) by transformation with heterologous genes encoding feed-back-insensitive aspartate kinase and dihydrodipicolinate synthase. *Plant Molecular Biology* **32**, 611–620.

Brinch-Pedersen, H., Olesen, A., Rasmussen, S.K. and Holm, P.B. (2000) Generation of transgenic wheat (*Triticum aestivum* L.) for constitutive accumulation of an *Aspergillus* phytase. *Molecular Breeding* **6**, 195–206.

Brinch-Pedersen, H., Sorensen, L.D. and Holm, P.B. (2002) Engineering crop plants: getting a handle on phosphate. *Trends in Plant Science* **7**, 118–125.

Brinch-Pedersen, H., Hatzack, F., Sorensen, L.D. and Holm, P.B. (2003) Concerted action of endogenous and heterologouse phytase on phytic acid degredation in seeds of transgenic wheat (*Triticum aestivum* L.). *Transgenic Research* **12**, 649–659.

Chamba, E.B., Halford, N.G., Wilkinson, M. and Shewry, P.R. (2005) Molecular cloning of β-kafirin, a methionine-rich protein of sorghum grain. Journal of Cereal Science 41, 381–383.

Chantret, N., Cenci, A., Sabot, F., Anderson, O. and Dubcovsky, J. (2004) Sequencing of the *Triticum monococcum* Hardness locus reveals good microlinearity with rice. *Molecular and General Genomics* **271**, 377–386.

Clore, G.M., Gronenborn, A.M., Kjaer, M. and Poulsen, F.M. (1987a) The determination of the three-dimensional structure of barley serine protease inhibitor 2 by nuclear magnetic resonance, distance geometry and restrained molecular dynamics. *Protein Engineering* **1**, 305–311.

Clore, M.G., Gronenborn, A.M., James, M.N.G., Kjaer, M., McPhalen, C.A. and Poulsen, F.M. (1987b) Comparison of the solution and X-ray structures of barley serine protease inhibitor 2. *Protein Engineering* **1**, 313–318.

Darlington, H.F., Rouster, J., Hoffmann, L., Halford, N.G., Shewry, P.R. and Simpson, D. (2001) Identification and molecular characterisation of hordoindolines from barley grain. *Plant Molecular Biology* **47**, 785–794.

Darlington, H., Fido, R., Tatham, A.S., Jones, H., Salmon, S.E. and Shewry, P.R. (2003) Milling and baking properties of field grown wheat expressing HMW subunit transgenes. *Journal of Cereal Science* **38**, 301–306.

Denbow, D.M., Grabau, E.A., Lacy, G.H., Kornegay, E.T., Russell, D.R. and Umbeck, P.F. (1998) Soybeans transformed with a fungal phytase gene improve phosphorous availability for broilers. *Poultry Science* **77**, 878–881.

FAO (2003) Production Vol. 56 2002, FAO, Rome.

Falco, S.C., Guida, T., Locke, M., Mauvais, J., Sandres, C., Ward, R.T. and Webber, P. (1995) Transgenic canola and soybean seeds with increased lysine. *Bio/Technology* **13**, 577–582.

Florack, D.E.A. and Stiekema, W.J. (1994) Thionins: properties, possible biological roles and mechanisms of action. *Plant Molecular Biology* **26**, 25–37.

Forsyth, J.L., Beaudoin, F., Halford, N.G., Sessions, R., Clark, A.R. and Shewry, P.R. (2005) Design, expression and characterisation of lysine-rich forms of the barley seed protein CI-2. *Biochimica et Biophysica Acta*, 1747, 221–227.

Fox, G.P., Panozzo, J.F., Li, C.D., Lance, R.C.M., Inkerman, P.A. and Henry, R.J. (2003) Molecular basis of barley quality. *Australian Journal of Agricultural Research* **54**, 1081–1101.

Gautier, M.F., Aleman, M.E., Guirao, A., Marion, D. and Joudrier P. (1994) *Triticum aestivum* puroindolines, two basic cystine-rich seed proteins: cDNA sequence analysis and developmental gene expression. *Plant Molecular Biology* **25**, 43–57.

Gautier, M.F., Cosson, P., Guirao, A., Alary, R. and Joudrier, P. (2000) Puroindoline genes are highly conserved in diploid ancestor wheats and related species but absent in tetraploid *Triticum* species. *Plant Science* **153**, 81–91.

Giese, H. and Hejgaard, J. (1984) Synthesis of salt-soluble proteins in barley. Pulse-labelling study of grain filling in liquid-cultured detached spikes. *Planta* **161**, 172–177.

Giroux, M.J. and Morris C.F. (1997) A glycine to serine change in puroindoline b is associated with wheat grain hardness and low levels of starch-surface friabilin. *Theoretical and Applied Genetics* **95**, 857–864.

Giroux, M.J. and Morris, C.F. (1998) Wheat grain hardness results from highly conserved mutations in the friabilin components puroindoline a and b. *Proceedings of the National Academy of Sciences USA* **95**, 6262–6266.

Greenwell, P. and Schofield, J.D. (1986) A starch granule protein associated with endosperm softness in wheat. *Cereal Chemistry* **63**, 378–380.

Hagan, N.D., Upadhyaya, N., Tabe, L.M. and Higgins, T.J.V. (2003) The redistribution of protein sulphur in transgenic rice expressing a gene for a foreign, sulphur-rich protein. *Plant Journal* **34**, 1–11.

Halford, N.G., Field, J.M., Blair, H., Urwin, P., Moore, K., Robert, L., Thompson, R., Flavell, R.B., Tatham, A.S. and Shewry, P.R. (1992) Analysis of HMW glutenin subunits encoded by chromosome 1A of bread wheat (*Triticum aestivum* L.) indicates quantitative effects on grain quality. *Theoretical and Applied Genetics* **83**, 373–378.

He, G.Y., Rooke, L., Steele, S., Békés, F., Gras, P., Tatham, A.S., Fido, R., Barcelo, P., Shewry, P.R. and Lazzeri, P. (1999) Transformation of pasta wheat (*Triticum durum* L.) with HMW glutenin subunit genes and modification of dough functionality. *Molecular Breeding* **5**, 377–386.

Hejgaard, J. and Boisen, S. (1980) High-lysine proteins in Hiproly barley breeding: identification, nutritional significance and new screening methods. *Hereditas* **93**, 311–320.

Horvath, H., Huang, J., Wong, Oi., Kohl, E., Okita, T., Kannangara, C.G. and von Wettstein, D. (2000) The production of recombinant proteins in transgenic barley grains. *Proceedings of the National Academy of Sciences USA* **97**, 1914–1919.

Hossain, T., Rosenberg, I., Selhub, J., Kishore, G., Beachy, R. and Schubert, K. (2004). Enhancement of folates in plants through metabolic engineering. *Proceedings of the National Academy of Sciences USA* **101**, 5158–5163.

Jensen, L.G., Olsen, O., Kops, O., Wolf, N., Thomsen, K.K. and von Wettstein, D. (1996) Transgenic barley expressing a protein-engineered, thermostable (1,3–1,4)- β-glucanase during germination. *Proceedings of the National Academy of Sciences USA* **93**, 3487–3491.

Jolly, C.G., Glen, G.M. and Rahman, S. (1996) *GSP-1* genes are linked to the grain hardness locus (*Ha*) on wheat chromosome 5D. *Proceedings of the National Academy of Sciences USA* **93**, 2408–2413.

Kasarda, D.D. (2001) Grains in relation to celiac disease. *Cereal Foods World* **46**, 209–210.

Kelly, J.D. and Hefle, S.L. (2000) 2S methionine-rich protein (SSA) from sunflower seed is an IgE-binding protein. *Allergy* **55**, 556–560.

Kelly, J.D., Hlywka, J.J. and Hefle, S.L. (2000) Identification of sunflower seed IgE-binding proteins. *International Archives of Allergy and Applied Immunology* **121**, 19–24.

Kihara, M., Okada, Y., Kuroda, H., Saeki, K. and Ito, K. (1997) Generation of fertile transgenic barley synthesizing thermostable β-amylase, in *European Brewing Convention Proceedings, 26th Congress, Maastricht*, Oxford University Press, Oxford, UK, pp. 83–90.

Kihara, M., Kaneko, T. and Ito, K. (1998) Genetic variation of β-amylase thermostability among varieties of barley, *Hordeum vulgare* L. and relation to malting quality. *Plant Breeding* **117**, 425–428.

Kihara, M., Kaneko, T., Ito, K., Aida, Y. and Takeda, K. (1999) Geographical variation of beta-amylase thermostability among varieties of barley (*Hordeum vulgare*) and beta-amylase deficiency. *Plant Breeding* **118**, 453–455.

Kihara, M., Okada, Y., Kuroda, H., Saeki, K., Yoshigi, N. and Ito, K. (2000) Improvement of β-amylase thermostability in transgenic barley seeds and transgene stability in progeny. *Molecular Breeding* **6**, 511–517.

Kitamoto, N., Yamagata, H., Kato, T., Tsukagoshi, N. and Udaka, S. (1998) Cloning and sequencing of the gene encoding thermophilic β-amylase of *Clostridium thermosulfurogenes*. *Journal of Bacteriology* **170**, 5848–5854.

Kooijman, M., Orsel, R., Hessing, M., Hamer, R.J. and Bekkers, A.C.A.P.A. (1997) Spectroscopic characterisation of the lipid-binding properties of wheat puroindolines. *Journal of Cereal Science* **26**, 145–159.

Kortt, A.A., Caldwell, J.B., Lilley, G.G. and Higgins, T.J.V. (1991) Amino acid and cDNA sequences of a methionine-rich 2S protein from sunflower seed (*Helianthus annus* L.). *European Journal of Biochemistry* **195**, 329–334.

Krishnamurthy, K. and Giroux, J. (2001) Expression of wheat puroindolines genes in transgenic rice enhances grain softness. *Nature Biotechnology* **19**, 162–166.

Lai, J. and Messing, J. (2002) Increasing maize seed methionine by mRNA stability. *Plant Journal* **30**, 395–402.

Lee, S.I., Kim, H.U., Lee, Y.H., Suh, S.C., Lim, Y.P., Lee, H.Y. and Kim, H.I. (2001) Constitutive and seed-specific expression of a maize lysine-feedback-insensitive-dihydrodipicolinate synthase gene leads to increased free lysine levels in rice seeds. *Molecular Breeding* **8**, 75–84.

Lucca, P., Hurrell, P. and Potrykus, I. (2001) Genetic engineering approaches to improve the bioavailability and the level of iron in the rice grains. *Theoretical and Applied Genetics* **102**, 392–397.

Malysheva, L., Ganal, M.W. and Roder, M.S. (2004) Evaluation of cultivated barley (*Hordeum vulgare*) germplasm for the presence of thermostable alleles of β-amylase. *Plant Breeding* **123**, 128–121.

Masci, S., Lew, E.J-L., Lafiandra, D., Porceddu, E. and Kasarda, D.D. (1995) Characterisation of low-molecular-weight glutenin subunits in durum wheat by RP-HPLC and N-terminal sequencing. *Cereal Chemistry* **72**, 100–104.

Masci, S., D'Ovidio, R., Scossa, F., Patacchini, C., Lafiandra, D., Anderson, O.D. and Blechl, A.E. (2003) Production and characterisation of a transgenic bread wheat line over-expressing a low-molecular-weight glutenin subunit gene. *Molecular Breeding* **12**, 209–222.

Mazur, B., Krebbers, E. and Tingey, S. (1999) Gene discovery and product development for grain quality traits. *Science* **285**, 372–375.

McPhalen, C.A. and James, M.N.G. (1987) Crystal and molecular structure of the serine protease inhibitor CI2 from barley grains. *Biochemistry* **26**, 261–269.

Melo, V.M.M., Xavier-Filho, J., Lima, M.S. and Prouvost-Danon, A. (1994) Allergenicity and tolerance to proteins from Brazil nut (*Bertholletia excelsa* HBK). *Food and Agricultural Immunology* **6**, 185–195.

Morris, C.F., Greenblatt, G.A., Bettge, A.D. and Malkawi, H.I. (1994) Isolation and characterisation of multiple forms of friabilin. *Journal of Cereal Science* **21**, 167–174.

Morris, C.F. (2002) Puroindolines: the molecular genetic basis of wheat grain hardness. *Plant Molecular Biology* **48**, 633–647.

Nicolas, Y. (1997) Les prolamines de blé: extraction exhaustive et développement de dosages chromatographiques en phase inverse et de dosages immunochimiques à l'aide d'anticorps anti-peptides. PhD thesis, University of Nantes.

Nordlee, J.A., Taylor, S.L., Townsend, J.A., Thomas, L.A. and Bush, R.K. (1996) Identification of a Brazil-nut allergen in transgenic soybeans. *New England Journal of Medicine* **334**, 688–692.

Oda, S. and Schofield, J.D. (1997) Characterisation of friabilin polypeptides. *Journal of Cereal Science* **26**, 29–36.

Otzen, D.E. and Fersht, A.R. (1995) Side-chain determinants of (β-sheet stability. *Biochemistry* **34**, 5718–5724.

Otzen, D.E. and Fersht, A.R. (1998) Folding of circular and permuted chymotrypsin inhibitor 2: retention of the folding nucleus. *Biochemistry* **37**, 8139–8146.

Pastori, G.M., Steele, S.H., Jones, H.D. and Shewry, P.R. (2000) Transformation of commercial wheat varieties with high molecular weight glutenin subunit genes, in *Wheat Gluten* (eds P.R. Shewry and A.S. Tatham), Royal Society of Chemistry, Cambridge, UK, pp. 88–92.

Payne, P.I., Jackson, E.A. and Holt, L.M. (1984) The association between γ-gliadin 45 and gluten strength in durum wheat varieties. A direct causal effect or the result of genetic linkage. *Journal of Cereal Science* **2**, 73–81.

Payne, P.I. (1987) Genetics of wheat storage proteins and the effect of allelic variation on breadmaking quality. *Annual Review of Plant Physiology* **38**, 141–153.

Payne, P.I., Nightingale, M.A., Krattiger, A.F. and Holt, L.M. (1987) The relationship between HMW glutenin subunit composition and the breakmaking quality of British grown wheat varieties. *Journal of the Science of Food and Agriculture* **40**, 51–65.

Payne, P.I., Holt, L.M., Krattiger, A.F. and Carrillo, J.M. (1988) Relationship between seed quality characteristics and HMW glutenin subunit composition determined using wheats grown in Spain. *Journal of Cereal Science* **7**, 229–235.

Pedersen, K., Argos, P., Naravana, S.V.L. and Larkins, B.A. (1986) Sequence analysis and characterization of a maize gene encoding a high-sulphur zein protein of M_r 15 000. *Journal of Biological Chemistry* **261**, 6279–6284.

Pogna, N.E., Autran, J.C., Mellini, F., Lafiandra, D. and Feillet, P. (1990) Chromosome 1B-encoded gliadins and glutenin subunits in durum wheat: genetics and relationship to gluten strength. *Journal of Cereal Science* **11**, 15–34.

Pomeranz, Y. and Williams, P.C. (1990) Wheat hardness: its genetic, structural and biochemical background, measurement and significance, in *Advances in Cereal Science and Technology*, Volume 10 (ed Y. Pomeranz), American Association of Cereal Chemists, St. Paul, MN, USA, pp. 471–544.

Popineau, Y., Cornec, M., Lefebvre, J. and Marchylo, B. (1994) Influence of high M_r glutenin subunits on glutenin polymers and rheological properties of gluten and gluten subfractions of near-isogenic lines of wheat Sicco. *Journal of Cereal Science* **19**, 231–241.

Popineau, Y., Deshayes, G., Lefebvre, J., Fido, R., Tatham, A.S. and Shewry, P.R. (2001) Prolamin aggregation, gluten viscoelasticity and mixing properties of transgenic wheat lines expressing 1Ax and 1Dx high molecular weight glutenin subunit transgenes. *Journal of Agriculture and Food Chemistry* **49**, 395–401

Rao, A.G., Hassan, M. and Hempel, J.C. (1994) Structure-function validation of high lysine analogs of α-hordothionin designed by protein modelling. *Protein Engineering* **7**, 1485–1493.

Roesler, K.R. and Rao, A.G. (1999) Conformation and stability of barley chymotrypsin inhibitor-2 (CI-2) mutants containing multiple lysine substitutions. *Protein Engineering* **12**, 967–973.

Roesler, K.R. and Rao, A.G. (2000) A single disulfide bond restores thermodynamic and proteolytic stability to an extensively mutated protein. *Protein Science* **9**, 1642–1650.

Rooke, L., Békés, F., Fido, R., Barro, F., Gras, P., Tatham, A.S., Barcelo, P., Lazzeri, P. and Shewry, P.R. (1999) Over-expression of a gluten protein in transgenic wheat results in greatly increased dough strength. *Journal of Cereal Science* **30**, 115–120.

Ruiz, M. and Carrillo, J.M. (1995) Relationships between different prolamin proteins and some quality properties in durum wheat. *Plant Breeding* **114**, 40–44.

Salcedo, G., Sanchez-Monge, R., Garcia-Casado, G., Armentia, A., Gomez, L. and Barber, D. (2004) The cereal α-amylase/trypsin inhibitor family associated with Bakers' asthma and food allergy, in *Plant Food Allergens* (eds E.N.C. Mills and P.R. Shewry), Blackwell Science, Oxford, UK.

Seilmeier, W., Belitz, H.D. and Wieser, H. (1991) Separation and quantitative determination of high-molecular-weight subunits of glutenin from different wheat varieties and genetic variants of the variety Sicco. *Z Lebensm Unters Forsch* **192**, 124–129.

Shewry, P.R. (2000) Seed proteins, in *Seed Technology and its Biological Basis* (eds M. Black and J.D. Bewley), Sheffield Academic Press, Sheffield, UK, pp. 42–84.

Shewry, P.R., Halford, N.G., Tatham, A.S., Popineau, Y., Lafiandra, D. and Belton, P.S. (2003) The high molecular weight subunits of wheat glutenin and their role in determining wheat processing properties. *Advances in Food and Nutrition Research* **45**, 219–302.

Shewry, P.R., Jenkins, J., Beaudoin, F. and Mills, E.N.C. (2004) The classification, functions and evolutionary relationships of plant proteins in relation to food allergens, in *Plant Food Allergens* (eds E.N.C. Mills and P.R. Shewry), Blackwell Science, Oxford, UK, pp. 24–41.

Shewry, P.R., Jones, H.D. and Halford, N.G. (2005a) Plant biotechnology: transgenic crops, in *Food Biotechnology* (ed Prof. U. Stahl), Springer-Verlag Heidelberg, Berlin, Germany. In press.

Shewry, P.R., Pastori, G.M., Bekes, F. and Jones, H.D. (2005b) Wheat transgenics: where are we now? in Cereals 2004, Royal Australian Chemical Institute Conference, Canberra, Australia, 21–24 September 2004.

Swarup, S., Timmermans, M.C.P., Chaudhuri, S. and Messing, J. (1995) Determinants of the high-methionine trait in wild and exotic germplasm may have escaped selection during early cultivation of maize. *Plant Journal* **8**, 359–368.

Tada, Y., Nakase, M., Adachi, T., Nakamura, R., Shimada, H., Takahashi, M., Fujimura, T. and Matsuda, T. (1996) Reduction of 14–16 kDa allergenic proteins in transgenic rice plants by antisense gene. *FEBS Letters* **391**, 341–345.

Theil, E.C. (1987) Ferritin: structure, gene regulation and cellular function in animals, plants and microorganisms. *Annual Review of Biochemistry* **56**, 289–315.

Tosi, P., D'Ovidio, R., Napier, J.A., Békés, F. and Shewry, P.R. (2004) Expression of epitope tagging LMW glutenin subunits in the starchy endosperm of wheat and their incorporation into the glutenin polymers. *Theoretical and Applied Genetics* **108**, 468–476.

Tosi, P., Masci, S., Giovangrossi, A., D'Ovidio, R., Békés, F., Larroque, O., Napier, J.A. and Shewry, P.R. (2005) Functional analysis of a LMW subunit of glutenin using transgenic pasta wheat. Molecular Breeding, in press.

Vasil, I.K., Bean, S., Zhao, J., McCluskey, P., Lookhart, G., Zhao, H-P., Altpeter, F. and Vasil, V. (2001) Evaluation of baking properties and gluten protein composition of field grown transgenic wheat lines expressing high molecular weight glutenin gene 1Ax1. *Journal of Plant Physiology* **158**, 521–528.

von Wettstein, D., Mikhaylenko, G., Froseth, J.A. and Kannangara, C.G. (2000) Improved barley broiler feed with transgenic malt containing heat-stable (1,3–1,4)-β-glucanase. *Proceedings of the National Academy of Sciences USA* **97**, 13512–13517.

WHO (1992) National strategies for overcoming micro-nutrient malnutrition. Document A45/3, WHO, Geneva, Switzerland.

Ye, X., Al-Babili, S., Klöti, A., Zhang, J., Lucca, P., Beyer, P. and Potrykus, I. (2000) Engineering pro-vitamin A (β-carotene) biosynthetic pathway into (carotenoid-free) rice endosperm. *Science* **287**, 303–305.

Yin, C., Zhang, G.P., Wang, J.M. and Chen, J.X. (2002) Variation of β-amylase activity in barley as affected by cultivar and environment and its relation to protein content and grain weight. *Journal of Cereal Science* **36**, 307–312.

Yoshigi, N., Okada, Y., Maeba, H., Sahara, H. and Tamaki, T. (1995) Construction of a plasmid used for the expression of a sevenfold-mutant barley β-amylase with increased thermostability in *Escherichia coli* and properties of the sevenfold-mutant β-amylase. *Journal of Biochemistry* **118**, 562–567.

Zhang, W.S., Kaneko, T. and Takeda, K. (2004) β-amylase variation in wild barley accessions. *Breeding Science* **54**, 41.

Zhang, X., Liang, R., Chen, X., Yang, F. and Zhang, L. (2003) Transgene inheritance and quality improvement by expressing novel HMW glutenin subunit (HMW-GS) genes in winter wheat. *Chinese Science Bulletin* **48**, 771–776.

Zhang, Z.B., Kornegay, E.T., Radcliffe, J.S., Denbow, D.M., Veit, H.P. and Larsen, C.T. (2000a) Comparison of genetically engineered microbial and plant phytase for young broilers. *Poultry Science* **79**, 709–717.

Zhang, Z.B., Kornegay, E.T., Radcliffe, J.S., Wilson, J.H. and Veit, H.P. (2000b) Comparison of phytase from genetically engineered *Aspergillus* and canola in weanling pig diets. *Journal of Animal Science* **78**, 2868–2878.

Zhu, X. and Galili, G. (2003) Increased lysine synthesis coupled with a knockout of its catabolism synergistically boosts lysine content and also transregulates the metabolism of other amino acids in *Arabidopsis* seeds. *Plant Cell* **15**, 845–853.

（赵心爱 张宪银 薛庆中 译）

2.5 提高淀粉质量

Michael M. Burrell
Department of Animal and Plant Sciences, University of Sheffield, Sheffield, S10 2TN, United Kingdom

引言

淀粉是人类重要农作物的主要储存产物。2003 年，世界谷类和马铃薯的产量达 23.86 亿吨（联合国粮食及农业组织，FAO）。在世界某些地区，这些作物的淀粉占人们热量摄入的 90%（Burrell 2003；Hels et al., 2003），而在英国，为 30%左右（UK National Statistics 2004）。因而，提高光合作用中固定碳的比例，将是减少世界某些地区人口营养不良的一种比较好的方法。然而，本节的主要关注点是了解如何从植物中提取淀粉，以及利用生物技术改良淀粉的性质提供不同的用途。另外，本文只是一个概述，使读者深入了解自己感兴趣的问题，而不是对某方面做深入的讨论。

淀粉作为食物或非食物都有广泛的用途。古埃及人把它作为纸的胶黏剂（约公元前 4000 年），罗马人把它当作黏合剂，希腊人把它当作药物（Tester and Karkalas, 2001; 2002）。玉米是提取淀粉的主要来源，大部分产自美国。2002 年，美国超过 15%的玉米被精加工，其中 60%被加工为各种不同的糖浆，另有 10%是以淀粉产品的形式投放市场（Corn Refiners Association Inc, 2003）。在美国，农场和玉米产业界已经热衷于接受现代生物技术，在 2003 年约有 34%种植的玉米品种是各种各样的生物技术产品。淀粉以及产自淀粉的麦芽糊精都是主要的能量来源，而且由于其具低发酵性，还是婴儿食物的主要成分。然而淀粉不仅是重要的能源，在食品加工中也有广泛的应用，以提供不同质地的产品和利于食品保存（Burrell 2003）。修饰的糯性玉米淀粉具有凝胶特性，在肉类加工中，被用作黏合剂保持熟食质地和熟食品的稳定性，如用作酱汁的增稠剂、罐头的稳定剂。

淀粉在工业上也扮演重要的角色。它作为一种水泥添加剂可改进水泥的凝固时间。在石油钻井过程中，淀粉可以提高黏泥的黏性，利于钻孔壁的密封，防止液体流失（Burrell, 2003）。在造纸业，不同的淀粉有不同的用途：作为填充物时，能连接纸纤维，改进纸强度；作为黏合剂，用于纸袋制作；作为一种涂料，提高纸擦写的性质和提高光洁度。它还可以生产无碳复写纸，将颗粒大小一致的淀粉与比它稍小的包有墨水的颗粒混合，淀粉让纸与纸分开，当复写纸受到笔的挤压时，墨水颗粒破裂，墨水流到纸的表面，从而能复写（Nachtergaele and Vannuffel, 1989; White, 1998）。用于复写纸的淀粉应为圆形，其颗粒大小为 10μm 左右，小麦中部分特殊的淀粉刚好能达到这样的要求。如果想更详细地了解淀粉的作用，请查询国际淀粉联合会的网页（www.starch.dk）。淀粉的所有用途，都有赖于淀粉结构及其颗粒大小。

淀粉结构

淀粉在质体里以淀粉粒的形式形成。不同物种之间以及同一物种在不同的生长条件下，淀粉粒大小和形状都有明显差异（表 2.5.1）（Banks and Muir，1980；Boyer et al.，1976；Chojecki et al.，1986；Haase and Plate，1996；Jobling，2004）。自然界发现马铃薯（*Solanum tuberosum*）中有几种最大的淀粉粒，在块茎中它的直径可达 100μm，呈圆形或椭圆形。而在大麦和小麦中一般存在两种淀粉粒，小的直径为 1～2μm，大的为圆形，10～15μm。小麦中的大颗粒（A 型），能很好地保护墨水颗粒，使墨水能在笔的挤压之前不被释放出来，因而很适合于生产无炭复写纸。

表 2.5.1　不同物种淀粉的特征

物种	性质				
	类型	结晶度	形状	直径/μm	备注
木薯	根	B	椭圆	4～35	
大麦	谷类	A	圆形/椭圆	2～25	双峰的
玉米	谷类	A	圆形/多边形	5～30	
豌豆	豆类	C	圆形/椭圆	10～45	
马铃薯	块茎	B	椭圆/球形	5～100	
水稻	谷类	A	不规则/圆形	3～8	混合物
小麦	谷类	A	不规则/圆形	1～45	双峰的

引自 Banks and Muir (1980)，Davydova et al.，(1995) and Whistler et al.，(1984)。

淀粉粒主要由两种碳水化合物聚合体构成：直链淀粉和支链淀粉（Banks and Muir，1980）。这两种分子在水溶液加热过程中表现不同特性，使淀粉能适合于不同的用途。两种聚合物都有 α-1,4-糖苷键连接的葡聚糖主链和 α-1,6-糖苷键连接的葡聚糖分支（图 2.5.1）。支链淀粉由较短的葡聚糖链及很多分支组成，其葡聚糖链一般在 50 个葡萄糖残基左右，随来源不同而略有不同；而直链淀粉的葡聚糖链较长，而且分支很少。马铃薯的直链淀粉的葡聚糖链可达 100 个葡萄糖残基甚至更长。这两种不同的分子聚合成半晶体状的淀粉粒。淀粉粒中还包含一些脂类和磷酸盐分子，它们对淀粉性质也有重要的影响（Kainuma，1988）。

目前，对于淀粉颗粒中的直链淀粉、支链淀粉、脂肪和磷酸盐分子的结构形式，认识还很不透彻。淀粉颗粒由结晶的和无定型的两部分组成，结晶度、葡聚糖链的长度、微量成分的含量，决定了淀粉的热特性即产生的胶剂或糊剂（gel or paste）温度和稳定性。

在水中加热，淀粉粒由于支链淀粉吸水膨胀，螺旋体溶解形成黏弹性胶。进一步加热，淀粉颗粒膨胀过大裂开，黏性降低，成为溶液。冷却之后，葡聚糖链的重新结合形成胶。自然淀粉特性的一个例子是，马铃薯淀粉形成的透明胶。长的直链淀粉，能产生低熔点透明的胶，适合罐头制造业。但是，自然界高直链淀粉制成的胶，在冷却的过程中，会丢失很多水分，这个过程称为凝沉（retrogradation）。

淀粉工业已经发明了很多化学方法，用于改进和改变淀粉的加工性质。有一类遗传

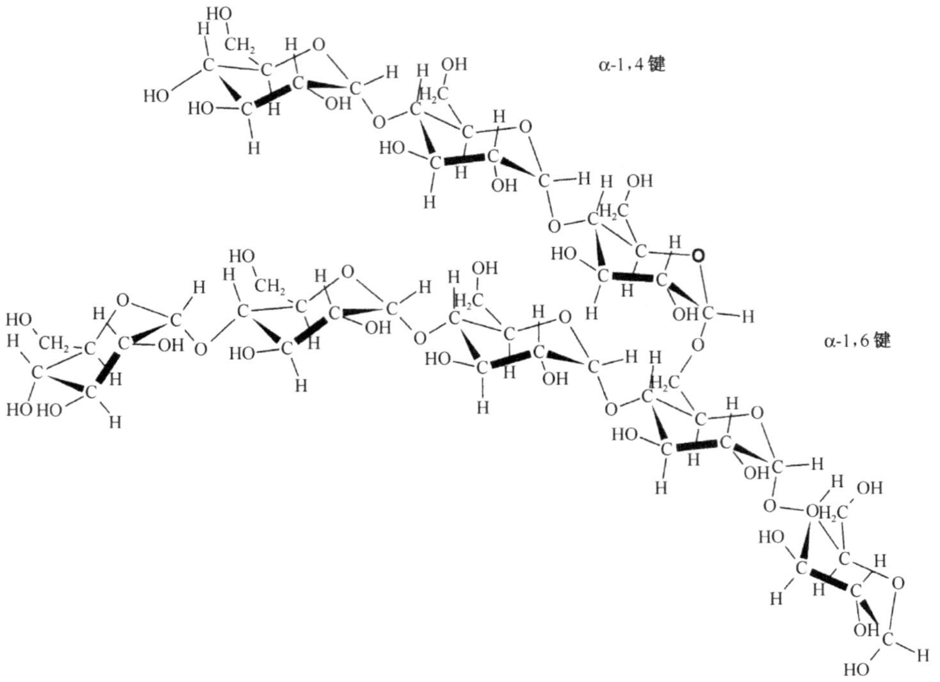

图 2.5.1　支链淀粉中的分支结构

工程是在葡萄糖中加入一些基团，用于交联葡聚糖链。这样的相互交联修饰，通过加强维持淀粉粒完整性的氢键强度，以稳定淀粉颗粒，因而提高膨胀的淀粉粒在处理加工中的稳定性，也改变了葡聚糖链之间的相互作用，及与其他分子（如纤维素）相互作用（表 2.5.2）。如果想进一步了解淀粉遗传工程，请查看 Whistler 等（1984）的资料。分子修饰的效果取决于所使用的淀粉性质，而淀粉性质不仅仅是由物种决定的（表 2.5.1），还跟品种有关。因此，了解植物淀粉合成的机理，以及淀粉结构的影响是非常重要的。在对这些机理了解的基础上，才有可能有目的地采用育种或遗传修饰的手段改造最终产品满足人们需要。

表 2.5.2　常见的淀粉修饰

遗传工程		性质及用途
氧化作用		低黏性、高固相分散性、难凝胶，用于造纸和制板
酯化作用	乙酸淀粉	降低凝胶温度、增加透明度、减少淀粉回生
	羧甲基淀粉	用于食物增稠剂、交联后用于罐头制作、纺织业中的经纱上胶
	阳离子淀粉	
	磷酸单酯淀粉	
十交联作用	二淀粉磷酸酯	增强淀粉颗粒中的氢键强度
	二淀粉己二酸酯	减少膨胀、稳定高温时的黏性
	羟烷基淀粉	使蜡质淀粉减少弹性
		用于沙拉敷料剂、除臭剂、纺织品印刷

引自 WhisHer 等(1984)

淀粉的合成

淀粉中葡聚糖的合成，以葡萄糖-1-磷酸开始，主要涉及三种酶。还有一些性质上有细微差别的同工酶也参与了反应，但是这些酶是如何相互作用还须进一步研究。

腺苷二磷酸葡萄糖焦磷酸化酶（AGPase）E. C. 2.7.7.27

该酶催化淀粉合成中碳结合的第一步反应：

ATP＋葡萄糖-1-磷酸══ADPG＋PPi

这是一个可逆反应，平衡系数为 1（Preiss，1988）。通常认为，该反应朝正方向进行，因为质体中的碱性焦磷酸酶（alkaline pyrophosphatase）将会分解焦磷酸。最近的研究表明，在谷类中该酶大部分存在于细胞质中（Burton et al.，2002），因而在质体中需要其他的酶去分解焦磷酸。目前，对于 ADPG 是否在质体和胞质中同时合成，胞质中的糖酵解和用于 UDPA 和 ADPG 合成的 glucose-1-P 是如何分配，以及细胞如何调节这一分配等问题仍不清楚。

AGPase 受多种机制调控。变构调控，在许多物种中是通过抑制因子磷酸盐和激活因子 3-磷酸甘油酸（PGA）起作用，然而在同一物种的不同组织中这种调控作用又有所不同（Ball and Preiss，1994；Ballicora et al.，1998；Copeland and Preiss，1981；Dickinson and Preiss，1969；Preiss 1988；Sowokinos and Preiss，1982）。最近，在马铃薯的块茎中发现这种酶，受氧化还原的抑制激活机制调控，通过在四聚体酶的两个小的亚基之间形成硫醇基（thiol）连接起作用（Gibon et al.，2004；Hendriks et al.，2003；Tiessen et al.，2002）。在小麦中也发现了这种二聚化作用，表明谷类可能也是通过这一机制对 AGP 酶起作用的。由此可见，ADPG 的合成和调控在不同的物种和不同的组织中都是不一样的（Burrell et al.，2004）。

淀粉合成酶（Starch Synthase）E. C. 2.4.1.21

哺乳动物合成糖原时通过 UDPG，而植物所有的淀粉合成酶则是通过 ADPG，在葡聚糖链后加上一个葡萄糖残基。最初，淀粉合成酶被分成两类：淀粉粒结合型和可溶性酶。然而，通过对这两种酶的不同异型体及其表达谱的深入分析，发现这样的分类已经不是很准确（Harn et al.，1998）。GBSSI，最初称为颗粒结合酶，是一种研究较多的淀粉合成酶，参与直链淀粉的生物合成。它在淀粉体中的含量较高，而且它位于淀粉颗粒里面，所以分离非常方便，但是要测定其活性比较困难。糯玉米突变体缺少这种酶，所以其淀粉中就缺少直链淀粉，从而有较独特的性质，见前述。

糯淀粉很容易鉴定，因为它缺少直链淀粉，遇碘不会变蓝或黑，而是呈红或褐色。由于它的商业价值，人们正努力从所有的产淀粉的植物中去寻找它。在一些物种中，含有杂合糯淀粉等位基因的植株，含有适中的直链淀粉，见下文。

1978 年，Nelson 在玉米 *su2* 位点发现了 GBSS 的另一个同工酶（Nelson et al.，1978），它在玉米种子中的含量较少，这一基因现在被认为是可溶性淀粉合成酶（zSSI-

Ia)。最近，在糯小麦种子的果皮中发现GBSSII，它与糯小麦果皮中直链淀粉合成有关（Nakamura et al.，1998）。

人们在不同系统中发现了很多种可溶性淀粉合成酶，最初，这些酶都是通过DEAE纤维素柱层析洗脱特征的不同鉴定出来的（Preiss and Levi，1980）。在玉米、小麦、马铃薯中鉴定出了3种可溶性淀粉合成酶。在分析时，必须注意区分酶活性描述和对基因及其功能的分析。SSI合成淀粉时，不需要葡聚糖引物，它的活性可以被柠檬酸激活；SSII则需要葡聚糖引物，而且它的活性不受柠檬酸影响。Knight克隆了一个zSSI基因，它在玉米胚乳中行使SSI的功能。决定SSIIa的基因已经被标记到sugary-2（*su2*）的位点上（Harn et al.，1998）。突变体*Dull1*（*Du1*）基因也编码SSII活性，为避免混淆，现被命名为DU1。序列比对发现，它的序列更接近SSIII。SSIII似乎只在玉米和小麦中可溶，在马铃薯中该酶与淀粉粒结合。GBSSI只有当它与马铃薯淀粉颗粒结合时才有活性，尚不知这些可溶性酶在体内是否也是只有与淀粉颗粒结合时才有活性。

所有的可溶性淀粉合成酶都与支链淀粉的合成有关，但是由于同工酶以及它们的表达谱的复杂性，很难鉴定它们具体的功能。动力学分析表明不同的酶对葡聚糖引物多聚体的亲和力不同，SSII能合成更长的片段（Preiss，1988）。相比于野生型玉米，*Du1*突变株有相似的可溶性淀粉合成酶活性，它合成的淀粉结构则不同于野生型，有更多的分支。然而，免疫清除实验显示DU1蛋白，占玉米籽粒可溶性淀粉酶总活性的30%（Cao et al.，2000）。玉米和豌豆的*SSII*突变株以及导入反义*SSII*的马铃薯块茎显示，它们合成的淀粉，短链较多（小于10个）。

淀粉分支酶（SBE）E. C. 2.4.1.18

淀粉分支酶在淀粉中引入α-1,6-糖苷键，同合成酶一样，它也有很多异型体。SBEI对直链淀粉有较强的亲和力能转化较长的分支，而SBEII对支链淀粉有较强的亲和力转化的分支较短（Burton et al.，1995；Kawasaki et al.，1993；Mizuno et al.，2001；Morell et al.，1997；Takeda et al.，1993）。在小麦、玉米、豌豆的胚胎发育过程中，*sbe2*基因，编码SBEII蛋白比*sbe1*基因表达更早，时间更长（Hamada et al.，2002）。玉米突变体amylose extender（*ae*），更进一步证实SBEII在支链淀粉合成上的功能，它的直链淀粉含量比较高，而且支链淀粉的分支比较多。最近证实，小麦中一个新的SBEI同工酶sbe1c的活性，是通过蛋白磷酸化来调控的（Tetlow et al.，2004）。这一发现，揭示了一种淀粉分支频率和葡聚糖引物长度的调控机制，也为生物技术应用提供了新的靶点。

淀粉的合成过程中，除了上述三类酶以外，还有其他一些酶参与，如淀粉脱分支酶、异淀粉酶、歧化酶（Disproportionating enzyme，Ball and Morell，2003）。直链淀粉的合成有两种模型，分别在不同物种中被证实。一种模型是，直链淀粉从淀粉粒中延伸到一定长度，然后断裂在淀粉的无定形区形成；另一种模型是，小的麦芽低聚糖作为一个引物用于合成（Ball et al.，1998；Denyer et al.，1996）。第二种模型最早是在豌豆和马铃薯中发现的，而且从中发现GBSSI在支链淀粉的合成中也有起作用。

目前，支链淀粉合成假说认为它的合成是不连续的（Ball et al.，1996；Mouille et al.，1996），当葡聚糖链合成到一定长度时，在分支酶的作用下形成分支，而脱分支酶又选择性地去除一些分支，使葡聚糖链能继续延伸。显然，确定上述酶的功能和反应顺序，还有很长的路要走。但是，我们可以对许多酶进行遗传修饰，以便更好认识淀粉颗粒的合成过程，并向市场提供修饰的淀粉。

改进淀粉品质

改变淀粉中的直链淀粉

直链淀粉和支链淀粉可以通过在水中的溶解来分离，让分离的直链淀粉从淀粉粒扩散出来，但这些方法费时并昂贵。因而，人们试图通过改良植物，得到所需特性的天然淀粉。

如前讨论，糯性玉米突变体是第一个用于产生低直链淀粉的植物（Whistler et al., 1984）。用这种糯性玉米淀粉制造的浆，淀粉凝沉作用低。然而，它有弹性结构，缺少稳定性，不适用于食物。通过化学反应让葡聚糖链通过共价键交联在一起。交联度低的淀粉，可以形成在高温下低黏性的浆，在食品工业中应用较广；交联度高的，在沸水中也不会变为胶状。

现在所有商业生产淀粉的物种都有糯性突变体。糯性小麦和糯性马铃薯也在 20 世纪 80 年代后期和 90 年代初期才取得成功（Hovenkamp-Hermelink et al., 1987; Nakaimura et al., 1995）。全糯性软小麦淀粉拥有特殊的黏性，可能不适合于当前的应用，但为日后新的应用提供了可能（Kim et al., 2003）。但是，部分糯性硬粒小麦非常有用（Sharma et al., 2002），例如，在染色体 4A 上含有 wx 等位基因的小麦，含 5%直链淀粉，能制作优质的意大利面，烹调损失少。这与淀粉的黏度峰值较高、膨胀能力较大和黏性改良有关。通过 A、B、D 基因组糯性位点突变的玉米品系的比较发现，缺失 wx-B1 或 wx-D1 的淀粉，有良好的机械特性和质地，wx-A1/wx-D1 双缺失的，其特性最好（Ishida et al., 2003）。利用这些特征，我们可以培育一些品系，生产直链淀粉有少量增加的淀粉，以适应特殊用途。

Visser（1991）首次证实通过遗传工程方法能改变淀粉类型，在马铃薯中他通过导入反义 GBSSI 产生糯性淀粉（Visser et al., 1991）。相比普通马铃薯淀粉，糯性马铃薯淀粉制作的面团有很好的透明度和稳定性。遗传工程的糯性马铃薯现在不仅已经可以得到，而且正在做大规模的田间实验。遗传工程有两个非常重要的优点：它提供了一种控制基因表达水平的方法，有可能控制直链淀粉的含量；由于马铃薯是四倍体，向其他变种导入糯性表型非常困难，而此方法较容易。应用正义抑制也能向甘薯中导入糯性突变（Kimura et al., 2001; Noda et al., 2002）。

如前所述，糯性淀粉一个很大的优点是具有冻融稳定性，但还不能满足很多用途。因此通过直接的植物改造（不需化学修饰），筛选更稳定的淀粉将很有前途。近来，在这一方面也取得了一些成绩。通过遗传学技术向马铃薯块茎中精确引入淀粉合酶 II、淀粉合酶 III 和 GBSSI 的反义结构的质粒后，生成的淀粉就缺少直链淀粉，而且支链淀粉富有短葡聚糖链（Jobling et al., 2002）。这种淀粉黏度谱发生改变和冻融稳定性良好。通过玉米突变体的 wx/su-2 两个基因，也可以得到类似的玉米淀粉，不过这样的玉米淀粉不好加工（Fergason and Wurzburg, 1984）。有趣的是，这种通过双突变所得的马铃薯淀粉，却没有这样的缺点。而三重反义技术产生的马铃薯，其淀粉要达到所需的冻融指标，必须通过化学修饰。这些新的特性是如何取得的不是很清楚，作者推测较短的支链淀粉能限制葡聚糖链的相互连接，因而提高了它的保水性。新的淀粉提供了广泛的环境和消费好处。

高直链淀粉

高直链淀粉也有很高的商业价值。这类淀粉胶强度很高，适合制作糖果；它的薄膜性使得它很适合制作优良包衣（coating），特别是用于油炸食品。高直链淀粉也可以生产抗性淀粉，现在认为抗性淀粉有益于人的健康，因为抗性淀粉不在小肠中消化，但在大肠中能发酵产生减少癌风险的物质（Brouns et al.，2002）。

在玉米 *ae* 突变株中，合成高直链淀粉（Deatherage et al.，1954），该基因编码 SBE-IIb（Hedman and Boyer，1982）。序列分析表明，*SBE-A* 基因可能是编码一个类 SBEII 酶，用之进行的反义实验证明，虽然它的分支酶活性成分非常低，但对淀粉的合成影响很大，它能将直链淀粉含量从 30%提高到 38.5%、增加磷含量、改变支链淀粉结构（Jobling et al.，1999）。

SBEI 正义和反义结构导入糯性突变马铃薯后，虽然淀粉结构没有发生明显的变化，但它的理化性质发生了改变（Flipse et al.，1996）。为得到更高直链淀粉，马铃薯的 SBEI 和 SBEII 活性必须被抑制（Schwall et al.，2000）。在本例中，分支酶的活性几乎降至零。这些植物中的淀粉颗粒的形态特征都发生了变化，葡聚糖分子质量、分支长度及磷的含量均有提高。由于马铃薯淀粉的葡聚糖链长度和磷的含量都比谷类淀粉要高，可以推测这些新的淀粉将有有趣的功能特征。基于现有的知识，我们可以系统地改变分支酶和合成酶的数量和比例来生产很多新的淀粉。

支链淀粉结构

将 SSII 和 SSIII 同工酶的反义结构单独或同时转入马铃薯，可以改变它的支链淀粉结构（Edwards et al.，1999）。降低他们中任意一种或全部两种，都能改变淀粉颗粒的形态（虽然降低 SSII，这种变化较小），增加短的葡聚糖链。虽说该类转基因个体的淀粉链有独特的特征，但总的说来，12 个以下葡聚糖的短链有明显增加，而长链则减少。这种淀粉具有非常低的凝胶温度，在食品工业有很好的应用前景。

最近，通过改变水稻中的 SBEI（Satoh et al.，2003）和 SSIIa（Umemoto et al.，2002）（需进一步确认），从而改变水稻中的支链淀粉的结构。通过向马铃薯的 amf 突变株中引入糖原分支酶，可以增加支链淀粉中的分支和短的葡聚糖链。这些特征的淀粉，适合于做低黏度和低强度的胶（Kortstee et al.，1996；1998）。

共价修饰

自然界中淀粉目前存在的共价修饰就是支链淀粉的磷酸化。如前文所述，通过改变支链淀粉和支链淀粉的结构和含量可以改变淀粉的磷酸化程度。磷酸基团通过葡聚糖水合二激酶加入到支链淀粉中来（Ritte et al.，2002）。叶片中含有的暂时性的淀粉磷酸化，与淀粉的降解有关，对于诸如块茎中储存类的淀粉磷酸化的作用，还不清楚（Ritte et al., 2004)。我们对葡聚糖水合二激酶的作用原理知之甚少。磷酸基团可以结合于葡萄糖分子的 C2、C3、C6 上，表明参与这一反应的二激酶，可能不止一种（Nielsen et al., 1994)。另外，二激酶的最优葡聚糖底物，比报道的马铃薯淀粉的磷酸化位置要长（Blennow et al., 1998)。

从商业角度看，在淀粉分子原位增加更多的磷酸基团或者其他酸性基团将有很多用处。微生物中很多酶可以用于植物体内修饰淀粉，而且我们有能力将它们定位于淀粉体。这一生物技术可以避免表 2.5.2 中提到的很多化学修饰反应。

颗粒大小

从前文可以看到淀粉颗粒大小与其许多的应用紧密相关，包括薄膜、纸涂料、化妆品和无碳复写纸。然而对于如何控制颗粒大小，我们知之甚少。这可能与淀粉合成酶和分支酶的表达时间有关；另一方面，虽然我们对淀粉体的认识还很少，但研究表明，淀粉粒的大小可能与淀粉体的大小有关（Burrell and Coates, 2003)。最近对大麦异淀粉酶突变体的分析显示，异淀粉酶的表达时间与淀粉颗粒的起始和大小有关（Burton et al., 2002)。但上述的所有例子中，细胞如何控制淀粉颗粒合成的开始、增长变大以及最终形状的具体过程还都不清楚。

结语

Henry Nix 在 1990 年的澳大利亚城市与区域信息系统联合会的一次会议中说到：数据不等于信息，信息不等于知识，知识更不等于智慧。目前，我们有很多关于淀粉合成的数据，也有了一些信息，而且我们已能利用一些知识去改变淀粉的质量，可是我们还是缺少足够的智慧去实现我们的预期成果。

参考文献

Ball, K. and Preiss, J. (1994) Allosteric sites of the large subunit of the spinach leaf ADPglucose pyrophosphorylase. *Journal of Biological Chemistry* **269**, 24706–24711.

Ball, S., Guan, H.-P., James, M., Myers, A., Keeling, P., Mouille, G., Buleon, A., Colonna, P. and Preiss, J. (1996) From glycogen to amylopectin: a model for the biogenesis of the plant starch granule. *Cell* **86**, 349–352.

Ball, S.G. and Morell, M.K. (2003) From bacterial glycogen to starch: understanding the biogenesis of the plant starch granule. *Annual Review of Plant Biology* **54**, 207–233.

Ball, S.G., van de Wal, M.H.B.J. and Visser, R.G.F. (1998) Progress in understanding the biosynthesis of amylose. *Trends in Plant Science* **3**, 462–467.

Ballicora, M.A., Fu, Y., Nesbitt, N.M. and Preiss, J. (1998) ADP-glucose pyrophosphorylase from potato tubers. Site directed mutagenesis studies of the regulatory sites. *Plant Physiology* **118**, 265–274.

Banks, W. and Muir, D.D. (1980) Structure and chemistry of the starch granule, in *The Biochemistry of Plants* (ed J. Preiss), Academic Press, New York, pp. 321–369.

Blennow, A., Bay-Smidt, A.M., Wischmann, B., Olsen, C.E. and Moller B.L. (1998) The degree of starch phosphorylation is related to the chain length distribution of the neutral and the phosphorylated chains of amylopectin. *Carbohydrate Research* **307**, 45–54.

Boyer, C.D., Shannon, J.C, Garwood, D.L. and Creech, R.G. (1976) Changes in starch granule size and amylose percentage during kernel development in several *Zea mays* L. genotypes. *Cereal*

Chemistry **53**, 327–337.
Brouns, F., Kettlitz, B. and Arrigoni, E. (2002) Resistant starch and "the butyrate revolution". *Trends in Food Science and Technology* **13**, 251–261.
Burrell, M.M. (2003) Starch: the need for improved quality or quantity—an overview. *Journal of Experimental Botany* **54**, 451–456.
Burrell, M.M. and Coates, S.A. (2003) Manipulation of starch granule size and number, in Patent Application WO2002GB04806 20021024, Gemstar Cambridge Ltd (GB), Europe.
Burrell, M.M., Tetlow, I.J., Burrell, M.M. and Emes, M.J. (2004) Post translational regulation of AGPase activity in wheat endosperm. Comparative Biochemistry and Physiology 134: S215
Burton, R.A., Bewley, J.D., Smith, A.M., Bhattacharyya, M.K., Tatge, H., Ring, S., Bull, V., Hamilton, W.D.O. and Martin, C. (1995) Starch branching enzymes belonging to distinct enzyme families are differentially expressed during pea embryo development. *The Plant Journal* **7**, 3–15.
Burton, R.A., Jenner, H., Carrangis, L., Fahy, B., Fincher, G.B., Hylton, C., Laurie, D.A., Parker, M., Waite, D., van Wegen, S., Verhoeven, T. and Denyer, K. (2002a) Starch granule initiation and growth are altered in barley mutants that lack isoamylase activity. *The Plant Journal* **31**, 97–112.
Burton, R.A., Johnson, P.E., Beckles, D.M., Fincher, G.B., Jenner, H.L., Naldrett, M.J. and Denyer, K. (2002b) Characterization of the genes encoding the cytosolic and plastidial forms of ADP-glucose pyrophosphorylase in wheat endosperm. *Plant Physiology* **130**, 1464–1475.
Cao, H.P., James, M.G. and Myers, A.M. (2000) Purification and characterization of soluble starch synthases from maize endosperm. *Archives of Biochemistry and Biophysics* **373**, 135–146.
Chojecki, A.J.S., Gale, M.D. and Bayliss, M.W. (1986) The number and sizes of starch granules in the wheat endosperm, and their association with grain weight. *Annals of Botany* **58**, 819–831.
Copeland, L. and Preiss, J. (1981) Purification of spinach leaf ADPglucose pyrophosphorylase. *Plant Physiology* **68**, 996–1001.
Corn Refiners Association Inc (2003) Corn Annual 2003. In.
Davydova, N.I., Leont'ev, S.P., Genin, Y.V., Sasov, A.Y. and Bogracheva, T.Y. (1995) Some physico-chemical properties of smooth pea starches. *Carbohydrate Polymers* **27**, 109–115.
Deatherage, W.L., MacMasters, M.M., Vineyard, M.L. and Bear, R.P. (1954) High amylose content from corn with high starch content. *Cereal Chemistry* **31**, 50.
Denyer, K., Clarke, B., Hylton, C., Tatge, H. and Smith, A.M. (1996) The elongation of amylose and amylopectin chains in isolated starch granules. *The Plant Journal* **10**, 1135–1143.
Dickinson, D.B. and Preiss, J. (1969) ADP glucose pyrophosphorylase from maize endosperm. *Archives of Biochemistry and Biophysics* **130**, 119–128.
Edwards, A., Fulton, D.C., Hylton, C.M., Jobling, S.A., Gidley, M., Rossner, U., Martin, C. and Smith, A.M. (1999) A combined reduction in activity of starch synthases II and III of potato has novel effects on the starch of tubers. *The Plant Journal* **17**, 251–261.
Fergason, V.L.U. and Wurzburg, O.B.U. (1984) Starch thickener characterized by improved low-temperature stability in National Starch Chemical Corporation (US), US, p. 9.
Flipse, E., Suurs, L., Keetels, C.J.A.M., Kossman, J., Jacobsen, E. and Visser, R.G.F. (1996) Introduction of sense and antisense cDNA for branching enzyme in the amylose-free potato mutant leads to physico-chemical changes in the starch. *Planta* **198**, 340–347.
Gibon, Y., Blasing, O.E., Palacios-Rojas, N., Pankovic, D., Hendriks, J.H.M., Fisahn, J., Hohne, M., Gunther, M. and Stitt, M. (2004) Adjustment of diurnal starch turnover to short days: depletion of sugar during the night leads to a temporary inhibition of carbohydrate utilization, accumulation of sugars and post-translational activation of ADP-glucose pyrophosphorylase in the following light period. *The Plant Journal* **39**, 847–862.
Haase, N.U. and Plate, J. (1996) Properties of potato starch in relation to varieties and environmental factors. *Starch-Starke* **48**, 167–171.
Hamada, S., Ito, H., Hiraga, S., Inagaki, K., Nozaki, K., Isono, N., Yoshimoto, Y., Takeda, Y. and Matsui, H. (2002) Differential characteristics and subcellular localization of two starch-branching enzyme isoforms encoded by a single gene in *Phaseolus vulgaris* L. *Journal of Biological Chemistry* **277**, 16538–16546.

Harn, C., Knight, M., Ramakrishnan, A., Guan, H.P., Keeling, P.L. and Wasserman, B.P. (1998) Isolation and characterization of the zSSIIa and zSSIIb starch synthase cDNA clones from maize endosperm. *Plant Molecular Biology* **37**, 639–649.

Hedman, K.D. and Boyer, C.D. (1982) Gene dosage at the amylose-extender locus of maize—effects on the levels of starch branching enzymes. *Biochemical Genetics* **20**, 483–492.

Hels, O., Hassan, N., Tetens, I. and Thilsted, S.H. (2003) Food consumption, energy and nutrient intake and nutritional status in rural Bangladesh: changes from 1981–1982 to 1995–1996. *European Journal of Clinical Nutrition* **57**, 586–594.

Hendriks, J.H.M., Kolbe, A., Gibon, Y., Stitt, M. and Geigenberger, P. (2003) ADP-glucose pyrophosphorylase is activated by post-translational redox-modification in response to light and to sugars in leaves of *Arabidopsis* and other plant species. *Plant Physiology* **133**, 838–849.

Hovenkamp-Hermelink, J.H.M., Jacobsen, E., Ponstein, A.S., Visser, R.G.F., Vos-Scheperkeuter, G.H., Bijmolt, E.W., de Vries, J.N., Witholt, B. and Feenstra, W.J. (1987) Isolation of an amylose-free starch mutant of the potato (*Solanum tuberosum* L.). *Theoretical and Applied Genetics* **75**, 217–221.

Ishida, N., Miura, H., Noda, T. and Yamauchi, H. (2003) Mechanical properties of white salted noodles from near-isogenic wheat lines with different wx protein-deficiency. *Starch-Starke* **55**, 390–396.

Jobling, S. (2004) Improving starch for food and industrial applications. *Current Opinion in Plant Biology* **7**, 210–218.

Jobling, S.A., Schwall, G.P., Westcott, R.J., Sidebottom, C.M., Debet, M., Gidley, M.J., Jeffcoat, R. and Safford, R. (1999) A minor form of starch branching enzyme in potato (*Solanum tuberosum* L.) tubers has a major effect on starch structure: cloning and characterisation of multiple forms of SBE A. *The Plant Journal* **18**, 163–171.

Jobling, S.A., Westcott, R.J., Tayal, A., Jeffcoat, R. and Schwall, G.P. (2002) Production of a freeze-thaw-stable potato starch by antisense inhibition of three starch synthase genes. *Nature Biotechnology* **20**, 295–299.

Kainuma, K. (1988) Structure and chemistry of the starch granule, in The Biochemistry of Plants (ed J. Preiss), Academic Press, New York, pp. 141–180.

Kawasaki, T., Mizuno, K., Baba, T. and Shimada, H. (1993) Molecular analysis of the gene encoding a rice starch branching enzyme. *Molecular and General Genetics* **237**, 10–16.

Kim, W., Johnson, J.W., Graybosch, R.A. and Gaines, C.S. (2003) Physicochemical properties and end-use quality of wheat starch as a function of waxy protein alleles. *Journal of Cereal Science* **37**, 195–204.

Kimura, T., Otani, M., Noda, T., Ideta, O., Shimada, T. and Saito, A. (2001) Absence of amylose in sweet potato *Ipomoea batatas* (L.) Lam. following the introduction of granule-bound starch synthase I cDNA. *Plant Cell Reports* **20**, 663–666.

Knight, M.E., Harn, C., Lilley, C.E.R., Guan, H.P., Singletary, G.W., Mu-Forster, C.M., Wasserman, B.P. and Keeling, P.L. (1998) Molecular cloning of starch synthase I from maize (W64) endosperm and expression in *Escherichia coli*. *The Plant Journal* **14**, 613–622.

Kortstee, A.J., Suurs, L., Vermeesch, A.M.G., Keetels, C., Jacobsen, E. and Visser, R.G.F. (1998) The influence of an increased degree of branching on the physicochemical properties of starch from genetically modified potato. *Carbohydrate Polymers* **37**, 173–184.

Kortstee, A.J., Vermeesch, A.M.S., deVries, B.J., Jacobsen, E. and Visser, R.G.F. (1996) Expression of *Escherichia coli* branching enzyme in tubers of amylose-free transgenic potato leads to an increased branching degree of the amylopectin. *The Plant Journal* **10**, 83–90.

Mizuno, K., Kobayashi, E., Tachibana, M., Kawasaki, T., Fujimura, T., Funane, K., Kobayashi, M. and Baba, T. (2001) Characterization of an isoform of rice starch branching enzyme, RBE4, in developing seeds. *Plant and Cell Physiology* **42**, 349–357.

Morell, M.K., Blennow, A., Kosar-Hashemi, B. and Samuel, M.S. (1997) Differential expression and properties of starch branching enzyme isoforms in developing wheat endosperm. *Plant Physiology* **113**, 201–208.

Mouille, G., Maddelein, M-L., Libessart, N., Talaga, P., Decq, A., Delrue, B. and Ball, S. (1996) Preamylopectin processing: a mandatory step for starch biosynthesis in plants. *The Plant Cell* **8**,

1353–1366.

Nachtergaele, W. and Vannuffel, J. (1989) Starch as a stilt material in carbonless copy paper—new developments. *Starch* **41**, 386–392.

Nakaimura, T., Yamamori, M., Hirano, H., Hidaka, S. and Nagamine, T. (1995) Production of waxy (amylose free) wheat. *Molecular and General Genetics* **248**, 253–259.

Nakamura, T., Vrinten, P., Hayakawa, K. and Ikeda, J. (1998) Characterization of a granule-bound starch synthase isoform found in the pericarp of wheat. *Plant Physiology* **118**, 451–459.

Nelson, O.E., Chourey, P.S. and Chang, M.T. (1978) Nucleoside diphosphate sugar–starch glucosyl transferase activity of wx starch granules. *Plant Physiology* **62**, 383–386.

Nielsen, T.H., Wischmann, B., Enevoldsen, K. and Moller, B.L. (1994) Starch phosphorylation in potato tubers proceeds concurrently with de novo biosynthesis of starch. *Plant Physiology* **105**, 111–117.

Noda, T., Kimura, T., Otani, M., Ideta, O., Shimada, T., Saito, A. and Suda, I. (2002) Physicochemical properties of amylose-free starch from transgenic sweet potato. *Carbohydrate Polymers* **49**, 253–260.

Preiss, J. (1988) Biosynthesis of starch and its regulation, in *The Biochemistry of Plants* (ed J. Preiss), Academic Press, New York, London, Toronto, pp. 181–254.

Preiss, J. and Levi, C. (1980) Starch biosynthesis and its degradation, in *The Biochemistry of Plants* (ed J. Preiss), Academic Press, New York.

Ritte, G., Lloyd, J.R., Eckermann, N., Rottmann, A., Kossmann, J. and Steup, M. (2002) The starch-related R1 protein is an alpha-glucan, water dikinase. *Proceedings of the National Academy of Sciences USA* **99**, 7166–7171.

Ritte, G., Scharf, A., Eckermann, N., Haebel, S. and Steup, M. (2004) Phosphorylation of transitory starch is increased during degradation. *Plant Physiology* **135**, 2068–2077.

Satoh, H., Nishi, A., Yamashita, K., Takemoto, Y., Tanaka, Y., Hosaka, Y., Sakurai, A., Fujita, N. and Nakamura, Y. (2003) Starch-branching enzyme I-deficient mutation specifically affects the structure and properties of starch in rice endosperm. *Plant Physiology* **133**, 1111–1121.

Schwall, G.P., Safford, R., Westcott, R.J., Jeffcoat, R., Tayal, A., Shi, Y.C., Gidley, M.J. and Jobling, S.A. (2000) Production of very high-amylose potato starch by inhibition of SBE A and B. *Nature Biotechnology* **18**, 551–554.

Sharma, R., Sissons, M.J., Rathjen, A.J. and Jenner, C.F. (2002) The null-4A allele at the wax locus in durum wheat affects pasta cooking quality. *Journal of Cereal Science* **35**, 287–297.

Sowokinos, J.R. and Preiss, J. (1982) Pyrophosphorylases in *Solanum tuberosum* III; purification, physical and catalytic properties of ADPGglucose pyrophosphorylase in potatoes. *Plant Physiology* 69, 1459–1466.

Takeda, Y., Guan, H-P. and Preiss, J. (1993) Branching of amylose by the branching isoenzymes of maize endosperm. *Carbohydrate Research* **240**, 253–263.

Tester, R.F. and Karkalas, J. (2001) The effects of environmental conditions on the structural features and physico-chemical properties of starches. *Starch* **53**, 513–519.

Tester, R.F. and Karkalas, J. (2002) Starch, in *Biopolymers, volume 6, Polysaccharides II: Polysaccharides* from Eukaryotes (eds E.J. Vandamme, S. De Baets and A. Steinbüchel), Wiley, Weinheim, pp. 381–438.

Tetlow, I.J., Wait, R., Lu, Z.X., Akkasaeng, R., Bowsher, C.G., Esposito, S., Kosar-Hashemi, B., Morell, M.K. and Emes, M.J. (2004) Protein phosphorylation in amyloplasts regulates starch branching enzyme activity and protein–protein interactions. *Plant Cell* **16**, 694–708.

Tiessen, A., Hendriks, J.H.M., Stitt, M., Branscheid, A., Gibon, Y., Farre, E.M. and Geigenberger, P. (2002) Starch synthesis in potato tubers is regulated by post-translational redox modification of ADP-glucose pyrophosphorylase: a novel regulatory mechanism linking starch synthesis to the sucrose supply. *Plant Cell* **14**, 2191–2213.

Umemoto, T., Yano, M., Satoh, H., Shomura, A. and Nakamura, Y. (2002) Mapping of a gene responsible for the difference in amylopectin structure between japonica-type and indica-type rice varieties. *Theoretical and Applied Genetics* **104**, 1–8.

Visser, G.F., Stolte, A. and Jacobsen, E. (1991) Expression of a chimaeric granule bound starch synthase-GUS gene in transgenic potato plants. *Plant Molecular Biology* **17**, 691–699.

Whistler, R.L., Bemiller, J.N. and Paschall, E.F. (1984) *Starch Chemistry and Technology*, Academic Press, San Diego, New York, Boston, London, Sydney.

White, M.A. (1998) The chemistry behind carbonless copy paper. *Journal of Chemical Education* **75**, 1119–1120.

（华大颂　张宪银　薛庆中　译）

2.6　利用转基因植物生产疫苗

Liz Nicholson, M. Carmen Cañizares and George P. Lomonossoff
John Innes Centre, Colney Lane, Norwich NR4 7UH, UK

引言

近年来，用植物替代传统生产疫苗体系（如：动物细胞培养）的提议备受关注。使用植物体系重组蛋白质具有以下潜在优势：①比传统表达系统更为经济；②植物的蛋白翻译后修饰系统与哺乳动物的相类似；③可能在不同组织和亚细胞结构中表达，因而有利于蛋白质富集；④重组蛋白质产量可能达到工业生产的规模；⑤没有动物病原体感染的威胁；⑥可能生产供食用的疫苗。

外源蛋白质在植物中的表达可以使用稳定的或者瞬时的遗传工程得以实现。目前，稳定的遗传工程包括细胞核遗传转化和新近出现的叶绿体转化技术，而瞬时遗传工程主要使用农杆菌和病毒载体介导的瞬时表达体系。

本节将通过对其优越性和局限性的讨论来介绍植物表达体系的主要类型，并将讨论这些体系中所使用到的被动或者主动免疫反应中的抗体和抗原。

植物疫苗生产的主要技术

细胞核遗传工程

细胞核遗传工程是最常用的植物生产疫苗技术，该方法能将待表达的基因整合到选定植物的核基因组中。目前主要使用两种转化方法，对以烟草和豌豆为代表的双子叶植物，使用农杆菌介导转化（Horsch et al., 1985）；对以小麦、水稻和玉米为代表的单子叶植物，使用基因枪技术进行转化* （Christou，1995）。

为使目标蛋白质高表达，遗传表达的质粒结构需要优化。为了最大限度地提高转录水平，表达体系中通常会选择使用一个强的启动子。在双子叶植物中，花椰菜花叶病毒35S（CaMV 35S）是普遍使用的启动子，而单子叶植物中则以玉米泛素启动子作为首选。内含子的存在也会引起转录水平提高。除了这些固定的启动子的使用，能调控的启动子也越来越多得到应用。例如，为了不影响植物正常的生长和发育，组织特异性的启动子能避免重组蛋白质在营养生长组织的表达。可诱导启动子（Padidam，2003）能使得目标蛋白质的表达在需要的时候启动，从而避免某些非适时过量表达的蛋白质在植物生长过程中产生不良效应。

为了最大限度地提高从转入基因的 mRNA 到蛋白质的翻译水平，增强子被广泛紧置于插入基因编码区的上游位置（Gallie and Walbot，1992），如源自烟草花叶病毒 RNA 的 5′非编码区增强子。除此之外，翻译起始位点通常被修饰成植物 Kozak 序列

* 译者注：现在，农杆菌介导转化技术也已经在单子叶植物中广泛应用。

(Kawaguchi and Bailey-Serres, 2002)。对于某些转化基因，另有证据表明，其密码子的使用偏好如果与宿主基因组一致也会提高翻译水平（Kusnadi, Nikolov and Howard, 1997)。

为了保证表达的蛋白质在翻译之后被正确地修饰并获得高产量，目标蛋白质序列两侧通常插入相应的信号序列，使目标蛋白质得以保护并靶向到相应的分泌通路。内质网膜提供了蛋白质正确折叠、组装和翻译后修饰的场所，例如糖基化过程只在内质网发生。为了靶向和保持目标蛋白质，在表达体系中通常使用两种信号序列，包括N端信号肽序列（能够将目标蛋白质靶向到分泌通路）和C端三肽信号序列H/KDEL（促进目标蛋白质从高尔基体回到内质网系统，Fischer et al., 1999)。如果没有H/KDEL信号序列，表达的蛋白质将会被分泌到质外体中。

对转基因表达水平和稳定性有重要影响的其他因素还有：转基因整合位置、数量和整合区域结构等。这些因素可能激活转录后的基因沉默（PTGS)，为了减少由于基因沉默导致的转基因表达不稳定，已发展出两种系统，即利用PTGS缺陷的突变体或利用过量表达病毒基因沉默抑制因子的株系进行转基因（Butaye et al., 2004; Mallory et al., 2002)。

对单个植物细胞的基因转化很容易做到，但是转基因植物细胞的再生培养却是一个非常耗时的过程并具有物种特异性。不过，一旦转基因细胞系纯化之后，可作为一种变异体供后续的杂交实验。

质体的遗传工程

将外源基因转入质体（plastid）基因组，已产生转质体基因组转基因植物（Maliga, 2002)。该技术有以下两个突出优点：首先，每个植物细胞都含有大量拷贝的叶绿体基因组（如烟草约有10 000个的叶绿体)，这意味着表达的蛋白质含量很高，可达可溶性蛋白质的47%（DeCosa et al., 2001)。其次，因为叶绿体基因组是呈母系遗传的，植物花粉中不含转入的基因，因而花粉传播将不会对环境造成基因污染。

在很多实验室，基因枪是对质体进行基因转移时的常用选择（Svab, Hajdukiewicz and Maliga, 1990)。带有转入基因序列的载体与质体基因组的整合通过同源重组完成。因此，在载体的左右两端应具有与质体基因组目标区域的1～2kb的同源序列。

质体rRNA操纵子的启动子被用来提高转入基因的转录水平，该启动子能够被质体本身编码的RNA聚合酶所识别。由于有两侧的质体的5′和3′端非翻译区序列的保护，目标基因mRNA更加稳定，这些区域通常形成一些茎环结构。mRNA的5′端非翻译区序列能促使mRNA向核糖体的转移和启动翻译。而其3′端非翻译区序列则起转录终止子作用（Monde et al., 2000)。除了5′端非翻译区，蛋白质的表达水平还可基于包含宿主质体编码区的氨基酸序列进一步提高（Kuroda and Maliga, 2001)，这是因为翻译起始密码子AUG附近的序列能优化翻译相应编码蛋白质过程（Zerges, 2000)。

转入质体的外源基因整合位点明确并被事先设计，所以它不会像核转基因（transformation）过程那样出现“位置效应”，也使得不同转基因系中的蛋白质的表达水平呈现均一化。此外，在质体转基因过程中也未出现基因沉默现象。然而，质体转基因技术也同样具有其不足之处，除了和细胞核转基因一样非常耗时外，还仅仅适用于少数物种，但这个数目一直在增加。更关键的是蛋白质在质体不能进行糖基化，所以迄今为止，这项转基因技术并不适用于生产需要糖基化才具有活性和稳定性的蛋白质。

农杆菌介导的瞬时表达

这种方法使用含有目标基因结构的农杆菌悬浮液渗入植物叶片。这个过程是在真空渗透状况下完成的，从而产生大量拷贝的转化。一旦农杆菌出现在叶片中，它自身的蛋白质系统就会把目标基因转入宿主细胞，与核遗传转化的相应过程类似（见 2.1 节）。然而，转入的 T-DNA 不会整合进宿主染色体，而只在细胞核中。T-DNA 会被转录并导致目标基因的瞬时表达（Kapila et al., 1997）。这种表达发生快，只需几天就可以。与持久的核转化设计中的载体结构一样，瞬时表达的载体能够将目标基因导入到不同的细胞结构。这种表达和组装多结构蛋白质复合体体系已经得到应用（Vaquero et al., 1999）。这种方法在正式转化和再生试验前对测定基因结构表达特征的小规模实验十分有效，但当扩大规模时仍然面临大量挑战。尽管如此，在提高瞬时表达水平（Voinnet et al., 2003）和扩大转化数量（Fischer et al., 2004）方面也已取得了较大进展。

病毒载体介导的瞬时遗传工程

瞬时表达的另一种方法基于植物病毒载体，其优点在于病毒基因组能在被感染细胞中大量扩增，从而导致蛋白质的高表达水平。此外，病毒基因组很小，很容易被操作，感染比转化/再生过程更为简单。不足之处是：外源基因的转入不能遗传；为使其稳定表达，对转入基因的大小和复杂性都有一定限制；另外，病毒的传播会引起环境污染问题。尽管有这些困难，很多的植物病毒载体依然已经应用在蛋白质表达过程中。

大多数植物病毒的基因组包含一个或者多个正链 RNA。和动物 RNA 病毒一样，它们通过不同的策略以使其基因得到表达，诸如亚基因组启动子的使用和多蛋白的处理过程。可感染 cDNA 克隆的获得是 RNA 病毒载体使用的前提（Ahlquist et al., 1984）。之后，很多病毒被应用开发成有用的载体（图 2.6.1）。载体构建方面的方法最初基于基因替换，即将病毒中编码非必要基因的序列用目标基因序列替换掉。尽管最初用这种方法构建的几个载体能在单个植物细胞中复制，但它们却不能系统地感染整株植物。更有效的方法则是基于基因添加的载体构建，此方法将外源序列添加到病毒基因组中，而不替换其中的一个。

应用植物生产免疫肽段和蛋白质有两种体系。第一种类型通常被称作表位呈现体系（epitope presentation system），将编码抗原肽段的一条序列插入到病毒外壳蛋白基因中，使抗原肽段能在病毒颗粒表面表达，从而显著提高其免疫性能（Lomonossoff and Johnson, 1996），经过这种修饰的病毒颗粒通常被称作嵌合体或者嵌合病毒颗粒（CVP），在新疫苗的研究中有重要作用。一般认为，使用这种体系生产疫苗时，动物喂药前对这些病毒颗粒要经过一定程度的纯化过程。第二种类型的体系通常被称作肽段表达体系，它通过将外源基因导入病毒基因组，然后使其在感染细胞中作为非融合肽段而大量表达。尽管表达蛋白的纯化有时是必要的，这种类型的体系可用于将植物材料直接饲喂给动物来提供免疫物。

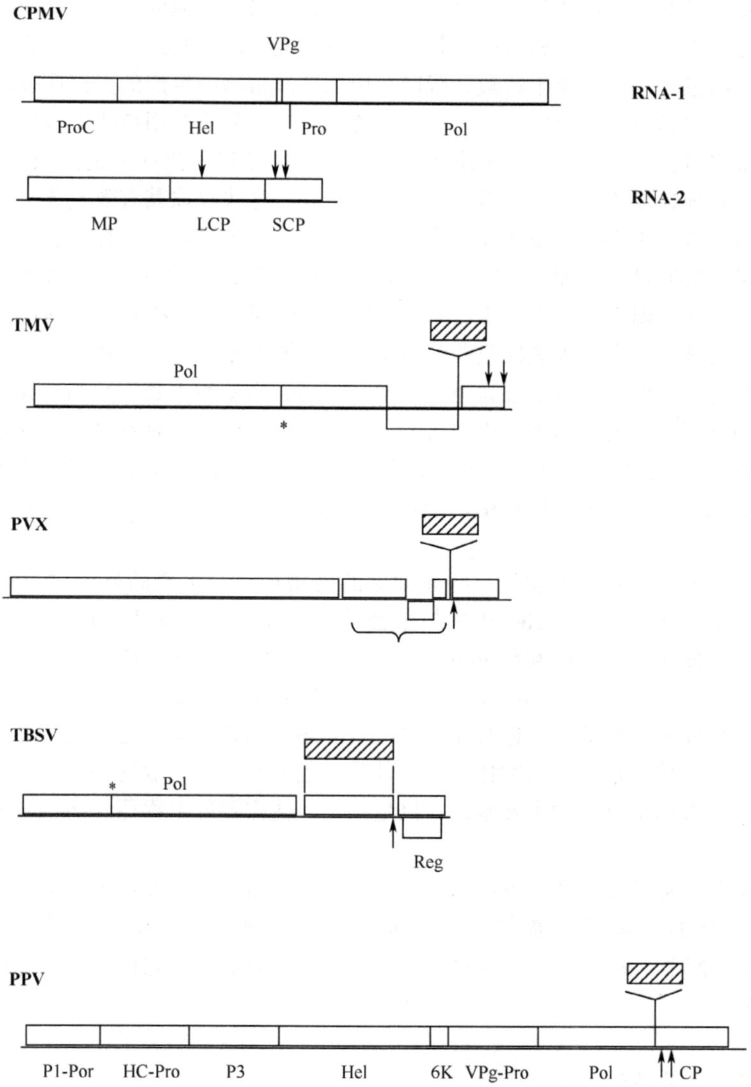

图 2.6.1 在植物中用作表达异质肽段和蛋白质的病毒基因组构成

不同病毒的外壳蛋白上的表位插入位置用黑色箭头表示。外源基因插入病毒基因组的位置用带阴影的条块表示。不同的病毒基因功能如下：CP，外壳蛋白；HC-Pro，辅助蛋白酶；Hel，解螺旋酶；MP，运动蛋白；LCP，巨型外壳蛋白；Pol，RNA 聚合酶；Pro，蛋白酶；ProC，蛋白酶共同作用因子；Reg，调节蛋白；TGB，三基因框；VPg，病毒基因组连接蛋白 P1-Pro，P1 蛋白质酶；P3，蛋白质 P3；6K，6 道尔顿蛋白；SCP，小外壳蛋白；VPg-Pro，VPg 蛋白质酶．* 表示渗漏终止密码子

转基因表达宿主植物的选择

因为烟草的遗传操作相对容易实施（Fischer and Emmans，2000），而且烟草已有

大量种植及对其新利用价值的研究兴趣还在增长，所以，早期的外源蛋白质表达通常采用烟草作为宿主。尽管烟草属的植物是实验体系中最常用的模式植物，但它的叶片中含有较高水平的尼古丁和其他生物碱，所以在用烟草属植物中生产的蛋白质疫苗必须经过纯化。此后，包括莴苣、白三叶草、大豆、苜蓿和拟南芥等叶用植物也被应用于这种生产体系。重组蛋白质是在叶片的多水环境中合成，这导致收获物中蛋白质稳定性降低。因此，叶片必须经冷冻或者制干后运输，或在收获后尽快提取其有效成分。

当蛋白质合成不必要在植物叶片中进行，而是在其他器官，如种子、块茎或果实中表达时其优点更明显。例如，与叶类作物相比，种子有更合适的生化环境促进蛋白质稳定积累，即使在室温下种子中的蛋白质表达能长期储藏。谷物类作物子粒的表达尤其引人关注，因为这些蛋白质大规模收获和储藏方法已被开发，并且表达的蛋白质能在较长时期内保持稳定，因此，包括谷物类（玉米、水稻、小麦和大麦等）和豆类（豌豆和大豆等）作物基于种子的疫苗生产正在研究。对蔬菜类的修饰也有着可取之处，诸如块茎类（马铃薯）、根用类（胡萝卜）和果用类（番茄和香蕉等）。由于有些植物不必蒸煮甚至不必加工或部分加工就可以食用，于是它们就成了生产重组亚单位疫苗和抗体的理想材料。

除了前述的传统栽培植物，一些非常见的植物在疫苗生产的研究中也有其潜在优势。这些植物包括由美国 Biolex 生物技术公司开发的浮萍（Gasdaska et al.，2003）、有可能核转化、质体转化和线粒体转化的单细胞绿藻类单胞藻（*Chlamydomonas reinhardtii*）（Franklin and Mayfield，2004；Mayfield et al.，2003），以及可以通过同源重组产生基因敲除突变体即可以进行高效定向基因敲除的剑叶藓。这样就可以去除使用植物生产人类蛋白质时常见的植物独特的糖基化引起人们用药过敏的缺点，因为人们可以有目的地敲除苔藓中有关的主要基因，以生产出人体需要的植物药（Decker and Reski，2004）。

使用植物病毒载体生产免疫物为稳定应用和发展遗传工程提供了除动物之外的另一种选择。大量的植物已经被报道作为宿主应用于生产疫苗，比如普通烟草、*N. clevelandii*、菠菜、豇豆和 *N. benltamianr* 等，尤其是后者，它已经广泛地作为多种植物病毒的宿主。

重组亚单位疫苗

“亚单位疫苗”的概念被用来表示那些采用病原体的蛋白质或者具有免疫活性的蛋白质序列特异结构区域（通常称作半抗原）来刺激免疫反应，而不是用病原体本身（灭活的或减毒的）。亚单位疫苗不会导致疾病，而且可以免除培养病原体的过程。然而，它们却可能因为没有原来那么大的广谱性，而不能有效地提供足够的免疫反应。使用植物表达亚单位疫苗最初是考虑到植物组织可以直接供人或者其他重要的经济动物食用。这种接种疫苗的方法可以诱导黏膜免疫反应，这是对许多病原体的第一道免疫防线。通过大量来自微生物和病毒等病原体的蛋白质表达实验，表明使用转基因植物表达体系生产亚单位疫苗是可行的。目前成功表达的蛋白质，包括在烟草和莴苣中的乙型肝炎表面抗原（HbsAg）（Ehsani et al.，1997；Mason et al.，1992）、番茄中的狂犬病毒抗原

（McGarvey et al., 1995）、烟草和马铃薯中的霍乱抗原（Arakawa et al., 1997；Hein et al., 1996）、烟草和马铃薯中的重组细菌抗原（LT-B）（Haq et al., 1995）、烟草和马铃薯中的 Norwalk 病毒外壳蛋白（NVCP）（Mason et al., 1996）以及烟草中的人类巨细胞病毒抗原（Tackaberry et al., 1999）等。

1992 年烟草表达的乙肝病毒表面抗原的结构被确认之后，植物才真正有兴趣被广泛使用于生产亚单位疫苗，尽管当时的表达效率很低（抗原蛋白质仅占全部可溶蛋白的 0.01%）。三年后，由烟草生产的乙肝病毒表面抗原的免疫活性在实验小鼠体内得到证实（Thanavala et al., 1995）。为了证明植物生产的乙肝病毒表面抗原能通过口服的方式产生黏膜免疫反应，后来在乙肝疫苗生产方面的研究使用了可食用的植物来替代烟草。例如，在对小鼠和人的临床试验中，研究了羽扇豆、马铃薯和莴苣生产乙肝病毒表面抗原（Kapusta et al., 1999；Ritcher et al., 2000；Thanavala et al., 2005），结果发现，口服植物制品可以有效地诱导免疫反应。

由烟草和马铃薯生产的候选疫苗也已经进入临床试验，它们是：产毒性大肠杆菌（ETEC）的热不稳定毒素 B 亚基（LT-B）和瓦病毒衣壳蛋白（NVCP）（Haq et al., 1995；Mason et al., 1996）。这些肠道病原菌抗原具有多亚基结构，故能在人类肠道极端的条件下存活，所以成为理想的口服亚单位疫苗的候选物。人体临床试验表明，未加工的马铃薯块茎中含有 0.3～10mg 的 LT-B，能够激发较高效价的黏膜和系统抗体反应（Tacket et al., 1998）。后续的研究表明，当 LT-B 在转基因玉米中表达时，能激发免疫保护机制（Tacket et al., 2004）。同样当病人接受含有重组的 NVCP 后也能表现出黏膜反应（Tacket et al., 2000）。在兽医领域，许多不同转基因植物中其表达的蛋白质，如拟南芥、马铃薯和紫花苜蓿（Carrillo et al., 1998；2001；Dus Santos et al., 2005），可以激活小鼠口服和非肠道的口蹄疫病毒（FMDV）抗原 VP1 所致的免疫活性，从而对 FMDV 产生保护性免疫。此外，给猪饲喂含表达传染性猪胃肠炎病毒（TGEV）突起蛋白的玉米种子后，能够激发保护性免疫（Lamphear et al., 2002；Streatfield et al., 2001）。使用核转化或者质体转化植物生产亚单位疫苗的其他重要进展列于表 2.6.1。

表 2.6.1 用于人和动物疫苗的蛋白质及其在转基因植物中的稳定表达

蛋白质	植物宿主	遗传工程方法	表达水平	应用/免疫特性	参考文献
重组亚单位疫苗					
乙肝病毒表面抗原(HBsAg)	烟草、马铃薯、羽扇豆、大豆(细胞培养)	核转化	在所有植物湿重中含量小于 0.01%；而在培养的大豆细胞中达 67μg/g	人、小鼠口服后有免疫活性	Mason 等，1992；Kapusta 等，1999，2001；Ritcher 等，2000；Thanavala 等，2005；Smith 等，2003
Norwalk 病毒外壳蛋白	烟草、马铃薯	核转化	占总可溶性蛋白(TSP)的 0.23%(烟草)；占 TSP 的 0.37%(马铃薯)	人、小鼠口服类病毒颗粒后有免疫活性	Mason 等，1996；Tacket 等，2000

续表

蛋白质	植物宿主	遗传工程方法	表达水平	应用/免疫特性	参考文献
重组亚单位疫苗					
肠毒素大肠杆菌热稳定毒素B亚基(LT-B) LT-B的无毒突变体	烟草、马铃薯、玉米	核转化、质体转化	小于TSP的0.01%(烟草长期表达);占TSP的3.7%(烟草质体表达);占TSP的0.19%(马铃薯);占TSP的12%(玉米种子)	口服给药时具免疫和保护能力,可能在人类免疫给药时具佐药特性	Haq等,1995;Masonet等,1998;Tacket等,1998;Streatfield等,2001,2003;Kang等,2004a
霍乱毒素(CT-B)	马铃薯、烟草	核转化、质体转化	占TSP的0.3%(马铃薯核转化),占TSP的4.1%(烟草叶绿体转化)	口服给药时具免疫和保护能力,可能在黏膜免疫给药时具佐药特性	Arakawa等,1997,1998a;Daniell等,2001b
小鼠GAD67	烟草、马铃薯	核转化	150μg/g	对自动免疫疾病的糖尿病自动抗原	Ma等,1997
猪流行性腹泻病毒(PEDV)合成中和表位	烟草、无尼古丁烟草	核转化	10μg/g(烟草湿重),2.1% TSP(无尼古丁烟草)	转基因植物饲喂小鼠后诱导全身和黏膜免疫反应	Bae等,2003;Kang等,2005
狂犬病毒糖蛋白	番茄	核转化	占TSP的1.0%	在植物中检测到完整的蛋白	McGarvey等,1995
典型猪流感病毒(CSFV)E2糖蛋白	莴苣、苜蓿	核转化	160μg/g(莴苣干重),10μg/g(苜蓿干重)	口服能有效诱导小鼠的特异性免疫	Legocki等,2005
肝吸虫半胱氨酸蛋白酶	莴苣	核转化	100μg/g干重	口服能有效诱导小鼠的特异性免疫	Legocki等,2005
破伤风毒素片段C	烟草	质体转化	25%TSP	允许开发利用植物生产的安全破伤风疫苗经鼻吸入或口服应用	Tregoning等,2003
炭疽杆菌保护抗原(PA)	烟草	质体转化	18.1%TSP	抗原组装成七聚物并保持对宿主细胞接收器的结合特性	Watson等,2004
鼠疫杆菌F1-V融合蛋白	烟草	质体转化	14.8%TSP	控制瘟疫的传播	Daniell等,2005
麻疹病毒(MV-H)血细胞凝集素	烟草	核转化	未见报道	饲喂小鼠可产生体液和黏液免疫反应	Webster等,2005
CTB-21.21(CPV)融合蛋白	烟草	质体转化	31.1%TSP	保持天然霍乱毒素B(CTB)的五聚体形态和神经节苷脂结合特性,并诱导抗体识别犬细小病毒(CPV)VP2蛋白的特性	Molina等,2004
CTB胰岛素融合蛋白	马铃薯	核转化	0.1%TSP	非肥胖糖尿病小鼠经饲喂马铃薯块茎后,胰岛炎症明显减轻,糖尿病的临床进程减缓	Arakawa等,1998b
CTB反转录病毒毒素NSP4融合蛋白	马铃薯	核转化	0.01~0.1%TSP	组装成低聚物,可以保持嗜酸性受体Gm1神经节苷脂结合亲和力	Arakawa等,2001

续表

蛋白质	植物宿主	遗传工程方法	表达水平	应用/免疫特性	参考文献
重组亚单位疫苗					
CTB-反转录病毒 NSP4-175 融合蛋白	马铃薯	核转化	0.006%～0.026% TSP	和含有较少肠毒性抗原决定簇的第一代植物生产疫苗相比，它对轮状病毒感染的保护作用更有潜力	Kim 和 Langridge，2003
CFA/I-CTA2-CTB 轮状病毒毒素 NSP4 融合蛋白	马铃薯	核转化	3μg/g 湿重	饲喂免疫小鼠后，可检测到血清和肠内抗体对病原的抵抗	Yu 和 Langridge，2001
传染性胃肠冠状病毒糖蛋白 S	拟南芥、烟草、玉米	核转化	0.06% TSP（拟南芥），0.2% TSP（烟草），＜0.01 湿重（玉米）	对猪注射和喂养后都有免疫活性	Gomez 等，1998；Tuboly 等，2000；Streatfield 等，2001；Lamphear 等，2002
人巨细胞病毒糖蛋白	烟草	核转化	＜0.02%TSP	免疫活性蛋白质	Tackaberry 等，1999
口蹄疫病毒 VP1	拟南芥、苜蓿、马铃薯	核转化	0.3%TSP	对农畜动物和小鼠注射给药后显示出免疫保护活性	Carrillo 等，1998；Wigdorovitz 等，1999a；Carrillo 等，2001；Dus santos 等，2005
兔出血症病毒（RHDV）VP60	马铃薯	核转化	0.3%TSP	对家兔进行注射给药后也显示免疫保护活性	Castanon 等，1999
抗体					
对链球菌突变体粘蛋白 I/II 特异的 SIgA/G（Guy's 13）	烟草、水稻	核转化	500μg/g 湿重（烟草叶片）	对控制口腔龋齿有治疗效果，已经以 CaroRX 的名称授权给生物技术有限公司	Ma 等，1995，1998，2003；Nicholson 等，2005
对单纯疱疹病毒 2（HSV）特异的 IgG	大豆、水稻	核转化	未见报道	对控制性传播疾病有治疗效果，已经授权给 EPlcyte Pharmacertical	Zeitlin 等，1998；Briggs 等，2001
对 HSV 特异的 SIgA	玉米	核转化	0.3%TSP	对单一胆病毒有治疗效果	Hood 等，2002
对呼吸合胞体 R9 蛋白特异的 IgG	玉米	核转化	未见报道	吸入具有治疗作用，已经授权给 EPlcyte Pharmaceutical	Cone 和 Whaley
对狂犬病毒特异的 IgG	烟草	核转化	0.07%TSP	具有治疗效果，可作为暴露在病原体环境的仓鼠的预防药物。	Ko 等，2003
对恒河猴 D 抗原特异的 IgG1	拟南芥	核转化	0.6%TSP	具有治疗效果。使用在 RhD 阴性的母亲保养 RhD 阳性的胎儿时的异源免疫	Bouquin 等，2002

续表

蛋白质	植物宿主	遗传工程方法	表达水平	应用/免疫特性	参考文献
抗体					
对炭疽杆菌保护性抗原的特异性人抗体 IgG	本萨明那烟(*N. benthamiana*)	农杆菌渗透转化	未见报道	具有预防作用。产生的抗体能够在体内和体外中和毒素	Hull 等，2005
对 CD40 特异的抗毒素融合蛋白 scFv-bryodin 1	烟草细胞培养	核转化	30mg/L	对控制非 Hodgkin 综合征有治疗效果	Francisco 等,1997
对乳腺癌特异的 scFv-HER2	烟草、本萨明那烟	核转化、假病毒感染的转化	未见报道	在控制乳腺癌方面有治疗和诊断效果	Galeffi 等,2005
scFv84.66,微型双功能抗体 84.66,IgG84.66 嵌合体,对癌胚特异	水稻细胞培养、小麦、豌豆、番茄、烟草	核转化、农杆菌渗透转化	水稻(29μg/g,叶片；32μg/g，种子；3.8μg/g，愈伤组织),小麦(0.9μg/g,叶片；1.5μg/g，种子),烟草(1μg/g)	对癌症有治疗和诊断效果	Torres 等，1999；Stoger 等，2000，2002；Perrin 等，2000；Vaquero 等，1999,2002
对 HSV 的 g D 特异的巨单链	莱茵	质体转化	0.5%TSP	具有治疗效果	Mayfield 等,2003

病毒为载体的方法同样应用于亚单位疫苗的瞬时表达中，尤其在兽医研究领域。为了开发抗原表位展示（epitope presentation）和多肽表达系统，大量的免疫肽段和蛋白质已经在植物中表达（表 2.6.2）。目前报道了许多不同的植物病毒载体，包括豇豆花叶病毒（CPMV）、TMV、番茄丛矮病毒（TBSV）、紫花苜蓿花叶病毒（AlMV）、李痘病毒（PPV）和马铃薯 X 病毒（PVX）等。

表 2.6.2　用于人类和动物的疫苗及其使用病毒载体在植物中的表达情况

所用病毒	表达的多肽或表位	用于感染的植物	保护的物种	免疫特性	参考文献
表位呈现体系					
CPMV	貂细小病毒 VP2 外壳蛋白质	豇豆	貂	肠道外注射防治貂感染肠炎病毒(MEV)	Dalsgaard 等，1997
CPMV	犬细小病毒 VP2 蛋白质	豇豆	犬	紫外线失活型交叉保护犬免受犬细小病毒(CPV)感染	Langeveld 等，2001
CPMV	铜绿假单胞菌膜(OM)蛋白质 F	豌豆	小鼠	肠道外注射防治小鼠感染铜绿假单胞菌(*P. aeruginosa*)	Brennan 等,1999
CPMV	金黄色葡萄球菌连接蛋白质的结合蛋白质(FnBP)的 D2 结构域	豌豆	大鼠	肠道外给药对心内膜炎起保护作用	Rennermalm 等，2001
TMV	小鼠卵透明带糖蛋白质 ZP3	烟草	小鼠	经过修饰的病毒可以激发肠道外的抗体从而免疫小鼠	Fitchen 等，1995
TMV	小鼠肝炎病毒(MHV)	烟草	小鼠	肠道外和鼻内给药能在 MHV 的环境中保护小鼠	Koo 等，1999

续表

所用病毒	表达的多肽或表位	用于感染的植物	保护的物种	免疫特性	参考文献
表位呈现体系					
TMV	口蹄疫病毒(FMDV)	烟草	猪	在 FMDV 环境下,肠道外给药比口服效果好	Wu 等, 2003
TMV	铜绿假单胞菌膜(OM)蛋白质 F	烟草	小鼠	肠道外给药能给在铜绿假单胞菌的环境中保护小鼠	Staczek 等,2000
TMV	铜绿假单胞菌膜(OM)蛋白质 F	烟草	小鼠	通过肠道外和鼻吸入给药两种方式,由 TMV 嵌合体和嵌合的流感病毒免疫的小鼠,分别产生各处抗原对应的抗体,并能在铜绿假单胞菌环境中保护小鼠	Gilleland 等,2000
TMV/AIMV	狂犬病,HIV-1	本萨明那烟、菠菜	小鼠	两个抗原都能产生中和病毒的抗体,注射和口服都能在狂犬病毒的环境中保护犬只	Yusibov 等, 1997; Modelska 等, 1998
TMV	C 端连接丙型肝炎的 CTB 亚基	本萨明那烟	小鼠	鼻吸入植物材料的粗抽提物能够激发两种抗原的抗体	Nemchinov 等, 2000
TBSV	HIV-1 的 gp120 蛋白	本萨明那烟	小鼠	肠道外免疫只能产生较少的对初级抗体特异的肽段	Joelson 等,1997
PPV	犬细小病毒的 VP2 外壳蛋白	人工接种烟草	小鼠、大鼠	肠道外免疫表明存在针对 CPV 和 PPV 的中和抗体	Fernandez-Fernandez 等, 1998
PVX	HIV-1 的 gp41 蛋白	本萨明那烟	小鼠	注射或者鼻吸免疫的小鼠能产生对较高水平的 HIV-1 病毒 IgG 抗体。免疫的小鼠与人外周淋巴细胞重新构建后可以产生人初级中和抗体	Marusic 等,2001
AIMV	呼吸道合胞病毒(RSV)的 G 蛋白	长时/P12 转基因的烟草	猴	肠道外注射重组颗粒产生 T 细胞和 B 细胞反应。体外实验中与嵌合体培育在一起的人类树状细胞能产生强烈的 T 细胞免疫	Yusibov 等,2005
肽段表达体系					
TMV	RMDV 的 VP1 蛋白	本萨明那烟	小鼠	在两个独立的实验中,在 Freund's 佐药存在的情况下肠道外的免疫可能保护实验动物	Wigdorovitz 等, 1999b
TMV	对 38C13 小鼠 B 淋巴细胞特异的 38C13 scFv	本萨明那烟	小鼠	由纯化的 38C13scFv 免疫的小鼠产生 >10μg/mL 的抗独特型免疫球蛋白。这些小鼠可以在 38C13 肿瘤的致死剂量下得到有益保护	McCormick 等, 1999, 2003
TMV	桦树花粉主要抗原 Betv1	本萨明那烟	小鼠	使用叶片的粗抽提物进行肠道外免疫后的反应程度,与从大肠杆菌诱导或者从花粉提取的蛋白质相当	Krebitz 等,2000
TMV	牛 1 型疱疹病毒的 gDc 蛋白	本萨明那烟	小鼠、牛	此疫苗与粗抽提物肠道外一起使用,能够保护两种动物	Perez-Filgueira 等,2003
TMV	猪传染性腹泻病毒的合成中和表位(COE)	烟草	未测试	高水平表达达到 TSP 的 5%,比用原来 COE 基因时高出 30 倍	Kang 等,2004b
TMV	针对结肠癌抗原的 CO17-1A IgG1	本萨明那烟	未见报道	具有治疗诊断效果	Verch 等,1998
TMV	人类免疫缺陷病毒 HIV-1 Tat 蛋白质	本萨明那烟、菠菜	300μg/g	生产 Tat 的菠菜饲喂小鼠后,没有出现生长方面的副反应,而且启动了由一个表达 Tat 的构造导致的小鼠后续 DNA 免疫	Karasev 等, 2005

续表

所用病毒	表达的多肽或表位	用于感染的植物	保护的物种	免疫特性	参考文献
肽段表达体系					
PVX	人类乳突瘤病毒 16 (HPV-16)的 E7	本萨明那烟	小鼠	肠道外使用叶片抽提物免疫,在 Quil A 作为佐药的情况下可以诱导出抗体和细胞介导的免疫反应	Franconi 等,2002
PPV	RHDV 的 VP60 蛋白	人工接种烟草	兔子	肠道外使用粗抽提物免疫,在佐药存在的情况下可能很好地在高剂量恶性 RHDV 的环境下保护兔子	Fernandez-Fernandez 等, 2001
CPMV	乙肝病毒核心抗原 (HBcAg)	豇豆	未见报道	检测到组装好的乙肝表面抗原颗粒	Mechtcheriakova 等, 2005

业已试验了许多种基于病毒的嵌合体的免疫活性。在大多数实验中，尽管越来越多的证据表明口服、鼻吸等给药方式同样有效，纯化的 CVP 还是采用肠道外给药。一项重要研究发现，在貂和犬体内，含有 VP2 外壳蛋白的 N 端 17 个氨基酸的表位序列的嵌合体能对犬细小病毒产生有效的免疫机制（Daalsgard et al., 1997; Langeveld et al., 2001)。类似地，Koo 等（1999）已经能够表达出带有小鼠肝炎病毒表位（MHV）的嵌合体 TMV。经 MHV 表位免疫的小鼠能生产出高效价的抗体，免受肝炎病毒感染。

为不影响病毒的侵染性，可以直接融合到病毒外壳蛋白的肽段，长度不能太长。为克服此限制，Yusibov 等（1997）开发了一套由 TMV 外壳蛋白的亚基因组启动子控制的 AIMV 外壳蛋白质表达体系。使用这种方法，狂犬病毒的 40 个氨基酸表位和 HIV-1 的 47 个氨基酸序列被融合入 AIMV 外壳蛋白质（Yusibov et al., 1997)。两种微粒产生相应的病毒-中和抗体（virus-neutralizing antiboty)，它能展示狂犬病病毒抗原决定基，保护小鼠免受病毒致死性疾病（Modelska et al., 1998）。

通过不同的病毒载体实现更长肽段的瞬时表达已有报道。例如，基于 TMV 的载体已表达一系列的抗原蛋白：其中，FMDV 产生的 VP1（Wigdorovitz et al., 1999 a, b）在两个独立实验中都能够保护小鼠；桦树花粉主要抗原（Betv1）具有和由大肠杆菌或者桦树花粉提取物相似的免疫反应（Krebitz et al., 2000)；具细胞溶质状（cytosolic）牛疹病毒的 gD 蛋白则能保护小鼠和牛抵抗 BHV-1 病毒（Perez-Filgueira et al., 2003)。PVX 被用于外耳道乳头状瘤病毒 16 的 E7 蛋白。含 E7 蛋白叶片粗提取物免疫小鼠可诱导体液和细胞两种免疫反应，而且在受到表达 E7 的 C3 癌细胞系的胁迫时能够抑制肿瘤发展（Franconi et al., 2002)。研究表明，用细小病毒（PPV）为载体表达兔出血症病毒（RHDV）的 VP60 结构蛋白，免疫的兔子能抵抗致死剂量的 RHDV 病毒的攻击（Fernandez-Fernandez et al., 2001)。

利用植物生产抗体

抗体是一种复杂的糖蛋白，能够特异性地识别并结合靶向抗原。它们对抗原有高特异的结合特性，使得抗体在医药学内外有广泛的应用。在医学中，抗体被用于诊断和治疗疾病，后者包括其作为疫苗的应用。大多数情况下，抗体是通过“被动免疫”来直接消灭病原体，而不是通过刺激病患自身的免疫系统而起作用。然而也有个别实例，抗体或者其片段作为活性免疫源刺激产生抗独特型抗体以治疗B细胞恶性肿瘤。

抗体分子必须进行正确地折叠并组装才能识别其相应的抗原，在植物中生产重组抗体也面临这一挑战。哺乳动物的全长血清抗体由两条相同的重链（H）和轻链（L）通过双硫键结合形成复合分子。每条链的N端可变区决定着抗体的特异性。分泌型抗体通常是由两个典型的血清抗体分子和其他两个肽段（结合和分泌组分）形成双体结构。在哺乳动物中，组装过程需要两种不同的细胞类型，但在植物中则是在一个细胞中完成（Ma et al., 1995; Nicholson et al., 2005）。因为抗原识别完全由每条链的N端可变区所决定，所以有可能产生更小、更简单，但仍然具有良好的特异性的抗体衍生物。在植物中成功表达这种衍生物的例子有：Fab片段、单链抗体Fv分子（scFv）、双特异抗体Fv分子、二聚体（diabodies）、微型抗体、小分子抗体、单链可变域、抗体融合蛋白、巨单链抗体和骆驼重链抗体（综述见 Ma et al., 2003）。诸如scFv之类的抗体衍生物含有特定抗体，重链和轻链的可变区，并由一段连接肽连接。由于抗体衍生物较小而且能够有效地通过组织，因此在诊断和药物靶向方面有着特殊用处。然而当处在单体状态时，它们在中和感染方面的有效性大为降低。表达重组抗体的疫苗生产及其治疗应用领域的主要进展在表2.6.1中有详细介绍。

重组全长抗体

应用植物生产有功能抗体的最初设想是，分别产生低分子质量膦酸酯特异的单克隆抗体的轻链和重链的烟草转化系，然后通过杂交使其组装成IgG分子（Hiatt et al., 1989）。在杂交后，IgG分子的累积量（达到叶片蛋白质含量的1.3%）明显高于原来两个转化系中单链的含量，说明组装对免疫球蛋白的稳定性至关重要。重链和轻链在同一个质粒上表达的时候，也能得到正确的组装（Düring et al., 1990）。错误的免疫球蛋白组装会导致抗原识别和结合能力的下降。在大部分的实例中，单个的轻链、重链或者错误组装的免疫球蛋白的错误折叠都失去功能。目前对哺乳动物血浆中抗体组装机制的理解十分有限。免疫球蛋白的轻链和重链以前体的形式合成，然后信号序列指导它们转入内质网腔内。信号序列在此被切除，诸如压力蛋白BiP、GRP94和二硫键异构酶蛋白等，共同作为伴侣蛋白结合在未组装的重链和轻链上，帮助其完成折叠和组装。在植物中，免疫球蛋白向内质网的通道同样也是必需的，因为如果信号序列没有出现在轻链或重链上，抗体的组装同样不会发生（Hiatt et al., 1989）。然而，不同植物和非植物物种的信号序列对正确的靶向有着共同的作用（Düring et al., 1990; Hein et al., 1991）。植物内质网中与BiP、PDI和GRP94同源的分子伴侣已经见于报道（Denecke et al., 1991; Fontes et al., 1991），而且，免疫球蛋白表达的增长也与这两种蛋白表达量的增长具有相关性。因此，在植物和哺乳动物的折叠和组装机制上似乎存在广泛的同一性。

自从上述的前期研究工作之后，大量的全长抗体在各种不同的体系中表达出来，使用最多的还是转基因体系（Daniell et al., 2001a; Fischer et al., 2003; Khoudi et al., 1999; Stoger et al., 2002）。其中最具影响力的研究是烟草（Ma et al., 1995）及水稻（Nicholson et al., 2005）中对功能的分泌IgA/G嵌合体的生产。IgA是基于Guys 13的单克隆抗体，该抗体能够结合在导致龋齿的变形链球菌（sheprocoums mutans）的表面蛋白上。局部施药该单抗对变形链球菌具有抑制作用，如果该单抗的成本能够降低且稳定，这将为我们提供了一种防治龋齿的方法。为了组装完整的分泌抗体，重链、轻链、连接链和信号序列四条链被分别转入不同的烟草转化系中，然后对其进行杂交（Ma et al.，1995）。含4个外源基因的转基因系最终产生了大量的组装后抗体，这些抗体被检测出具有结合变形链球菌的活性（Ma et al.，1998）。Guys 13 SIgA-G 植物抗体技术的执照已经颁发给 Planet Biotechnology Inc. 公司，并以 CaroRx™ 的商品名进入了临床试验二期。试验表明，局部用药将链球菌清除出口腔后，能够在数月内抑制链球菌的生长（Ma et al.，2003）。

另一个例子是在大豆中有关人体化全长 IgG1 的成功表达，该免疫球蛋白对二型单纯性疱疹病毒［HSV-2］的糖蛋白 B 有免疫活性。此抗体与原始的单抗活性一致，并且能够避免小鼠对 HSV-2 病毒的阴道传染（Zeitlin et al.，1998）。这项技术现在已相当成熟，如果该抗体能够在人身上有同样的效果，我们就有了一种廉价有效地阻止性传播疾病的预防方法。

转基因技术在生产全长抗体上已有广泛应用，同样地，在瞬时表达和病毒载体体系方面也有很多成功的实例。全长抗体 T84.66 是一种能够识别癌胚抗原（CEA）的抗体，使用农杆菌渗入法这种抗体在烟草叶片中已得到表达（Vaquero et al.，1999），并被广泛应用于癌症的诊断和治疗上。同样，CO17-1A 单克隆抗体是一种对食管癌抗原特异的抗体，用基于 TMV 的载体在 N. benthamiana 烟草中同样表达了单独的轻链和重链（Verch et al.，1998）。

重组抗体衍生物

由于其结构相对简单，scFv 之类的抗体衍生物在植物表达体系（包括转基因体系和病毒载体体系）中也一直具有特别的魅力。例如，scFv 84.66 对癌胚抗原具有特异性，为了测定比较表达效率和质量，对该衍生物已经在不同的植物体系中研究，包括水稻细胞培养（Torres et al.，1999）、水稻、小麦、番茄、豌豆和烟草等（Perrin et al.，2000；Stoger et al.，2000；Vaquero et al.，2002）植株。研究也已证实，在经6个月常温储存种子中 scFv 的含量水平不会显著减少，另一项研究表明，经历3年冷冻之后仍保持其抗原结合活性。

大量的实验表明转基因蛋白会在多种植物种子中积累，包括烟草（Fiedler and Conrad，1995）、玉米（Hood and Jilka，1999；Russell，1999）和大豆（Zeitlin et al.，1998）。由 scFv 84.66 和白细胞介素-2 形成的融合蛋白可以用来在肿瘤组织旁边激活淋巴因子激活的杀伤细胞（lymphokine-activated killer cells）和肿瘤浸润淋巴细胞（tumor-infiltrating lymphocytes）（Ma et al.，2003）。使用病毒载体的研究为数不多，其中有一项涉及使用 TMV 载体在 *N. benthamiana* 烟草中表达一个 scFv 分子，与一个小鼠淋巴瘤细胞系表面抗体对应（McCormick et al.，1999）。产生于植物中的 scFv 能够刺激小鼠产生抗独特型抗体，可以抵抗淋巴瘤细胞系 38C13 的侵袭。通过进一步改进，该系统有希望生产出能够识别恶性 B 细胞表面标记物的特异性抗体，这将对治疗非霍奇金淋巴瘤等人类疾病发挥重大作用。基于 TMV 病毒感染的植物体系生产抗体，也提供了一种快速、小规模的使用独特抗体治疗个体疾病的策略。Large Scale Biology Corporation（LSBC）公司已经完成了这种抗体的一期试验。

展望

作为表达重组蛋白质的通用体系，植物与其他技术相比颇有竞争力。这一体系包括疫苗的生产和纯化，用作肠外给药。尽管已经有许多实验室水平的试验证明，植物表达的多肽和蛋白质能够提供保护性免疫，但是在实际应用之前依然存在一些实际应用和法律方面的问题需要考虑。这些因素包括：大规模生产的相关设备；对转基因植物和基因修饰病毒传播的安全性；植物表达蛋白和其他常规方法生产蛋白质之间的对等性等（Miele，1997）。

在口服疫苗的特殊领域，尽管利用可食用的植物具有明显的优势，同时带来了挑战：诸如剂量的控制、佐剂的配比；免疫反应的整体控制等。口服免疫反应很大程度上依赖于合适的配合药物的共同作用，这些因素会启动和支持从先天自然免疫到后天获得性免疫的转化。三种细菌产品最具有潜力的黏膜免疫佐剂（mucosal adjuvant）（Freytag and Clements，2005）。它们是 ADP 核糖化肠毒素（ADP-ribosylating enterotoxin），即霍乱毒素（cholera toxin，CT）、大肠杆菌不耐热肠毒素（heat-labile enterotoxin）、含有未甲基化 CpG 双核甘酸（CpG ODN）和单磷酸类脂 A（monophosphoryl lipid A，MPL）合成寡核苷酸。然而，这些佐剂有非常高的毒性，因此，在人身上的使用受到严格限制。在过去的几年中，位点突变技术使得 LT 和 CT 突变体的出现，它们能够在保持其佐药作用的同时，完全满足对黏膜无毒性或者明显低毒的要求。LTK63（完全无毒）和 LTR72（有残余的毒性）两种突变体已经被证实在不同动物体内和十分广谱的抗原存在佐剂活性。结合 LTK63 和 LTK72 突变体的抗原黏膜给药（鼻吸和口服）也已经被证明对适当的动物模型疾病（如破伤风、幽门螺旋杆菌、百日咳、肺炎双球菌和流感等症状）能够起到保护作用（Pizza et al.，2001）。

通过质体转化技术得到的烟草叶绿体中 LTK63 表达可达总的可溶性蛋白 3.7%（Kang et al.，2004a）。植物生产疫苗的进展还包括二代食用疫苗、同时针对多种病原的多组分疫苗等。在这个领域中，Yu 和 Langridge（2001）已经在马铃薯中生产出了轮状病毒肠毒素和 ETEC 菌毛黏着抗原 B 和 A2 亚基相互融合的蛋白质。在此方法中，CT 为针对轮状病毒的保护性表位呈现提供了支架，而 ETEC 则是作为疫苗的候选物和无毒的黏膜佐药而存在。这种三价食用疫苗饲喂小鼠后除能够激发特异的体液反应外，还能成功提高 B 记忆细胞和 T 辅助细胞免疫反应，这是免疫成功的一个重要里程碑。其他的一些实例列于表 2.6.1。

更为困难的是对免疫反应的控制，尤其是口服耐受性的克服，此观点 Wells and Osbourne 早在 1910 年就已经提到（reviewed in Ma，2001）。口服用药耐受性被描述为一种黏膜给药后的特异性无应答状态，这显然是一个我们很不愿意看到的结果，但是如何避免这种反应还是不够清楚（Hershberg and Mayer，2000）。从某种程度上讲，抗原剂量控制和 CT 或者 LT 非毒性衍生物作为黏膜免疫佐剂佐药的应用将有可能解决这个问题，但是不管是源于植物还是其他生物，给药耐受性可能依然是口服给药方式面临的主要问题。

致谢

感谢来自 BBSRC 基金的支持！感谢 Framework 5 Quality of Life Program (contract no QLK2-CT-2002 - 01050) 和 Framework 6 'PharmaPlanta' Project. 项目的支持！

参考文献

Ahlquist, P., French, R., Janda, M. and Loesch-Fries, S. (1984) Multicomponent RNA plant virus infection derived from cloned viral cDNA. *Proceedings of the National Academy of Sciences USA* **81**, 7066–7070.

Arakawa, T., Chong, D.K. and Langridge, W.H. (1998a) Efficacy of a food plant-based oral cholera toxin B subunit vaccine. *Nature Biotechnology* **16**, 292–297.

Arakawa, T., Yu, J., Chong, D.K., Hough, J., Engen, P.C. and Langridge, W.H. (1998b) A plant-based cholera toxin B subunit-insulin fusion protein protects against the development of autoimmune diabetes. *Nature Biotechnology* **16**, 934–938.

Arakawa, T., Chong, D.K.X., Merritt, J.L. and Langridge, W.H.R. (1997) Expression of cholera toxin B subunit oligomers in transgenic potato. *Transgenic Research* **6**, 403–413.

Arakawa, T., Yu, J. and Langridge, W.H.R. (2001) Synthesis of a cholera toxin B subunit-rotavirus NSP4 fusion protein in potato. *Plant Cell Reports* **20**, 343–348.

Bae, J-L., Lee, J-G., Kang, T-J., Jang, H-S., Jang, Y-S. and Yang, M-S. (2003) Induction of antigen-specific systemic and mucosal immune responses by feeding animals transgenic plants expressing the antigen. *Vaccine* **21**, 4052–4058.

Bouquin, T., Thomsen, M., Nielsen, L.K., Green, T.H., Mundy, J. and Dziegiel, M.H. (2002) Human anti-Rhesus D IgG1 antibody produced in transgenic plants. *Transgenic Research* **11**, 115–122.

Brennan, F.R., Jones, T.D., Gilleland, L.B., Bellaby, T., Xu, F., North, P.C., Thompson, A., Staczek, J., Lin, T., Johnson, J.E., Hamilton, W.D. and Gilleland, H.E., Jr. (1999) *Pseudomonas aeruginosa* outer-membrane protein F epitopes are highly immunogenic in mice when expressed on a plant virus. *Microbiology* **145**, 211–220.

Briggs, K., Zeitlin, L., Wang, F., Chen, L., Fitchen, J., Glynn, J., Lee, V., Zhang, S. and Whalley, K. (2001) An anti-HSV antibody produced in transgenic rice plants prevents vaginal HSV-2 infection in mice. *AIDS* **15**, S19–S20.

Butaye, K.M.J., Goderis, I.J.W.M., Wouters, P.F.J., Pues, J.M.T.G., Delaure, S.L., Broekaert, W.F., Depicker, A., Cammue, B.P.A. and De Bolle, M.F.C. (2004) Stable high-level transgene expression in *Arabidopsis thaliana* using gene silencing mutants and matrix attachment regions. *Plant Journal* **39**, 440–449.

Carrillo, C., Wigdorovitz, A., Oliveros, J.C., Zamorano, P.I., Sadir, A.M., Gomez, N., Salinas, J., Escribano, J.M. and Borca, M.V. (1998) Protective immune response to foot-and-mouth disease virus with VP1 expressed in transgenic plants. *Journal of Virology* **72**, 1688–1690.

Carrillo, C., Wigdorovitz, A., Trono, K., Dus Santos, M.J., Castanon, S., Sadir, A.M., Ordas, R., Escribano, J.M. and Borca, M.V. (2001) Induction of a virus specific antibody response to foot and mouth disease virus using the structural protein VP1 expressed in transgenic potato plants. *Viral Immunology* **14**, 49–57.

Castanon, S., Marin, M.S., Martin-Alonso, J.M., Boga, J.A., Casais, R., Humara, J.M., Ordas, R.J. and Parra, F. (1999) Immunization with potato plants expressing VP60 protein protects against rabbit hemorrhagic disease virus. *Journal of Virology* **73**, 4452–4455.

Christou, P. (1995) Particle bombardment. *Methods in Cell Biology* **50**, 375–382.

Cone, R.A. and Whaley, K.J. Topical application of antibodies for contraception and for prophylaxis against sexually transmitted diseases. *US patent* 6; 355, 235.

Dalsgaard, K., Uttenthal, Å., Jones, T.D., Xu, F., Merryweather, A., Hamilton, W.D., Langeveld, J.P., Boshuizen, R.S., Kamstrup, S., Lomonossoff, G.P., Porta, C., Vela, C., Casal, J.I., Meloen, R.H. and Rodgers, P.B. (1997) Plant-derived vaccine protects target animals against a viral disease. *Nature Biotechnology* **15**, 248–252.

Daniell, H., Chebolu, S., Kumar, S., Singleton, M. and Falconer, R. (2005) Chloroplast-derived vaccine antigens and other therapeutic proteins. *Vaccine* **23**, 1779–1783.

Daniell, H., Lee, S.B., Panchal, T., Wiebe and P.O. (2001b) Expression of the native cholera toxin B subunit gene and assembly as functional oligomers in transgenic tobacco chloroplasts. *Journal of Molecular Biology* **311**, 1001–1009.

Daniell, H., Streatfield, S.J. and Wycoff, K. (2001a) Medical molecular farming: production of antibodies, biopharmaceuticals and edible vaccines in plants. *Trends in Plant Science* **6**, 219–226.

De Cosa, B., Moar, W., Lee, S-B., Miller, M. and Daniell, H. (2001) Overexpression of the Bt cry2As2 operon in chloroplasts leads to formation of insecticidal crystals. *Nature Biotechnology* **19**, 71–74.

Decker, E.L. and Reski, R. (2004) The moss bioreactor. *Current Opinion in Plant Biology* **7**, 166–170.

Denecke, J., Goldman, M.H.S., Demolder, J., Seurinck, J. and Botterman, J. (1991) The tobacco luminal binding-protein is encoded by a multigene family. *Plant Cell* **3**, 1025–1035.

Düring, K., Hippe, S., Kreuzaler, F. and Schell, J. (1990) Synthesis and self-assembly of a functional monoclonal antibody in transgenic *Nicotiana tabacum*. *Plant Molecular Biology* **15**, 281–293.

Dus Santos, M.J., Carrillo, C., Ardila, F., Rios, R.D., Franzone, P., Piccone, M.E., Wigdorovitz, A. and Borca, M.V. (2005) Development of transgenic alfalfa plants containing the foot and mouth disease virus structural polyprotein gene *P1* and its utilization as an experimental immunogen. *Vaccine* **23**, 1838–1843.

Ehsani, P., Khabiri, A. and Domansky, N.N. (1997) Polypeptides of hepatitis B surface antigen in transgenic plants. *Proceedings of the National Academy of Sciences USA* **190**, 107–111.

Fernandez-Fernandez, M.R., Martinez-Torrecuadrada, J.L., Casal, J.I. and Garcia, J.A. (1998) Development of an antigen presentation system based on plum pox potyvirus. *FEBS Letters* **427**, 229–235.

Fernandez-Fernandez, M.R., Mourino, M., Rivera, J., Rodriguez, F., Plana-Duran, J. and Garcia, J.A. (2001) Protection of rabbits against rabbit hemorrhagic disease virus by immunization with the VP60 protein expressed in plants with a potyvirus-based vector. *Virology* **280**, 283–291.

Fiedler, U. and Conrad, U. (1995) High-level production and long-term storage of engineered antibodies in transgenic tobacco seeds. *Biotechnology* **13**, 1090–1093.

Fiedler, U., Philips, J., Artsaenko, O. and Conrad, U. (1997) Optimization of scFv antibody production in transgenic plants. *Immunotechnology* **3**, 205–216.

Fischer, R. and Emmans, N. (2000) Molecular pharming of pharmaceutical proteins. *Transgenic Research* **9**, 279–299.

Fischer, R., Liao, Y.C. and Drossard, J. (1999) Affinity-purification of a TMV-specific recombinant full-size antibody from a transgenic tobacco suspension culture. *Journal of Immunological Methods* **226**, 1–10.

Fischer, R., Stoger, E., Schillberg, S., Christou, P. and Twyman, R.M. (2004) Plant-based production of biopharmaceuticals. *Current Opinion in Plant Biology* **7**, 152–158.

Fischer, R., Twyman, R.M. and Schillberg, S. (2003) Production of antibodies in plants and their use for global health. *Vaccine* **21**, 820–825.

Fitchen, J., Beachy, R.N. and Hein, M.B. (1995) Plant virus expressing hybrid coat protein with added murine epitope elicits autoantibody response. *Vaccine* **13**, 1051–1057.

Fontes, E.B.P., Shank, B.B., Wrobel, R.L., Moose, S.P., O'Brian, G.R., Wurtzel, E.T. and Boston, R.S. (1991) Characterization of an immunoglobulin binding-protein homolog in the maize floury-2 endosperm mutant. *Plant Cell* **3**, 483–496.

Francisco, J.A., Gawlak, S.L., Miller, M., Bathe, J., Russell, D., Chace, D., Mixan, B., Zhao, L.,

Fell, H.P. and Siegall, C.B. (1997) Expression and characterization of bryodin 1 and a bryodin 1-based single-chain immunotoxin from tobacco cell culture. *Bioconjugate Chemistry* **8**, 708–713.

Franconi, R., Di Bonito, P., Dibello, F., Accardi, L., Muller, A., Cirilli, A., Simeone, P., Dona, M.G., Venuti, A. and Giorgi, C. (2002) Plant derived-human papillomavirus 16 E7 oncoprotein induces immune response and specific tumour protection. *Cancer Research* **62**, 3654–3658.

Franklin, S.E. and Mayfield, S.P. (2004) Prospects for molecular farming in the green alga *Chlamydomonas reinhardtii*. *Current Opinion in Plant Biology* **7**, 1–7.

Freytag, L.C. and Clements, J.D. (2005) Mucosal adjuvants. *Vaccine* **23**, 1804–1813.

Galeffi, P., Lombardi, A., Donato, M.D., Latini, A., Sperandei, M., Cantale, C. and Giacomini, P. (2005). Expression of single-chain antibodies in transgenic plants. *Vaccine* **23**, 1823–1827.

Gallie, D.R. and Walbot, V. (1992) Identification of the motifs within the tobacco mosaic virus 5′-leader responsible for enhancing translation. *Nucleic Acids Research* **20**, 4631–4638.

Gasdaska, J.R., Spencer, D. and Dickey, L. (2003) Advantages of therapeutic protein production in the aquatic plant *Lemna*. *Bioprocessing Journal* **2**, 49–56.

Gilleland, H.E., Gilleland, L.B., Straczek, J., Harty, R.N., Garcia-Sastre, A., Palese, P., Brennan, R.F., Hamilton, W.D., Bendahmane, M. and Beacky, R.N. (2000) Chimeric animal and plant viruses expressing epitopes of outer membrane protein F as a combined vaccine against *Pseudomonas aeruginosa* lung infection. *FEMS Immunology and Medical Microbiology* **27**, 291–297.

Gomez, N., Carrillo, C., Salinas, J., Parra, F., Borca, M.V. and Escribano, J.M. (1998) Expression of immunogenic glycoprotein S polypeptides from transmissible gastroenteritis coronavirus in transgenic plants. *Virology* **249**, 352–358.

Haq, T.A., Mason, H.S., Clements, J.D. and Arntzen, C.J. (1995) Oral immunization with a recombinant bacterial antigen produced in transgenic plants. *Science* **268**, 714–716.

Hein, M.B., Tang, Y., McLeod, D.A., Janda, K.D. and Hiatt, A.C. (1991) Evaluation of immunoglobulins from plant cells. *Biotechnology Progress* **7**, 455–461.

Hein, M.B., Yeo, T-C., Wang, F. and Sturtevant, A. (1996) Expression of cholera toxin subunits in plants. *Annals of the New York Academy of Sciences* **792**, 50–56.

Hershberg, R.M. and Mayer, L.F. (2000) Antigen processing and presentation by intestinal epithelial cells—polarity and complexity. *Immunology Today* **21**, 123–128.

Hiatt, A., Cafferkey, R. and Bowdish, K. (1989) Production of antibodies in transgenic plants. *Nature* **342**, 76–78.

Hood E.E., Woodard, S.L. and Horn, M.E. (2002) Monoclonal antibody manufacturing in transgenic plants—myths and realities. *Current Opinion in Biotechnology* **13**, 630–635.

Hood, E.E. and Jilka, J.M. (1999) Plant-based production of xenogenic proteins. *Current Opinion in Biotechnology* **10**, 382–386.

Horsch, R.B., Fry, J.E., Hoffmann, N.L., Eichholtz, D., Rogers, S.G. and Fraley, R.T. (1985) A simple and general method for transferring genes into plants. *Science* **227**, 1229–1231.

Hull, A.K., Criscuolo, C.J., Mett, V., Groen, H., Steeman, W., Westra, H., Chapman, G., Legutki, B., Baillie, L. and Yusibov, V. (2005) Human-derived, plant-produced monoclonal antibody for the treatment of anthrax. *Vaccine* **23**, 2082–2086.

Joelson, T., Åkerblom, L., Oxelfelt, P., Strandberg, B., Tomenius, K. and Morris, T.J. (1997) Presentation of a foreign peptide on the surface of tomato bushy stunt virus. *Journal of General Virology* **78**, 1213–1217.

Kang, T-J., Han, S-C., Kim, M-Y., Kim, Y-S. and Yang M-S. (2004a) Expression of non-toxic mutant of *Escherichia coli* heat-labile enterotoxin in tobacco chloroplasts. *Protein Expression and Purification* **38**, 123–128.

Kang, T-J., Kang, K-H., Kim, J-A., Kwon, T-H., Jang, Y-S. and Yang, M-S. (2004b) High-level expression of the neutralizing epitope of porcine epidemic diarrhea virus by a tobacco mosaic virus-based vector. *Protein Expression and Purification* **38**, 129–135.

Kang, T-J., Kim, Y-S., Jang, Y-S. and Yang, M-S. (2005) Expression of the synthetic neutralizing epitope gene of porcine epidemic diarrhea virus in tobacco plants without nicotine. *Vaccine* **23**, 2294–2297.

Kapila, J., De Rycke, R., Van Montagu, M. and Angenon, G. (1997) An *Agrobacterium*-mediated transient gene expression system for intact leaves. *Plant Science* **122**, 101–108.

Kapusta, A., Modelska, A., Figlerowicz, M., Pniewski, T., Letellier, M., Lisowa, O., Yusibov, V., Koprowski, H., Plucienniczak, A. and Legocki, A.B. (1999) A plant-derived edible vaccine against hepatitis B virus. *FASEB Journal* **13**, 1796–1799.

Kapusta, J., Modelska, A., Pniewski, T., Figlerowicz, M., Jankowski, K., Lisowa, O., Plucienniczak, A., Koprowski, H. and Legocki, A.B. (2001) Oral immunization of human with transgenic lettuce expressing hepatitis B surface antigen. *Advances in Experimental Medicine and Biology* **495**, 299–303.

Karasev, A.V., Foulke, S., Wellens, C., Rich, A., Shon, K.J., Zwierzynski, I., Hone, D., Koprowski, H. and Reitz, M. (2005) Plant based HIV-1 vaccine candidate: Tat protein produced in spinach. *Vaccine* **23**, 1875–1880.

Kawaguchi, R. and Bailey-Serres, J. (2002) Regulation of translational initiation in plants. *Current Opinion in Plant Biology* **5**, 460–465.

Khoudi, H., Laberge, S., Ferullo, J.M., Bazin, R., Darveau, A., Castonguay, Y., Allard, G., Lemieux, R. and Vezina, L.P. (1999) Production of a diagnostic monoclonal antibody in perennial alfalfa plants. *Biotechnology and Bioengineering* **64**, 135–143.

Kim, T.G. and Langridge, W.H.R. (2003) Assembly of cholera toxin B subunit full-length rotavirus NSP4 fusion protein oligomers in transgenic potato. *Plant Cell Reports* **21**, 884–890.

Ko, K., Tekoah, Y., Rudd, P.M., Harvey, D.J., Dwek, R.A., Spitsin, S., Hanlon, C.A., Rupprecht, C., Dietzschold, B., Golovkin, M. and Koprowski, H. (2003) Function and glycosylation of plant-derived antiviral monoclonal antibody. *Proceedings of the National Academy of Sciences USA* **100**, 8013–8018.

Koo, M., Bendahmane, M., Lettieri, G.A., Paoletti, A.D., Lane, T.E., Fitchen, J.H., Buchmeier, M.J. and Beachy, R.N. (1999) Protective immunity against murine hepatitis virus (MHV) induced by intranasal or subcutaneous administration of hybrids of tobacco mosaic virus that carries an MHV epitope. *Proceedings of the National Academy of Sciences USA* **96**, 7774–7779.

Krebitz, M., Wiedermann, U., Essl, D., Steinkellner, H., Wagner, B., Turpen, T.H., Ebner, C., Scheiner, O. and Breiteneder, H. (2000) Rapid production of the major birch pollen allergen Betv 1 in *Nicotiana benthamiana* plants and its immunological *in vitro* and *in vivo* characterization. *FASEB Journal* **14**, 1279–1288.

Kuroda, H. and Maliga, P. (2001) Sequences downstream of the translation initiation codon are important determinants of translation efficiency in chloroplasts. *Plant Physiology* **125**, 430–436.

Kusnadi, A.R., Nikolov, Z.L. and Howard, J.A. (1997) Production of recombinant proteins in transgenic plants: practical considerations. *Biotechnology and Bioengineering* **56**, 473–484.

Lamphear, B.J., Streatfield, S.J., Jilka, J.A., Brooks, C.A., Barker, D.K., Turner, D.D., Delaney, D.E., Garcia, M., Wiggins, B., Woodard, S.L., Hood, E.E., Tizard, I.R., Lawhorn, B. and Howard, J.A. (2002) Delivery of subunit vaccines in maize seed. *Journal of Controlled Release* **83**, 169–180.

Langeveld, J.P., Brennan, F.R., Martinez-Torrecuadrada, J.L., Jones, T.D., Boshuizen, R.S., Vela, C., Casal, J.I., Kamstrup, S., Dalsgaard, K., Meloen, R.H., Bendig, M.M. and Hamilton, W.D. (2001) Inactivated recombinant plant virus protects dogs from a lethal challenge with canine parovovirus. *Vaccine* **19**, 3661–3670.

Legocki, A.B., Miedzinska, K., Czaplinska, M., Plucieniczak, A. and Wedrychowicz, H. (2005) Immunoprotective properties of transgenic plants expressing E2 glycoprotein from CSFV and cysteine protease from *Fasciola hepatica*. *Vaccine* **23**, 1844–1846.

Lomonossoff, G.P. and Johnson, J.E. (1996) Use of macromolecular assemblies as expression systems for peptides and synthetic vaccines. *Current Opinion in Structural Biology* **6**, 176–182.

Ma, JK-C. (2001) Genes, greens and vaccines. *Nature Biotechnology* **18**, 1141–1142.

Ma, JK-C., Drake, P.M.W. and Christou, P. (2003) The production of recombinant pharmaceutical proteins in plants. *Nature Reviews Genetics* **4**, 794–805.

Ma, JK-C., Hiatt, A., Hein, M., Vine, N.D., Wang, F., Stabila, P., Vandolleweerd, C., Mostov, K. and Lehner, T. (1995) Generation and assembly of secretory antibodies in plants. *Science* **268**, 716–719.

Ma, JK-C., Hikmat, B.Y., Wycoff, K., Vine, N.D., Chargelegue, D., Yu, L., Hein, M.B. and Lehner, T. (1998) Characterization of a recombinant plant monoclonal secretory antibody and preventive immunotherapy in humans. *Nature Medicine* **4**, 601–606.

Ma, S-W., Zhao, D.L., Yin, Z.Q., Mukherjee, R., Singh, B., Qin, H.Y., Stiller, C.R. and Jevnikar, A.M. (1997) Transgenic plants expressing autoantigens fed to mice to induce oral immune tolerance. *Nature Medicine* **3**, 793–796.

Maliga, P. (2002) Engineering the plastid genome of higher plants. *Current Opinion in Plant Biology* **5**, 164–172.

Mallory, A.C., Parks, G., Endres, M.W., Baulcombe, D., Bowman, L.H., Pruss, G.J. and Vance, V.B. (2002) The amplicon-plus system for high-level expression of transgenes in plants. *Nature Biotechnology* **20**, 622–625.

Marusic, C., Rizza, P., Lattanzi, L., Mancini, C., Spada, M., Belardelli, F., Benvenuto, E. and Capone, I. (2001) Chimeric plant virus particles as immunogens for inducing murine and human immune responses against human immunodeficiency virus type 1. *Journal of Virology* **75**, 8434–8439.

Mason, H.S., Ball, J.M., Shi, J-J., Jiang, X., Estes, M.K. and Arntzen, C.J. (1996) Expression of Norwalk virus capsid protein in transgenic tobacco and potato and its oral immunogenicity in mice. *Proceedings of the National Academy of Sciences USA* **93**, 5340–5353.

Mason, H.S., Haq, T.A., Clements, J.D. and Arntzen, C.J. (1998) Edible vaccine protects mice against *Escherichia coli* heat-labile enterotoxin (LT): potatoes expressing a synthetic *LT-B* gene. *Vaccine* **16**, 1336–1343.

Mason, H.S., Lam, DM-K. and Arntzen, C.J. (1992) Expression of hepatitis B surface antigen in transgenic plants. *Proceedings of the National Academy of Sciences USA* **89**, 11745–11749.

Mayfield, S.P., Franklin, S.E. and Lerner, R.A. (2003) Expression and assembly of a fully active antibody in algae. *Proceedings of the National Academy of Sciences USA* **100**, 438–442.

McCormick, A.A., Kumagai, M.H., Hanley, K., Turpen, T.H., Hakim, I., Grill, L.K., Tuse, D., Levy, S. and Levy, R. (1999) Rapid production of specific vaccines for lymphoma by expression of the tumor-derived single-chain Fv epitopes in tobacco plants. *Proceedings of the National Academy of Sciences USA* **96**, 703–708.

McCormick, A.A., Reinl, S.J., Cameron, T.I., Vojdani, F., Fronefield, M., Levy, R. and Tuse, D. (2003) Individualized human scFv vaccines produced in plants: humoral anti-idiotype responses in vaccinated mice confirm relevance to the tumor IgG. *Journal of Immunological Methods* **278**, 95–104.

McGarvey, P.B., Hammond, J., Dienelt, M.M., Hooper, D.C., Fu, Z.F., Dietzschold, B., Kiprowski, H. and Michaels, F.H. (1995) Expression of the rabies virus glycoprotein in transgenic tomatoes. *Biotechnology* **13**, 1484–1487.

Mechtcheriakova, I.A., Eldarov, M.A., Nicholson, L., Shanks, M., Skryabin, K.G. and Lomonossoff, G.P. (2005). The use of viral vectors to produce hepatitis B virus core particles in plants. J. Virol. Meth., **in press.**

Miele, L. (1997) Plants as bioreactors for biopharmaceuticals: regulatory considerations. *Trends in Biotechnology* **15**, 45–50.

Modelska, A., Dietzschold, B., Sleysh, N., Fu, Z.F., Steplewski, K., Hooper, D.C., Koprowski, H and Yusibov, V. (1998) Immunization against rabies with plant-derived antigen. *Proceedings of the National Academy of Sciences USA* **95**, 2481–2485.

Molina, A., Hervas-Stubbs, S., Daniell, H., Mingo-Castel, A.M. and Veramendi, J. (2004) High-yield expression of a viral peptide animal vaccine in transgenic tobacco chloroplasts. *Plant Biotechnology Journal* **2**, 141–153.

Monde, R.A., Schuster, G. and Stern, D.B. (2000) Processing and degradation of chloroplast mRNA. *Biochimie* **82**, 573–582.

Nemchinov, L.G., Liang, T.J., Rifaat, M.M., Mazyad, H.M., Hadidi, A. and Keith, J.M. (2000) Development of a plant-derived subunit vaccine candidate against hepatitis C virus. *Archives of Virology* **145**, 2557–2573.

Nicholson, L., Gonzalez-Melendi, P., van Dolleweerd, C., Tuck, H., Perrin, Y., Ma, JK-C., Fischer, R., Christou, P. and Stoger, E. (2005) A recombinant multimeric immunoglobulin expressed in rice shows assembly-dependent subcellular localization in endosperm cells. *Plant Biotechnology Journal* **3**, 115–127.

Padidam, M. (2003) Chemically regulated gene expression in plants. *Current Opinion in Plant Biology* **6**, 169–177.

Perez-Filgueira, D.M., Zamorano, P.I., Dominguez, M.G., Taboga, O., Del Medico, M.P., Puntel, M., Romera, S.A., Morris, T.J., Borca, M.V. and Sadir, A.M. (2003) Bovine herpes virus gD protein produced in plants using a recombinant tobacco mosaic virus (TMV) vector possesses authentic antigenicity. *Vaccine* **21**, 4201–4209.

Perrin, Y., Vaquero, C., Gerrard, I., Sack, M., Drossard, J., Stoger, E., Christou, P. and Fischer, R. (2000) Transgenic pea seeds as bioreactors for the production of a single-chain Fv fragment (scFv) antibody used in cancer diagnosis and therapy. *Molecular Breeding* **6**, 345–352.

Pizza, M., Giuliani, M.M., Fontana, M.R., Monaci, E., Douce, G., Dougan, G., Mills, K.H.G., Rappuoli, R. and Del Giudice, G. (2001) Mucosal vaccines: non toxic derivatives of LT and CT as mucosal adjuvants. *Vaccine* **19**, 2534–2541.

Rennermalm, A., Li, Y.H., Bohaufs, L., Jarstrand, C., Brauner, A., Brennan, F.R. and Flock, J.I. (2001) Antibodies against a truncated *Staphylococcus aureus* fibronectin-binding protein protect against dissemination of infection in the rat. *Vaccine* **19**, 3376–3383.

Ritcher, L.J., Thanavala, Y., Arntzen, C.J. and Mason, H.S. (2000) Production of hepatitis B surface antigen in transgenic plants for oral immunization. *Nature Biotechnology* **18**, 1167–1171.

Russell, D.A. (1999) Feasibility of antibody production in plants for human therapeutic use. *Current Topics in Microbiology and Immunology* **236**, 119–137.

Smith, M.L., Ritcher, L., Arntzen, C.J., Shuler, M.L. and Mason, H.S. (2003) Structural characterization of plant-derived hepatitis B surface antigen employed in oral immunization studies. *Vaccine* **21**, 4011–4021.

Staczek, J., Bendahmane, M., Gilleland, L.B., Beachy, R.N. and Gilleland, H.E., Jr. (2000) Immunization with a chimeric tobacco mosaic virus containing an epitope of outer membrane protein F of *Pseudomonas aeruginosa* provides protection against challenge with *P. aeruginosa*. *Vaccine* **18**, 2266–2274.

Stoger, E., Sack, M., Fischer, R. and Christou, P. (2002) Plantibodies: applications, advantages and bottlenecks. *Current Opinion in Biotechnology* **13**, 161–166.

Stoger, E., Vaquero, C., Torres, E., Sack, M., Nicholson, L., Drossard, J., Williams, S., Keen, D., Perrin, Y., Christou, P. and Fischer, R. (2000) Cereal crops as viable production and storage systems for pharmaceutical scFv antibodies. *Plant Molecular Biology* **42**, 583–590.

Streatfield, S.J., Jilka, J.M., Hood, E.E., Turner, D.D., Bailey, M.R., Mayor, J.M., Woodard, S.L., Beifuss, K.K., Horn, M.E., Delaney, D.E., Tizard, I.R. and Howard, J.A. (2001) Plant-based vaccines: unique advantages. *Vaccine* **19**, 2742–2748.

Streatfield, S.J., Lane, J.R., Brooks, C.A., Barker, D.K., Poage, M.L., Mayor, J.M., Lamphear, B.J., Drees, C.F., Jilka, J.M., Hood, E.E. and Howard, J.A. (2003) Corn as a production system for human and animal vaccines. *Vaccine* **21**, 812–815.

Svab, Z., Hajdukiewicz, P. and Maliga, P. (1990) Stable transformation of plastids in higher plants. *Proceedings of the National Academy of Sciences USA* **87**, 8526–8530.

Tackaberry, E.S., Dudani, A.K., Prior, F., Tocchi, M., Sardana, R., Altosaar, I. and Ganz, P.R. (1999) Development of biopharmaceuticals in plant expression systems: cloning, expression, and immunological reactivity of human cytomegalovirus glycoprotein B (UL55) in seeds of transgenic tobacco. *Vaccine* **17**, 3020–3029.

Tacket, C.O., Mason, H.S., Losonsky, G., Clements, J.D., Levine, M.M. and Arntzen, C.J. (1998) Immunogenecity in humans of a recombinant bacterial-antigen delivered in transgenic potato. *Nature Medicine* **4**, 607–609.

Tacket, C.O., Mason, H.S., Losonsky, G., Estes, M.K., Levine, M.M., Arntzen and C.J. (2000) Human immune responses to a novel Norwalk virus vaccine delivered in transgenic potatoes. *Journal of Infectious Diseases* **182**, 302–305.

Tacket, C.O., Pasetti, M.F., Edelman, R., Howard, J.A. and Streatfield, S. (2004) Immunogenicity of recombinant LT-B delivered orally to humans in transgenic corn. *Vaccine* **22**, 4385–4389.

Thanavala, Y., Mahoney, M., Pal, S., Scott, A., Ritcher, L., Natarajan, N., Goodwin, P., Arntzen, C.J. and Mason, H.S. (2005) Immunogenicity in humans of an edible vaccine for hepatitis B. *Proceedings of the National Academy of Sciences USA* **102**, 3378–3382.

Thanavala, Y., Yang, Y-F., Lyons, P., Mason, H.S. and Arntzen, C.J. (1995) Immunogenecity of transgenic plant-derived hepatitis B surface antigen. *Proceedings of the National Academy of Sciences USA* **92**, 3358–3361.

Torres, E., Vaquero, C., Nicholson, L., Sack, M., Stoger, E., Drossard, J., Christou, P. and Fischer, R. (1999) Rice cell culture as an alternative production system for functional diagnostic and therapeutic antibodies. *Transgenic Research* **8**, 441–449.

Tregoning, J.S., Nixon, P., Kuroda, H., Svab, Z., Clare, S., Bowe, F., Fairweather, N., Ytterberg, J., van Wijk, K.J., Dougan, G. and Maliga, P. (2003) Expression of tetanus toxin fragment C in tobacco chloroplasts. *Nucleic Acids Research* **31**, 1174–1179.

Tuboly, T., Yu, W., Bailey, A., Degrandis, S., Du, S., Erickson, L. and Nagy, E. (2000) Immunogenecity of procine transmissible gastroenteritis virus spike protein expressed in plants. *Vaccine* **18**, 2023–2028.

Vaquero, C., Sack, M., Chandler, J., Drossard, J., Schuster, F., Monecke, M., Schillberg, S. and Fischer, R. (1999) Transient expression of a tumor-specific single-chain fragment and a chimeric antibody in tobacco leaves. *Proceedings of the National Academy of Sciences USA* **96**, 11128–11133.

Vaquero, C., Sack, M., Schuster, F., Finnern, R., Drossard, J., Schumann, D., Reimann, A. and Fischer, R. (2002) A carcinoembryonic antigen-specific diabody produced in tobacco. *FASEB Journal* **16**, 408–410.

Verch, T., Yusibov, V. and Koprowski, H. (1998) Expression and assembly of a full-length monoclonal antibody in plants using a plant virus vector. *Journal of Immunological Methods* **220**, 69–75.

Voinnet, O., Rivas, S., Mestre, P. and Baulcombe, D. (2003) An enhanced transient expression system in plants based on suppression of gene silencing by the p19 protein of tomato bushy stunt virus. *Plant Journal* **33**, 949–956.

Watson, J., Koya, V., Leppla, S.H. and Daniell, H. (2004) Expression of *Bacillus anthracis* protective antigen in transgenic chloroplasts of tobacco, a non-food/feed crop. *Vaccine* **22**, 4374–4384.

Webster, D.E., Thomas, M.C., Huang, Z. and Wesselingh, S.L. (2005) The development of a plant-based vaccine for measles. *Vaccine* **23**, 1859–1865.

Wigdorovitz, A., Carrillo, C., Dus Santos, M.J., Trono, K., Peralta, A., Gomez, M.C., Rios, R.D., Franzone, P.M., Sadir, A.M., Escribano, J.M. and Borca, M.V. (1999a) Induction of a protective antibody response to foot and mouth disease in mice following oral or parenteral immunization virus with alfalfa transgenic plants expressing the viral structural protein VP1. *Virology* **255**, 347–353.

Wigdorovitz, A., Perez Filgueira, D.M., Robertson, N., Carrillo, C., Sadir, A.M., Morris, T.J. and Borca, M.V. (1999b) Protection of mice against challenge with foot and mouth disease virus (FMDV) by immunization with foliar extracts from plants infected with recombinant tobacco mosaic virus expressing the FMDV structural protein VP1. *Virology* **264**, 85–91.

Wu, L., Jiang, L., Zhou, Z., Fan, J., Zhang, Q., Zhu, H., Han, Q. and Xu, Z. (2003) Expression of foot-and-mouth disease virus epitopes in tobacco by a tobacco mosaic virus-based vector. *Vaccine* **21**, 4390–4398.

Yu, J. and Langridge, W.H. (2001) A plant-based multicomponent vaccine protects mice from enteric diseases. *Nature Biotechnology* **19**, 548–552.

Yusibov, V., Mett, V., Mett, V., Davidson, C. Musiychuk, K., Gilliam, S., Farese, A., MacVittie, T. and Mann, D. (2005) Peptide-based candidate vaccine against respiratory syncytial virus. *Vaccine* **23**, 2261–2265.

Yusibov, V., Modelska, A., Steplewski, K., Agadjanyan, M., Weiner, D., Hooper, D.C. and Koprowski, H. (1997) Antigens produced in plants by infection with chimeric plant viruses immunize against rabies virus and HIV-1. *Proceedings of the National Academy of Sciences USA* **94**, 5784–5788.

Zeitlin, L., Olmsted, S.S., Moench, T.R., Co, M.S., Martinell, B.J., Paradkhar, V.M., Russell, D.R., Queen, C., Cone, R.A. and Whaley, K.J. (1998) A humanized monoclonal antibody produced in transgenic plants for immunoprotection of the vagina against genital herpes. *Nature Biotechnology* **16**, 1361–1364.

Zerges, W. (2000) Translation in chloroplasts. *Biochimie* **82**, 583–601.

（苏锟楷　单鹏飞　张宪银　薛庆中　译）

2.7 遗传工程在农作物耐旱性中的应用

Mundree S. G., Iyer R., Baker B., Conrad N., Davis E. J., Govender K., Maredza A. T. and Thomson J. A.
Department of Molecular and Cell Biology, University of Cape Town, Private Bag, Rondebosch, 7701 South Africa

引言

全世界范围内，非生物胁迫（abiotic stress）是限制在特定环境下耕种农作物和提高农业产量的主要因素。这些非生物胁迫包括高（低）温、干旱和盐碱性，它们既可以单独也可以相互作用影响农作物的生长（Cherry et al., 1999）。随着全世界人口的持续增长和可耕土地的不断下降，我们需要探索利用通常认为不可耕的土地来缓解这些压力。从本质来看，上述提及的非生物胁迫是通过抑制水分的吸收和运输造成细胞的渗透和氧化压力（Shi et al., 2002）。在一些藻类植物、苔藓植物、地衣植物、蕨类植物及一种被称为“再生”（resurrection）的特殊被子植物中都发现了具有耐旱能力的营养组织（Oliver et al., 1998）。这些植物在极端缺水的环境中能存活，并能在空气干燥环境下从失水状态立即转变成复水状态（Gaff, 1971）。在我们实验室中应用的模式植物是 *Xerophyta viscosa*（翡岩翠科），这是一种生长在非洲南部、马达加斯加岛和南美洲的植物。*X. viscosa* 能在相对含水量（relative water content, RWC）不足 5% 的极端缺水情况下存活，一经复水，它便能达到原有的膨压，并在 80 小时内恢复所有的生理活动（Sherwin and Farrant, 1996）。

传统作物改良

近几个世纪来，全世界对食品和纤维的需求量急剧上升（Huffman, 2004）。最初，人类通过扩大耕地面积来满足日益增加的需求量，后来人类通过改良农作物提高产量来满足这一需求（Huffman, 2004）。传统作物育种就是从遗传的角度对作物进行改良。回交（backcrossing）方法是在性别相容的雌雄株植物间进行基因的交换。但是，这种回交过程中，DNA 水平上的基因互换中发生的内容，即便用现在先进的分子生物技术或分子生物学手段也不能探究清楚（Lamkey, 2002）。在回交过程中，即使用现在先进的分子生物技术手段也不能探究清楚其 DNA 水平上基因互换中发生的内容。植物育种工作者可以有目标选择需要的性状，却不能控制回交后得到的结果。然而，用传统方法培育出来的作物有的对生态有副作用，但人们对改良作物性状并没有什么争论，因此对作物育种的规范和限制也从来没有提出来过（National Research Council, 2002）。

重组 DNA 技术或称遗传工程（recombinant DNA technology），是人为构建重组 DNA 分子并转化到生物体中去（Smith et al., 1997）。由于遗传交换是在不同物种间进行，于是引起了广泛的争辩，而且设置了很多限制性的法规（Lamkey, 2002）。近几年，基因工程技术给农业研究带来了开拓性的前景（Grover et al., 2001）。基因工程技术的优势表现在于：

①研究者可以支配基因库，利用来自不同种类的植物和其他有机体的性状进行基因改造。害虫和致病生物经历选择压力后得以存活因而具有耐抗性，从而使许多抗病基因通过传统育种方法转移后便失活。这一点对工程改造害虫和疾病耐抗性尤其重要。

②在传统育种方法中，由于遗传连锁的存在，研究者在转移单一、特定基因的同时，往往将一些非目标基因也转移。而利用基因工程技术，研究者只转移目标性状所需的最小的特定 DNA 分子，防止连锁累赘（linkage drag）。

③研究者可以将新基因直接导入现有的作物品种，使作物育种的时间缩短。在传统育种中，这是一个耗时的过程，需要通过好几代的回交才能得到目标的株系。

④研究者还可以有目标地设计并构建新基因，例如，导入对基因时空表达和数量表达进行调控的启动子区域（Conner and Jacobs，1999）。

用嗜极生物（extremophile）作模式

胁迫敏感型生物和耐胁迫型生物间特定基因的表达差异表明胁迫耐受性取决于遗传编码（Bohnert and Jensen，1996）。因此，研究耐受型生物的基因组成对于理解生物的耐受机制十分重要。

X. viscosa 是一种嗜极型生物，能够在极端温度、盐碱性、强光照和干旱的环境里存活。在大自然工程的改造下，某些植物能够在如此残酷恶劣环境中茂盛生长，它们可能利用了未知的蛋白或信号转导途径来应对周围的极端条件，对我们来说这是一个十分重要的知识源泉。

在极端环境下大部分农作物不能繁殖，因此，它们的存活能力十分有限（Grover et al., 2001）。非生物胁迫严重影响农作物存活、生物数量和作物产量，甚至还能降低种子萌发、种苗素质和花粉寿命。因此，我们需要运用传统育种方法或基因工程技术来培育产量高并对环境耐受型的农作物。

提取目标基因的策略

现在有很多实验方法可以用来分离提取并鉴定胁迫相关基因和基因产物，其中包括差异性筛选 cDNA 文库（differential screening of cDNA library）、表达文库（expression library）、抑制性消减杂交技术（subtractive hybridization technique）和插入突变技术（insertion mutation）（Mundree and Farrant，2000）。我们研究小组运用多种实验策略来鉴定基因和感兴趣的基因产物。

现在研究者广泛使用基于功能互补实验技术（complementation by functional sufficiency）来鉴定基因（Singh et al., 2000），即运用真核生物表达库来互补相应的 *Escherichia coli*（*E. coli*）突变体，通过细菌中特定的表型来鉴定基因（Delauney and Verma，1990；Hoff et al., 1995；Hu et al., 1992；Ilag，Kumar and Soll，1994；Ravanel et al., 1996）。这项技术可以用来鉴定渗透压胁迫环境下，能在宿主机体中独立表达耐受性状的 cDNA 克隆。从 *X. viscosa* 中分离得到 9 个基因，能在受渗透压胁迫的 *E. coli*（srl∷Tn10）细胞中独立表现出耐受性状（Mundree and Farrant，2000）。

Ndima 等（2001）用差异筛选 cDNA 文库中从 *X. viscosa* 叶子中分离出 poly (A)$^+$ RNA 构建了 λ ZAP cDNA 文库。具体做法是将 *X. viscosa* 分别干燥至 85%，37%和 5%相对含水量，然后再抽提这三种状态下的 RNA 分别建库。这样就可以鉴定在干燥过程中叶片细胞中基因的表达。之后，分别用 100%（含水状态）和 37%（脱水状态）相对含水量叶片中提取的总 RNA 合成 cDNA 探针来对上述三种状态下文库进行探针结合试验。结果发现，当叶片处于失水状态时，在转录体中有 30 个 cDNA 的表达上调了，而有 20 个 cDNA 表达是下调。

从失水状态 *X. viscosa* 叶片（相对含水量为 35%）中抽提 RNA 构建全长 cDNA 文库进行微阵列分析，接着扩增单个克隆（9696）并在微阵列玻片上点样。然后抽提含水和失水状态下 *X. viscosa* 叶片组织中的 mRNA 用来筛选微阵列。结果观察到，有 45 个 cDNA 单克隆由于失水压力而上调了两倍多，这些克隆大致上归类为叶绿素合成，翻译机制和其他已知的胁迫响应基因，这些基因编码同抗氧化剂生成，胚胎发育后期丰富蛋白（LEA），脱水素（dehydrin）和其他干燥蛋白相关的酶。

目前主要进行的研究是筛选在不同相对含水量阶段的蛋白质水平变化。分别在细胞正常含水量（100%）、65%和 35%相对含水量及复水后 18 小时四种状态下从 *X. viscosa* 细胞中提取全蛋白，然后样品经过二维凝胶电泳（two-dimensional gel）分离，最后对于感兴趣的蛋白进行质谱鉴定。通过将细胞膨胀状态下的蛋白谱同 65%和 35%相对含水量状态下的蛋白谱进行比较，可以确定对失水压力响应上调的候选蛋白。尽管大多数关于植株复苏研究表明，在失水状态时细胞调用了保护机制，但这些组织在复水后，发现细胞损害现象。因此，在复水过程中，细胞修复机制很有可能相应地开启。为了弄清复水过程是否会引起表达水平的变化，即从失水状态准备进入恢复阶段时，机体是否储备了转录物从而使得较快地恢复生理功能，将 35%相对含水量状态下的全蛋白谱同复水 18h 后得到的全蛋白谱进行比较。有研究报道在细胞得水 15h 后发现了同复水相关的特异性转录物（Oliver et al.，1998）。所以，在得到的复水 18h 全蛋白谱中也应该有这样的特异性转录物。

从 *X. viscosa* 中筛选出农作物转化基因

研究者已经鉴定了许多在各种胁迫下其表达上调的基因，其中感兴趣的就包括 *XvPer1*、*XvPrx2*、*XvGols*、*XvIno1*、*XvALDR4*、*XvERD15*、*XvSAP1*、*XvVHA-c″1* 和 *XvCaM* 基因。

抗氧化剂

当植株遭受干旱时，*X. viscosa* 会经过许多变化来降低氧化压力给细胞带来活性氧分子。水分的丢失影响了叶绿体和线粒体中的电子传递，于是一些植物通过结构改变来阻止叶片吸收过度的光，从而降低光氧化压力（Sherwin and Farrant，1998）。*X. viscosa* 是一种叶绿素多变的植物，在干旱时，它能降解自身叶绿素和类囊体膜（Gaff，1977）。同时，它能够表达几种抗氧化酶，其中有作为玉米转导候选基因的过氧化还原酶（Prxs）——XvPer1 和 XvPrx2。Prxs 是一种新的抗氧化酶，不属于任何一种过氧化酶家族（Finkemeier et al.，2005），在光合作用、呼吸作用、胁迫响应和氧化还原途径等生理过程中其主要功能是抗氧化防御和对活性氧分子及活性氮分子的“解毒”。

XvPer1 是一个胁迫诱导的抗氧化酶（Mowla et al.，2002），它有一个典型的保守半胱氨酸残基，能形成部分 1-Cys Prx 基团。其他 1-Cys Prx 基团在植物中也有报道，但主要集中在种子和未发育的胚胎（Mundree et al.，2002）。在营养组织中发现 XvPer1 对失水、强光照、高/低温度及脱落酸等压力都有响应，表明在这些胁迫条件下此蛋白对细胞可能有保护功能。

XvPrx2 编码类型 II Prx，最初从低温胁迫状态的文库中筛选得到（未发表）。XvPrx2 同样有一个半胱氨酰催化位点，并在水稻中有一个高相似性的同源物。此前的研究表明，类型 II Prx 通常有两个半胱氨酸残基，其中有一个是催化位点（Dietz，2003）。在含有 Fe^{2+}、O_2 和二硫苏糖醇（DTT）混合氧化体系加入 XvPrx2 来测试氧化作用对大分子的损害，发现 XvPrx2 能够抑制氧化作用对大分子的损伤。酶法试验表明，XvPrx2 能利用匹配的电子供体解毒一系列底物（未发表）。

这些抗氧化剂能保护植株免受由光合作用、呼吸作用及胁迫响应产生的活性氧族/活性氮族（ROS/RNS）引起的损伤。分析这些蛋白在植物体内的过量表达，能够确定植物是否很好地缓解 ROS/RNS 压力，这一点是十分重要的。

渗透压保护剂

复苏植物能够特异性积累碳水化合物、氨基酸和多元醇，可能涉及在缺水条件下细胞完整性的保护（Ramanjulu and Bartels，2002）。其中棉子糖家族寡糖（RFO）是一种重要的相容性物质。RFOs 在植物生理功能中有重要的作用，它在渗透压逆境时可作为一种渗透压保护剂。在 *X. viscosa* 中分离出两个同渗透压保护剂合成相关的基因——*XvGols* 和 *XvIno1* 。

研究者从失水态 cDNA 文库中提取全长 *XvGols* 基因，该基因编码一个肌醇半乳糖甘合酶（galactinol synhase）并可能是相容性物质生物合成中的重要组分。在干旱状态下，*XvGols* 的表达处于上调（未发表），同时肌醇半乳糖苷合酶是合成 ROF 的第一步骤。此酶不仅在植物体内碳循环中被视为委托-代理，并且当植物遭遇低温、干旱或盐胁迫压力时观察到能在生物体内积累，表明植物在调整胁迫适应中对 RFO 合成起到作用。

XvIno1 是从低温逆境下 cDNA 文库中筛选得到的肌醇-1-磷酸合成酶（myo-inositol-1-phosphate synthase）基因，该基因编码一个在 RFO 合成步骤中关键的催化蛋白。此关键酶催化葡萄糖-6-磷酸转变成肌醇-1-磷酸，后者去磷酸后生成肌醇。肌醇是许多重要代谢产物如细胞膜成分、储存分子、植物激素及一系列渗透压保护剂的前体。研究者发现在许多逆境条件下 *XvIno1* 基因表达都上调（未发表）。

XvALDR4（之前的定名是 *ALDR4XV*，Mundree et al.，2000）是从干旱逆境状态文库中筛选得到的 cDNA，它编码醛糖还原酶（aldose reductase）。糖类物质经此酶催化还原成相应的醇，如催化葡萄糖-6-磷酸成山梨醇（Bohren et al.，1989；Rakowitz et al.，2002）。Oberschall 等（2000）研究者证实植物醛糖还原酶能够解毒细胞毒素——乙醛，诸如 ROS 诱导脂质过氧化反应的产物 4-羟基-2-壬烯醛。当叶片处于缺水状态

时，*XvALDR4* 的转录物和蛋白质表达都有所上升（Mundree et al.，2000）。研究者于是将 *XvALDR4* 基因导入植物中来研究这些转基因植物是否会在分子和生理水平上产生对干旱的耐受性。

早期缺水反应（ERD）

对这类基因的研究近期才开始，现在对此类基因在早期失水阶段的功能了解甚少。采用差异筛选方法从 *X. viscose* cDNA 文库中筛选得到 26 个克隆，进一步的研究证实了这些克隆同缺水的早期响应（early response to dehydration，ERD）有关（Kiyosue et al.，1993）。

Arabidopsis thaliana 携带有 *ERD15* 基因（Kiyosue et al.，1994），此基因编码的产物与在 *X. viscosa* 低温逆境 cDNA 文库发现的克隆产物是同源物（未发表）。ERD15 是一个亲水、酸性并且缺少半胱氨酸残基的蛋白。通过在 *A. thaliana* 中过量表达 *XvERD15* 证实，在 *X. viscosa* 中发现的同源物能够对早期阶段失水压力作出响应（未发表）。

细胞膜完整性

当细胞处于渗透压逆境时，维持细胞膜的完整性对逆境耐受性机制是十分关键的。如果细胞膜损坏，离子动态平衡和信号传导将受到严重影响，从而导致代谢失衡。由渗透压导致的细胞膜破裂会诱导诸如胚胎发育后期丰富蛋白（LEA）和热激蛋白（heat shock protein）等保护蛋白的生成（Hoekstra et al.，2001）。

XvSAP1 是从失水压力状态下 *X. viscosa* 叶片 cDNA 文库中筛选得到的，它是一个高度疏水的蛋白并且有两个膜脂蛋白脂质连接位点。XvSAP1 与钾离子转运蛋白家族有高序列相似性（Garwe et al.，2003）。当含有 *XvSAP1* 基因的 *E. coli*（srl∷Tn10）表达体处于 1mol/L 山梨醇溶液中时，细胞表现出渗透压耐受性。表达 *XvSAP1* 的转基因 *A. thaliana* 和 *Nicotiana tabacum* 植株显示出对渗透压、盐分、加热和失水逆境的耐受性（未发表）。这些特征表明 *XvSAP1* 在细胞膜损伤修复中起重要的作用。

离子浓度动态平衡

高渗胁迫会降低水的化学属性，进而导致细胞膨压的下降。这一种现象可能由干旱或盐度压力引起，并且后一种成因能通过细胞毒性的 Na^+ 和 Cl^- 的积累显著地破坏细胞离子浓度平衡（Serrano et al.，1996，1999）。在 NaCl 溶液逆境中，过剩的钠离子将通过液泡从细胞质中被移除。液泡是一个多功能的细胞器，它为细胞和细胞壁提供结构支持，隔绝储藏毒性化合物，并维持细胞内环境稳定。位于液泡膜上的 Na^+/H^+ 逆向转运蛋白，能利用 V-ATPase 产生的质子动力将 Na^+ 转运进液泡（Apse et al.，1999；Taiz，1992）。

XvVHA-c″1 是从失水逆境状态文库中筛选得到的，编码 V-ATPase 的 c″蛋白亚基。Southern 杂交分析表明，此基因可能是单拷贝。植物体通过提高 *XvVHA-c″1* 转录物表达水平来响应 NaCl、干旱和低温处理。转导了 *XvVHA-c″1* 基因的 Saccharomyces cereviseae *Vma3*（Ca^{2+} 平衡缺陷型）能经受住 100mmol/L $CaCl_2$ 胁迫，证明此基因的功能

十分显著（Marais et al.，2004）。研究者推测 *XvVHA-c″1* 在生成质子移位空隙、参与适应渗透压波动并对维持苯巴比妥（luminal）酸化上有重要作用。

钙结合蛋白

植物会利用大量信号分子来应对各种外界刺激，在信号途径中主要用第二信使传递信号，如 Ca^{2+}、pH、脂质、三磷酸肌、cGMP 及活性氧分子等（Bowler and Fluhr，2000；Sanders et al.，1999）；这些分子信使中 Ca^{2+} 能响应更多的刺激。当处于低温、干旱、强光、植物激素（脱落酸），甚至重力、碰触等机械刺激时，胞质中 Ca^{2+} 浓度会瞬时升高。钙调蛋白（CaM）是植物中普遍存在的高度保守性 Ca^{2+} 受体。从稻苗中分离出一个类似 CaM 的蛋白质，此蛋白在脱落酸、盐和干燥压力下诱导产生。

XvCaM 是从干旱胁迫状态的 *X. viscosa* 叶片 cDNA 文库中筛选得到，编码有 4 个 EF hand 结构域的典型钙调蛋白。Northern 杂交分析结果表明，只有处于失水状态时转录物表达才会有所波动。Western 杂交分析证实，低相对含水量时积累的蛋白质在复水状态下也有发现，而在细胞完全复水后却没有发现相关蛋白。当细胞处于 150mmol/L NaCl压力下时，经过 24h 后才发现 *XvCaM* 表达。纯化的重组蛋白用 Ca^{45+} 进行凝胶覆盖分析（Maruyama et al.，1984），结果显示 0.5mg 蛋白质能够与钙离子结合，从而确认其重要的生理功能（未发表）。

用模式体系来验证目标基因

Garwe（2003）设计了有花椰菜花叶病毒 35S 启动子和根瘤农杆菌胭脂碱合成酶基因（nos）终止子转化载体，利用根瘤农杆菌介导转化，将 *XvSAP1* 导入 *A. thaliana* 和 *N. tabacum*。她发现在 *A. thaliana* 和 *N. tabacum* 植株中 *XvSAP1* 的表达会导致叶片中相应蛋白的积累。生长在植物营养琼脂培养皿中转基因 *A. thaliana* 和生长在营养液中 *N. tabacum* 对盐和渗透压的耐受性增强了，相比之下，未转基因植株的根较短，展开叶受限并且叶片黄化较严重。此外，转基因 *N. tabacum* 植株的湿重和干重都比未转基因植株要重。当生长在土壤中，转基因 *N. tabacum* 植株也表现出显著的干旱耐受性，而未转基因植株在干旱条件下不仅长得矮小，易枯萎，并且叶片黄化更加严重。表达 *XvSAP1* 的转基因植株对电解质渗透有较强细胞膜通透性，于是细胞有较高水电势来促进其持续正常生长。*XvSAP1* 的表达对处于正常生长或干旱情况下植株的光合体系 II 效率没有任何影响，这一点通过对 NaCl 和渗透压逆境表达的 XvSAP1 试验已经证实。

同野生型植株相比，表达 *X. viscosa* 醛糖还原酶 *XvALDR4* 的转基因 *A. thaliana* 植株对盐分和失水胁迫的耐受性却有所加强。把转基因和野生型植都培养生长在垂直的植物营养琼脂培养柱内并施加盐分胁迫，同时用正常的培养液作为试验对照。野生型和转基因型植株并排生长使得能够通过比较根系长度来估量植株生长情况。在试验对照的培养液里，两组植株的生长情况相似。但在施加盐分胁迫的培养液里，转基因植株明显生长更好。当生长在 75mmol/L 和 100mmol/L NaCl 条件下时，野生型 *A. thaliana* 的根长只是转基因植株根长的一半。对一个月大的 *A. thaliana* 幼苗进行失水处理，发现在失水条件下转基因植物比野生型能多存活近一周时间（数据未发表）。

玉米转化现状——从基因枪过渡到农杆菌介导转化

利用基因枪实现基因转导已在植物基因转化中被广泛利用（Klein et al.，1989，1998a），而且被许多研究者采用并成功转移基因至不同玉米组织和其他的农作物上（Armstrong，1999；Fromm et al.，1990；Gordon-Kamm et al.，1990）。其中的一个成功例子就是在玉米中导入了对欧洲玉米螟（European corn borer）的耐受抗性（Koziel et al.，1993）。

然而，据许多研究人员（Gordon-Kamm et al.，1990；Klein et al.，1998a，1989；Register et al.,1994；Vasil et al.，1992；Wan and Lemaux，1994）报道了用基因枪进行转化通常会引起包括片段或重组的质粒载体在内的多拷贝转入，基因复合体能在一个基因座位点整合。用基因枪转化插入的多拷贝通常是遗传连锁的，因此它们不能在随后的育种中分离开（Matzk and Matzke，1995）。此外，由于表观遗传机制、同源重组等因素，多拷贝转基因可能彼此相互作用或同宿主基因关联而导致失活，从而引起多基因拷贝遗传不稳定。因此，减少插入转基因的拷贝数，并简化它们的排列，对维持导入基因的稳定表达是有益的（Hansen and Chilton，1996）。

在最近十年，大量研究利用根瘤农杆菌介导基因转化水稻和玉米等单子叶植物（Chan et al.，1992；Hiei et al.，1994；Ishida et al.，1996）。虽然不是天然农杆菌宿主，但单子叶植物在一定的条件下也能被农杆菌感染。最早关于农杆菌感染玉米的研究是由 Grimsley 等（1987）和 Gould 等（1991）做出的，但首例证实利用农杆菌介导来转移基因至谷物植株的可行性是由 Chan 等（1992）和 Hiei 等（1994）完成的，他们首次通过转导未成熟胚获得了转基因水稻植株。因此，此项技术已被成功地应用到玉米上，并高效率地获得转基因植株（Ishida et al.，1996）。

通常，利用农杆菌介导的基因转移外源基因的整合模式同微离子轰击介导的转基因模式有着明显的不同。利用农杆菌系统转导的转基因植物中存在较少完整或重组的转基因。如同双子叶植物一样，玉米农杆菌系统的主要特性是：①大部分转基因是稳定低拷贝；②外源基因能恰当地整合到宿主基因组中；③能转移较大片断 DNA 进入受体细胞，并提高转基因的在细胞中正确表达（Frame et al.，2002；Ingham et al.，2001；Miller et al.，2002；Negrotto et al.，2000）。

根瘤农杆菌介导的转化技术还在不断的究之中。同基因载运技术一样，对选择性标记基因的研究同提高玉米转化效率一样受到人们关注。卡那霉素（Kanamycin）（Fromm，Taylor and Walbot，1986；Lyznik et al.，1989；Rhodes et al.，1988）和潮霉素（hygromycin）（Walter et al.，1992）是两种最早用在玉米中选择性的抗生素。不久前，Li 等（2003）研究者发明了用原叶啉原氧化酶（protoporphyrinogen oxidase）作为筛选标记物。研究者为农杆菌介导的玉米转基因提出了一个可重复性高的方法，此方法利用了超级双元载体，即农杆菌携带额外 VirB、VirC 和 VirG（Komari，1990）基因拷贝来感染未成熟的近交品系 A188（Ishida et al.，1996；Negrotto et al.，2000）或杂交品系 HiII 的合子胚胎（Zhao et al.，1998，1999）。Frame 等（2002）研究表明利用农杆菌标准的双元载体体系能转化得到高产、稳定的转基因玉米品种。

结束语

20世纪前半叶，非洲农民利用少量的进口玉米，使之成为现在非洲大陆的主粮。在后半业，新独立的政府颁布了一系列法规来支持扩大小农场生产规模，结果带来了持续10～20年稳定的生产热潮。如今，紧随商业农户和小农场主之后，普通农民贡献出了位于东非和南非近58%的玉米耕地以种植高产量新品种，即使不使用化肥，新品种比传统品种在产量上平均高出40%～50%（Smale and Jayne，2004）。

持久的本国育种计划支持了这项改变，展示出令人印象深刻的技术能力和政治承诺。在1960，Zimbabwe发放了世界上第一个商用玉米单交种SR-52（Smale and Jayne，2004）。在最近几年，基因工程技术为农业研究提供了最先进的技术手段并给农业带来了重要的影响（Grover et al.，2001）。随着这项技术的发展，预期这一趋势将继续。我们关注的焦点在于：①鉴定干旱胁迫下 *X. viscosa* 中上调的遗传物质；②深入了解具有降低干旱胁迫潜力基因的特性；③将这些已知基因导入玉米植株中；④鉴定能够增强玉米植株对干旱胁迫的耐受性的基因。这些研究目标的圆满完成将培育出新的玉米品种，从而能够经受住恶劣大自然条件，尤其是南非地区的干旱天气。

参考文献

Apse, M.P., Aharon, G.S., Snedden, W.A. and Blumwald, E. (1999) Salt tolerance conferred by over-expression of a vacuolar Na^+/H^+ antiport in *Arabidopsis thaliana*. *Science* **285**, 1256–1258.

Armstrong, C.L. (1999) The first decade of maize transformation: a review and future perspective. *Maydica* **44**, 101–109.

Bohnert, H.J. and Jensen, R.G. (1996) Strategies for engineering water-stress tolerance in plants. *Trends in Biotechnology* **14**, 89–97.

Bohren, K.M., Bullock, B., Wermuth, B. and Gabbay, K.H. (1989) The aldo-keto reductase superfamily. *Journal of Biological Chemistry* **264**, 9547–9551.

Bowler, C. and Fluhr, R. (2000) The role of calcium and activated oxygens as signals for controlling cross-tolerance. *Trends in Plant Science* **5**, 241–246.

Chan, M-T., Lee, T-M. and Chang, H-H. (1992) Transformation of indica rice (*Oryza sativa* L.) mediated by *Agrobacterium tumefaciens*. *Plant and Cell Physiology* **33**, 577–583.

Cherry, J.H., Locy, R.D. and Rychter, A. (1999) Preface, in *Plant Tolerance to Abiotic Stresses in Agriculture: Role of Genetic Engineering* (eds J.H. Cherry, R.D. Locy and A. Rychter), Kluwer Academic Publishers, The Netherlands, p. ix.

Conner, A.J. and Jacobs, J.M.E. (1999) Genetic engineering of crops as potential source of genetic hazard in the human diet. *Mutation Research* **443**, 223–234.

Delauney, A.J. and Verma, D.P. (1990) A soybean gene encoding delta1-pyrroline-5-carboxylate reductase was isolated by functional complementation in *Escherichia coli* and is found to be osmoregulated. *Molecular and General Genetics* **221**, 299–305.

Dietz, K-J. (2003) Plant peroxiredoxins. *Annual Reviews of Plant Biology* **54**, 93–107.

Finkemeier, I., Goodman, M., Lamkemeyer, P., Kandlbinder, A., Sweetlove, L.J. and Dietz, K.J. (2005) The mitochondrial type II peroxiredoxin F is essential for redox homeostasis and root growth of *Arabidopsis thaliana* under stress. *Journal of Biological Chemistry*, in press.

Frame, B.R., Shou, H., Chikwamba, R.K., Zhang, Z., Xiang, C., Fonger, T.M., Pegg, S.E.K., Li, B., Nettleton, D.S., Pei, D. and Wang, K. (2002) *Agrobacterium tumefaciens*-mediated transformation of maize embryos using a standard binary vector system. *Plant Physiology* **129**, 13–22.

Frandsen, G., Muller-Uri, F., Nielsen, M., Mundy, J. and Skriver, K. (1996) Novel plant Ca^{2+}-binding protein expressed in response to abscisic acid and osmotic stress. *Journal of Biological Chemistry* **271**, 343–348.

Fromm, M.E., Morrish, F., Armstrong, C., Williams, R., Thomas, J. and Klein, T.M. (1990) Inheritance and expression of chimeric genes in the progeny of transgenic maize plants. *Biotechnology* **8**, 833–839.

Fromm, M.E., Taylor, L.P. and Walbot, V. (1986) Stable transformation of maize after gene transfer by electroporation. *Nature* **319**, 791–793.

Gaff, D.F. (1971) Desiccation tolerant flowering plants in Southern Africa. *Science* **174**, 1033–1034.

Gaff, D.F. (1997) Dessication-tolerant vegetative plants of Southern Africa. *Oceanlogia* **31**, 95–109.

Garwe, D. (2003) The characterisation of *XvSAP1*, a gene isolated from the resurrection plant *Xerophyta viscosa* Baker, and its expression in transgenic plants. Ph.D. Thesis, Department of Molecular and Cell Biology, University of Cape Town.

Garwe, D., Thomson, J.A. and Mundree, S.G. (2003) Molecular characterization of *XvSAP1*, a stress-responsive gene from the resurrection plant *Xerophyta viscosa* Baker. *Journal of Experimental Botany* **54**, 191–201.

Gordon-Kamm, W.J., Spencer, T.M., Mangano, M., Adams, T.R., Daines, R.J., Start, W.G., O'Brien, J.V., Chambers, S.A., Adams, W.R., Jr., Willetts, N.G., Rice, T.B., Mackey, C.J., Krueger, R.W., Kausch, A.P. and Lemaux, P.G. (1990) Transformation of maize cells and regeneration of fertile transgenic plants. *Plant Cell* **2**, 603–618.

Gould, J., Devey, M., Hasegawa, O., Ulian, E., Peterson, G. and Smith, R.H. (1991) Transformation of *Zea mays* L. using *Agrobacterium tumefaciens* and the shoot apex. *Plant Physiology* **95**, 426–434.

Grimsley, N.H., Hohn, T., Davies, J.W. and Hohn, B. (1987) *Agrobacterium*-mediated delivery of infectious maize streak virus into maize plants. *Nature* **325**, 177–179.

Grover, A., Kapoor, A., Lakshmi, O.S., Agarwal, S., Sahi, C., Katiyar-Agarwal, S., Agarwal, M. and Dubey, H. (2001) Understanding molecular alphabets of the plant abiotic stress responses. *Current Science* **80**, 206–216.

Hansen, G. and Chilton, M.D. (1996) "Agrolistic" transformation of plant cells: integration of T-strands generated in planta. *Proceedings of the National Academy of Sciences USA* **93**, 14978–14983.

Hiei, Y., Ohta, S., Komari, T. and Kumashiro, T. (1994) Efficient transformation of rice (*Oryza sativa* L.) mediated by *Agrobacterium* and sequence analysis of the boundaries of the T-DNA. *The Plant Journal* **6**, 271–282.

Hoekstra, F.A., Golvina, E.A. and Buitink, J. (2001) Mechanisms of plant desiccation tolerance. *Trends in Plant Science* **6**, 431–438.

Hoff, T., Schnorr, K.M., Meyer, C. and Caboche, M. (1995) Isolation of two *Arabidopsis* cDNAs involved in early steps of molybdenum cofactor biosynthesis by functional complementation of *E. coli* mutants. *Journal of Biological Chemistry* **271**, 6100–6107.

Hu, C.A., Delauney, A.J. and Verma, D.P. (1992) A bifunctional enzyme (delta 1-pyrroline-5-carboxylate synthetase) catalyses the first two steps in proline biosynthesis in plants. *Proceedings of the National Academy of Sciences USA* **89**, 9354–9358.

Huffman, W.E. (2004) Production, identity preservation, and labelling in a marketplace with genetically modified and non-genetically modified foods. *Plant Physiology* **134**, 3–10.

Ilag, L.L., Kumar, A.M. and Soll, D. (1994) Light regulation of chlorophyll biosynthesis at the level of 5-aminolevulinate chain reaction. *Plant Cell* **6**, 265–275.

Ingham, D.J., Beer, S., Money, S. and Hansen, G. (2001) Quantitative real-time PCR assay for determining transgene copy number in transformed plants. *Biotechniques* **31**, 132–140.

Ishida, Y., Saito, H., Ohta, S., Hiei, Y., Komari, T. and Kumashiro, T. (1996) High efficiency transformation of maize (*Zea mays* L.) mediated by *Agrobacterium tumefaciens*. *Nature Biotechnology* **14**, 745–750.

Kiyosue, T., Yamaguchi-Shinozaki, K. and Shinozaki, K. (1993) Characterization of two cDNAs (ERD11 and ERD13) for dehydration-inducible genes that encode putative glutathione S-transferases in *Arabidopsis thaliana* L. *FEBS Letters* **335**, 189–192.

Kiyosue, T., Yamaguchi-Shinozaki, K. and Shinozaki, K. (1994) Cloning of cDNAs for genes that are early-responsive to dehydration stress (ERDs) in *Arabidopsis thaliana* L.: identification of three ERDs as HSP cognate genes. *Plant Molecular Biology* **25**, 791–798.

Koziel, M.G., Beland, G.L., Bowman, C., Carozzi, N.B., Crenshaw, R., Crossland, L., Dawson, J., Desai, N., Hill, M., Kadwell, S., Launis, K., Lewis, K., Maddox, D., McPherson, K., Meghji, M.R., Merlin, E., Rhodes, R., Warren, G.W., Wright, M. and Evola, S.V. (1993) Field performance of elite transgenic maize plants expressing an insecticidal protein derived from *Bacillus thuringiensis*. *Nature Biotechnology* **4**, 194–200.

Klein, TM., Fromm, M., Weissinger, A., Tomes, D., Schaaf, S., Sletten, M. and Sanford, J.C. (1988a) Transfer of foreign genes into intact maize cells with high-velocity microprojectiles. *Proceedings of the National Academy of Sciences USA* **85**, 4305–4309.

Klein, T.M., Gradziel, T., Fromm, M.E. and Sanford, J.C. (1988b) Factors influencing gene delivery into *Zea mays* cells by high-velocity microprojectiles. *Nature Biotechnology* **6**, 559–563.

Klein, T.M., Kornstein, L., Sanford, J.C. and Fromm, M.E. (1989) Genetic transformation of maize cells by particle bombardment. *Plant Physiology* **91**, 440–444.

Komari, T. (1990) Transformation of callus cells of *Chenopodium quinoa* by binary vectors that carry a fragment of DNA from the virulence region of pTi Bo542. *Plant Cell Reports* **9**, 303–306.

Lamkey, K. (2002) GMO's Gene Flow: A Plant Breeding Perspective. Presented at Biotechnology, Gene Flow, and Intellectual Property Rights: An Agricultural Summit, Purdue University.

Li, X., Volrath, S.L., Nicholl, D.B.G., Chilcott, C.E., Johnson, M.A., Ward, E.R. and Law, M.D. (2003) Development of protporphyrinogen oxidase as an efficient selection marker for *Agrobacterium tumefaciens*-mediated transformation of maize. *Plant Physiology* **133**, 736–747.

Lyznik, L.A., Ryan, R.D., Ritchie, S.W. and Hodges, T.K. (1989) Stable co-transformation of maize protoplasts with gusA and neo genes. *Plant Molecular Biology* **13**, 151–161.

Marais, S., Thomson, J.A., Farrant, J.M. and Mundree, S.G. (2004) XvVHA-c″1—a novel stress-responsive V-ATPase subunit c'homologue isolated from the resurrection plant *Xerophyta viscosa*. *Physiologia Plantarum* **122**, 54–61.

Maruyama, K., Mikawa, T. and Ebashi, S. (1984) Detection of calcium binding proteins by ^{45}Ca autoradiography on nitrocellulose membrane after sodium dodecyl sulfate gel electrophoresis. *Journal of Biochemistry* **95**, 511–519.

Matzke, M.A. and Matzke, A.J.M. (1995) How and why do plants inactivate homologous transgenes? *Plant Physiology* **107**, 679–685.

Miller, M., Tagliani, L., Wang, N., Berka, B., Bidney, D. and Zhao, Z.Y. (2002). High efficiency transgene segregation in co-transformed maize plants using an *Agrobacterium tumefaciens* T-DNA binary system. *Transgenic Research* **11**, 381–396.

Mowla, S.B., Thomson, J.A., Farrant, J.M. and Mundree, S.G. (2002) A novel stress-inducible antioxidant enzyme identified from the resurrection plant *Xerophyta viscosa* Baker. *Planta* **215**, 716–726.

Mundree, S.G., Baker, B., Mowla, S., Peters, S., Marais, S., Vander Willigen, C., Govender, K., Maredza, A., Muyanga, S., Farrant, J.M. and Thomson, J.A. (2002) Physiogical and molecular insights into drought Tolerance. *African Journal of Biotechnology* **1**, 28–38.

Mundree, S.G. and Farrant, J.M. (2000) Some physiological and molecular insights into the mechanisms of desiccation tolerance in the resurrection plant *Xerophyta viscosa* Baker, in *Plant Tolerance to Abiotic Stresses in Agriculture: Role of Genetic Engineering* (eds J.H. Cherry, R.D. Locy and A. Rychter), Kluwer Academic Publishers, The Netherlands, pp. 210–222.

Mundree, S.G., Whittaker, A., Thomson, J.A. and Farrant, J.M. (2000) An aldose reductase homolog from the resurrection plant *Xerophyta viscosa* Baker. *Planta* **211**, 693–700.

Ndima, T., Farrant, J., Thomson, J. and Mundree, S. (2001) Molecular characterisation of *XvT8*, a stress-responsive gene from the resurrection plant *Xerophyta viscosa* Baker. *Plant Growth Regulation* **35**, 137–145.

Negrotto, D., Jolley, M., Beer, S., Wench, A.R. and Hansen, G. (2000) The use of phosphomannose-isomerase as a selectable marker to recover transgenic maize plants (*Zea mays* L.) via *Agrobacterium* transformation. *Plant Cell Reports* **19**, 798–803.

National Research Council (2002) *Environmental Effects of Transgenic Plants: The Scope and Adequacy of Regulation*, National Academy Press, Washington DC.

Oberschall, A., Deak, M., Torok, K., Sass, L., Vass, I., Kovacs, I., Feher, A., Dudits, D. and Horvath, G.V. (2000) A novel aldose/aldehyde reductase protects transgenic plants against lipid peroxidation under chemical and drought stresses. *The Plant Journal* **24**, 437–446.

Oliver, M.J., Woods, A.J. and O'Mahoney, P. (1998) "To dryness and beyond"—preparation for the dried state and rehydration in vegetative desiccation-tolerant plants. *Plant Growth Regulation* **24**, 193–201.

Rakowitz, D., Matuszczak, B., Gritsch, S., Hofbauer, P., Krassnigg, A. and Costantino, L. (2002) On the prodrug potential of aldose reductase inhibitors with diphenylmethyleneamino-oxycarboxylic acid structure. *European Journal of Pharmaceutical Sciences* **15**, 11–20.

Ramanjulu, S. and Bartels, D. (2002) Drought and dessiction-induced modulation of gene expression in plants. *Plant Cell and Environment* **25**, 141–151.

Ravanel, S., Ruffel, M.L. and Douce, R. (1996) Cloning of an *Arabidopsis thaliana* cDNA encoding cystathione beta-lyase by functional complementation of *E. coli. Plant Molecular Biology* **29**, 875–882.

Register, J.C., Peterson, D.J., Bell, P.J., Bullock, W.P., Evans, I.J., Frame, B., Greenland, A.J., Higgs, N.S., Jepson, I. and Jiao, S. (1994) Structure and function of selectable and non-selectable transgenes in maize after introduction by particle bombardment. *Plant Molecular Biology* **25**, 951–961.

Rhodes, C.A., Pierce, D.A., Mettler, I.J., Mascarenhas, D. and Detmer, J.J. (1988) Genetically transformed maize plants from protoplasts. *Science* **240**, 204–207.

Sanders, D., Brownlee, C. and Harper, J.F. (1999) Communicating with calcium. *Plant Cell* **11**, 691–706.

Serrano, R. (1996) Salt tolerance in plants and microorganisms: toxicity targets and defense responses. *International Review of Cytology* **165**, 1–52.

Serrano, R., Mulet, J., Rios, G., Marquez, J., de Larrinoa, I., Leube, M., Mendizabal, I., Pascual-Ahuir, A., Prott, M., Ros, R. and Montesinos, C. (1999) A glimpse of the mechanisms of ion homeostasis during salt stress. *Journal of Experimental Botany* **50**, 1023–1036.

Sherwin, H.W. and Farrant, J.M. (1996) Differences in rehydration of three desiccation-tolerant angiosperm species. *Annals of Botany* **78**, 703–710.

Sherwin, H.W. and Farrant, J.M. (1998) Protection mechanisms against excess light in resurrection plants *Craterostgma wilmsii* and *Xerophyta viscosa*. *Plant Growth Regulation* **24**, 203–210.

Shi, H., Xiong, L., Stevenson, B., Lu, T. and Zhu, J-K. (2002) The *Arabidopsis* salt overly sensitive 4 mutants uncover a critical role for vitamin b6 in plant salt tolerance. *Plant Cell* **14**, 575–588.

Singh, N.K., Mundree, S.G. and Locy, R.D. (2000) Novel determinants of salinity tolerance, in *Plant Tolerance to Abiotic Stresses in Agriculture: Role of Genetic Engineering* (eds J.H. Cherry, R.D. Locy and A. Rychter), Kluwer Academic Publishers, The Netherlands, pp. 131–138.

Smale, M. and Jayne, T.S. (2004) Building on successes in African agriculture: Maize breeding in east and southern Africa, 1900–2000. International Food Policy Research Unit. Focus 12, Brief 4.

Smith, A.D., Datta, S.P., Howard Smith, G., Campbell, P.N., Bentley, R. and McKenzie, H.A. (eds) (1997) *Oxford Dictionary of Biochemistry and Molecular Biology*, Oxford University Press, Oxford, p. 259.

Taiz, L. (1992) The plant vacuole. *Journal of Experimental Biology* **172**, 113–122.

Vasil, V., Castillo, A.M., Fromm, M.E. and Vasil, I.K. (1992) Herbicide resistant fertile transgenic wheat plants obtained by microprojectile bombardment of regenerable embryogenic callus. *Nature Biotechnology* **10**, 667–674.

Walters, D.A., Vetsch, C.S., Potts, D.E. and Lundquist, R.C. (1992) Transformation and inheritance of a hygromycin phosphotransferase gene in maize plants. *Plant Molecular Biology* **18**, 189–200.

Wan, Y. and Lemaux, P.G. (1994) Generation of large numbers of independently transformed fertile barley plants. *Plant Physiology* **104**, 37–38.

Zhao, Z.Y., Gu, W., Cai, T. and Pierce, D.A. (1999) Methods for *Agrobacterium*-mediated transformation. United States Patent No. 5,981,840.

Zhao, Z.Y., Gu, W., Cai, T., Tagliani, L.A., Hondred, D.A., Bond, D., Krell, S., Rudert, M.L., Bruce, W.B. and Pierce, D.A. (1998) Molecular analysis of T0 plants transformed by *Agrobacterium* and comparison of *Agrobacterium*-mediated transformation with bombardment transformation in maize. *Maize Genetics Cooperation Newsletter* **72**, 34–37.

（陈晓龙　薛庆中　译）

2.8 耐 盐 性

Eduardo Blumwald
Department of Plant Sciences, University of California, One Shields, Avenue, Davis, CA 95616 USA
Anil Grover
Department of Plant Molecular Biology, University of Delhi South Campus, Benito Juarez Road, New Delhi 110021, India

引言

土壤盐碱化（soil salinity）对农业生产力的发展有着严重影响，不仅破坏农业土壤，也影响到古代和现代文明的发展。农作物对高盐浓度土壤特别敏感，盐胁迫是限制作物产量最严重的限制因子之一。据估计，目前全世界超过 20%水田受到盐度的影响，这还不包括干旱和沙漠土地（约占地球总土地的 25%）。因土地盐碱化造成的可耕地面积减少，直接与世界人口增长的需求发生冲突。今后 20 年，世界人口预计增加 15 亿，这对世界食品供应的保障构成严重挑战。虽然现在全球饥荒不能完全归咎于食物短缺，其缘由相当复杂。但无疑当世界人口继续增长时，即便通过绿色革命也不可能提供更多食物。因此，在正常土壤，及包括盐碱化等贫瘠土地上，增加作物产量是养育世界人口的绝对要求。

发展密集农业原希望能较合理地利用土地和水源资源，但这种变化并没有发生，却在许多发达和发展中国家造成农田退化和供水系统失修。例如：通过大田作物与多年生作物和树的混栽减少土壤上表层钠及其他盐离子积累。然而，在农业系统上这种变化和新产品的开发可能要经历长期和困难的过程，因为这将需要增加使用新土地，而不会在现有土地上解决作物种植的问题。因此，开发及应用耐高盐度土壤的作物至少在目前是一种切实可行的方法。

即便在古代农业生产中人们也十分重视产生耐胁迫作物（Jacobsen and Adams，1958）。但缺乏有效的方法来增强作物的胁迫能力。其原因是人们对于植物耐胁迫的重要机理还不充分了解。Epstein 等（1980）对作物耐盐的途径和培育耐盐作物的生物学方法等问题做过系统报道，并在应用某些耐盐胁迫技术上似乎取得了一些成功，但用生物学方法选育耐盐作物品种还较困难，因为它首先需要鉴定耐胁迫关键基因和应用耐胁迫相关基因或数量性状基因座（quantitative trait loci，QTL)。耐盐性植物（盐土植物，halophyte）及盐敏感植物种（淡土植物，glycophyte）种内存在不同基因型差异，清楚地表明盐胁迫反应有其遗传学基础。虽然早已知道品种间有差异（Epstein，1977，1983），水稻及大麦对耐盐特异性选择也有报道（Akbar and Yabuno，1977；Epstein et al.，1980），但在认识上仍有很大空白。Flowers 和 Yeo（1995）综合评价了耐盐品种的特性，并认为，其数量可能少于 30。Flower（2004）指出，自 1993 年以来，只有 3 个耐盐品种在“作物科学”上注册（Al-Doss and Smith，1998；Dierig et al.，2001；

Owen et al., 1994)。

当前，改良耐胁迫性所应用的两种基本的遗传学方法：①通过自然遗传变异开发，或直接在胁迫环境条件下选择或通过 QTL 定位，随后进行标记辅助选择；②产生转基因植株，导入新基因或修饰现有基因的表达水平影响其耐盐胁迫程度。本节将详细讨论通过转基因增强植物耐盐性的方法，重点是离子平衡，渗透调控和抗氧化保护等方面。关于信号和转录调控区（signaling and transcriptional control）应急聚合体（emerging body）的作用，最近已有综述（Hasegawa et al., 2000；Zhang et al., 2004；Zhu, 2001, 2002)，这里将不再涉及。

耐盐性遗传学

在田间条件下可对优良耐盐基因型进行直接选择，但由于环境因子对植物耐盐反应的显著影响，直接选择会受到妨害（Richards, 1996）。业已证实，植物耐盐性受发育调控，并且植物在一个发育阶段的耐性和在其他阶段的耐性并不是始终相关的（Foolad, 2004；Greenway and Munns, 1980；Tal and Shannon, 1983）。例如，在番茄、大麦、玉米、水稻和小麦中，植物的耐盐性有随株龄增加而提高（Foolad, 2004）。大麦（Mano and Takeda, 1997）、番茄（Foolad et al., 1999）及拟南芥（Quesada et al., 2002）的耐盐相关 QTL，在种子萌发阶段与其早期生长阶段是不同的，在高盐条件下，按其萌发能力选择和在营养生长期间选择的植株其耐盐性不相似（Flowers, 2004；Foolad et al., 1999；Lindsay et al., 2004；Mano and Takeda, 1997；Quesada et al., 2002)。

分子生物学技术发展为识别 QTL 的 DNA 标记开发提供可能。QTL 是指基因组中重要的数量性状变异区域。QTL 的应用能提高选择效率，特别是对由几个基因控制和受环境因子高度影响的那些特性（Flowers, 2004）。QTL 和标记辅助选择比表型直接筛选有几个明显的优势，特别是对基于 PCR 的方法检测标记，它能缩短筛选个体所需时间和降低环境对研究特性的影响。很多证据支持以下观点：耐盐性及其亚特性（subtrait）由多个 QTL 决定，许多相关特性的遗传主要表现加性和显性效应（Flowers, 2004；Foolad, 2004；Gregorio et al., 2002)。整合微卫星标记、限制片段长度多态性（RFLP）及扩增片段长度多态性（AFLP）高密度 DNA 图谱的开发和标记辅助选择技术的进展，将促进作物耐盐性的持续增强，获得金字塔状的耐盐性。

应用转基因方法增强耐盐性

在生理上，盐害导致植物损伤是由于：①土壤存在相对高浓度溶质造成水缺乏；②通过改变钾离子/钠离子比率诱导特异性离子胁迫；③钠和氯离子浓度积累。植物对盐的反应有两种不同类型。盐敏感植物限制盐吸收和通过相容性溶质（compatible solute）[脯氨酸、甘氨酸甜菜碱（glycinebetaine）、糖等］的合成调整其渗透压（Greenway and Munns, 1980）；而耐盐植物即把盐离析和积累到细胞液泡中，控制细胞液内胞质盐浓度和保持胞液高的钾离子/钠离子比率（K^+/Na^+ ratio, Glenn et al., 1999)。

显而易见，离子排泄机理能在相对较低 NaCl 含量下产生一定程度耐性，而在高盐浓度条件下则不起作用，植物的生长及其代谢过程关键步骤会受到抑制。这里，我们在细胞水平上讨论对耐盐性贡献较大的三个关键步骤：①细胞内离子平衡的建立；②为调节渗透压而合成的相容性溶质；③增强细胞中和活性氧（reactive oxygen species，ROS）的能力。活性氧是在胁迫反应期间产生的。

体内离子平衡

虽然钠离子对某些植物，尤其是盐土植物的生长是必需的（Glenn et al.，1999），但 NaCl 浓度过高则会对植物生长产生毒害。植物体内离子比率的变化取决于钠离子内流的通道（influx of Na^+），因为这些通道决定着钾离子的吸收（acquisition of K^+；Blumwald et al.，2000）。淡土植物和盐土植物细胞质内酶对盐的敏感性相似，表明细胞质内高浓度钾离子/钠离子的比率（K^+/Na^+）是植物能在高盐条件下生长的关键（Glenn et al.，1999）。植物为保持胞质内高的钾离子/钠离子比率，有以下策略：将钠离子泵出细胞外和将钠离子引入细胞的液泡内。在典型的生理条件下，植物都能保持细胞质钾离子/钠离子的高比率。当质膜上呈现负向膜电位差（－140mV）时，细胞外钠离子浓度就会形成电化学大梯度，从而有利于钠离子被动地进入细胞（Higinbotham，1973）。

三个低亲和力的钾离子通道已被鉴定。钾离子内向整流通道（KIRC，K^+ inward rectifying channel）：如，AK^{+1}，每当在质膜上出现超极化*，以及钾离子/钠离子选择性比率增高的时候，AK^{+1}就会激活钾离子内流（Sentenac et al.，1992）。拟南芥 AK^{+1} 剔除突变体（aKtl）与野生型的盐敏感性相似，显示这种通道在钠离子吸收上不起作用（Spalding et al.，1999）。钾离子外向整流通道（K^+ outward rectifying channel，KORC）：它能介导钠离子内流进入植物细胞。在大麦根细胞中，KORC 通道显示高钾离子/钠离子选择性比率（Wegner and Raschke，1994），相反，在拟南芥根细胞内此比率较低（Maathuis and Sanders，1995）。在质膜去极化期间时（即电位差为正值），该通道就会打开，从而介导钾离子外流和钠离子内流（Maathuis and Sanders，1995）。电压不依赖型阳离子通道（voltage independent cation channel，VIC）在植物质膜里也有报道（deBoer and Wegner，1997；Roberts and Tester，1997）。该通道具有相对高的钠离子/钾离子选择性，它不受电位差控制，但为钠离子进入植物细胞提供通道（Maathuis and Amtmann，1999）。

钠离子可能借助很多低和高亲和力钾离子载体进入细胞；其中拟南芥 $AtHK^{+1}$，作为功能较弱的钠离子选择性转运子（selective Na^+ transporter），也介导钾离子运输（Uozumi et al.，2000）。在植物根细胞中，$AtHK^{+1}$被视为钠离子内流调控因子。这是基于以下事实：hK^{+1}的突变体在 SOS3（salt-overly-sensitive，sos）突变体的遗传背景中，对钠离子的积累和钠的超过敏性都具抑制能力（Rus et al.，2001），表明 $AtHK^{+1}$ 是控制钠离子进入根系的耐盐性决定因素。

钠离子泵出植物细胞主要靠质膜氢离子-腺苷三磷酸酶的活性。该酶具有氢离子电化学梯度（electrochemical gradient），是质膜钠离子/氢离子（Na^+/H^+）的逆向转运

* 译者注：去极化指膜内外电位差减小的现象；超极化是指膜内外电位差增大的现象。

蛋白（antiporter），沿其电化学电势，氢离子成对地在细胞内作被动移动，最后激活钠离子泵出（Blumwald et al.，2000）。最近报道，拟南芥 AtSOS1. 编码质膜钠离子/氢离子的逆向转运蛋白，与细菌和真菌质膜钠离子/氢离子逆向转运蛋白的序列有显著相似性（Shi et al.，2000）。SOS1 过量表达增强了拟南芥耐盐性。耐盐性增强可能是因为植物细胞内钠离子的有限度积累所造成的（Shi et al.，2003）（表 2.8.1）。钠离子进入细胞液泡也能高效率避免胞质内钠离子的毒性。它由钠离子/氢离子逆向转运蛋白介导，由液胞氢离子易位酶，氢离子-腺苷三磷酸酶（H^+-ATPase）和氢离子-肽基脯氨酰顺反异构酶（H^+-PPiase）所产生的离子电化学梯度驱动（Blumwald，1987）。拟南芥 *AtNHX1*，编码液胞钠离子/氢离子逆向转运蛋白基因的过量表达，使得转基因植株能在高盐浓度下生长（Apse et al.，1999）。

表 2.8.1 离子转运子基因的转基因植物的耐盐性

基因	基因产物	来源	细胞功能	目标植物	参数研究	参考文献
AtNHX1	液泡钠离子/氢离子逆向转运蛋白	拟南芥	钠离子液胞隔離	拟南芥	生物量	Apse 等，1999
AtNHX1	液泡钠离子/氢离子逆向转运蛋白	拟南芥	钠离子液胞隔離	番茄	生物量和果实生产	Zhang 和 Blumwald，2001
AtNHX1	液泡钠离子/氢离子逆向转运蛋白	拟南芥	钠离子液胞隔離	甘蓝型油菜	生物量和石油产生	Zhang 等，2001
AtNHX1	液泡钠离子/氢离子逆向转运蛋白	拟南芥	钠离子液胞隔離	玉米	生物量	Yin 等，2004
GhNHX1	液泡钠离子/氢离子逆向转运蛋白	陆地棉	钠离子液胞隔離	烟草	生物量	Wu 等，2004
AgNHX1	液泡钠离子/氢离子逆向转运蛋白	滨藜	钠离子液胞隔離	水稻	生物量	Ohta 等，2002
AtSOS1	质膜钠离子/氢离子逆向转运蛋白	拟南芥	钠离子压出	拟南芥	生物量	Shi 等，2003
AVP1	液泡氢离子焦磷酸酶	拟南芥	液泡酸化	拟南芥	生物量	Gaxiola 等，2001
HAL1	钾离子/钠离子运输调控	啤酒酵母	钾离子/钠离子体内平衡	番茄，瓜，拟南芥	离子含量，植物生长	Bordas 等，1997；Gisbert 等，2000；Yang，2001

在 *AtNHX1* 过量表达的转基因番茄中，钠离子被间隔在细胞液泡中所显示的耐盐性，也在一些试验中得到证实（Zhang and Blumwald，2001）。转基因番茄种植在 200mmol/L NaCl 浓度下能生长、开花和结果。虽然番茄叶钠含量高，而果实中的钠含量却非常低（Zhang and Blumwald，2001）。过量表达 *AtNHX1* 的转基因油菜（Canola）也有类似结果（Zhang et al.，2001）。在 200mmol/L NaCl 浓度下生长的转基因植株，叶中钠离子积累占其干重 6%，但对种子产量和油质量没有影响，说明这个技术在盐渍土上有应用潜力。在其他物种也有类似报道。比如将盐土植物滨藜（*Atriplex gmelini*）的钠离子/氢离子逆向转运蛋白引入水稻时，植株产生了耐盐性（Ohta et al.，2002）。最近报道，来自棉花的 *GhNHX1* 在烟草里（Wu et al.，2004）或者拟南芥的 *AtNHX1* 在玉米里过量表达（Yin et al.，2004），都使转基因植株增强了耐盐性。另

外，使液泡肽基脯氨酰顺反异构酶（H^+-PPiase）在拟南芥里过量表达也证实了液胞运输在耐盐性上的作用（Gaxiola et al., 2001）。AVP1，编码液胞氢离子焦磷酸酶（H^+-pyrophosphatase）基因的过量表达，也增强了转基因植株的耐盐性，这和植物细胞内离子含量的增加相关。这些结果显示在转基因植株中，增强液胞氢离子泵（pumping）的作用，即能加强液胞内钠离子（经由液泡 Na^+/H^+ 逆向转运蛋白）的积累。

相容性溶质合成

耐盐生物无论是对长期或短期盐胁迫的细胞反应，都包括一组渗透保护（osmoprotective）化合物的合成和积累，这些化合物称之为相容性溶质。它们是相对小的有机渗透调节物质（osmolyte），包括氨基酸和衍生物、多羟基化合物、糖和甲胺等，这些渗透调节物质能稳定蛋白质和细胞结构，及增加细胞渗透压（Yancey et al., 1982）。这些对细胞水分状况和蛋白质完整的反应是内衡的，当土壤溶液含有较高 NaCl 含量时会失衡，并随之引起细胞失水。在胞质内渗透活性物质的积累，增加渗透的潜力使质外体（apoplastic）溶液间达到平衡，使其本身达到较高钠离子和氯离子浓度，在盐土植物液胞内腔间，钠（和氯）离子积累甚至可能达 1mol/L。作为短期胁迫，这样可以防止细胞失水，维持细胞活性。但是，对于在持续盐胁迫条件下生长，则必须保留向胞质渗透的梯度，以维持细胞膨压，吸水和促进细胞扩展。

目标植物中脯氨酸和甘氨酸甜菜碱合成的增强已备受关注（Rontein et al., 2002）。从这些研究可得出以下两个结果：目标调渗物（osmolyte）积累的绝对含量可能受到代谢的限制；转基因植株耐盐胁迫的程度与所获得的渗透保护物量不一定相关。

通过脯氨酸和甘氨酸甜菜碱的例子可以充分说明，某种渗透保护剂的浓度增加受到代谢限制。基因工程合成较高浓度脯氨酸最初的策略旨在编码 2 氢化吡咯啉-5-羧酸合成酶基因（pyrroline-5-carboxylate synthase; P5CS）和使 P5C 还原酶（P5CR）过量表达。后者能催化底物（谷氨酰胺酸）到产物（脯氨酸）过程的两步反应。转基因烟草 P5CS 过量表达显著提高了游离脯氨酸含量（Kishor et al., 1995）（表 2.8.2）。但是，游离脯氨酸的调控似乎不是那么简单。经由脯氨酸脱氢酶（ProDH）的脯氨酸代谢物，由游离脯氨酸上调表达，证明游离脯氨酸能抑制 P5CS（Roosens et al., 1999）。进一步说，在定向诱变剂修饰 P5CS 基因的烟草转化植株中，游离脯氨酸增加 2 倍（Hong et al., 2000）。这种修饰缓和了脯氨酸对 P5CS 活性的反馈抑制，并在盐胁迫条件下使发芽率和幼苗生长得以改善。细胞游离脯氨酸含量也受到转录和翻译控制。P5CR 启动子分析显示，P5CR 转录子抑制了翻译起始。P5CR 5′UTR 的 92bp 片段和对在该小区域 3′端连接的 GUS 报告基因，足以增加在盐胁迫条件下 mRNA 的稳定性和对翻译抑制（Hua et al., 2001）。这些结果突显了在盐胁迫期间 P5CR 复杂的调控和强调了 P5CR 对 mRNA 稳定和翻译的重要作用。

另外，例如，应用反义 cDNA 转化减少 ProDH 表达的办法也可以显著增加游离脯氨酸的水平（Nanjo et al., 1999）。在没有盐胁迫时，转基因拟南芥中脯氨酸的含量是对照植株的 2 倍（100mg/g 鲜重），而在胁迫条件下虽然以 600mmol/L NaCl 短期处理，转基因植株却比对照植株高出 3 倍（600mg/g 鲜重），表明高含量脯氨酸与耐盐性的提高相关。

表 2.8.2 转基因植物表达合成与调渗物有关基因及其耐盐性

基因	基因产物	来源	细胞功能	目标植物	参数研究	参考文献
betA	胆碱脱氢酶	大肠杆菌	甜菜碱	烟草	干重	Lilius 等,1996;Holmstrom 等(2000)
BADH	甜菜碱脱氢酶	Atriplex hortensis	甜菜碱	番茄	根生长	Jia 等,2002
EctA,EctB,EctCL-2,	4-二氨基丁酸乙酰转移酶,L-2,4-氨基转移酶,L-信息素合成酶	伸长盐单胞(*Halomonaselongata*)	Ectoyne	烟草	耐盐性	Nakayama 等,2000
OtsAOtsB	海藻糖-6-磷酸合成酶,海藻糖-6-磷酸酶	大肠杆菌	海藻糖	烟草水稻	增加生物量,形态发生,生长	Pilon-Smits 等,1998;Garg 等,2002
TPS1	海藻糖-6-磷酸合成酶	啤酒酵母	海藻糖	烟草	增强耐旱性	Romero 等,1997
P5CS1-2	二氢吡咯-5-羧化物合成酶	*V. aconitifolia*	脯氨酸	烟草	增加脯氨酸;植物生长	Kishor 等,1995
ProDH	拟南芥脯氨酸脱氢酶	拟南芥	脯氨酸	拟南芥	开花,倒伏适应 NaCl 胁迫	Nanjo 等,1999
IMT1	Myo-肌醇 O-甲基转移酶	*M. chrystallinum*	D-芒柄醇	烟草	种子发芽	Vernon 等,1993;Sheveleva 等,1997
COD1;COX	胆碱氧化酶	球形节杆菌(*A. globiformis*);*A. panescens*	甜菜碱	拟南芥,水稻,芸薹属 *Brassica*	种子发芽;植株生长	Hayashi 等,1997;Alia 等,1999;Sakamoto 等,1998;Huang 等,2000;Prasad 等,2000
HAL3	FMN-结合蛋白	啤酒酵母	钾离子/钠离子体内平衡	拟南芥	幼苗	Espinosa-Ruiz 等,1999

针对甘氨酸甜菜碱合成工程的实验远比合成其他相容性溶质多。和脯氨酸不同，甘氨酸甜菜碱的降解对植物并不重要（Nuccio et al.，2000），但是，由于底物及产物库之间的间隔所造成的代谢流问题，使工程合成相当高含量的甘氨酸甜菜碱产生困难。在甘氨酸甜菜碱天然累积的植物中（即菠菜和甜菜），这种化合物的合成发生在叶绿体，从胆碱到甘氨酸甜菜碱发生两个氧化反应（oxidation reaction），即第一个甜菜碱醛（betaine aldehyde）氧化反应，由胆碱单氧化酶（CMO）、铁硫黄酶催化胆碱。而甜菜碱醛氧化作用（oxidation）则通过甜菜碱醛脱氢酶（BADH），由非特异性可溶性乙醛脱氢酶催化（Rathinasabapathi，2000）。在大肠杆菌中，这些反应发生在细胞质：第 1 个反应由胆碱脱氢酶（CDH），通过 *betA* 基因座编码的 NADt 依赖性酶催化；第 2 个反应通过 *betB* 基因座编码的 BADH 催化。在球形节杆菌（*A. globiformis*）中，两个氧化

作用通过由 *codA* 基因座编码的胆碱氧化酶（COD）催化（Sakamoto and Murata，2000）。

在甘氨酸甜菜碱合成工程中，球形节杆菌（*A. globiformis*）*codA* 基因只需要一次单一遗传转化事件，这个颇有吸引力的选择策略已应用于拟南芥甜菜碱合成工程（Hayashi et al.，1997）。35S 启动子驱动的转化质粒，含有 Rubisco 小亚基转运肽，使 COD 蛋白质可以进入叶绿体。转基因拟南芥的耐盐性得到了增强，甘氨酸甜菜碱达到 1μmol/g 鲜重。

相同的质粒转化 *B. juncea*（Prasad et al.，2000），其转基因系在发芽和出苗期的耐盐性明显被增强。与球形节杆菌 COD 同源的 *A. panescens* 细胞色素氧化酶（Cytochrome oxidase，COX）基因，也用于拟南芥，甘蓝型油菜和烟草的遗传转化（Huang et al.，2000）。与上述不同，这组实验中 COX 蛋白质是直接定位在细胞质，而不是叶绿体。在所有 3 种植物中，某些转基因植株中观察到其对盐，干旱和冻害耐性增强，但其耐性有变异。转基因植株的甘氨酸甜菜碱含量没有显著高于野生型植株，但通过给植株外施胆碱，其甘氨酸甜菜碱含量增加显著，显示胆碱供应会显著限制甜菜碱合成（Huang et al.，2000）。

从上述讨论结果引发两个重要问题。第一个问题是，在转基因植株中甘氨酸甜菜碱浓度远比自然累积浓度低。尽管其含量不高，渗透上未达到显著性，但对盐及其他胁迫耐性有适度增强（达显著水平）。基于上述几组实验，Bohnert 和 Shen（1999）提出这样的观点：甘氨酸甜菜碱提供的保护不仅仅是渗透性方面的，或许相容性溶质，包括甘露醇，同时具有氧自由基清除剂（oxygen radical）功能；这一点也许得到 Alia 等（1999）的支持，在植物中表达 CodA 的部位对光系统 II 有保护。另一种可能是由胆碱的 COD/COX 氧化作用产生过氧化物含量增加，引起抗坏血酸过氧化物酶（APX）及过氧化氢酶（CAT）的上调（Holmstrom et al.，2000），或许也能增强盐胁迫耐性（Rontein et al.，2002）。

第二个问题是，转基因植株产生甘氨酸甜菜碱的含量受到胆碱的限制。甜菜碱合成发生在叶绿体，而游离胆碱库的水平却不一定能满足叶绿体的需要，这也许受胆碱转运子活性和/或丰度限制。在生长培养基中添加胆碱时，拟南芥转基因植株中甘氨酸甜菜碱含量剧烈增加，达到 580μmol/g 干重（Huang et al.，2000）。但在转基因烟草细胞质表达大肠杆菌酶 CDH 和 BADH 时，却未检测到这种胆碱限制（Holmstrom et al.，2000）。虽然这些转基因植株表现出耐盐性的增强，甘氨酸甜菜碱含量也接近上述植株水平。Sakamoto 和 Murata（2000）也证明，通过工程甜菜碱合成的转基因植株，不管其存在于叶绿体或细胞质中，均表现出相似的耐性。而甜菜碱合成的位置也许在耐性程度上起作用。在这些植物中如果甜菜碱主要定位在叶绿体，其浓度也许达到显著性（50mmol/L）（Hayashi et al.，1997）。但是，Sakamoto 和 Murata（2000）低估了胆碱代谢库对工程植物甘氨酸甜菜碱含量的限制，由此显示，胆碱氧化活性也许是其限制因子。这个论据似乎得到 Huang 等（2000）的支持，他发现甘氨酸甜菜碱的含量与在每个植株所测定的 COX 活性水平相关。通过外施胆碱增加甘氨酸甜菜碱的想法尚有争议。

McNeil 等（2001）提出了胆碱代谢限制因子的有力证据。过量表达菠菜的磷酸乙

醇胺 *N*-甲基转移酶（PEAMT）能使游离胆碱增加 50 倍，该酶能催化磷酸乙醇胺转换成磷酸胆碱过程中的 3 个甲基化反应。如果在叶绿体中表达菠菜的 CMO 和 BADH，这样的植株能使甘氨酸甜菜碱含量增加 60%。而且，如果在通过对植物生长培养基中添加氨基乙醇亦能诱导胆碱和甘氨酸甜菜碱含量的增加，表明通过这条途径的代谢流量也受到氨基乙醇供应的限制。当 PEAMT 本身受磷酸胆碱抑制的时候，下一步的工程计划就应该包括：①改良 PEAMT，以便除去这种抑制（McNeil et al.，2001）；②过量表达丝氨酸脱羧基酶，以增加氨基乙醇供应；③解决胆碱供应和胆碱氧化作用的间隔问题，或利用细胞质胆碱氧化作用，或找出特有的转运子，促使胆碱供应到叶绿体（Rontein et al.，2002）。

由于相容性溶质没有毒性，因此物种间这些化合物的互换性特别引人注意（表 2.8.1）。最近的实例包括：①利用盐土植物（halophylic）细菌 *Halomonas elongata* 的酶合成单胞信息素（Nakayama et al.，2000；Ono et al.，1999）；②在马铃薯和水稻中合成海藻糖（Garg et al.，2002；Yeo et al.，20）。海藻糖存在于细菌和酵母里，而只有在极端脱水性植物中，才有海藻糖的积累。说明海藻糖很可能在植物代谢的信号传递过程中扮演着重要的角色（Goddijn and vanDun，1999）。

Fukushima 等（2001）报道了烟草转基因植株的耐盐性。他们通过在非质体内表达酵母转化酶（yeast invertase），增强了植株的耐盐性，显示了人为调控糖代谢的应用潜力。其结论为：在转基因植物里改良糖的代谢，可以保护植株在盐胁迫条件下的光合机制。多羟基化合物的过量表达，如甘露醇（Tarczynski et al.，1993）及 D-芒柄醇（Sheveleva et al.，1997），都已经证明烟草转基因植株的耐干旱和耐盐性可得以增强。

抗氧化保护

植物盐胁迫的一个重要方面是胁迫诱导所产生的活性氧族（ROS），包括过氧化物自由基（radical；O_2^-）、过氧化氢（H_2O_2）及羟基（OH）。活性氧族是胁迫期间叶绿体和线粒体另类代谢产物。这些活性氧族对不同的细胞组分，包括膜脂、蛋白质和核酸，引起氧化损伤（oxidation damage）（Halliwell and Gutteridge，1986）。而缓解这种氧化损伤则能增强植物对盐胁迫的抗性。植物可以利用小分子质量的抗氧化剂，例如抗坏血酸和还原型谷胱甘肽；它们也可以利用一大批不同的酶，例如过氧化物歧化酶（SOD），过氧化氢酶（CAT），抗坏血酸过氧化物酶（APX），谷胱甘肽硫转移酶（GST）及谷胱甘肽过氧化物酶（GPX）以清除活性氧族。过量表达酵母线粒体有关 Mn 代谢的 SOD 转基因水稻，也增强了耐盐性（Tanaka et al.，1999）（表 2.8.3）。细胞壁过氧化物酶过量表达的烟草植株在渗透胁迫条件下提高了发芽能力（Amaya et al.，1999）。转基因烟草植株过量表达 GST 和 GPX 时，在胁迫条件下提高了种子发芽能力和促进幼苗生长（Roxas et al.，1997）。随后研究（Roxas et al.，2000）表明，除 GST/GPX 活性增加之外，含有较高含量谷胱甘肽和抗坏血酸转基因幼苗和野生型幼苗，显示较高含量的单脱氢抗坏血酸还原酶活性，而谷胱甘肽池更被氧化。这些结果表明，谷胱甘肽依赖性过氧化物酶清除活性的增加，和在谷胱甘肽和抗坏血酸代谢上的相关变化，会使转基因植株减少氧化损伤和增加其耐盐性。

表 2.8.3 表达含氧化还原反应基因转基因植物的耐盐性

基因	基因产物	来源	细胞作用	目标植物	参数研究	参考文献
MnSODSu	过氧化物歧化酶	啤酒酵母	减少 O_2 含量	水稻	光合作用的电子运输	Tanaka 等，1999
GlyI	乙二醛酶	*B. juncea*	乳酰基谷胱甘肽（S-D-Lactoyl glutathione）	烟草	分隔叶的叶绿素含量；	Veena 等，1999
TPX2	过氧化物酶	*N. tabaccum*	改变细胞壁特性	烟草	发芽；水分保留在种壁	Amaya 等，1999
GSTGPX	谷胱甘肽 S-转移酶；谷胱甘肽过氧化物酶	*N. tabaccum* *N. tabaccum*	活性氧族清除	烟草	发芽和生长	Roxas 等，2000

植物会在盐胁迫期间增加 H_2O_2 及其他活性氧的水平（Gueta-Dahan et al.，1997；Roxas et al.，2000）。抗坏血酸是 H_2O_2 还原解毒过程中主要的还原底物，它必须不断地从其氧化态产生。谷胱甘肽对氧化胁迫保护的主要效应是通过抗坏血酸-谷胱甘肽循环还原抗坏血酸，这里，在 H_2O_2 还原反应中 GSH 发挥循环媒介物的作用（Foyer and Halliwell，1976）。Ruiz 和 Blumwald（2002）对野生型和耐盐甘蓝型油菜（Canola）植物，在盐胁迫期间谷胱甘肽合成酶诱导途径作了调查（Zhang et al.，2001）。甘蓝型油菜野生型植株半胱氨酸合成相关酶活性明显增加（关键步骤为还原硫吸收进有机化合物中，例如谷胱甘肽），使 GSH 含量显著增加。另一方面，在转基因耐盐植株中，这些酶的活性及其 GSH 含量，没有随盐胁迫而有改变。这些结果清晰表明，盐胁迫能诱导和增强硫的吸收和半胱氨酸 GSH 的生物合成，以缓和盐诱导氧化胁迫。在过量表达液胞钠离子/氢离子逆向转运蛋白的转基因植株中，会出现一些小变异（Zhang and Blumwald，2001），显示液泡可以积累剩余的钠离子（和保持高的胞液钾离子/钠离子比率）很大程度上减少了盐诱导的氧化胁迫，凸显在盐胁迫期间，钠离子在体内平衡中的重要作用。

转基因植株耐盐性的评估

上面提到的对转基因实验的耐盐性评估都是在少数转基因植株的幼苗期或成熟期这样有限的试验条件下完成的。而多数试验是在温室中进行的，那里的植物不是直接生长在田间环境里，诸如高盐度、碱性土壤 pH、高昼夜温度、其他盐碱存在、硒和（或）硼高吸收浓度等。因此，迫切需要在田间对植物耐盐性进行评估，而更为重要的是，耐盐性应该作为产量功能进行评估。在盐胁迫条件下田间表现的评估是有困难的，因为田间盐含量是变化的（Daniells et al.，2001；Richards，1983），而且和其他环境因子，包括土壤的肥力、温度、光强度，以及蒸腾引起失水都有潜在的互作。耐性评估也由于生命周期中盐敏感性的变化而变得更为复杂。以水稻为例，其谷粒产量比营养生长部分更容易受盐的影响（Khatun and Flowers，1995）。在番茄中，在高盐度下发芽的能力与在盐胁迫条件下植物生长能力不相关，因为它们受不同机理所控制（Foolad and Lin，1997），虽然也有些基因型在发芽和在营养生长期间显示了相似的耐性（Foolad and

Chen，1999)。

因此，我们应该认识到，田间耐性与实验室耐胁迫的评估通常没有大的相关。虽然人们用模式植物在选育耐胁迫转基因工程中已取得很多成功，如烟草、拟南芥和水稻(Govender et al.，2003)，但我们更迫切需要在农作物上成功测试。水稻有其优势，它既是一个模式单子叶植物，又是重要农作物。但是，当用转基因烟草或拟南芥被测试时，情况就不同了（综述 Flowers，2004；Govender et al.，2003)。单子叶植物会带来很多与作物转化相关的技术和财政方面的挑战。首先，某些单子叶植物的转化仍然未达到常规化，并且选育一系列独立纯合的 T2 代品系，在金钱和时间上要付出了不小的代价。其次，耐胁迫筛选将需要包括一个田间组分（field component)，因为许多耐胁迫实验由基础研究人员操作，包括应用含有蔗糖的加富培养基（enriched medium)。此类筛选与田间表现似乎没有关系。最后，因为盐渍土通常是复杂的，也许包括 NaCl、氯化钙、硫酸钙、硫酸钠、高硼含量和碱性 pH 等，因此，对特别有前途的植株最终将必须对所有这些环境因子进行测试。

结论和展望

常规育种在选育耐盐基因型的课题上已获得的成功相当有限，部分原因是育种工作者偏爱在理想的条件下评估其遗传材料。这个课题现在变得较为迫切，因为这跟种子公司对耐盐作物的选育和商业化有关。从商业的角度看，种子公司在投资选育耐胁迫新品种之前，都会考虑投资和利润的问题。除非有经济利益，比如在各种不同的土壤条件下(uncompromised)，耐盐植物都同非耐盐植物具有竞争力，否则选育耐盐植物没有收益。基础研究人员也许有不同观点，他们认为尽管耐盐性的提高幅度不大，但只要是真实存在的，这种努力都是值得的。

在评估提高植物抗逆性的可能性中，研究团体应该考虑我们提出的很多想法。许多研究人员认识到，所有与胁迫类型相关的基因在表达上均有大幅度的变化，作为转基因的启动子，经常用持续性表达的启动子，比如 CaMV35S、泛素和肌动蛋白基因启动子(Govender et al.，2003)。最近的研究注意到，在胁迫诱导控制下，诱导基因过量表达通常用有组织特异性的启动子，这比用持续性启动子具有更好的表现型（Kasuga et al.，1999；Zhu et al.，1998)。

其次，在产生耐非生物性胁迫的烟草或拟南芥植株上已经取得很多成功，因此，现在应当开始将这些耐性基因导入作物。此外研究人员倾向于集中研究几个基本的植物系统，包括拟南芥和烟草，以及作为重要作物的水稻，但是还没有尝试选择另外有特殊遗传背景的作物。

再次，特异转基因的效应可能基于它所转化的特殊遗传背景，比如跟这个遗传背景有关的“位置效应”现象。总之，转基因的效果也取决于整体的遗传背景，而与染色体的位置无关，被称为“转基因配合力”(TCA)。

最后，我们需要建立更好的比较系统。同时，我们应该采纳合理整合基因的观点，正如植物抗病研究人员正在做的基因聚集那样（2.9 节)。例如，将表达在分生组织(无液胞细胞）的 AtSOS1 及在液泡表达的 AtNHX1（钠离子积累于液泡)，同时与相容性溶质过量表达，这样不仅能在营养生长期间用 NaCl 作为渗透剂，而且在早期生长和出苗期间，减少钠离子对幼苗的毒性。对氧化胁迫起保护作用的基因，无论在那里都适用，必须要结合，特别是在光合作用活跃的细胞内，活性氧族会对叶绿体有较大损伤。

虽然提高抗逆性的研究进展缓慢，但仍有很多机会。使人乐观的是，在过去 10 年里，很多功能性技术的开发有助于我们解决很多与耐胁迫相关重要问题，其中包括：①开发基因作图和构建相关图谱的分子标记；②EST 文库的开发；③包括拟南芥、水稻和玉米植物基因组测序完成；④拟南芥 T-DNA 或转座子标记突变群体的产生；⑤很多能用于基因功能分析的技术开发。例如，定向诱导基因组局部突变技术（tilling）* 的正向遗传学工具的开发等。(Colbert et al.，2001)。因此，我们需要着重研究比较效应，特异转基因间的互作和已明确遗传学背景及在田间确定这些方法的效应。

在过去 50 余年期间，许多研究人员对培育来自真实盐土植物的耐盐作物有争议。虽然盐土植物的类型存在着广泛的多样性，迄今为止，极少数盐土作物能与淡土作物进行有效地竞争（Glenn et al.，1999）。而且，对耐性生理的研究显示，整体特性其实由很多亚特性决定；而其中某些亚特性又可能由不确定的一些基因决定。我们相信，通过对不同的基因和基因组合作比较，研究人员将能迅速推进该领域的研究和开发出耐胁迫种质。

参考文献

Akbar, M. and Yabuno, T. (1977) Breeding saline-resistant varieties of rice. IV. Inheritance of delayed type panicle sterility induced by salinity. *Japanese Journal of Breeding* **27**, 237–240.

Al-Doss, A.A. and Smith, S.E. (1998) Registration of AZ-97MEC and AZ-97MEC-ST very non-dormant alfalfa germplasm pools with increased shoot weight and differential response to saline irrigation. *Crop Science* **38**, 568–568.

Alia, Kondo, Y., Sakamoto, A., Nonaka, H., Hayashi, H., Saradhi, P.P., Chen, T.H.H. and Murata, N. (1999) Enhanced tolerance to light stress of transgenic *Arabidopsis* plants that express the *codA* gene for a bacterial choline oxidase. *Plant Molecular Biology* **40**, 279–288.

Amaya, I., Botella, M.A., De La Calle, M., Medina, M.I., Heredia, A., Bressan, R.A., Hasegawa, P.M., Quesada, M.A. and Valpuesta, V. (1999) Improved germination under osmotic stress of tobacco plants overexpressing a cell wall peroxidase. *FEBS Letters* **457**, 80–84.

Apse, M.P., Aharon, G.S., Snedden, W.A. and Blumwald, E. (1999) Salt tolerance conferred by overexpression of a vacuolar Na^+/H^+ antiport in *Arabidopsis. Science* **285**, 1256–1258.

Blumwald, E. (1987) Tonoplast vesicles for the study of ion transport in plant vacuoles. *Physiologia Plantarum* **69**, 731–734.

Blumwald, E., Aharon, G.S. and Apse, M.P. (2000) Sodium transport in plant cells. *Biochimica et Biophysica Acta* **1465**, 140–151.

Bohnert, H.J. and Shen, B. (1999) Transformation and compatible solutes. *Scientia Horticulturae* **78**, 237–260

Bordas, M., Montesinos, C., Dabauza, M., Salvador, A., Roig, L.A., Serrano, R. and Moreno, V. (1997) Transfer of the yeast salt tolerance gene *HAL* 1 to *Cucumis melo* L. cultivars and *in vitro* evaluation of salt tolerance. *Transformation Research* **6**, 41–50.

Colbert, T., Till, B.J., Tompa, R., Reynolds, S., Steine, M.N., Yeung, A.T., McCallum, C.M., Comai, L. and Henikoff, S. (2001) High-throughput screening for induced point mutations *Plant. Physiology* **126**, 480–484.

* 译者注：Tilling 应属反向遗传学工具

Daniells, I.G., Holland, J.F., Young, R.R., Alston, C.L. and Bernardi, A.L. (2001) Relationship between yield of grain sorghum (*Sorghum bicolor*) and soil salinity under field conditions. *Australian Journal of Experimental Agriculture* **41**, 211–217.
de Boer, A.H. and Wegner, L.H. (1997) Regulatory mechanisms of ion channels in xylem parenchyma cells. *Journal of Experimental Botany* **48**, 441–449.
Dierig, D.A., Shannon, M.C. and Grieve, C.M. (2001) Registration of WCL-SL1 salt-tolerant *Lesquerella fendleri* germplasm. *Crop Science* **41**, 604–605.
Epstein, E. (1977) Genetic potentials for solving problems of soil mineral stress: adaptation of crops to salinity, in *Plant Adaptation to Mineral Stress in Problem Soils* (ed M.J. Wright), Cornell University Agricultural Experiment Station, Ithaca, NY, pp. 73–123.
Epstein, E., Norlyn, J.D., Rush, D.W., Kingsbury, R., Kelley, D.B. and Wrana, A.F. (1980) Saline culture of crops: a genetic approach. *Science* **210**, 399–404.
Epstein, E. (1983) Crops tolerant to salinity and other mineral stresses, in *Better Crops for Food, Ciba Foundation Symposium* (eds. J. Nugent and M. O'Connor), Pitman, London, pp. 61–82.
Espinosa-Ruiz, A., Belles, J.M., Serrano, R. and Culiañez-Macia, F.A. (1999) *Arabidopsis thaliana* AtHAL3: a flavoprotein related to salt and osmotic tolerance and plant growth. *The Plant Journal* **20**, 529–539.
Flowers, T.J. (2004) Improving crop salt tolerance. *Journal of Experimental Botany* **55**, 307–319.
Flowers, T.J. and Yeo, A.R. (1995) Breeding for salinity resistance in crop plants—where next? *Australian Journal of Plant Physiology* **22**, 875–884.
Foolad, M.R. (2004) Recent advances in genetics of salt tolerance in tomato. *Plant Cell Tissue and Organ Culture* **76**, 101–119.
Foolad, M.R. and Chen, F.Q. (1999) RFLP mapping of QTLs conferring salt tolerance during the vegetative stage in tomato. *Theoretical and Applied Genetics* **99**, 235–243.
Foolad, M.R. and Lin, G.Y. (1997) Absence of a genetic relationship between salt tolerance during seed germination and vegetative growth in tomato. *Plant Breeding* **116**, 363–367.
Foolad, M.R., Lin, G.Y. and Chen, F.Q. (1999) Comparison of QTLs for seed germination under non-stress, cold stress and salt stress in tomato. *Plant Breeding* **118**, 167–173.
Foyer, C. and Halliwell, B. (1976) The presence of glutathione and glutathione reductase in chloroplasts: a proposed role in ascorbic acid metabolism. *Planta* **133**, 21–25.
Fukushima, E., Arata, Y., Endo, T., Sonnewald, U. and Sato, F. (2001) Improved salt tolerance of transgenic tobacco expressing apoplastic yeast-derived invertase. *Plant and Cell Physiology* **42**, 245–249.
Garg, A.K., Kim, J.K., Owens, T.G., Ranwala, A.P., Do Choi, Y., Kochian, L.V. and Wu, R.J. (2002) Trehalose accumulation in rice plants confers high tolerance leveles to different abiotic stresses. *Proceedings of the National Academy of Sciences USA* **99**, 15898–15903.
Gaxiola, R.A., Li, J., Unurraga, S., Dang, L.M., Allen, G.J., Alper, S.L. and Fink, G.R. (2001). Drought- and salt-tolerant plants result form overexpression of the AVP1 H^+-pump. *Proceedings of the National Academy of Sciences USA* **98**, 11444–11449.
Glenn, E.P., Brown, J.J. and Blumwald, E. (1999) Salt tolerance and crop potential of halophytes. *Critical Reviews in Plant Science* **18**, 227–255.
Gisbert., C., Rus, A.M., Bolarin, M.C., Lopez-Coronado, J.M., Arrillaga, I., Montesinos, C., Caro, M., Serrano, R. and Moreno, V. (2000) The yeast *HAL1* gene improves salt tolerance of transgenic tomato. *Plant Physiology* **123**, 393–402.
Goddijn, O.J.M. and Van Dun, K. (1999) Trehalose metabolism in plants. *Trends in Plant Sciences* **4**, 315–319.
Gueta-Dahan, Y., Yaniv, Z., Zilinskas, A. and Ben-Hayyinm, G. (1997) Salt and oxidative stress: similar and specific responses and their relation to salt tolerance in *Citrus*. *Planta* **203**, 460–469.
Greenway, H. and Munns, R. (1980) Mechanisms of salt tolerance in non-halophytes. *Annual Review of Plant Physiology* **31**, 149–190.
Gregorio, G.B., Senadhira, D., Mendoza, R.D., Manigvas, N.L., Roxas, J.P. and Guerta, C.Q. (2002) Progress in breeding for salinity tolerance and associated abiotic stresses in rice. *Field Crop Research* **76**, 91–101.

Grover, A., Aggarwal, P.K., Kapoor, A., Katiyar-Agarwal, S., Agarwal, M. and Chandramouli, A. (2003) Addressing abiotic stresses in agriculture through transgenic technology. *Current Science* **84**, 355–367.

Halliwell, B. and Gutteridge, J.M.C. (1986) Oxygen free radicals and iron in relation to biology and medicine: some problems and concepts. *Archives of Biochemistry and Biophysics* **246**, 501–514.

Hasegawa, P.M., Bressan, R.A., Zhu, J.K. and Bohnert, H.J. (2000) Plant cellular and molecular responses to high salinity. *Annual Reviews of Plant Physiology and Plant Molecular Biology* **51**, 463–499.

Hayashi, H., Alia Mustardy, L., Deshnium, P.G., Ida, M. and Murata, N. (1997) Transformation of *Arabidopsis thaliana* with the *codA* gene for choline oxidase; accumulation of glycinebetaine and enhanced tolerance to salt and cold stress. *Plant Journal* **12**, 133–142.

Higinbotham, N. (1973) Electropotentials of plant cells. *Annual Reviews of Plant Physiology* **24**, 25–46.

Holmstrom, K.O., Somersalo, S., Manda, A., Palva, T.E. and Welin, B. (2000) Improved tolerance to salinity and low temperature in transgenic tobacco producing glycine betaine. *Journal of Experimental Botany* **51**, 177–185.

Hong, Z.L., Lakkineni, K., Zhang, Z.M. and Verma, D.P.S. (2000) Removal of feedback inhibition of delta(1)-pyrroline-5-carboxylate synthetase results in increased proline accumulation and protection of plants from osmotic stress. *Plant Physiology* **122**, 1129–1136.

Hua, X.J., Van De Cotte, B., Van Montagu, M. and Verbruggen, N. (2001) The 5′ untranslated region of the *At-P5R* gene is involved in both transcriptional and post-transcriptional regulation. *Plant Journal* **26**, 157–169.

Huang, J., Hirji, R., Adam, L., Rozwadowski, K.L., Hammerlindl, J.K., Keller, W.A. and Selvaraj, G. (2000) Genetic engineering of glycinebetaine production toward enhancing stress tolerance in plants: metabolic limitations. *Plant Physiology* **122**, 747–756.

Jacobsen, T. and Adams, R.M. (1958) Salt and silt in ancient Mesopotamian agriculture. *Science* **128**, 1251–1258.

Jia, G.X., Zhu, Z.Q., Chang, F.Q. and Li, Y.X. (2002) Transformation of tomato with the *BADH* gene from Atriplex improves salt tolerance. *Plant Cell Reports* **21**, 141–146.

Kasuga, M., Liu, Q., Miura, S., Yamaguchi-Shinozaki, K. and Shinozaki, K. (1999) Improving plant drought, salt, and freezing tolerance by gene transfer of a single stress-inducible transcription factor. *Nature Biotechnology* **17**, 287–291.

Khatun, S. and Flowers, T.J. (1995) Effects of salinity on seed set in rice. *Plant Cell and Environment* **18**, 61–67.

Kishor, P.B.K., Hong, Z., Miao, G.H., Hu, C.A.A. and Verma, D.P.S. (1995) Overexpression of Δ-1-pyrroline-5-carboxylate synthetase increases proline production and confers osmotolerance in transgenic plants. *Plant Physiology* **108**, 1387–1394.

Lilius, G., Holmberg, N. and Bulow, L. (1996) Enhanced NaCl stress tolerance in transgenic tobacco expressing bacterial choline dehydrogenase. *Biotechnology* **14**, 177–180.

Lindsay, M.P., Lagudah, E.S., Hare, R.A. and Munns, R. (2004) A locus for sodium exclusion (Nax1), a trait for salt tolerance, mapped in durum wheat. *Functional Plant Biology* **31**, 1105–1114.

Mano, Y. and Takeda, K. (1997) Mapping quantitative trait loci for salt tolerance at germination and the seedling stage in barley (*Hordeum vulgare* L.). *Euphytica* **94**, 263–272.

Maathuis, F.J.M. and Sanders, D. (1995) Contrasting roles in ion transport of two K^+-channel types in root cells of *Arabidopsis thaliana. Planta* **197**, 456–464.

Maathuis, F.J.M. and Amtmann, A. (1999) K^+ nutrition and Na^+ toxicity: the basis of cellular K^+/Na^+ ratios. *Annals of Botany* **84**, 123–133.

McNeil, S.D., Nuccio, M.L., Ziemak, M.J. and Hanson, A.D. (2001) Enhanced synthesis of choline and glycine betaine in transgenic tobacco plants that overexpress phosphoethanolamine *N*-mehtyltransferase. *Proceedings of the National Academy of Sciences USA* **98**, 10001–10005.

Nakayama, H., Yoshida, K., Ono, H., Murooka, Y. and Shinmyo, A. (2000) Ectoine, the compatible solute of *Halomonas elongata*, confers hyperosmotic tolerance in cultured tobacco cells. *Plant Physiology* **122**, 1239–1247.

Nanjo, T., Kobayashi, M., Yoshiba, Y., Kakubari, Y., Yamaguchi-Shinozaki, K. and Shinozaki, K. (1999) Antisense suppression of proline degradation improves tolerance to freezing and salinity in *Arabidopsis thaliana. FEBS Letters* **461**, 205–210.

Nuccio, M.L., McNeil, S.D., Ziemak, M.J., Hanson, A.D., Jain, R.K. and Selvaraj, G. (2000) Choline import into chloroplasts limits glycine betaine synthesis in tobacco: analysis of plants engineered with a chloroplastic or a cytosolic pathway. *Metabolic Engineering* **2**, 300–311.

Ohta, M., Hayashi, Y., Nakashima, A., Hamada, A., Tanaka, A., Nakamura, T. and Hayakawa, T. (2002) Introduction of a Na^+/H^+ antiporter gene from *Atriplex gmelini* confers salt tolerance in rice. *FEBS Letters* **532**, 279–282.

Ono, H., Sawads, K., Khunajakr, N., Tao, T., Yamamoto, M., Hiramoto, M., Shinmyo, A., Takano, M. and Murooka, Y. (1999) Characterization of biosynthetic enzymes for ectoine as a compatible solute in a moderately halophilic eubacterium, *Halomonas elongata*. *Journal of Bacteriology* **181**, 91–99.

Owen, P.A., Nickell, C.D., Noel, G.R., Thomas, D.J. and Frey, K. (1994) Registration of 'saline' soybean. *Crop Science* **34**, 1689.

Pilon-Smits, E.A.H., Terry, N., Sears, T., Kim, H., Zayed, A., Hwang, S.B., Van Dun, K., Voogd, E., Verwoerd, T.C., Krutwagen, R.W.H. and Goddijn, O.J.M. (1998) Trehalose-producing transgenic tobacco plants show improved growth performance under drought stress. *Journal of Plant Physiology* **152**, 525–532.

Prasad, K.V.S.K., Sharmila, P., Kumar, P.A. and Saradhi, P.P. (2000) Transformation of *Brassica juncea* (L.) Czern with bacterial *codA* gene enhances its tolerance to salt stress. *Molecular Breeding* **6**, 489–499.

Quesada, V., Garcia-Martinez, S., Piqueras, P., Ponce, M.R. and Micol, J.L. (2002) Genetic architecture of NaCl tolerance in *Arabidopsis. Plant Physiology* **130**, 951–963.

Rathinasabapathi, B. (2000) Metabolic engineering for stress tolerance: installing osmoprotectant synthesis pathways. *Annals of Botany* **86**, 709–716.

Richards, R.A. (1983) Should selection for yield in saline regions be made on saline or non-saline soils. *Euphytica* **32**, 431–438.

Richards, R.A. (1996) Defining selection criteria to improve yield under drought. *Plant Growth Regulation* **20**, 157–166.

Roberts, S.K. and Tester, M. (1997) Permeation of Ca^{2+} and monovalent cations through an outwardly rectifying channel in maize root stelar cells. *Journal of Experimental Botany* **48**, 839–846.

Romero, C., Belles, J.M., Vaya, J.L., Serrano, R. and Culianez-Macia, F.A. (1997) Expression of the yeast trehalose-6-phosphate synthase gene in transgenic tobacco plants: pleiotropic phenotypes include drought tolerance. *Planta* **201**, 293–297.

Rontein, D, Basset, G. and Hanson, A.D. (2002) Metabolic engineering of osmoprotectant accumulation in plants. *Metabolic Engineering* **4**, 49–56.

Roosens, N.H., Willem, R., Li, Y., Verbruggen, I.I., Biesemans, M. and Jacobs, M. (1999) Proline metabolism in the wild-type and in a salt-tolerant mutant of *Nicotiana plumbaginifolia* studied by (13)C-nuclear magnetic resonance imaging. *Plant Physiology* **121**, 1281–1290.

Roxas, V.P., Smith, R.K., Allen, E.R. and Allen, R.D. (1997) Overexpression of glutathione S-transferase/glutathione peroxidase enhances the growth of transgenic tobacco seedlings during stress. *Nature Biotechnology* **15**, 988–991.

Roxas, V.P., Lodhi, S.A., Garrett, D.K., Mahan, J.R. and Allen, R.D. (2000) Stress tolerance in transgenic tobacco seedlings that overexpress glutathione S-transferase/glutathione peroxidase. *Plant Cell Reports* **41**, 1229–1234.

Ruiz, J.M. and Blumwald, E. (2002) Salinty-induced glutathione synthesis in *Brassica napus. Planta* **214**, 965–969.

Rus, A., Yokoi, S., Sharkhuu, A., Reddy, M., Lee, B., Matsumoto, T.K., Koiwa, H., Zhu, J.K., Bressan R.A. and Hasegawa, P.M. (2001) AtHKT1 is a salt tolerance determinant that controls Na^+ entry into plant roots. *Proceedings of the National Academy of Sciences USA* **98**, 14150–14155.

Sakamoto, A., Alia, Murata, N. and Murata, A. (1998) Metabolic engineering of rice leading to biosynthesis of glycinebetaine and tolerance to salt and cold. *Plant Molecular Biology* **38**, 1011–1019.

Sakamoto, A. and Murata, N. (2000) Genetic engineering of glycinebetaine synthesis in plants: current status and implications for enhancement of stress tolerance. *Journal of Experimental Botany* **51**, 81–88.

Sentenac, H., Bonneaud, N., Minet, M., Lacroute, F., Salmon, J.M., Gaymard, F. and Grignon, C. (1992) Cloning and expression in yeast of a plant potassium ion transport system. *Science* **256**, 663–665.

Sheveleva, E., Chmara, W., Bohnert, H. and Jensen, R. (1997) Increased salt and drought tolerance by D-oninitol production in transgenic *Nicotiana tabaccum* L. *Plant Physiology* **115**, 1211–1219.

Shi, H., Ishitani, M., Kim, C. and Zhu, J.K. (2000) The *Arabidopsis thaliana* salt tolerance gene *SOS1* encodes a putative Na^+/H^+ antiporter. *Proceedings of the National Academy of Sciences USA* **97**, 6896–6901.

Shi, H., Lee, B.H., Wu, S.J. and Zhu, J.K. (2003) Overexpression of a plasma membrane Na^+/H^+ antiporter gene improves salt tolerance in *Arabidopsis thaliana*. *Nature Biotechnology* **21**, 81–85.

Spalding, E.P., Hirsch, R.E., Lewis, D.R., Zhi, Q., Sussman, M.R. and Lewis, B.D. (1999) Potassium uptake supporting plant growth in the absence of AKT1 channel activity. Inhibition by ammonium and stimulation by sodium. *Journal of General Physiology* **113**, 909–918.

Tal, M. and Shannon, M.C. (1983) Salt tolerance in two wild relatives of the cultivated tomato: responses of *Lycopersican esculentum*, *L. cheesmani*, *L. peruvianum*, *Solanum pennelli*, and F_1 hybrids of high salinity. *Australian Journal of Plant Physiology* **10**, 109–117.

Tanaka, Y., Hibino, T., Hayashi, Y., Tanaka, A., Kishitani, S., Takabe, T., Yokota, S. and Takabe, T. (1999) Salt tolerance of transgenic rice overexpressing yeast mitochondrial Mn-SOD in chloroplasts. *Plant Science* **148**, 131–138.

Tarczynski, M., Jensen, R. and Bohnert, H. (1993) Stress protection of transgenic tobacco by production of the osmolyte mannitol. *Science* **259**, 508–510.

Uozumi, N., Kim, E.J., Rubio, F., Yamaguchi, T., Muto, S., Tsuboi, A., Bakker, E.P., Nakamura, T. and Scroeder, J.I. (2000) The *Arabidopsis HKT1* gene homolog mediates inward Na^+ currents in *Xenopus laevis* oocytes and Na^+ uptake in *Saccaharomyces cerevisiae*. *Plant Physiology* **122**, 1249–1259.

Veena, J., Reddy, V.S. and Sopory, S.K. (1999) Glyoxalase I from *Brassica juncea*: molecular cloning, regulation and its over-expression confer tolerance in transgenic tobacco under stress. *The Plant Journal* **17**, 385–395.

Vernon, D.M., Tarczynski, M.C., Jensen, R.G. and Bohnert, H.J. (1993) Cyclitol production in transgenic tobacco. *The Plant Journal* **4**, 199–205.

Wegner, L.H. and Raschke, K. (1994) Ion channels in the xylem parenchyma of barley roots. *Plant Physiology* **105**, 799–813.

Wu, C.A., Yang, G.D., Meng, Q.W. and Zheng, C.C. (2004) The cotton *GhNHX1* gene encoding a novel putative tonoplast Na^+/K^+ antiporter plays an important role in salt stress. *Plant and Cell Physiology* **45**, 600–607.

Yancey, P.H., Clark, M.E., Hand, S.C., Bowlus, R.D. and Somero, G.N. (1982) Living with water stress: evolution of osmolyte systems. *Science* **217**, 1214–1222.

Yang, S.X., Zhao, Y.X., Zhang, Q., He, Y.K., Zhang, H. and Luo, H. (2001) HAL 1 mediate salt adaptation in *Arabidopsis thaliana*. *Cell Research* **11**, 142–148.

Yeo, E.T., Kwon, H.B., Han, S.E., Lee, J.T., Ryu, J.C. and Byu, M.O. (2000) Genetic engineering of drought resistant potato plants by introduction of the trehalose-6-phosphate synthase (TPS1) gene from *Saccharomyces cerevisiae*. *Molecules and Cells* **10**, 263–268.

Yin, X.Y., Yang, A.F., Zhang, K.W. and Zhang, J.R. (2004) Production and analysis of transgenic maize with improved salt tolerance by the introduction of *AtNHX1* gene. *Acta Botanica Sinica* **46**, 854–861.

Zhang, H.X. and Blumwald, E. (2001) Transgenic salt-tolerant tomato plants accumulate salt in foliage but not in fruit. *Nature Biotechnology* **19**, 765–768.

Zhang, H.X., Hodson, J.N., Williams, J.P. and Blumwald, E. (2001) Engineering salt-tolerant

Brassica plants: characterization of yield and seed oil quality in transgenic plants with increased vacuolar sodium accumulation. *Proceedings of the National Academy of Sciences USA* **98**, 6896–6901.

Zhang, J.Z., Creelman, R.A. and Zhu, J.K. (2004) From laboratory to field. Using information from *Arabidopsis* to engineer salt, cold and drought tolerance in crops. *Plant Physiology* **135**, 615–621.

Zhu, B., Su, J., Chang, M. Verma, D.P.S., Fan, Y.-L. and Wu, R. (1998) Overexpression of a delta1-pyrroline-5-carboxylate synthetase gene and analysis of tolerance to water- and salt-stress in transgenic rice. *Plant Science* **139**, 41–48.

Zhu, J.K. (2001) Cell signaling under salt, water and cold stress. *Current Opinion in Plant Biology* **4**, 401–406.

Zhu, J.K. (2002) Salt and drought stress signal transduction in plants. *Annual Reviews of Plant Biology* **53**, 247–273.

（陆晓春　薛庆中　译）

2.9　作物抗真菌基因工程

Maarten Stuiver
BASF Plant Science GmbH，Agricultural Center
Carl Bosch Strasse 64，67117 Limburgerhof，Germany

引言

在世界范围内，杀菌剂的市场交易价值基本上在 60 亿美元左右，而由于真菌感染所造成的损失也在 60 亿美元左右，因此，采用现代生物技术提高植物抗真菌的能力被列入早期的植物抗真菌基因工程研究项目也就并不令人惊奇了。自 1988 年以来，美国就开始对抗真菌的遗传工程（GM）作物进行田间试验，然而，目前还没有找出一个能像 Bt 那样简单，使作物抵抗真菌感染的方法。抗真菌 GM 作物至今也还未问世。

其主要原因之一是作物致病性真菌可以通过多种不同途径使作物感病。而能感染每种作物的真菌数通常不止一种，并且还不存在对多个真菌起防治作用的简单方法。此外，任何一个基因工程引进的抗性需要提供非常高水平的抗性，即在植株上几乎不出现病斑。众所周知，很多的真菌小种已对抗真菌剂和育种者导入新品种的单个抗病基因产生抗性。从目前基因工程作物的开发时间（向前 10 年推算）以及开发和释放这些转基因作物所付出的大量费用来看，其关键是引进抗性的持久性。

另一方面，作物自身也具有一套针对病原体的复杂防御系统：使诱导特异性防御途径之间有紧密的平衡，并且必须在诱导和预防细胞死亡之间保持平衡。这些体内平衡体系还要像其特异性一样保持着。在这篇综述中，将对过去和现在所研究的一些方法及其局限性进行讨论，并列出最有可能在市场投放的产品。

作物

哪种作物最适合进行抗真菌基因工程？真菌病害广泛存在于作物和观赏植物中，表面上看有许多可能性。然而，基于美国对 GM 作物的田间试验数据（www.isb.vt.edu/cfdocs/fieldtests1.cfm），可知 GM 作物的释放费用很大，理所当然，应先对重要的大田作物如玉米、小麦、马铃薯和大豆进行广泛研究。总之，美国已对 20 多种植物进行了田间试验，尽管大多数植物只是小规模试验，其中包括天竺葵、杜鹃花、柿子和石斛兰等植物。

从这些田间试验可以初步了解到，在许多情况下，抗病害基因工程的目标不同于常用的抗真菌剂，例如，玉米，并不是典型的抗真菌剂市场，但是对于植物抗性工程而言，却是一个非常重要的研究对象。用杀菌剂防治玉米穗和茎腐病并不容易，而遗传工程能满足这个需要。美国的很多小麦田间试验都是针对由镰刀菌（*Fusarium graminearum*）侵染的赤霉病，但是现有的杀菌剂还不能有效地防治该病原体。

抗病性的基因工程

通常，植物能够抵抗多数真菌的侵染。病原体的侵染方式变化多异，确实令人惊讶。

终止真菌感染的植物防御系统，分为死体营养型（（necrotrophs），病原体产生毒性酶和代谢产物直接入侵植物（Walton，1996）以及半活体营养（hemibiotrophs）或活体营养型（biotrophs），真菌在其生命初期就寄生在赖以生存的植物细胞上，随后，在真菌生命后期有时表现死体营养型感染方式。植物能够终止大部分真菌的生命周期，确实给植物造成经济损失的真菌通常只是少数。

植物与真菌之间相互作用的很多知识，来源于对植物防御系统的研究。众所周知，植物备有一个敏感的武器库，防御相关蛋白。对拟南芥（*Arabidopsis thaliana*）基因功能分类初步表明，5%～10%的基因也许有防御功能。有些防御相关基因呈持续性表达，而另一些基因则通过病原体侵染后诱导表达。有趣的是，大多数植物对其损害最严重的病原体都能产生高水平抗性。这种系统性获得抗性（SAR）可以通过对植物使用大剂量不亲和的过敏性反应的病原体或激发子（elicitor）处理进行诱导。这一发现促进了对这种获得性抗性的抗真菌组分和其后的信号网络研究。

抗真菌蛋白过量表达

设计病原体抗性最早期的策略的之一基于 SAR 的发现（Stintzi et al.，1993）。在 SAR 期间诱导的少数最丰富抗真菌蛋白质的过量表达被认为是 SAR 状态的模拟。

虽然这种方法经常被采用，但技术上并不是特别成功（如 Anand et al.，2003）。业已清楚，导入的抗真菌蛋白质对其被导入的植物有强烈的依赖性。1996 年，Punja 和 Raharjo 已表明应用这种方法的困难，将几丁质酶基因转移到两种不同作物，增强了胡萝卜抗性，而对黄瓜无效应，即使相同病原体侵入植物时，其抗性效应也不同。这表明，在内源和转基因防御化合物间有相互作用。由于对于内源防御互补性确实很少了解，即便知道些，对其功能也不明白，可见这个方法自身不能优化。

其次，SAR 并不是一种绝对抗性，它只是增加部分抗性或是增加对感染的耐受性。所以，这种 SAR 过量表达的方法不可能提供完全抗性，它通常只是针对几种病原体，并不能提供广谱抗性（Alexander et al.，1993；Kim et al.，2003）。

最后，与抗真菌蛋白质有关的是这种遗传工程抗性的持久性。当离体培养分离抗真菌蛋白质时，许多种真菌能适应它，或对它有抗性。尚不清楚在转基因作物中是否同样可能发生这种现象。转基因所产生的抗真菌蛋白质也许能与内源抗真菌的化合物协同作用，同时，病原体也许较难适应这样的混合物。目前还不了解内源和转基因抗真菌蛋白质的相互作用。关于作物抗真菌蛋白质互补的知识几乎尚属空白。虽然极少数作物已在基因组水平上进行测序，但是，应用现有的水稻和拟南芥序列和（或）许以后十年可以完成的其他作物基因组序列信息，也许有可能更好阐明真实的防御互补，并能较成功地应用这个策略。

抗真菌小分子化合物的过量表达

抗真菌小分子化合物不仅是在防御反应和SAR期间诱导的蛋白质。在病原体感染期间也能持续性或诱导性合成。这些植物抗毒素对真菌的防御系统中起着关键作用（如葡萄中的白藜芦醇，一种防止葡萄受真菌侵袭的抗氧剂）。在异源植物（heterologous plant）中，利用生物合成酶过量表达的抗真菌基因工程偶尔也取得成功（Hain et al.，1993；He and Dixon，2000；Hipskind and Paiva，2000）。

通常特殊的植物抗毒素的抗真菌活性相对较低，对于特殊的抗真菌活性则需要极高的量。然而，在异源植物中这种高水平活性不一定能够达到（Hain et al.，1993）；即便到达了这个浓度，多数异源植物抗毒素缺少广谱和高水平抗真菌活性。因此，这个策略能否被广泛应用备受争议。

利用一般防御途径或化合物工程抗性

除了在SAR期间使用分离的抗真菌蛋白或小分子，还可以利用整个防御途径来进行基因工程的抗性工作。植物有许多不同的信号途径，可以诱导抗真菌蛋白或化合物协调表达（Delaney et al.，1994；Thomma et al.，2001；Pieterse and vanLoon，1999）。有趣的是，这些途径似乎只对某些病原体产生抗性，而不是对所有病原体（Thomma et al.，2001）。它们通常根据对诱导防御蛋白起关键作用的一个信号小分子来命名。我们对诱导这些途径了解最多的化合物是水杨酸（SA）。对植物以SA或类似物处理，都可以引起一系列植物防御途径反应的表达（Uknes et al.，1992），而且这种增强性抗性只对有限的病原体起作用（Gorlach et al.，1996；Thomma et al.，1998）。其他途径似乎应用小分子植物信号、茉莉酸（jasmonic acid，JA）、乙烯或某些活性氧种（ROS），例如，过氧化物和过氧化氢，作为他们的活化物（Feys and Parker，2000；Grant et al.，2000）。另外，还有其他几条诱导的防御途径（即Nakashita et al.，2002；Pieterse et al.，1998；Ton and Mauch-Mani，2004）。

每种信号传递的诱导都能产生不同的防御系统的组成成分，包括一系列抗真菌蛋白、植物抗毒素和能增强细胞壁的酶类。而有些组分只有在多条途径同时诱导时才会产生（Penninckx et al.，1998）。值得注意的是，在很多途径之间，都存在显著的拮抗作用（Doares et al.，1995；Leslie and Romani，1988）。

抗病性的诱导必须有病原体的特异性以及植物防御系统之间的拮抗作用，使得所有这些系统的遗传工程充满风险。而我们对不同的作物防御系统的特异性诱导的了解是非常有限的。我们也不知道多数作物中哪一条途径可诱导对哪一种真菌的抗性。通过各途径间的平衡调整，人们最终可能获得这样一些植株：它们增强了对一些病原体的抗性，但是却削弱了对其他一些病原体的抗性（Hoffman et al.，1999）。

对微弱的病原体来说，这种被增强的植物敏感性并不一定是缺点，甚至可能有利于现代农业中对不同病原体的敏感性之间平衡的调整。农民也有许多办法对付作物病害，用现有的杀菌剂可以有效地防治一些植物病害。然而，目前我们对重要的农作物的抗性及其相互的作用了解甚少。而我们的很多知识仅仅来源于拟南芥。当然，这方面的知识正在发展中。

另外值得注意的是，当一些与抗性有关蛋白持续性地高量表达时，例如，SA 类似物（Yalpani et al.，2001）或其他主要信号途径化合物（Bowling et al.，1994；Cao et al.，1998）通常会引起植物缺乏活力或发育减弱（Maleck et al.，2002）。似乎，植物生长依赖于合理的能量平衡，植物防御途径诱导太频繁或太高，会很快影响其生长或发育。由于这些局限性，通过这种方法将不太可能产生基因工程抗性。

虽然 SA 化学诱导物途径苯并噻二唑（benzothiodiazole，亦称 BTH/Bion/Actiguard，Gorlach et al.，1996 ）的应用较为灵活，但它依赖于环境状况和真菌感染时产生的威胁，因此尚不能肯定该方法在市场上会取得巨大成功。

过敏性反应、细胞死亡或凋亡（apoptosis）

植物在识别病毒、细菌、昆虫、线虫或真菌激发子后，体内产生过敏性反应，从而引起一系列的防御反应。在病原体侵染的部位，发生细胞死亡，从实质上阻止了寄生在活体（biotrophic）病原体完成生命周期。另外，在细胞死亡区域周围可以发现酚醛树脂的局部高度积累及细胞壁增厚，防止了病原体的进一步扩展。如上所述，离感染位置愈远，植物诱导 SAR 、抗真菌蛋白质和化合物愈多（Costet et al.，1999；Dorey et al.，1997；Melchers and Stuiver，2000；Morel and Dangl，1997）。这种协调性反应很可能完全阻止所有微生物病原体的感染，中止寄生在活体病原体。而且对死体营养型（necrotrophic）真菌病原体也有一定的作用，这表示过敏性反应能有效地阻止病原体完成其生命周期（Bonnet et al.，1996）。

激发子常通过植物抗性（R）基因的产物进行遗传识别。然而，应该指出，尚不清楚 R 基因产物如何识别激发子，以及什么是 R 基因的真实产物（Dixon et al.，2000）。无论什么机理，这种识别是高度特异性的，它取决于确切的 R 基因及其同源激发子的存在。在现代农作物中，通常通过常规育种从作物的野生近缘物种选育 R 基因。具有这些渐渗 R 基因作物不断地进行盛衰循环。即在防卫病原体（繁荣期）几年，作物表现很好，但在广泛种植几年后，病原体的新小种似乎克服其抗性，渐渗抗性便变得无用(萧条期）。只有极少数 R 基因能在农业生产上有长期应用价值（Pink and Puddephat 1999）。

植物抗性丧失的原因是病原体容易产生突变或产生对应的激发子，以避免通过 R 基因产物识别（Gassmann et al.，2000；Joosten et al.，1994）。当病原体发生突变或丢失基因时，就恢复其原始的致病性。在许多研究条件下，对真菌或细菌的致病性的功能尚不能被考量。

育种者通常通过选育新的 R 基因以应对其抗性衰退。有趣的是，旧的 R 基因，一旦被病原体克服，有时就可能会恢复其对生长有用的一面。这说明病原体的突变或丢失其激发子，会产生一些对自身不利的效应。

对旧 R 基因应用触发了聚合或金字塔 R 基因的想法（Datta et al.，2002；Rommens and Kishore，2000）。有些 R 基因是等位的，所以杂交育种也可能对某些 R 等位基因实现一定程度的聚合。在二倍体植物中，可能产生大的 R 等位基因库，但是充其量也只有两个 R 基因可以在一个植物体内同时出现。特别是 R 基因作为对重要病害的抗性存在时，这种以等位基因进行的非 GM 育种方法，使作物保持持久抗性的可能性非常低。

抗性的累积或智能抗性（smarties）

遗传工程为积累或金字塔 R 基因提供了一种独特的可能性，包括等位基因的变异体。现在采用的方法是在一个质粒中组装多个有效的 R 基因进行转化。考量其成功的关键指标之一，是通过 R 基因实现高水平抗性。抗性的持久性是个大问题。病原体能否同时克服几个激发子的丢失或变异；如果可能，其概率有多大？要积累多少 R 基因才能得到一个真的持久抗性？在一组被选择的 R 基因中是否存在某些质量上的差异？这些问题都有待于产品投放市场之后得以解答。

基因工程中，由于受到 R 基因的大小、多少以及转化大片段 DNA 的技术限制等困难，要确保所有导入的 R 基因能同时真正起作用，R 基因的累积仍然是一个挑战。这就需要有效的激发子及开发 R 基因分析技术。最后，作为 GM 开发的必要步骤是要得到 R 基因产物的蛋白。在异源蛋白产物系统 R 基因蛋白质表达已作多次试验，但全部失败了，很明显这已不是琐细小事。

综上所述，植物产生对真菌和（或）其他病原体的高水平和持久的抗性肯定是最有效的基因工程方法之一。该方法尤其适用于这样一些作物：它们的经济损失只由一种半活体营养型病原体引起，同时其产品具开发价值。

Jonathan Jones（Dangl and Jones，2001）提出一个有趣的解决方法（smarties 模型），它可以使含有 R 基因的植物具有持久抗性。该模型是将多个 R 基因转移到同一种作物中的多个不同的转化株中（而不是把 R 基因聚集到一个植株里），然后，将含各不同 R 基因的植株分散地种在田间。这样田间病害的流行将被明显推迟。这种方法的一个主要缺点是需要同时产生多个品系，显然，这也许使方法变得不吸引人，只能局限于经济上最重要的病原体。

非宿主 R 基因

当某个植物不显示感病性时，换言之，对于一种病原体，它不能在一个植物体上完成其生命周期时，该植物被称为非宿主植物。引起的非宿主抗性不能被精确定位到特定的防御反应，涉及范围从叶结构到病原体激发子的活力识别所导致的过敏性反应（Heath，2000；Holub and Cooper，2004；Kamoun et al.，1998）。有趣的是，非宿主抗性所需要的许多组分，也是正常的（宿主-病原体）过敏性反应所需要的（Aarts et al.，1998；Parker et al.，1996；Vleeshouwers et al.，2000）。

令人好奇的是我们发现至少有一些形式非宿主的抗性似乎是依赖于 R 基因。显而易见在非宿主植物介导识别情况下，这种特殊病原体并不能掩盖或改变其激发子基因，以使植物感染。目前还不知道 R 基因对重要致病性因子的识别是否异常地稳定和持久，或在这个非宿主植物中是否发现有特异地持久的 R 基因组合（Kamoun，2001）。业已表明，在宿主植物中一些能诱导部分非宿主抗性激发子可以被 R 基因识别（Laugé et al., 2000)。这些信息支持了这样一个假设，即在非宿主植物中有一个特定的持久性 R 基因组合。

最好的一项非宿主与病原体互作研究为这种理论提供其他的证据。马铃薯晚疫病菌 (phytophthora infestan) INF1 激发子基因可以被非宿主植物烟草家族 (*Nicotiana* ssp) 中一些成员识别。有趣的是，定位删除 INF1 基因并不会降低宿主植物马铃薯上的致病性。而在多数烟草家族成员中，仍然没有感染，暗示在烟草中存在其他的识别因子 (Kamoun et al., 1998)。

有趣的是，这个烟草亚种 *N. benthamiana* 当被 INF1 突变体感染时，能产生感染且完成其真菌生命周期。由于在马铃薯晚疫病菌的自然群体中，也发现 INF1 低频率删除，所以将 *N. benthamiana* 视为非宿主植物，这一点非常奇怪。或许它是一个潜在的宿主，但是该植物生长并不普遍，而且 INF1 突变率极低，目前还没有发现受其感染，因此，被假定的非宿主植物实际上可能是宿主。不可能发现以下证据，即所有的植物物种对所有的病原体都具抗性，这一点可能是该方法的潜在缺陷。如上所述，这将需要作目标性实验，通过开发非宿主抗性分子组分的知识，才可能真正区分宿主与非宿主。

非宿主植物的定义是哪个属的植物都不能被该病原体感染，而这些植物抗性的遗传特性都不是简单的。远缘杂交（有时利用在非宿主和宿主植物之间体细胞杂交）(Zimnoch-Guzowska et al., 2003) 也是鉴定并克隆这一系列有用基因的方法。最近已开发了一些高通量筛选克隆 R 基因的技术 (Brigneti et al., 2004; Kamoun et al., 2003)，这将大大加速该领域的研究。

随着这些技术的发展，相信来年对非宿主 R 基因的鉴定将会迅速取得进展。无疑这个方法在不远的将来会成功地用于抗真菌基因工程。因为 R 基因对病原体识别具有高度特异性，因此很可能在某个时间只涉及一种病原体。这一方法非常适合于那些只有一个或极少数经济上重要病原体的作物。

非病原体的过敏性反应：无毒性基因策略和一触即发反应 (*hair trigger responses*)

利用植物被多种不同的病原体感染后的过敏性反应和试图触发这种过敏性防御体系极具应用前景。Pierre de Wit (1992) 提出通过构建包括病原体可诱导启动子进行植物转化，驱使激发子基因的表达。在这种情况下，当植物感觉到受病原体感染时，他们就会合成激发子，并累积激发子引发过敏性反应。如前提及，过敏性反应是一个强有力的多层防御反应，它很大程度上可以中止多数的（如果不是所有的）病原体。Ricci 及其协作研究人员 (Keller et al., 1999) 在烟草中已成功地表明这种“无毒性基因的策略”。

这种策略的关键就是病原体-可诱导启动子的紧密调控。因为过敏性反应包含局部细胞的死亡以及一大串防御反应，所以启动子的任何程度失控都可能对植物生长和产量造成严重后果。Keller 等 (1999) 至少在温室中，创造了在没有触发过敏性反应征兆的转基因烟草。在大田生长的情况下，外界条件也许变化较多，对启动子的活性严密控制就更困难。但是，通过全基因组转录谱的完成，便有可能发现满足这些标准的启动子。

换言之，一个混合和匹配的方法可以改善病原体——可诱导性启动子的专化性及其反应（Rushton et al.，2002）。这对我们解决特异性反应的启动子问题会有所帮助。

有趣的是，Keller 等（1999）的结果显示，该方法不仅能使植物抵抗活体型真菌（已经知道，通过过敏性反应可以有效终止），而且还能抵抗真的死体营养型真菌。在各种重要的经济作物上灰霉病菌（*Botrytis cinerea*）能产生灰斑，这一结果令人感到惊奇，因为 Govrin 和 Levine（2000）表明，在拟南芥中这一诱导的过敏性反应并不有助于抑制病原体的感染。以上这两个发现是否属于规则的例外还有待确定。一个过敏性反应确实会有助于死体营养型病原体的感染，因此，非常关键的是需要鉴定出由病原体诱导的，但对这类病原体又不起反应的启动子。这是一种最有希望的培育广谱抗病性的遗传工程方法。

多数现代培育的大麦品种都含特殊的等位基因 Mlo，该基因对大麦主要病原体粉状霉菌有稳定持久的抗性。Mlo 是由常规方法育成的。有趣的是，一些等位基因能对非特定小种产生抗性，保护植物免受所有已知粉状霉菌的侵害。具有功能的 Mlo 等位基因可以编码突变体或功能蛋白的完整基因。在粉状霉菌感染时，这种蛋白可以触发 HR 反应，而这种抗性对粉状霉菌有特异性。含有 Mlo 突变基因的大麦品系与含有全部 Mlo 基因功能的大麦一样易受其他病原体的感染。这种变异确实可能使大麦对其他病原体如稻瘟病菌（*Magnaporthe grisea*）更敏感（Jarocsh et al.，1999），但是对大麦并不会造成经济损失。这是病原体间抗性平衡转移的一个很明显的例子。

事实上，这种触发过敏性反应可对所有重要病原体产生持久高水平的抗性。遗憾的是，对其分子机制，特别是，它是否可以在其他植物中被转移或再创造知之甚少。粉状霉菌是许多重要经济作物的主要病原体，因此，该研究具有非常重要的意义。但是，由于我们对此效应的知识缺少了解，在短期内还不可能提供利用工程方法增强对真菌抗性。

细胞死亡的抑制

死体营养型病原体，通过感染会立即引起宿主细胞死亡。但是，在许多情况下，我们并不了解宿主细胞怎样被诱导死亡，以及如何使用其中的许多毒性分子（Walton，1996）。真菌毒素在宿主中诱导细胞凋亡的过程已越来越清晰（Jones et al.，2001；Wang et al.，1996）。Dickman 等（2001）和 Lincoln 等（2002）成功地使抗凋亡蛋白过量表达，使植物抵抗这些毒素，他们发现这不仅能对毒素产生抗性，而且还增强了植物对死体营养型病原体的抗性。

遗憾的是，这种方法具有严重的副作用。很明显，高效的细胞凋亡对植物 R 基因的作用非常重要。对细胞凋亡的干扰将诱发不完整的过敏性反应，这样就会使活体型病原体感染有 R 基因的植物（Matsumura et al.，2003），而且植物的发育有赖于细胞的凋亡。植物细胞，结构的形成高度取决于完好功能的细胞凋亡的机制，因此，对它的干扰可以导致发育严重的缺陷（Lam，2004）。

如果想成功地使用这种方法，就需要特异性的死体营养型病原体诱导表达。这种诱导是否足够快，还有一系列问题。因此，在工程抗性中利用这种抗细胞凋亡过程并不容易。

干涉致病

大部分真菌（和细菌）病原体在感染植物的过程中会产生一系列酶、蛋白质和代谢物。这是一个非常复杂的混合物，虽然其中许多单个组分对感染可有可无（Schafer，1993）。但是，安全的方法就是假设这些化合物在某个方面对病原体的致病性有作用。

有趣的是，一些化合物似乎是重要致病性因子。丢失这些化合物的病原体就不能感染其宿主，或者不能完成其生命周期（Daub and Ehrenshaft，2000；Johal and Briggs，1992；Proctor et al.，1995；Tanaka et al.，1999）。当这些因子从真菌中释放出来的时候（调整宿主反应），对这些化合物作中性化处理或使之失活可能是一个很好的策略。例如，死体营养型真菌核盘菌（*Sclerotinia sclerotiorum*），在感染植物时合成草酸，这种化合物对核盘菌是一个重要的致病性因子。失去合成草酸能力的突变体便成为非致病性，而回复突变体（revertant）又能获得此种化合物，重新恢复其毒性（Cessna et al.，2000）。草酸对于降解细胞壁结构是需要的，它可以与细胞壁相关的钙结合，从而使真菌在植物中拓殖，但是，最近也发现草酸可以阻止植物防御的起始（Cessna et al.，2000）。真菌对草酸的这种依赖性可以应用于设计高效抗性（Hartman et al.，1992；Hu et al.，2003）。

大麦和小麦草酸氧化酶能将草酸转化为二氧化碳和过氧化氢，从而使病原体的主要致病性失效。而形成的过氧化氢是植物防御途径中的一个信号分子，所以草酸氧化酶起双重作用，既可以使真菌致病性失效，还可以利用分解的产物激发植物防御能力（Hu et al.，2003）。

同样地，使小麦穗赤霉病的病原体 *F. graminearum* 也有这样的关键致病因素。脱氧雪腐镰刀菌烯醇（呕吐毒素，deoxynivalenol，DON），在植物感染中扮演关键角色，而且，也可能影响人和动物健康。基因工程小麦使 DON 转变成非酶活性状态，从而使小麦显著增强对该真菌的抗性（Okubara et al.，2002）。先正达公司（Syngenta）在他们的网站表明，抗镰刀霉菌的小麦也许最早能在 2007 年得到。先锋-杜邦公司（Pioneer-DuPont）在玉米上采用类似的方法对串株镰刀菌（*F. moniliforme*）的抗性进行研究，此菌产生重要的真菌毒素，伏马毒素（fumonisin，FB）（Duvick，2001）。

其他类似的重要致病性因素的鉴定也是利用抵制或干涉病原体作用的策略（Lauge et al.，1998）。但是值得注意的是，现在包括对病原体致病性分子水平的了解还只是冰山一角，对于大多数真菌，尤其是产生重要经济损失的病原体，有关致病性分子的知识还很匮乏。随着对微生物与真菌基因组不断的测序，这种抵抗死体营养型真菌的方法可能会成为比较受欢迎的策略。

结论

至今，对病害抗性的遗传工程比对抗虫的遗传工程性花了更多的时间。然而，现在所种植的作物中，抗虫作物已占相当高的比例（使用Bt昆虫毒性基因），但还没有获得抗病性的商业化转基因产品。虽然有几个抗性遗传工程的尝试已获成功，并正在选育抗性品种（Duvick，2001；Hu et al.，2003；Okubara et al.，2002），但是由于对植物与真菌互作中的分子组成分缺乏了解，高效率的转基因品种的培育仍然受到阻碍。

同时，对植物防御途径以及细胞死亡或细胞程序死亡的调控研究清楚显示了以下有趣的方面。为了最大限度抵抗病原体，植物仔细地平衡着不同的防御途径，并严格控制细胞死亡与细胞存活。不过，提高植物对某些病原体的抗性，却可能减弱对另一些病原体的抗性。

因此，作者认为，最理想的策略就是不干扰这些严格控制的机制。对于半活体型真菌而言，通过从宿主或非宿主物种中仔细入选的R基因累积的方法是比较理想的。在含有大量R基因的植物细胞中，几个额外表达的R基因的存在，可能不会干涉对非目标病原体的抗性。由于对R基因及其较理想的组合的鉴定需要时间。所以，在今后5年时间内，这种品种将不会投放市场。

换言之，含有无毒性基因的植物可能会被开发。但它对于田间基因表达的严格控制仍然存在问题，很明显这是一个高风险性的方法。对病原体具有比较广的潜在抗性，所以，这种方法可能以后会有产品。

对于死体营养型真菌，最有希望的方法是使其重要的致病性因子失活。可是我们对这些重要的致病性因子知之不多。不过，一旦它们被鉴定，就可以设法使它们失活或降解。如上所述，开发这种产品的方法正在研制中。

随着民众对粮食作物中真菌毒素关心的增加，我们有必要采用包括生物技术在内的控制策略。与现有真菌杀菌剂相比，上面提及的许多方法都能更好地提供植物保护，而且使抗性更为持久。

致谢

我们要感谢Sietske Hoekstra对原稿的审阅。

参考文献

Aarts, N., Metz, M., Holub, E., Staskawicz, B.J., Daniels, M.J., and Parker, J.E. (1998) Different requirements for EDS1 and NDR1 by disease resistance genes define at least two R gene-mediated signaling pathways in *Arabidopsis*. *Proceedings of the National Academy of Sciences USA* **95**, 10306–10311.

Alexander, D., Goodman, R.M., Gut-Rella, M., Glascock, C., Weymann, K., Friedrich, L., Maddox, D., Ahl-Goy, P., Luntz, T., Ward, E. and Ryals, J. (1993) Increased tolerance to two oomycete pathogens in transgenic tobacco expressing pathogenesis-related protein 1a. *Proceedings of the National Academy of Sciences USA* **90**, 7327–7331.

Anand, A., Zhou, T., Trick, H.N., Gill, B.S., Bockus, W.W. and Muthukrishnan, S. (2003) Greenhouse and field testing of transgenic wheat plants stably expressing genes for thaumatin-like protein, chitinase and glucanase against *Fusarium graminearum*. *Journal of Experimental Botany* **54**, 1101–1111.

Bonnet, P., Bourdon, E., Ponchet, M., Blein, J.P. and Ricci, P. (1996) Acquired resistance triggered by elicitins in tobacco and other plants. *European Journal of Plant Pathology* **102**, 181–192.

Bowling, S.A., Guo, A., Cao, H., Gordon, A.S., Klessig, D.F. and Dong, X. (1994) A mutation in *Arabidopsis* that leads to constitutive expression of systemic acquired resistance. *Plant Cell* **6**, 1845–1857.

Brigneti, G., Martin-Hernandez, A.M., Jin, H., Chen, J., Baulcombe, D.C., Baker, B. and Jones, J.D. (2004) Virus-induced gene silencing in *Solanum* species. *The Plant Journal* **39**, 264–272.

Cao, H., Li, X. and Dong, X. (1998) Generation of broad-spectrum disease resistance by over-expression of an essential regulatory gene in systemic acquired resistance. *Proceedings of the National Academy of Sciences USA* **95**, 6531–6536.

Cessna, S.G., Sear, V.E., Dickman, M.B. and Low, P.S. (2000) Oxalic acid, a pathogenicity factor for *Sclerotinia sclerotiorum*, suppresses the oxidative burst of the host plant. *Plant Cell* **12**, 2191–2200.

Costet, L., Cordelier, S., Dorey, S., Baillieul, F., Fritig, B. and Kauffmann, S. (1999) Relationship between localized acquired resistance (LAR) and the hypersensitive response (HR): HR is necessary for LAR to occur and salicylic acid is not sufficient to trigger LAR. *Molecular Plant-Microbe Interactions* **12**, 655–662.

Dangl, J.L. and Jones, J.D.G. (2001) Plant pathogens and integrated defence responses to infection. *Nature* **411**, 826–833.

Datta, K., Baisakh, N., Thet, K.M., Tu, J. and Datta, S.K. (2002) Pyramiding transgenes for multiple resistance in rice against bacterial blight, yellow stem borer and sheath blight. *Theoretical and Applied Genetics* **106**, 1–8.

Daub, M.E. and Ehrenshaft, M. (2000) The photoactivated *Cercospora* toxin cercosporin: contributions to plant disease and fundamental biology. *Annual Review of Phytopathology* **38**, 461–490.

Delaney, T.P., Uknes, S., Vernooij, B., Friedrich, L. and Weymann, K. (1994) A central role of salicylic acid in plant disease resistance. *Science* **266**, 1247–1250.

Dickman, M.B., Park, Y.K., Oltersdorf, T., Li, W., Clemente, T. and French, R. (2001) Abrogation of disease development in plants expressing animal antiapoptotic genes. *Proceedings of the National Academy of Sciences USA* **98**, 6957–6962.

Dixon, M.S., Golstein, C., Thomas, C.M., van Der Biezen, E.A. and Jones, J.D. (2000) Genetic complexity of pathogen perception by plants: the example of Rcr3, a tomato gene required specifically by Cf-2. *Proceedings of the National Academy of Sciences USA* **97**, 8807–8814.

Doares, S.H., Narvaez-Vazquez, J., Conconi, A. and Ryan, C.A. (1995) Salicylic acid inhibits synthesis of proteinase inhibitors in tomato leaves induced by systemin and jasmonic acid. *Plant Physiology* **108**, 1741–1746.

Dorey, S., Baillieul, F., Pierrel, M., Saindrenan, P., Fritig, B. and Kauffmann, S. (1997) Spatial and temporal induction of cell death, defense genes, and accumulation of salicylic acid in tobacco leaves reacting hypersensitively to a fungal glycoprotein elicitor. *Molecular Plant-Microbe Interactactions* **10**, 646–655.

Duvick, J. (2001) Prospects for reducing fumonisin contamination of maize through genetic modification. *Environmental Health Perspectives* **109**, 337–342.

Feys, B.J. and Parker, J.E. (2000) Interplay of signalling pathways in plant disease resistance. *Trends in Genetics* **16**, 449–455.

Gassmann, W., Dahlbeck, D., Chesnokova, O., Minsavage, G.V., Jones, J.B. and Staskawicz, B.J. (2000) Molecular evolution of virulence in natural field strains of *Xanthomonas campestris* pv. *vesicatoria*. *Journal of Bacteriology* **182**, 7053–7059.

Gilchrist, D.G., Lincoln, J., Richael, C., Pan, Z., Overduin, B., Fan, X., Smith, K., Li, J.,

Haworth, R. and Bostock, R. (2000) Disease after death: concept and consequence, in *Biology of Plant–Microbe Interactions* (eds P.J.M. de Wit, T. Bisseling and W.J. Stiekema), International Society for Molecular Plant-Microbe Interactions St. Paul, pp. 406–410.

Gorlach, J., Volrath, S., Knauf-Beiter, G., Hengy, G., Beckhove, U., Kogel, K.H., Oostendorp, M., Staub, T., Ward, E., Kessmann, H., and Ryals, J. (1996) Benzothiadiazole, a novel class of inducers of systemic acquired resistance, activates gene expression and disease resistance in wheat. *Plant Cell* **8**, 629–643.

Govrin, E.M. and Levine, A. (2000) The hypersensitive response facilitates plant infection by the necrotrphic pathogen *Botrytis cinerea. Current Biology* **10**, 751–757.

Grant, J.J., Yun, B.W. and Loake, G.J. (2000) Oxidative burst and cognate redox signalling reported by luciferase imaging: identification of a signal network that functions independently of ethylene, SA and Me-JA but is dependent on MAPKK activity. *The Plant Journal* **24**, 569–582.

Hain, R., Reif, H.J., Krause, E., Langbartels, R., Kindl, H., Vornam, B., Wiese, W., Schmelzer, E., Schreier, P.H., Stocker, R.H. and Stenzel, K. (1993) Disease resistance results from foreign phytoalexin expression in a novel plant. *Nature* **361**, 153–156.

Hartman, C.L., Sarjit, J. and Schmitt, M.S. (1992) Newly characterised oxalate oxidase and uses therefore. Patent application WO 92/14824.

He, X.Z. and Dixon, R.A. (2000) Genetic manipulation of isoflavone 7-*O*-methyltransferase enhances biosynthesis of 4′-*O*-methylated isoflavonoid phytoalexins and disease resistance in alfalfa. *Plant Cell* **12**, 1689–1702.

Heath, M.C. (2000) Nonhost resistance and non-specific plant defenses. *Current Opinion in Plant Biology* **3**, 315–319.

Hipskind, J.D. and Paiva, N.L. (2000) Constitutive accumulation of a resveratrol-glucoside in transgenic alfalfa increases resistance to *Phoma medicaginis. Molecular Plant-Microbe Interactions* **13**, 551–562.

Hoffman, T., Schmidt, J.S., Zheng, X. and Bent, A.F. (1999) Isolation of ethylene-insensitive soybean mutants that are altered in pathogen susceptibility and gene-for-gene disease resistance. *Plant Physiology* **119**, 935–949.

Holub, E.B. and Cooper, A. (2004) Matrix, reinvention in plants: how genetics is unveiling secrets of non-host disease resistance. *Trends in Plant Science* **9**, 211–214.

Hu, X., Bidney, D.L., Yalpani, N., Duvick, J.P., Crasta, O., Folkerts, O. and Lu, G. (2003) Overexpression of a gene encoding hydrogen peroxide-generating oxalate oxidase evokes defense responses in sunflower. *Plant Physiology* **133**, 170–181.

Jarosch, B., Kogel, K.-H. and Schaffrath, U. (1999) The ambivalence of the barley Mlo locus: mutations conferring resistance against powdery mildew (*Blumeria graminis f. sp. hordei*) enhance susceptibility to the rice blast fungus *Magnaporthe grisea. Molecular Plant-Microbe Interactions* **12**, 508–514.

Johal, G.S. and Briggs, S.P. (1992) Reductase activity encoded by the Hm1 resistance gene in maize. *Science* **258**, 985–987.

Jones, C., Ciacci-Zanella, J.R., Zhang, Y., Henderson, G. and Dickman, M. (2001) Analysis of fumonisin B1-induced apoptosis. *Environmental Health Perspectives* **109** (Suppl 2), 315–320.

Joosten, M.H.A.J., Cozijnsen T.J. and De Wit P.J.G.M. (1994) Host resistance to fungal tomato pathogen lost by a single base pair change in an avirulence gene. *Nature* **367**, 384–386.

Kamoun, S. (2001) Nonhost resistance to *Phytophthora*: novel prospects for a classical problem. *Current Opinion in Plant Biology* **4**, 295–300.

Kamoun, S., van West, P., Vleeshouwers, V.G.A.A., de Groot, K.E. and Govers, F. (1998) Resistance of *Nicotiana benthamiana* to *Phytophthora infestans* is mediated by the recognition of the elicitor protein INF1. *Plant Cell* **10**, 1413–1425.

Kamoun, S., Hamada, W. and Huitema, E. (2003) Agrosuppression: a bioassay for the hypersensitive response suited to high-throughput screening. *Molecular Plant-Microbe Interactions* **16**, 7–13.

Keller, H., Pamboukjian, N., Ponchet, M., Poupet, A., Delon, R., Verrier, J.L., Roby, D. and Ricci, P. (1999) Pathogen induced elicitin production in transgenic tobacco generates a hypersensitive response and nonspecific disease resistance. *Plant Cell* **11**, 223–235.

Kim, J.K., Jang, I.C., Wu, R., Zuo, W.N., Boston, R.S., Lee, Y.H., Ahn, I.P. and Nahm, B.H. (2003) Co-expression of a modified maize ribosome-inactivating protein and a rice basic chitinase gene in transgenic rice plants confers enhanced resistance to sheath blight. *Transgenic Research* **4**, 475–484.

Lam, E. (2004) Controlled cell death, plant survival and development. *Nature Reviews Molecular Cell Biology* **5**, 305–315.

Laugé, R., Joosten, M.H., Haanstra, J.P., Goodwin, D.H., Lindhout, P. and de Wit, P.J. (1998) Successful search for a resistance gene in tomato targeted against a virulence factor of a fungal pathogen. *Proceedings of the National Academy of Sciences USA* **95**(15), 9014–9018.

Laugé, R., Goodwin, H. de Wit, P.J. and Joosten, M.H. (2000) Specific HR-associated recognition of secreted proteins from *Cladosporium fulvum* occurs in both host and non-host plants. *The Plant Journal* **23**, 735–745.

Leslie, C.A. and Romani, R.J. (1988) Inhibition of ethylene biosynthesis by salicylic acid. *Plant Physiology* **88**, 833–837.

Lincoln, J.E., Richael, C., Overduin, B., Smith, K., Bostock, R. and Gilchrist, D.G. (2002) Expression of the antiapoptotic baculovirus p35 gene in tomato blocks programmed cell death and provides broad-spectrum resistance to disease. *Proceedings of the National Academy of Sciences USA* **99**, 15217–15221.

Maleck, K., Neuenschwander, U., Cade, R.M., Dietrich, R.A., Dangl, J.L. and Ryals, J.A. (2002) Isolation and characterization of broad-spectrum disease-resistant *Arabidopsis* mutants. *Genetics* **160**, 1661–1671.

Matsumura, H., Nirasawa, S., Kiba, A., Urasaki, N., Saitoh, H., Ito, M., Kawai-Yamada, M., Uchimiya, H., Terauchi, R. (2003) Over-expression of Bax inhibitor suppresses the fungal elicitor-induced cell death in rice (*Oryza sativa* L) cells. *The Plant Journal* **33**, 425–434.

Melchers, L.S. and Stuiver, M.H. (2000) Novel genes for disease-resistance breeding. *Current Opinion in Plant Biology* **3**, 147–152.

Monosi, B., Wisser, R.J., Pennill, L. and Hulbert, S.H. (2004) Full-genome analysis of resistance gene homologues in rice. *Theoretical and Applied Genetics* **109**, 1434–1447.

Morel, J.-B. and Dangl, J.L. (1997) The hypersensitive response and the induction of cell death in plants. *Cell Death and Differentiation* **4**, 671–683.

Nakashita, H., Yasuda, M., Nishioka, M., Hasegawa, S., Arai, Y., Uramoto, M., Yoshida, S. and Yamaguchi, I. (2002) Chloroisonicotinamide derivative induces a broad range of disease resistance in rice and tobacco. *Plant Cell Physiology* **43**, 823–831.

Okubara, P.A., Blechl, A.E., McCormick, S.P., Alexander, N.J., Dill-Macky, R., Hohn, T.M.L. (2002) Engineering deoxynivalenol metabolism in wheat through the expression of a fungal trichothecene acetyltransferase gene. *Theoretical and Applied Genetics* **106**, 74–83.

Parker, J.E., Holub, E.B., Frost, L.N., Falk, A., Gunn, N.D. and Daniels, M.J. (1996) Characterization of eds1, a mutation in *Arabidopsis* suppressing resistance to *Peronospora parasitica* specified by several different *RPP* genes. *Plant Cell* **8**, 2033–2046.

Penninckx, I.A.M.A, Thomma, B.P.H.J., Buchala, A., Metraux, J.-P. and Broekaert, W.F. (1998) Concomitant activation of jasmonate and ethylene response pathways is required for induction of a plant defensin gene in *Arabidopsis*. *Plant Cell* **10**, 2103–2113.

Pieterse, C.M., van Wees, S.C., van Pelt, J.A., Knoester, M., Laan, R., Gerrits, H., Weisbeek, P.J., and van Loon, L.C. (1998) A novel signaling pathway controlling induced systemic resistance in *Arabidopsis*. *Plant Cell* **10**, 1571–1580.

Pieterse, C.M. and van Loon, L.C. (1999) Salicylic acid-independent plant defence pathways. *Trends in Plant Science* **4**, 52–58.

Pink, D. and Puddephat, I. (1999) Deployment of disease resistance genes by plant transformation—a 'mix and match' approach. *Trends in Plant Science* **4**, 71–75.

Proctor, R.H., Hohn, T.M. and McCormick, S.P. (1995) Reduced virulence of *Gibberella zeae* caused by disruption of a trichothecene toxin biosynthetic gene. *Molecular Plant-Microbe Interactions* **8**, 593–601.

Punja, Z.K. and Raharjo, S.H.T. (1996) Response of transgenic cucumber and carrot plants expressing different chitinase enzymes to inoculation with fungal pathogens. *Plant Disease* **80**, 999–1005.

Rommens, C.M. and Kishore, G.M. (2000) Exploiting the full potential of disease-resistance genes for agricultural use. *Current Opinion in Biotechnology* **11**, 120–125.

Rushton, P.J., Reinstadler, A., Lipka, V., Lippok, B. and Somssich, I.E. (2002) Synthetic plant promoters containing defined regulatory elements provide novel insights into pathogen- and wound-induced signaling. *Plant Cell* **14**, 749–762.

Schafer, W. (1993) The role of cutinase in fungal pathogenesis. *Trends in Microbiology* **1**, 69–71.

Stintzi, A., Heitz, T., Prasad, V., Wiedemann-Merdinoglu, S., Kauffmann, S., Geoffroy, P., Legrand, M. and Fritig, B. (1993) Plant 'pathogenesis-related' proteins and their role in defense against pathogens. *Biochimie* **75**, 687–706.

Tanaka, A., Shiotani, H., Yamamoto, M. and Tsuge, T. (1999) Insertional mutagenesis and cloning of the genes required for biosynthesis of the host-specific AK-toxin in the Japanese pear pathotype of *Alternaria alternata*. *Molecular Plant-Microbe Interactions* **12**, 691–702.

Thomma, B.P., Penninckx, I.A., Broekaert, W.F. and Cammue, B.P. (2001) The complexity of disease signaling in *Arabidopsis*. *Current Opinion in Immunology* **13**, 63–68.

Thomma, B.P., Eggermont, K., Penninckx, I.A., Mauch-Mani, B., Vogelsang, R., Cammue, B.P. and Broekaert, W.F. (1998) Separate jasmonate-dependent and salicylate-dependent pathways in *Arabidopsis* are essential for resistance to distinct microbial pathogens. *Proceedings of the National Academy of Sciences USA* **95**, 15107–15111.

Ton, J. and Mauch-Mani, B. (2004) Beta-amino-butyric acid-induced resistance against necrotrophic pathogens is based on ABA-dependent priming for callose. *The Plant Journal* **38**, 119–130.

Uknes, S., Mauch-Mani, B. Moyer, M. Potter, S. and Williams, S. (1992) Acquired resistance in *Arabidopsis*. *Plant Cell* **4**, 645–656.

Vleeshouwers, V.G., van Dooijeweert, W., Govers, F., Kamoun, S. and Colon, L.T. (2000) The hypersensitive response is associated with host and non-host resistance to *Phytophthora infestans*. *Planta* **210**, 853–864.

Walton, J.D. (1996) Host-selective toxins: agents of compatibility. *Plant Cell* **8**, 1723–1733.

Wang, W., Jones, C., Ciacci-Zanella, J., Holt, T., Gilchrist, D.G. and Dickman, M.B. (1996) Fumonisins and *Alternaria alternata lycopersici* toxins: sphinganine analog mycotoxins induce apoptosis in monkey kidney cells. *Proceedings of the National Academy of Sciences USA* **93**, 3461–3465.

de Wit, P.J.G.M. (1992) Molecular characterization of gene-for-gene systems in plant-fungus interactions and the application of avirulence genes in control of plant pathogens. *Annual Review of Phytopathology* **30**, 391–418.

Yalpani, N., Altier, D.J., Barbour, E., Cigan, A.L. and Scelonge, C.J. (2001) Production of 6-methylsalicylic acid by expression of a fungal polyketide synthase activates disease resistance in tobacco. *Plant Cell* **13**, 1401–1409.

Zimnoch-Guzowska, E., Lebecka, R., Kryszczuk, A., Maciejewska, U., Szczerbakowa, A. and Wielgat, B. (2003) Resistance to *Phytophthora infestans* in somatic hybrids of *Solanum nigrum* L. and diploid potato. *Theoretical and Applied Genetics* **107**, 43–48.

（李 娟 薛庆中 译）

第 3 章　遗传工程作物安全性和管理

3.1　植物类食物过敏原

E. N. Clare Mills and John A. Jenkins
Institute of Food Research, Norwich, NR4 7UA, United Kingdom
Peter R. Shewry
Rothamsted Research, Harpenden, Herts AL5 2JQ, United Kingdom

什么是过敏原性（allergenicity）?

抗体又称免疫球蛋白（Ig），它作为体液免疫反应的组成部分使机体免受感染。一般而言，大分子（相对分子质量大于 4000～5000）刺激产生抗体，这种机制称为免疫特性。IgE 抗体通常由寄生感染（如疟疾）引起的免疫反应产生，在某些特定的条件下，如花粉、灰尘和食物中的大分子也能刺激易感个体产生，由 IgE 抗体识别的大分子称为过敏原（allergen）。IgE 可结合到肥大细胞、嗜碱性粒细胞表面，这些细胞通常包含如组胺等炎症介质颗粒。当多价过敏原接触这些细胞时，可交联细胞结合的 IgE 抗体，使细胞释放介质，继而引发机体产生过敏反应的生理变化。过敏症状复杂，种类繁多，包括呼吸道（喘哮鸣音、气促），皮肤（皮疹如荨麻疹、湿疹和异位性皮炎）和胃肠（呕吐、腹泻）反应，可单一或合并发生，最严重时甚至危及生命。

在接触过敏原后，IgE 介导的反应非常迅速，称为Ⅰ型过敏反应。这种反应与食物不耐症明显不同，食物不耐症通常需要较长时间（可能需要数天）进行验证，且无免疫学特征。乳糖的不耐症是一种食物的不耐症，本质上由消化酶缺失导致个体不能消化牛奶及其衍生产品。相反，面筋不耐症综合征也称为乳糜泻（coeliac disease）与细胞免疫反应相关，但无 IgE 介导反应的发生。尽管面筋蛋白会引发乳糜泻，但并不是 IgE 结合蛋白，一些研究者还是把它们视为过敏原，并被列入联合国粮农组织-世界卫生组织食品法典委员会食品标签中（FAO-WHO，1999）。

IgE 介导的食物过敏原可分为两种类型。一类是食物经易感个体的消化道，通常导致过敏反应症状严重，包括全身型过敏性反应。另一类是几种新鲜水果、蔬菜形成的过敏，称为交叉反应过敏综合征，因为花粉、乳汁过敏原与苹果、桃、梨和芹菜过敏原高度同源。这种相似性表明由花粉刺激产生的 IgE 也能和同源的植物类食物过敏原结合。由此可见，食用新鲜水果通常也能引发过敏者对花粉的过敏反应。交叉反应过敏原综合征其症状通常比通过口服敏感食物要温和得多（通常只限于口腔）。花粉-水果/蔬菜过敏常与口腔过敏综合征（OAS）相关。

引起食物过敏的食物多数源于四种植物：花生、坚果、小麦和大豆（Bush and Hefle，1996）。本文概述了两类过敏反应的植物类食物过敏原的相互关系、结构和特征，并讨论了食物中潜在过敏原的鉴定方法，这对鉴定和监管新食物过敏原的特性具有重要意义。最后，我们还讨论了 GM 技术在去除植物类食物中过敏原蛋白的应用。

已知的植物类食物过敏原

过敏原命名法

过敏原需经过敏原命名小组委员会命名，由世界卫生组织和国际免疫学会联合会（IUIS）汇编成册（Hoffmann et al.，1994；Larson and Lowenstein，1996）。此目录中过敏原必须是刺激人体产生 IgE 介导的过敏反应，IgE 反应发生率在 5%之上。许多其他的 IgE 结合蛋白的鉴定并不遵照此规定，通常也称为过敏原。如果一种过敏原可被过敏患者群中 50%以上个体的 IgE 抗体所识别，但又与过敏原性无关，这种过敏原称为主要过敏原，其他称为次要过敏原。来自于相同物种且序列相似性达到 67%以上的过敏原称为同种型过敏原。过敏原的命名根据来源物种的拉丁名进行命名，前三个字母表示该物种的属名，随后一个字母代表种名，最后跟一个阿拉伯数字。如 Jug r 1 表示过敏原来自胡桃属核桃。

植物类食物过敏原分类

大多数食物的主要过敏原已被鉴定和测序，使植物类食物过敏原的结构与进化关系的分析成为可能（Breinteneder and Ebner，2000；Breinteneder and Redauer，2004；Mills et al.，2003，2004a）。现在研究结果表明绝大多数经胃肠道致敏的植物类食物过敏原属于两类植物蛋白超大家族——醇溶蛋白和 cupin 超家族，其他如半胱氨酸蛋白酶等家族则较为少见。相反，诱发食物过敏的吸入性过敏原特性上呈多样化，分属多种蛋白家族，虽然它们以一种家族为主，但在白桦花粉中的主要吸入性过敏原 Bet v 1 家族在其中占主导地位。

许多植物类食物过敏原也被定义为病原相关蛋白，当机体遭受细菌、真菌或非生物胁迫时这些蛋白可作为防御反应的组成部分被表达（van Loon and van Strien，1999）。目前已定义的病程相关蛋白有 17 类，已知的食物过敏原属于其中 7 类（Hoffmann-Sommergruber，2002）。尽管相关分子基础研究还没有取得进展，但过敏原与病原相关蛋白之间的关系是非常有意思的。许多病原相关过敏原为低分子量蛋白，对低 pH 和在体外水解条件下变性具有抗性（Hoffman-Sommergruber，2002）。

本文概述了三种主要过敏原家族：经消化道致敏的醇溶蛋白和 cupin 超家族，Bet v 1 家族，并将至今已鉴定的其他植物类食物过敏原介绍如下。

醇溶蛋白超家族

醇溶蛋白家族成员最初为 Kreis 等（1985）所命名，它们都有半胱氨酸残基的结构，包含有 Cys Cys 和 Cys X Cys 的基序，这里的 X 代表其他残基。醇溶蛋白超家族包括几个亚家族——谷类醇溶储存蛋白、2S 储存清蛋白、非特异脂质转运蛋白（nsLTP）、谷类 α-淀粉酶和（或）胰蛋白酶抑制剂，除非特异脂质转运蛋白外，其他都位于种子内。对于蛋白质结构的保守性，2S 储存清蛋白、非特异脂质转运蛋白（nsLTP）和谷类 α-淀粉酶或胰蛋白酶抑制剂都有一个由二硫键结合，4 个 α 螺旋束组成的折叠结构。醇溶储存蛋白保守的半胱氨酸骨架结构被一个富含脯氨酸和谷氨酰胺的重复结构域短模体插入破坏。

种子储存醇溶蛋白：谷类种子储存醇溶蛋白一般与食物不耐综合征、乳糜症有关，还通过摄食与吸入（Bakers' asthma，面包师哮喘症）诱发过敏。小麦过敏原可引起异位性皮炎（Varjonen et al.，1995，2000）和运动诱发过敏（exercise-induced anaphylaxis，EIA）（Varjonen et al.，1997）。EIA 是一种非常严重的过敏反应，某些患者在运动后食用过敏食物所诱发。现已鉴定诱发这类反应的过敏原为 γ-和 α-醇溶蛋白（Palosuo et al.，1999，2001a），以及 ω5-醇溶蛋白（Palosuo et al.，2001b）。其他醇溶储存蛋白包括谷蛋白两个聚合的 HMW 和 LMW 亚基，以及单体的 γ-和 α-醇溶蛋白已被鉴定为主要谷类作物过敏原（Maruyama et al.，1998；Simonato et al.，2001b；Tanabe et al.，1996；Watanabe et al.，1995）。烹饪似乎影响过敏反应症状（Guenard-Bilbault et al.，1999），烘烤严重影响谷类醇溶蛋白的致敏性（Simonato et al.，2001a）。

2S 储存清蛋白：许多植物种子中富含这类蛋白，并已鉴定为主要过敏原，如花生（Arah 2，6，7；Burks et al.，1992b，Kleber et al.，1999）、东方和黄色芥菜（Bra j 1，Sin a 1；Menedez-Arias et al.，1988；Monsalve et al.，1993）、油菜（the napin，Bra n 1）、蓖麻（Ric c 1，3）、核桃（Jug r 1）、芝麻（Ses i 1；Pastorello et al.，2001b 和Ses i 2；Beyer et al.，2002a）、巴西坚果（Ber e 1；Pastorello et al.，1998b）、杏仁（Poltronieri et al.，2002）、向日葵（Kelly，Hlywka and Hefle，2000）等，另据报道大豆（Shibasaki et al.，1980）及鹰嘴豆（Vioque et al.，1999）白蛋白也是过敏原。

非特异脂质转运蛋白：种子、果实、营养组织等植物器官的 100 多种蛋白序列资料表明，这类蛋白在植物中的分布比 2S 储存白蛋白更为广泛。在许多蔷薇科（rosacea）果实中鉴定出的主要过敏原，包括桃（Pru p 3，初命名 Pru p 1；Pastorello et al.，1999a）、苹果（Mal d 3；Pastorello，1999c；Sanchez-Monge，1999）、杏（Pruarl；Pastorello et al.，2000a）、樱桃（Pru av 3；Scheurer et al.，2001），以及其他植物果实、坚果和种子，如葡萄（Pastorello et al.，2003）、榛实（Pastorello，2002）、玉米（Zea m 14；Pastorello et al.，2000b）和芦笋（Diaz-Perales et al.，2002）。非特异脂质转运蛋白因广泛分布而被称为泛过敏原（Sanchez-Monge et al.，1999）。与 2S 白蛋白一样，非特异脂质转运蛋白存在于花粉、灰尘和食物中，可以经口服和吸入而致敏。斯佩尔特小麦（spelt）职业性过敏患者在食用了大量水果后表现出过敏症状，而其主要过敏原就是非特异脂质转运蛋白，表明有真实的 IgE 交叉反应过敏（Pastorello et al.，2001a）。非特异脂质转运蛋白还被鉴定为花粉过敏原（Duro et al.，1996；Tejera et al.，1999），但花粉非特异脂质转运蛋白的致敏性与继后发展为果实过敏原的关系尚不清楚。

谷类 α-淀粉酶抑制剂：这类蛋白既通过肺吸入灰尘致敏，如面包师哮喘症的职业过敏（小麦、大麦和黑麦），也可经消化道致敏（小麦、大麦和水稻）。已被鉴定为食物过敏原的有单一相对分子质量约 15 000 小麦亚基（James et al.，1997）、诱发异位性皮炎的小麦抑制因子 CM3（Kusaba-Nakayama et al.，2000）。大麦抑制因子相对分子质量为 16 000，它和玉米过敏原属于 α-淀粉酶抑制剂家族（Curioni et al.，1999），后者相对分子质量为 16 000（Pastorello et al., 2000b）。水稻的过敏原抑制因子相对分子质量为 14 000～16 000，已被鉴定一个相对分子质量约 16 000 的亚基称为 RA 17（Nakase et al., 1996）。

Cupin 超家族

这个家族的名字的拉丁语意思是小桶（barrel）或酒桶（cask）（Dunwell, Purvis and Khuri, 2004），指这些蛋白如 7S 和 11S 种子储存蛋白球蛋白都有共同的碱基 β-折叠桶结构。尽管这两种球蛋白亚基无明显的序列相似性，但有明显相似的三维结构（Adachi et al., 2001）。豆科 7S 和 11S 球蛋白主要过敏原包括大豆（Burks, Brooks 和 Sampson, 1988; Helm et al., 2000）、花生（Ara h 1 and Ara h 3; Burks et al., 1991, 1992a）、与蛋白水解相关的扁豆 7S 球蛋白亚基（Lopez-Torrejon et al., 2003; Sanchez-Monge et al., 2000）和豌豆 7S 球蛋白（Wensing et al., 2003）。此外，已经鉴定大量的树生坚果过敏球蛋白，包括核桃 Jug r 2（Teuber et al., 1999）、芝麻（Beyer et al., 2002a）、腰果 Ana c 1（Wang et al., 2002）和榛实（Beyer et al., 2002b）属 7S 球蛋白。如杏仁主要蛋白（AMP）（Roux et al., 2001）、椰子和核桃也可能存在 11S 的过敏球蛋白（Teuber and Petersen, 1999）。另有研究表明，cupin 超家族的 germin 亚家族过敏原成员中至少有一个源于辣椒（Leitner et al., 1998）。

其他过敏原

其他许多植物食物类过敏原，包括大量次要过敏原，散布于各种蛋白家族中。包括 C1 蛋白酶超家族的两个成员、源于猕猴桃的主要过敏原猕猴桃蛋白酶（Act c 1）（Fahlbusch et al., 1998; MÖller et al., 1997; Pastorello et al., 1998a）、与大豆诱导异位皮炎相关的主要过敏原 Gly m Bd 30K 和 Gly m 1（P34）（Ogawa et al., 1993）。后者由于其活性位点的半胱氨酸残基被甘氨酸替换，因此蛋白酶失去活性（Kalinski et al., 1990）。另一个植物类食物次要过敏原家族——Kunitz 型蛋白酶抑制因子已在大豆（Moroz and Yang, 1980; Herian et al., 1980; Burks et al., 1994）和马铃薯（Seppala et al., 2001）中得以鉴定。花生凝集素（aglutinnin）也被鉴定为次要过敏原（Burks et al., 1994）。

交叉反应性食物过敏原

Bet v 1 家族。白桦花粉的主要过敏原 Bet v 1 与一类可能的植物防御蛋白（PR10）相关。白桦花粉的 Bet v 1 致敏作用常导致同源物诱发的交叉反应过敏，这些同源物存在于水果（苹果 Mal d 1 和樱桃 Pru av 1）、蔬菜（芹菜 Api g 1 和胡萝卜 Dau c 1）和种子（大豆的原名为 SAM22 的 Gly m 4）中。尽管 PR10 蛋白的生物学功能尚未明确，但推测与防御相关（Hoffman-Sommergruber, 2002）。公布的白桦花粉过敏原 Bet v 1 三维结构（Gajhede 等, 1996）由单捻 7 股反向平行的 β 折叠和 3 个 α 螺旋形成单域。分子中间是一个管状结构，它能结合脱氧维生素 B 复合体或植物类固醇分子，这可能是 Bet v 1 在植物中的部分生理功能（Markovic-Housley et al., 2003）。

不同植物物种及组织的 Bet v 1 家族成员会引发 IgE 交叉反应，是序列高度相似性的直接后果（Hofmann-Sommergruber et al., 1999a；Kleine-Tebbe et al., 2002；Mittag et al., 2004）。与 Bet v 1 序列比较，苹果 Mal d 1b 相似程度为 56%，大豆 Gly m 4 为 47%，芹菜 Api g 1.0201* 为 38%，胡萝卜 Dau c 1 为 36%。绝大多数白桦花粉过敏患者对苹果过敏，只有 14%的患者对芹菜过敏（Jankiewicz et al., 1997），这是因为芹菜 Api g 1 只能结合到抗 Bet v 1 IgE 抗体一个部位（Bohle et al., 2003）。

其他交叉反应的过敏原：另一类与交叉反应相关的主要花粉过敏原是前纤维蛋白，它是一类可结合到肌动蛋白细胞骨架上的可溶蛋白（Redauer and Hoffman-Sommergruber, 2003）。白桦花粉中这类蛋白质（Bet v 2）的致敏性可诱发 IgE 反应，与各种新鲜水果和蔬菜中的同源物呈交叉反应，包括苹果（Mal d 4，van Ree et al., 1995）和芹菜（Redauer and Hoffman-Sommergruber, 2003；Api g 4，Scheurer et al., 2000）。前纤维蛋白通常被认为次要过敏原，这类蛋白可结合 IgE，但一项对 14 种衍生植物食品的花粉过敏研究指出，这类蛋白触发的过敏性尚有争议（Wensing, 2002）。

水果中已鉴定出类甜蛋白（thaumatin-like protein）过敏原，如樱桃（Pru av 2, Inschlag et al., 1998）、苹果（Mal d 2, Krebitz et al., 2003）和猕猴桃（Gavrovic-Jankulovic et al., 2002）。这类过敏原是高度二硫键结合的低分子质量蛋白（8 个分子间二硫键结合），其功能与保护植物免受病原体危害有关。这类过敏原很少鉴定到花粉类似物，也许是这类蛋白被糖基化所致，至于水果和蔬菜是否经口致敏，或与交叉反应综合征有关这是目前未能解决的问题（Breiteneder, 2004）。

两类源于乳汁的 PR 蛋白的吸入也能导致食物过敏，这类食物包括鳄梨、栗子、香蕉、无花果、猕猴桃（Sanchez-Monge et al., 2004）。一类过敏综合征相关的乳汁过敏原群称为 I 类几丁质酶，IgE 交叉反应由共同的类橡胶素（hevin）蛋白结构域所致（Diaz-Perales et al., 2002；Posch et al., 1999）。另一类过敏原 Hev b 2 属于 PR-2 家族，具有 β1,3-葡聚糖酶活性。但这类蛋白通常并不能诱发完全的过敏反应，它们被糖基化，表明 IgE 反应可能源于交叉反应的糖类化合物决定因子（Yagami et al., 2002）。

食物中潜在过敏原的鉴定

任何新开发食物包括遗传工程生物（genetically modified organism, GMO）安全性评估必须包括对潜在过敏原做评估。然而，这不是一个直接的过程，因为我们尚不能完全阐明不同个体对食物过敏表现差异，以及不同食物过敏原特性差异的原因，例如花生比豌豆有更多过敏原。此外，合适动物模型的缺乏也限制了食物过敏原特性的研究（Penniks and Knippels, 2001）。国际生命科学研究所（ILSI）与食品生物技术委员会于 1996 年首倡用决策树（decision-tree）对食物过敏原性进行评估（Metcalf 1996；图 3.1.1a），随后联合国粮农组织和世界卫生组织专家咨询委员会建议联合使用一个修改的版本（WHO-FAO, 2001；图 3.1.1b）。但到 2002 年，联合国粮农组织和世界卫生组织食品法典委员会（Codex Alimentarius Commission）第三届对生物技术食品专门工作小组，决定不详细阐述决策树。工作组认为由于单一标准不足以检测食物过敏原特

* 译者注：芹菜 Apig 家族新成员。

性，他们推荐分步和逐例的方法进行风险评估，以便综合考虑多种类型的信息，包括鉴定新蛋白与已知过敏原的关系，应用生物信息学的工具和信息分析相关 IgE 交叉反应，应用对另一种代理物（桦树花粉）致敏的患者过敏性血清，提供新蛋白诱发过敏反应。这些潜在信息还可通过与致敏和激发相关蛋白消化率的体外检测，以及结合应用动物模型提供体内致敏的信息，这些是目前最有效的方法。

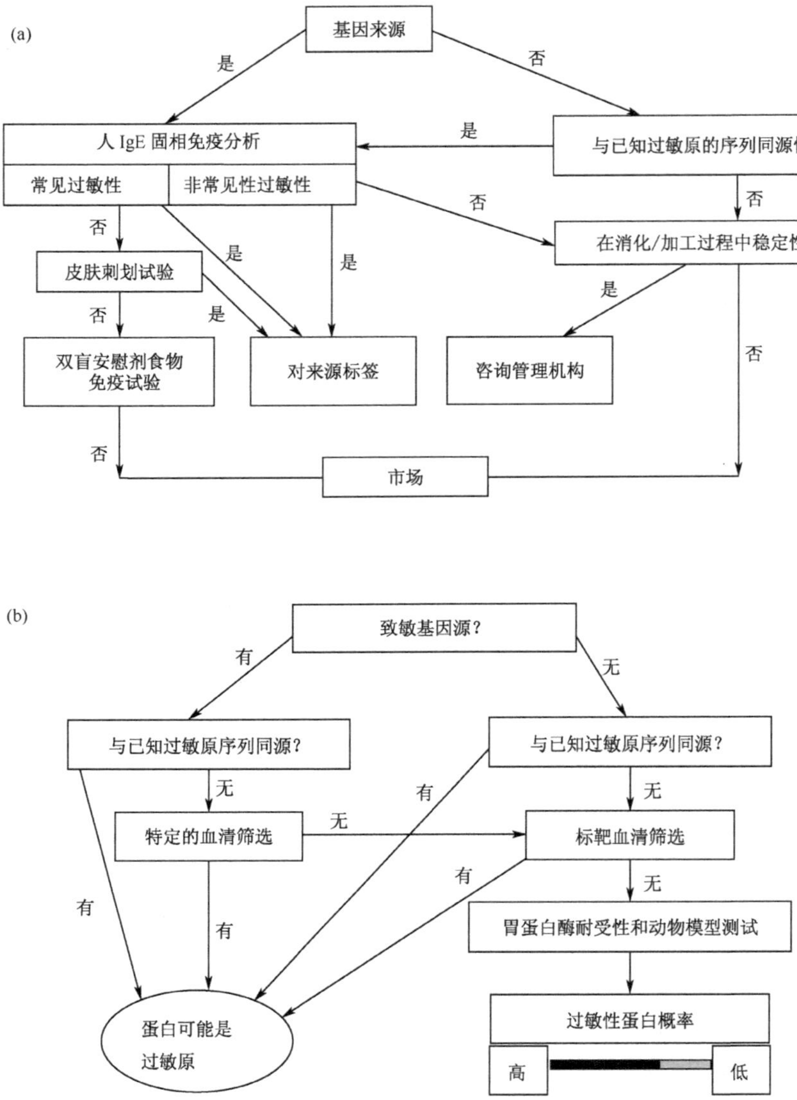

图 3.1.1　由国际生命科学研究所（ILSI）提出的食物过敏性风险评估决策树

（a）与食品生物技术委员会协作；（b）与粮农组织与世界卫生组织（FAO-MHO）的生物技术食品专家咨询委员会协作基于 ILSI（1996）和 FAO-MHO（2001）资料

用生物信息学方法确定新蛋白与已知过敏原的相似性

用计算机能分析新蛋白与已知过敏原的相似性，这是非常有效的定量指示。对应于70%～80%已经鉴定的食物过敏原，目前已经公布100多种食物过敏原序列，如加上同型过敏原，则报道的序列已超过200。生物信息学分析需要将这些过敏原序列信息收集到合适的数据库中。但遗憾的是，“过敏原”这个术语在数据库中被滥用，例如，Expasy（www.expast.org），而过敏原序列的判定在很大程度上依赖于所提交序列的信息。20年前测序的许多蛋白质现在已证明是过敏原，但在描述信息中并没有标上“过敏原”这个术语。相反，一些蛋白质尽管缺乏临床反应数据，只是与已知过敏原同源，在描述中也被标上“过敏原”。因此，很难从序列数据库中准确地收集一套过敏原序列（Gendel，2002）。为有效分析过敏原的序列信息，必须对过敏原特性作出清晰的定义，汇编过敏原数据库，目前过敏原命名委员会（http://www.allergen.org/）、食品与药物管理局（US FDA）（http://www.iit.edu/ _ sgendel/foodallr.htm；Gendel，1998）、内布拉斯加州大学的食物过敏原研究和资源计划（FARRP）（http://www.allergenonline.com；Hileman et al.，2002）已汇编了过敏原注释目录和数据库，此外，还有包含过敏原序列和IgE抗原决定基（epitopes）信息的SDAP网站（http://fermi.utmb.edu/SDAP；Ivanciuc et al.，2003）。

这些数据库已成为分析新食物蛋白与已知过敏原相似性的起点。联合国粮农组织与世界卫生组织生物技术食品专家顾问委员会认为，新食物蛋白与已知过敏原在80个相邻氨基酸序列中如果≥35%的序列一致，或者6个相邻的氨基酸相同，然后用过敏性血清证实，那么新蛋白将会发生IgE交叉反应。这种观点是根据B细胞和T细胞抗原决定部位的大小和体液免疫反应发生的特征得出的（Becker and Reese，2001；Metcalfe et al.，1996）。但在序列比对程序中，应用默认值分析进化关系也许不能鉴定导致交叉反应相同短的序列。为此在分析时采用同一记分，而忽略序列比对中统计的显著性测验（Gendel，2002）。

应用成对筛选的方法检测序列同源性，对于鉴定具保守序列的蛋白质家族（如Bet v 1花粉过敏原家族）来说是非常有效的，当序列相似度低于40%时则效果不佳，易鉴定出大量假阳性过敏原，如用6个残基多肽长进行比对，50个玉米蛋白质中有41个被鉴定为潜在过敏原。即使将肽段长度增加至8个残基，也还有7个误测为过敏原（Hileman et al.，2002）。应用FASTA算法可以获得比较满意的结果，只有9个玉米蛋白对80个氨基酸的一致性>35%，6个在蛋白质长度上显示了相似性。

目前还在开发多种计算机方法预测过敏原性，应用FASTA3和k-Nearest-Neighbor（KNN）算法从序列比对中获得信息，可以正确鉴定81%的过敏原和98%的非过敏原（Soeria-Atmadja et al.，2004；Zorzet，GUStafsson and Hammerling，2002）。通过交互式模体模型分析方法可用序列模体表示过敏原（Stadler and Stadler，2003），此过程中未采用补充的过敏原序列数据库，鉴定了52个过敏原模体。这种方法在检测有疑问的序列时，比联合国粮农组织和世界卫生组织推荐的方法精确20倍。SDAP在线数据库与辅助工具拼接，可用来鉴定是否查询序列与已知的IgE抗原决定部位匹配。应用源于雪松花粉的类甜PR5蛋白过敏原（Jun a 3），Ivanciuc等（2003）从过敏原序列数据库中检索潜在的交叉反应 IgE 抗体，鉴定了几个候选过敏原如源于樱桃（Pru av 2）、辣椒（Cap a 1）和苹果（Mal d 2）中的同源物。

潜在过敏原对消化的稳定性

与非过敏蛋白相比，过敏蛋白共有的属性是它们对蛋白酶，如胃蛋白酶（pepsin）的抗消化性。多肽需要相对分子质量大于3000，才能激发免疫反应，产生稳定的蛋白大片段以及完整蛋白，即具备了潜在的过敏原的作用。因此，对胃蛋白酶的抗消化就成了评价新蛋白致敏原性的重要标准。

早期有关对胃蛋白酶的抗性研究表明，许多过敏蛋白完整片段可保持 8～60min（取决于过敏原），而非过敏原 15s 内即被完全消化（Astwood，Leach and Fuchs，1996）。然而，随后通过大量植物蛋白，包括与新陈代谢相关且无过敏原性记录的蛋白系列研究，对应用胃蛋白酶的耐受性预测过敏原性方法的可靠性提出了质疑。IgE 交叉反应过敏原存在于乳汁、鳄梨、猕猴桃和香蕉蛋白提取物中以及瓜和桃中与口腔过敏反应综合征相关的主要过敏原通常被胃蛋白酶瞬间降解，而马铃薯过敏原较为稳定（Yagami et al.，2000）。研究表明 22 个过敏原中 12 个瞬间降解和 5 个快速降解，而 16 个非过敏原中则分别是 8 个和 3 个（Fu，Abbott and Hatzos，2002）。两组蛋白在包含胰酶、胰脏酶混合物的模拟肠液中表现较为稳定，22 个过敏原中 2 个瞬间降解和 5 个快速降解，16 个非过敏原中均为 3 个。

然而，蛋白质的稳定性极大地依赖于试验条件，底物与蛋白酶比例的不同可能使同一蛋白对胃蛋白酶表现为稳定或不稳定（Fu et al.，2002）。胃蛋白酶消化试验中所用底物与胃蛋白酶的比例 1∶5～1∶10，远超正常的生理条件。此外，这些试验也没有说明体内应用的 pH 滴定法，也不包含磷脂和其他如胃脂肪酶的酶类。Fu 等（2002）所用的模拟肠液进行的体外试验，既不包含胆盐也未用先经胃蛋白酶消化的蛋白质，而在人体内，蛋白质在进入小肠前先经过 pH 值低的胃。蛋白质的可动区越多，就越容易接近蛋白酶，如胃蛋白酶倾向于分解可动的、易变片段的肽键（Dunn and Hung，2000）。因此，至今报道的模拟消化系统更多是作为内源蛋白质稳定性的生物学检测，似乎并不表明这些蛋白在人体内具抗消化的潜力。

花粉-水果和乳汁-水果的交叉反应过敏综合征经吸入途径发生，对水果的过敏反应局限在口腔。在这种情况下，对消化的稳定性可能不是过敏原的相关属性。研究表明，源于大范围植物物种的非特异脂质转运蛋白对胃蛋白酶水解有抗性（Asero et al.，2000），经胃肠道致敏并表现全身过敏症状。

蛋白质的 IgE 反应和致敏性

尽管对在建立血清库的伦理问题上还有争议，但应用人类过敏性血清检测交叉反应可直接诊断血清供者的食物过敏。用合适的实验动物抗体也能验证交叉反应潜力。世界卫生组织与联合国粮农组织决策树推荐将经摄食或吸入性途径（如花粉）产生的过敏性血清组合使用，在转基因生物体（GMO）中，包含单子叶和双子叶植物物种的过敏原。

致敏原性的检测有赖于动物模型，因此对动物种和品系的选择非常重要。狗比一些小型哺乳动物更适合口腔过敏性研究，但需要较大剂量（Ermel et al.，1997）。此外，广泛用狗进行毒理学研究不被一些社会组织接受。而小型哺乳动物如小鼠（用高 IgE 反应品系 Balb/c）、大鼠（特别是 Brown Norway 品系）和荷兰猪（Dearman et al.，2001；Penninks and Knippels，2001）较受欢迎。另外还需要辅助剂（如霍乱毒素或角叉菜多聚糖），并结合口服剂量，或将口腔和胃肠接触过敏原以产生 IgE 反应（Penninks and Knippels，2001）。另一种鉴定蛋白致敏性的方法是应用肠外调控经消化道致敏（Dearman et al.，2001）。实验动物研究表明，在激发 IgE 和 IgG 反应中并不是所有蛋白都表现相似，因此应用这种方法鉴定潜在的过敏原还有争论。

过敏性风险评估的实例分析

关于过敏性风险评估已有较多报道，包括源于北极极地鱼（ocean pout）的抗冻蛋白（ISP）（Baderschneider et al.，2002；Bindeslev-Jensen et al.，2003）和 Micronesian Nangai 坚果的分析，这种坚果尚无在欧盟消费记录，因此被视为一种新食品（Sten et al.，2002）。联合国粮农组织与世界卫生组织顾问委员会（2001）提出的决策树法，首先应用计算机分析 6 个相邻氨基酸的匹配性，结果表明类型Ⅲ抗冻蛋白 HPLC12 与已知过敏原无任何序列相似性，但发现该蛋白与 515 个非过敏原蛋白准确匹配。在用 7 个相邻氨基酸检测时发现这些序列与其他抗冻蛋白匹配（Baderschneider et al.，2003）。这种抗冻蛋白被胃蛋白酶降解一半所需的时间少于 28min，通过高效液相色谱/电喷雾离子质谱（HPLC electrospray mass spectrometry）分析表明，消化产物相对分子质量（Mr）为 500～2000，还有一些次要组成部分 Mr<4000，主体消化产物 Mr 大约 1276。进一步分析表明，这种抗冻蛋白与鳕过敏个体的过敏性血清无 IgE 反应，在鳕过敏病人血清中并不能激发嗜碱细胞释放组胺（Bindeslev-Jensen et al.，2003）。结果表明，ISP 蛋白对于那些鱼过敏患者是安全的，说明联合国粮农组织与世界卫生组织（2001）的方法是可行的。

关于 Nangai 坚果的 IgE 结合研究，用艾蒿、草和白桦花粉三种常见过敏者的血清鉴定可能的交叉过敏反应（Sten et al.，2002）。大多数（9/11）对 Nangai 坚果表现阳性 IgE 结合的个体对上述三种花粉过敏，在某些情况下，Nangai 坚果的抽提物在花粉过敏者中也刺激组胺释放和皮肤针刺试验呈阳性。但在进行口服激发试验时，12 个个体对坚果抽提物体外试验中，有 2 个表现 IgE 反应阳性，但在双盲对照食物试验中，并没有达到过敏诊断的“金标准”。

对野生型和抗草甘磷 GM 大豆过敏原性比较分析采用了 IgE 结合体外分析、皮肤针刺试验、组胺释放和口服复合试验（Sten et al.，2004）。真实鉴定大豆过敏者较困难，对花生过敏的个体也对大豆有 IgE 反应，虽然它们通常能耐大豆过敏，基于上述分析表明，GM 大豆与野生型在过敏原性上没有差别。

GM 技术在植物过敏原中的应用

尽管人们担心 GM 技术将导致食物链中新过敏原的产生，上述讨论的风险评估程序证明这种可能性很小。值得注意的是许多生物活性蛋白在抗病虫方面有应用前景

(Shewry and Lucas，1997)，这些蛋白或者是过敏原，或者属于包含过敏蛋白，如非特异性脂质转运蛋白家族。因此，上述所列的蛋白家族在转基因植物中有选择地表达将是非常有意义的。

GM 技术在过敏原性中最大的影响应该是提供一种方法减少或消除过敏蛋白或抗原决定部位。但实际上也许很难成功，因为许多过敏食物包含多种分属不同家族的过敏蛋白。以花生和大豆为例，两者都属于豆科，其主要储存蛋白是 7S 和 11S 球蛋白，都包含主要过敏原（花生的 Ara h 1 是 7S，Ara h 3 和 4 是 11S)。花生还包含致过敏性 2S 白蛋白储存蛋白（Ara h 2、6 和 7）和前纤维蛋白相关蛋白（Ara h 5)，而大豆过敏原还包括半胱氨酸蛋白酶（P34)。已经证明大多数这些蛋白具有多个 IgE 结合位点：Ara h 1 至少有 23 个，P34 有 16 个和大豆 11S 有 11 个（Mills et al.，2004b)。

在转基因植物中应用反义技术下调编码过敏蛋白基因的表达已取得一些成功。最好的例子是水稻 α-淀粉酶抑制剂，作为主要的食物过敏原，包含了大量相对分子质量介于 14 000～16 000 的亚基，已报道至少 7 个交叉反应蛋白和超过 10 个相关 cDNA 序列（Alvarez et al.，1995；Matsuda et al.，1991；Nakase et al.，1996)。单个序列的反义表达导致转录和蛋白质水平下降至未转化对照的 20%（Tada et al.，1996)。尽管转基因水稻是低过敏性，但依然含有大量过敏蛋白，很明显，对食用大米过敏患者还不是安全的。

转基因诱导的基因沉默可完全抑制大豆主要过敏原 Gly m Bd 30k 的表达（Herman，2003a，b)，这种过敏原与存在于番木瓜、猕猴桃、菠萝和无花果中的半胱氨酸蛋白酶相关（Shewry et al.，2004)。笔者报道，转基因植物与对照无差别，表明转基因品系可与其他缺少主要过敏原的自然发生的突变体结合（Ogawa et al.，2000；Samoto et al.，1997)。

将来人们应用 RNAi 调控转录因子新技术或同时下调多基因家族的表达。有可能有效地抑制过敏原基因的表达（Baulcombe，2004)，后者取决于多基因家族有高度保守调控序列，它能与相同的转录因子相互作用。包括种子储存蛋白多数基因家族，在其编码序列上游有高度保守的增强子（Nielsen et al.，1997；Shewry et al.，2003)。如玉米 *opaque-2* 基因编码的 bZIP 类转录因子可调控编码储存蛋白基因家族 Z22 α-zeins 整套基因的表达（Schmidt et al.，1990)。因此，这些蛋白质的数量在突变体 *opaque-2* 的籽粒中显著减少（Coleman et al.，1997)。编码过敏原多套基因类似的下调，如水稻 α-淀粉酶抑制剂，可通过鉴定和控制相关转录因子完成。然而，替换编码过敏原基因的技术在植物中尚未成熟，还需要去除基因抑制逆转的可能。

反义技术已经被用来下调黑麦草花粉重要过敏原 Lol p 1、Lol p 2（Petrovska et al.，2005）和 Lol p 5（Bhalla et al.，1999）的产生，并有可能成功发放可减轻花粉过敏（hay fever）的低过敏原品系。

过敏原家族的下调在技术上是切实可行的。尽管当前还未能完全去除，但当过敏蛋白具备某种生理功能和必须保留生物学特性时，这种方法的应用可能不切实际。如去除小麦面筋蛋白的重要组成部分势必会影响在制作面包和其他食品时的加工品质（参见 2.4 节)。这种情况下采用被称为嵌合修复术的体内定点突变技术（mutagenesis technology）去除 IgE 结合位点可能更切实可行（Zhu et al.，1999)。然而，嵌合修复术目前尚没有作为常规手段在作物中应用，只有当一个或少数 IgE 结合位点突变发生足以消除过敏性时，这种技术才能奏效。

不过，通过苹果（Mal a 1）和樱桃（Pru a 1）（Betv 1 家族的两名成员）的主要过敏原在大肠杆菌中表达（Scheurer et al., 1999；Son et al., 1999）的蛋白质工程研究表明，这种定点突变的方法是切实可行的。

总之，遗传工程为减少对植物蛋白的过敏反应提供了美好的前景，但在作物中完全去除过敏蛋白或过敏蛋白的 IgE 结合位点的技术还不能作常规手段应用。但反义技术已成功利用部分去除过敏原，选育低过敏原品系，当无需完全去除过敏原时，如能减轻草原草或树的花粉所造成花粉热的危害也许具有应用价值。

结论

潜在的过敏原，特别是对那些与已知过敏原无结构上或生物学相关的过敏原鉴定目前尚处于不确定的过程。很明显并不是所有食物的致敏性都相同，但造成这些差异的分子基础尚不清楚。尽管食物过敏原是很好的抗原（能刺激抗体反应），但鲜有证据表明特定的蛋白序列或结构引发了 IgE 反应。根据目前有限数量过敏原检测表明，过敏原偏好在实验动物中固有地引发 IgE 反应（Dearman and Kimber, 2001；Dearman et al., 2001）。当经肠胃道致敏时，蛋白质的稳定性和对消化的抗性在决定蛋白质的致敏性中扮演重要角色。然而，只有当我们更好地认识食物过敏原的分子病理学，包括食物方面（过敏原的结构、与食物基质的交互作用和其他食物成分潜在的佐剂效应）以及人的遗传因素（有些个体容易过敏），才能对新蛋白过敏原性进行可靠的预测。目前过敏原鉴定还处于不确定的阶段，因此，需要获得大量不同方面的蛋白质结构和属性的信息，并与已知食物过敏原进行比较。

参考文献

Adachi, M., Takenaka, Y., Gidamis, A.B., Mikami, B. and Utsumi, S. (2001) Crystal structure of soybean proglycinin A1aB1b homotrimer. *Journal of Molecular Biology* **305**, 291–305.

Alvarez, A., Adachi, T., Nakase, M., Aoki, N., Nakamura, R. and Matsuda, T. (1995) Classification of rice allergenic protein cDNAs belonging to the α-amylase/trypsin inhibitor gene family. *Biochimica et Biophysica Acta* **1251**, 201–204.

Asero, R., Mistrello, G., Roncarolo, D., de Vries, S.C., Gautier, M.F., Ciurana, C.L., Verbeek, E., Mohammadi, T., Knul-Brettlova, V., Akkerdaas, J.H., Bulder, I., Aalberse, R.C. and van Ree, R. (2000) Lipid transfer protein: a pan-allergen in plant-derived foods that is highly resistant to pepsin digestion. *International Archives of Allergy and Immunology* **122**, 20–32.

Astwood, J.D., Leach, J.N. and Fuchs, R.L. (1996) Stability of food allergens to digestion *in vitro*. *Nature Biotechnology* **14**, 1269–1273.

Baderschneider, B., Crevel, R.W., Earl, L.K., Lalljie, A., Sanders, D.J. and Sanders, I.J. (2002) Sequence analysis and resistance to pepsin hydrolysis as part of an assessment of the potential allergenicity of ice structuring protein type III HPLC 12. *Food Chemistry and Toxicology* **40**, 965–978.

Bannon, G.A., Li, X.F., Rabjohn, P., Stanley, J.S., Burks, A.W., Huang, S.K. and Sampson, H.A.

(1997) Ara h 3, a peanut allergen identified by using peanut sensitive patient sera absorbed with soy proteins. *Journal of Allergy and Clinical Immunology* **99**, 568.

Baulcombe, D. (2004) RNA silencing in plants. *Nature* **43**, 356–363.

Becker, W.M. and Reese, G. (2001) Immunological identification and characterization of individual food allergens. *Journal of Chromatography B: Biomedical Applications* **756**, 131–140.

Beyer, K., Bardina, L., Grishina, G. and Sampson, H.A. (2002a) Identification of sesame seed allergens by 2-dimensional proteomics and Edman sequencing: seed storage proteins as common food allergens. *Journal of Allergy and Clinical Immunology* **110**, 154–159.

Beyer, K., Grishina, G., Bardina, L., Grishin, A. and Sampson, H.A. (2002b) Identification of an 11S globulin as a major hazelnut food allergen in hazelnut-induced systemic reactions. *Journal of Allergy and Clinical Immunology* **110**, 517–523.

Bindeslev-Jensen, C., Sten, E., Earl, L.K., Crevel, R.W., Bindslev-Jensen, U., Hansen, T.K., Stahl Skov, P. and Poulsen, L.K. (2003) Assessment of the potential allergenicity of ice structuring protein type III HPLC 12 using the FAO/WHO 2001 decision tree for novel foods. *Food Chemistry and Toxicology* **41**, 81–87.

Bhalla, P.L., Swoboda, I. and Singh, M.B. (1999) Antisense-mediated silencing of a gene encoding a major ryegrass pollen allergen. *Proceedings of the National Academy of Sciences USA* **96**, 11676–11680.

Breiteneder, H. (2004) Thaumatin-like proteins—a new family of pollen and fruit allergens. *Allergy* **59**, 479–481.

Breinteneder, H. and Ebner, C. (2000) Molecular and biochemical classification of plant-derived food allergens. *Journal of Allergy and Clinical Immunology* **106**, 27–36.

Breinteneder, H. and Redauer, C. (2004) A classification of plant food allergens. *Journal of Allergy and Clinical Immunology* **113**, 821–830.

Burks, A.W., Brooks, J.R. and Sampson, H.A. (1988) Allergenicity of major component proteins of soybean determined by enzyme-linked immunosorbent assay (ELISA) and immunoblotting in children with atopic dermatitis and positive soy challenge. *Journal of Allergy and Clinical Immunology* **81**, 1135–1142.

Burks, A.W., Cockrell, G., Connaughton, C., Guin, J., Allen, W. and Helm, R.M. (1994) Identification of peanut agglutinin and soybean trypsin inhibitor as minor legume allergens. *International Archives of Allergy and Immunology* **105**, 143–149.

Burks, A.W., Helm, R.M., Cockrell, G., Bannon, G.A., Stanley, J.S., Shin, D.S. *et al.* (1999) 'Tertiary structure of peanut allergen Ara h 1', PTC Patent Application, Board of Trustees of the University of Arkansas.

Burks, A.W., Williams, L.W., Connaughton, C., Cockrell, G., O'Brien, T.J. and Helm, R.M. (1992b) Identification and characterization of a second major peanut allergen, Ara h II, with use of the sera of patients with atopic dermatitis and positive peanut challenge. *Journal of Allergy and Clinical Immunology* **90**, 962–969.

Burks, A.W., Williams, L.W., Helm, R.M., Connaughton, C., Cockrell, G. and O'Brien, T. (1991) Identification of a major peanut allergen, Ara h I, in patients with atopic dermatitis and positive peanut challenges. *Journal of Allergy and Clinical Immunology* **88**, 172–179.

Bush, R.K. and Hefle, S.L. (1996) Food allergens. *Critical Reviews in Food Science and Nutrition* **36** (Suppl), S119–S163.

Coleman, C.E., Dannenhoffer, J.M. and Larkins, B.A. (1997) The prolamin proteins of maize, sorghum and *Coix*, in *Cellular and Molecular Biology of Plant Seed Development* (eds B.A. Larkins and I.K. Vasil), Kluwer Academic Publishers, The Netherlands, pp. 257–288.

Curioni, A., Santucci, B., Cristado, A., Canistraci, C., Peitravalle, M., Simonato, B. and Giannattasio, M. (1999) Urticaria from beer: an immediate hypersensitivity reaction due to a 10 kDa protein derived from beer. *Clinical and Experimental Allergy* **29**, 407–413.

Dearman, R.J. and Kimber, I. (2001) Determination of protein allergenicity: studies in mice. *Toxicology Letters* **120**, 181–186.

Dearman, R.J., Caddick, H., Stone, S., Basketter, D.A. and Kimber, I. (2001) Characterisation of antibody responses to food proteins: influence of route of exposure. *Toxicology* **167**, 217–231.

Diaz-Perales, A., Sanchez-Monge, R., Blanco, C., Lombardero, M., Carillo, T. and Salcedo, G. (2002a) What is the role of the hevein-like domain of fruit class I chitinases in their allergenic capacity? *Clinical and Experimental Allergy* **32**, 448–454.

Diaz-Perales, A., Tabar, A.I., Sanchez-Monge, R., Garcia, B.E., Gomez, B., Barber, D. and Salcedo, G. (2002b) Characterization of asparagus allergens: a relevant role of lipid transfer proteins. *Journal of Allergy and Clinical Immunology* **110**, 790–796.

Dunn, B.M. and Hung, S-H. (2000) The two sides of enzyme-substrate specificity: lessons from the aspartic proteinases. *Biochimica et Biophysica Acta* **1477**, 231–240.

Dunwell, J.M., Purvis, A. and Khuri, S. (2004) Cupins: the most functionally diverse protein superfamily? *Phytochemistry* **65**, 7–17.

Duro, G., Colombo, P., Costa, M.A., Izzo, V., Porcasi, R., Di Fiore, R., Locorotondo, G., Mirisola, M.G., Cocchiara, R. and Geraci, D. (1996) cDNA cloning, sequence analysis and allergological characterization of Par j 2.0101, a new major allergen of the *Parietaria judaica* pollen. *FEBS Letters* **399**, 295.

Fahlbusch, B., Rudeschko, O., Schumann, C., Steurich, R., Henzgen, M., Schlenvoigt, G. and Jager, L. (1998) Further characterisation of IgE-binding antigens in kiwi with particular emphasis on glycoprotein allergens. *Journal of Investigational Allergology and Clinical Immunology* **8**, 325–332.

FAO-WHO (2001) Evaluation of Allergenicity of Genetically Modified Foods, Report of the joint FAO/WHO expert consultation on allergenicity of foods derived from Biotechnology, 22–25th January 2001, pp. 1–26. http://www.who.int/fsf/Gmfood/Consultation-Jan2001/report20.pdf.

FAO-WHO (2002) Codex Alimentarius Commission Ad Hoc Intergovernmental task force on Foods Derived from Biotechnology (ALINORM 03/34) March 2002. ftp://ftp.fao.org/codex/alinorm03/Al03_34e.pdf.

FAO-WHO (1999) Codex General Standard for the Labelling of Prepackaged Foods *CODEX STAN 1-1985 (Rev. 1-1991)*. http://www.fao.org/DOCREP/005/Y2770E/y2770e02.htm#bm02

Fu, T-J., Abbott, U.R. and Hatzos, C. (2002) Digestibility of food allergens and nonallergenic proteins in simulated gastric fluid and simulated intestinal fluid—a comparative study. *Journal of Agricultural and Food Chemistry* **50**, 7154–7160.

Gajhede, M., Osmark, P., Poulsen, F.M., Ipsen, H., Larsen, J.N., Joost van Neerven, R.J., Schou, C., Lowenstein, H. and Spangfort, M.D. (1996) X-ray and NMR structure of Bet v 1, the origin of birch pollen allergy. *Nature Structural Biology* **3**, 1040–1045.

Gall, H., Kalveram, K.J., Forck, G. and Sterry, W. (1994) Kiwi fruit allergy—a new birch pollen-associated food allergy. *Journal of Allergy and Clinical Immunology* **94**, 70–76.

Gavrovic-Jankulovic, M., Irkovic, T., Vuckovic, O., Atanaskovic-Markovic, M., Petersen, A., Gojgic, G., Burazer, L. and Jankov, R.M. (2002) Isolation and biochemical characterization of a thaumatin-like kiwi allergen. *Journal of Allergy and Clinical Immunology* **110**, 805–810.

Gendel, S. (1998) The use of amino acid sequence alignments to assess potential allergenicity of proteins using genetically modified foods. *Advances in Food and Nutrition Research* **42**, 45–62.

Gendel, S.M. (2002) Sequence analysis for assessing potential allergenicity. *Annals of the New York Academy of Sciences* **964**, 87–98.

Guénard-Bilbault, L., Kanny, G. and Moneret-Vautrin, D. (1999) L'allergie alimentaire à la farine de blé. *Allergie et Immunologie* **31**, 22–25.

Helm, R., Cockrell, G., Connaughton, C., Sampson, H.A., Bannon, G.A., Beilinson, V., Livingstone, D., Nielsen, N.C. and Burks, A.W. (2000) A soybean G2 glycinin allergen. 1. Identification and characterization. *International Archives of Allergy and Immunology* **123**, 205–212.

Herman, E.M. (2003a) Genetically modified soybeans and food allergies. *Journal of Experimental Botany*, **54**, 1317–1319.

Herman, E.M. (2003b) Genetic modification removed an immunodominant allergen from soybean. *Plant Physiology* **132**, 36–43.

Hileman, R.E., Silvanovich, A., Goodman, R.E., Rice, E.A., Holleschak, G., Astwood, J.D. and Hefle, S. (2002) Bioinformatic methods for allergenicity assessment using a comprehensive allergen database. *International Archives of Allergy and Immunology* **128**, 280–291.

Hoffman, D., Lowenstein, H., Marsh, D.G., Platts-Mills, T.A.E. and Thomas, W. (1994) *Bulletin of the World Health Organization* **72**, 796–806.

Hoffmann-Sommergruber, K. (2002) Pathogenesis-related (PR)-proteins identified as allergens. *Biochemical Society Transactions* **30**, 930–935.

Inschlag, C., Hoffmann-Sommergruber, K., O'Riordain, G., Ahorn, H., Ebner, C., Scheiner, O. and Breiteneder, H. (1998) Biochemical characterization of Pru a 2, a 23-kDa thaumatin-like protein representing a potential major allergen in cherry (*Prunus avium*). *International Archives of Allergy and Immunology* **116**, 22–28.

Ivanciuc, O., Mathura, V., Midoro-Horiuti, T., Braun, W., Goldblum, R.M. and Schein, C.H. (2003) Detecting potential IgE-reactive sites on food proteins using a sequence and structure database, SDAP-food. *Journal of Agricultural and Food Chemistry* **51**, 4830–4837.

James, J.M., Sixbey, J.P., Helm, R.M., Bannon, G.A. and Burks, A.W. (1997) Wheat α-amylase inhibitor: a second route of allergic sensitisation. *Journal of Allergy and Clinical Immunology* **99**, 239–244.

Jankiewicz, A., Baltes, W., Bögl, K.W., Dehne, L.I., Jamin, A., Hoffmann, A., Haustein, D. and Vieths, S. (1997) Influence of food processing on the immunochemical stability of celery allergens. *Journal of the Science of Food and Agriculture* **75**, 359–370.

Kalinski, A., Weisemann, J.M., Matthews, B.F. and Herman, E.M. (1990) Molecular cloning of a protein associated with soybean seed oil bodies that is similar to thiol proteases of the papain family. *Journal of Biological Chemistry* **265**, 13843–13848.

Kelly, J.D., Hlywka, J.J. and Hefle, S.L. (2000) Identification of sunflower seed IgE-binding proteins. *International Archives of Allergy and Immunology* **121**, 19–24.

Kleber, J.T., Crameri, R., Appenzeller, U., Schlaak, M. and Becker, W.M. (1999) Selective cloning of peanut allergens, including profilin and 2S albumins, by phage display technology. *International Archives of Allergy and Immunology* **119**, 265–274.

Kleine-Tebbe, J., Vogel, L., Crowell, D.N., Haustein, U.F. and Vieths, S. (2002) Severe oral allergy syndrome and anaphylactic reactions caused by a Bet v 1-related PR-10 protein in soybean, SAM22. *Journal of Allergy and Clinical Immunology* **110**, 797–804.

Krebitz, M., Wagner, B., Ferreira, F., Peterbauer, C., Campillo, N., Witty, M., Kolarich, D., Steinkellner, H., Scheiner, O. and Breiteneder, H. (2003) Plant-based heterologous expression of Mal d 2, a thaumatin-like protein and allergen of apple (*Malus domestica*), and its characterization as an antifungal protein. *Journal of Molecular Biology* **329**, 721–730.

Kreis, M., Forde, B.G., Rahman, S., Miflin, B.J. and Shewry, P.R. (1985) Molecular evolution of the seed storage proteins of barley, rye and wheat. *Journal of Molecular Biology* **183**, 499–502.

Kusaba-Nakayama, M., Ki, M., Iwamoto, M., Shibata, R., Sato, M. and Imaizumi, K. (2000) CM3, one of the wheat alpha-amylase inhibitor subunits, and binding of IgE in sera from Japanese with atopic dermatitis related to wheat. *Food Chemistry and Toxicology* **38**, 179–185.

Larson, J.N. and Lowenstein, H. (1996) Allergen nomenclature. *Journal of Allergy and Clinical Immunology* **97**, 577–578.

Leitner, A., Jensen-Jarolim, E., Grimm, R., Wuthrich, B., Ebner, H., Scheiner, O., Kraft, D. and Ebner, C. (1998) Allergens in pepper and paprika. Immunological investigation of the celery-birch-mugwort-spice syndrome. *Allergy* **53**, 36–41.

Lopez-Torrejon, G., Salcedo, G., Martin-Esteban, M., Diaz-Perales, A., Pascual, C.Y. and Sanchez-Monge, R. (2003) Len c 1, a major allergen and vicilin from lentil seeds: protein isolation and cDNA cloning. *Journal of Allergy and Clinical Immunology* **112**, 1208–1215.

Markovic-Housley, Z., Degano, M., Lamba, D., von Roepenack-Lahaye, E., Clemens, S., Susani, M., Ferreira, F., Scheiner, O. and Breiteneder, H. (2003) Crystal structure of a hypoallergenic isoform of the major birch pollen allergen Bet v 1 and its likely biological function as a plant steroid carrier. *Journal of Molecular Biology* **325**, 123–133.

Maruyama, N., Ichise, K., Katsube, T., Kishimoto, T., Kawase, S.-I., Matsumura, Y., Takeuchi, Y., Sawada, T. and Utsumi, S. (1998) Identification of major wheat allergens by means of the *Escherichia* coli expression system. *European Journal of Biochemistry* **255**, 739–745.

Matsuda, T., Nomura, R., Sugiyama, M. and Nakamura, R. (1991) Immunochemical studies on rice allergenic proteins. *Agricultural and Biological Chemistry* **55**, 509–513.

Menedez-Arias, L., Moneo, I., Dominguez, J. and Rodriguez, R. (1988) Primary structure of the major allergen of yellow mustard (*Sinapis alba* L.) seed, Sin a I. *European Journal of Biochemistry* **177**, 159–166.

Metcalfe, D.D., Astwood, J.D., Townsend, R., Sampson, H.A., Taylor, S.L. and Fuchs, R.L. (1996) Assessment of the allergenic potential of foods derived from genetically engineered crop plants. *Critical Reviews in Food Science and Nutrition* **36** (Suppl), S165–S186.

Mills, E.N.C., Madsen, C., Shewry, P.R. and Wichers, H.J. (2003) Food allergens of plant origin—the relationship between allergenic potential and biological activity (PROTALL). *Trends in Food Science and Technology* **14**, 145–156.

Mills, E.N.C., Jenkins, J., Alcocer, M.J.C. and Shewry, P.R. (2004a) Structural, biological and evolutionary relationships of plant food allergens sensitising *via* the gastrointestinal tract. *Critical Reviews in Food Science and Nutrition* **44**, 379–407.

Mills, E.N.C., Jenkins, J.A. and Bannon, G.A. (2004b) Plant seed globulin allergens, in *Plant Food Allergens* (eds E.N.C. Mills and P.R. Shewry), Blackwell Science, Oxford, UK, p. 141.

Mittag, D., Vieths, S., Vogel, L., Becker, W.M., Rihs, H.P., Helbling, A., Wuthrich, B. and Ballmer-Weber, B.K. (2004) Soybean allergy in patients allergic to birch pollen: clinical investigation and molecular characterization of allergens. *Journal of Allergy and Clinical Immunology* **113**, 148–154.

Möller, M., Pashcke, A., Vieluf, D., Kayma, M., Vieths, S. and Steinhart, H. (1997) Characterization of allergens in kiwi fruit and detection of cross-reactivities with allergens of birch pollen and related fruits. *Food and Agricultural Immunology* **9**, 107–121.

Monsalve, R.I., Gonzalez de la Pena, M.A., Menezes-Arias, L., Lopez-Otin, C. Villalba, M. and Rodriguez, R. (1993) Characterization of a new oriental-mustard (*Brassica-juncea*) allergen Bra j I: detection of an allergenic epitope. *Biochemistry Journal* **293**, 625–632.

Nakase, M., Adachi, T., Urisu, A., Miyashita, T., Alvarez, A.M., Nagasaka, S., Aoki, N., Nakamura, R. and Matsuda, T. (1996) Rice (*Oryza sativa* L.) α-amylase inhibitors of 14–16 kDa are potential allergens and products of a multigene family. *Journal of Agricultural and Food Chemistry* **44**, 2624–2628.

Nielsen, N.C., Bassüner, R. and Beaman T. (1997) The biochemistry and cell biology of embryo storage proteins, in *Cellular and Molecular Biology of Plant Seed Development* (eds B.A. Larkins and I.K. Vasil), Kluwer Academic Publishers, The Netherlands. pp. 151–220.

Ogawa, T., Tsuji, H., Bando, N., Kitamura, K., Zhu, Y.-L., Hirano, H. and Nishikawa, K. (1993) Identification of the soyabean allergenic proteins, Gly m Bd 30K, with the soybean seed 34 kDa oil-body-associated protein. *Bioscience, Biotechnology and Biochemistry* **57**, 1030–1033.

Ogawa, T., Samoto, M. and Takahashi, K. (2000) Soybean allergens and hypoallergenic soybean products. *Journal of Nutritional Science and Vitaminology* **46**, 271–279.

Palosuo, K., Alenius, H., Varjonen, E., Koivuluhta, M., Mikkola, J., Keskinen, H., Kalkkinen, N. and Reunala, T. (1999) A novel wheat gliadin as a cause of exercise-induced anaphylaxis. *Journal of Allergy and Clinical Immunology* **103**, 912–917.

Palosuo, K., Alenius, H., Varjonen, E., Kalkkinen, N. and Reunala, T. (2001a) Rye γ-70 and γ-35 secalins and barley γ-3 hordein cross-react with ω-5 gliadin, a major allergen in wheat-dependent, exercise-induced anaphylaxis. *Clinical and Experimental Allergy* **31**, 466–473.

Palosuo, K., Varjonen, E., Kekki, O.M., Klemola, T., Kalkkinen, N., Alenius, H. and Reunala, T. (2001b) Wheat ω-5 gliadin is a major allergen in children with immediate allergy to ingested wheat. *Journal of Allergy and Clinical Immunology* **108**, 634–638.

Pastorello, E.A., Conti, A., Pravettoni, V., Farioli, L., Rivolta, F., Ansaloni, R., Ispano, M., Incorvaia, C., Giuffrida, M.G. and Ortolani, C. (1998a) Identification of actinidin as the major allergen of kiwi fruit. *Journal of Allergy and Clinical Immunology* **101**, 531–537.

Pastorello, E.A., D'Ambrosio, F.P., Pravettoni, V., Farioli, L., Giuffrida, G., Monza, M., Ansaloni, R., Fortunato, D., Scibola, E., Rivolta, F., Incorvaia, C., Bengtsson, A., Conti, A. and Ortolani, C. (2000a) Evidence for a lipid transfer protein as the major allergen of apricot. *Journal of Allergy and Clinical Immunology* **105**, 371–377.

Pastorello, E.A., Farioli, L., Pravettoni, V., Ispano, M., Conti, A., Ansaloni, R., Rotondo, F., Incorvaia, C., Bengtsson, A., Rivolta, F., Trambaioli, C., Previdi, M. and Ortolani, C. (1998b)

Sensitization to the major allergen of Brazil nut is correlated with the clinical expression of allergy. *Journal of Allergy and Clinical Immunology* **102**, 1021–1027.

Pastorello, E.A., Pravettoni, V., Farioli, L., Ispano, M., Fortunato, D., Monza, M., Giuffrida, M.G., Rivolta, F., Scibola, E., Ansaloni, R., Incorvaia, C., Conti, A. and Ortolani, C. (1999b) Clinical role of a lipid transfer protein that acts as a new apple-specific allergen. *Journal of Allergy and Clinical Immunology* **104**, 1099–1106.

Pastorello, E.A., Farioli, L., Pravettoni, V., Ispano, M., Scibola, E., Trambaioli, C., Giuffrida, M.G., Ansaloni, R., Godovac-Zimmermann, J., Conti, A., Fortunato, D. and Ortolani, C. (2000b) The maize major allergen, which is responsible for food-induced allergic reactions, is a lipid transfer protein. *Journal of Allergy and Clinical Immunology* **106**, 744–751.

Pastorello, E.A., Farioli, L., Pravettoni, V., Ortolani, C., Fortunato, D., Giuffrida, M.G., Perono Garoffo, L., Calamari, A.M., Brenna, O. and Conti, A. (2003) Identification of grape and wine allergens as an endochitinase 4, a lipid-transfer protein, and a thaumatin. *Journal of Allergy and Clinical Immunology* **111**, 350–359.

Pastorello, E.A., Farioli, L., Pravettoni, V., Ortolani, C., Ispano, M., Monza, M., Baroglio, C., Scibola, E., Ansaloni, R., Incorvaia, C. and Conti, A. (1999a) The major allergen of peach (*Prunus persica*) is a lipid transfer protein. *Journal of Allergy and Clinical Immunology* **103**, 520–526.

Pastorello, E.A., Farioli, L., Robino, A.M., Trambaioli, C., Conti, A. and Pravettoni, V. (2001a) A lipid transfer protein involved in occupational sensitization to spelt. *Journal of Allergy and Clinical Immunology* **108**, 145–146.

Pastorello, E.A., Varin, E., Farioli, L., Pravettoni, V., Ortolani, C., Trambaioli, C., Fortunato, D., Giuffrida, M.G., Rivolta, F., Robino, A., Calamari, A.M., Lacava, L. and Conti, A. (2001b) The major allergen of sesame seeds (*Sesamum indicum*) is a 2S albumin. *Journal of Chromatography B: Biomedical Applications* **756**, 85–93.

Pastorello, E.A., Vieths, S., Pravettoni, V., Farioli, L., Trambaioli, C., Fortunato, D., Luttkopf, D., Calamari, M., Ansaloni, R., Scibilia, J., Ballmer-Weber, B.K., Poulsen, L.K., Wutrich, B., Hansen, K.S., Robino, A.M., Ortolani, C. and Conti, A. (2002) Identification of hazelnut major allergens in sensitive patients with positive double-blind, placebo-controlled food challenge results. *Journal of Allergy and Clinical Immunology* **109**, 563–570.

Penninks, A.H. and Knippels, L.M.J. (2001) Determination of protein allergenicity: studies in rats. *Toxicology* **120**, 171–180.

Petrovska, N., Wu, X., Donato, R., Wang, Z., Ong, E-K., Jones, E., Forster, J., Emmerling, M., Sidoli, A., O'Hehir, R. and Spangenberg, G. (2004) 'Transenic ryegrasses (*Lolium* spp.) with down-regulation of main pollen allergens', *Molecular Breeding*, **14**, 489–501.

Poltronieri, P., Cappello, M.S., Dohmae, N., Conti, A., Fortunato, D., Pastorello, E.A., Ortolani, C. and Zacheo, G. (2002) Identification and characterisation of the IgE-binding proteins 2S albumin and conglutin gamma in almond (*Prunus dulcis*) seeds. *International Archives of Allergy and Immunology* **128**, 97–104.

Posch, A., Wheeler, C.H., Chen, Z., Flagge, A., Dunn, M.J., Papenfuss, F., Raulf-Heimsoth, M. and Baur, X. (1999) Class I endochitinase containing a hevein domain is the causative allergen in latex-associated avocado allergy. *Clinical and Experimental Allergy* **29**, 667–672.

Redauer, C. and Hoffman-Sommergruber, K. (2003) Profilins, in *Plant Food Allergens* (eds E.N.C. Mills and P.R. Shewry), Blackwells, Oxford, UK, pp. 105–124.

Roux, K.H., Teuber, S.S., Robotham, J.M. and Sathe, S.K. (2001) Detection and stability of the major almond allergen in foods. *Journal of Agricultural and Food Chemistry* **49**, 2131–2136.

Samoto, M., Fukuda, Y., Takahashi, K., Tabuchi, K., Hiemori, M., Tsuji, H., Ogawa, T. and Kawamura, Y. (1997) Substantially complete removal of three major allergenic soybean proteins (Gly m Bd 30k, Gly m Bd 28k and the alpha-subunit of conglycinin) from soy protein by using a mutant soybean, Tohoku 124. *Bioscience, Biotechnology and Biochemistry* **61**, 2148–2150.

Sánchez-Monge, R., Lombardero, M., Garcia-Sellés, F.J., Barber, D. and Salcedo, G. (1999) Lipid-transfer proteins are relevant proteins in fruit allergy. *Journal of Allergy and Clinical Immunology* **103**, 514–519.

Sánchez-Monge, R., Diaz-Perales, A., Blanco, C. and Salcedo, G. (2004) Latex allergy and plant chitinases, in *Plant Food Allergens* (eds E.N.C. Mills and P.R. Shewry), Blackwells, Oxford, UK, pp. 87–104.

Sánchez-Monge, R., Pascual, C.Y., Diaz-Perales, A., Fernandez-Crespo, J., Martin-Esteban, M. and Salcedo, G. (2000) Isolation and characterisation of relevant allergens from boiled lentils. *Journal of Allergy and Clinical Immunology* **106**, 955–961.

Scheurer, S., Son, D.Y., Boehm, M., Karamloo, F., Franke, S., Hoffmann, A., Haustein, D. and Vieths, S. (1999) Cross-reactivity and epitope analysis of Pru a 1, the major cherry allergen. *Molecular Immunology* **36**, 155–167.

Scheurer, S., Wangorsch, A., Haustein, D. and Vieths, S. (2000) Cloning of the minor allergen Api g 4 profilin from celery (*Apium graveolens*) and its cross-reactivity with birch pollen profilin Bet v 2. *Clinical and Experimental Allergy* **30**, 962–971.

Scheurer, S., Pastorello, E.A., Wangorsch, A., Kastner, M., Haustein, D. and Vieths, S. (2001) Recombinant allergens Pru av 1 and Pru av 4 and a newly identified lipid transfer protein in the *in vitro* diagnosis of cherry allergy. *Journal of Allergy and Clinical Immunology* **107**, 724–731.

Schmidt, R.J., Burr, F.A., Aukerman, M.K. and Burr, B. (1990) Maize regulatory gene opaque-2 encodes a protein with a "leucine-zipper" motif that binds to zein DNA. *Proceedings of the National Academy of Sciences USA* **87**, 46–50.

Shewry, P.R. and Lucas, J.A. (1997) Plant proteins that confer resistance to pests and pathogens, in *Advances in Botanical Research*, Volume 26 (ed J. Callow), Academic Press, pp. 135–192.

Shewry, P.R., Halford, N.G. and Lafiandra, D. (2003) Genetics of wheat gluten proteins, in *Advances in Genetics*, Volume 49, Elsevier Science, USA pp. 111–184.

Shewry, P.R., Jenkins, J., Beaudoin, F. and Mills, E.N.C. (2004) The classification, functions and evolutionary relationships of plant proteins in relation to food allergens, in *Plant Food Allergens* (eds E.N.C. Mills and P.R. Shewry), Blackwells, Oxford, UK, pp. 24–41.

Shibasaki, M., Suzuki, S., Tajima, S., Nemoto, H. and Kuroume, T. (1980) Allergenicity of major component proteins of soybean. *International Archives of Allergy and Applied Immunology* **61**, 441–448.

Simonato, B., Pasini, G., Giannattasio, M., Peruffo, A.D., De Lazzari, F. and Curioni, A. (2001a) Food allergy to wheat products: the effect of bread baking and *in vitro* digestion on wheat allergenic proteins. A study with bread dough, crumb, and crust. *Journal of Agricultural and Food Chemistry* **49**, 5668–5673.

Simonato, B., De Lazzari, F., Pasini, G., Polato, F., Giannattasio, M., Gemignani, C., Peruffo, A.D., Santucci, B., Plebani, M. and Curioni, A. (2001b) IgE binding to soluble and insoluble wheat flour proteins in atopic and non-atopic patients suffering from gastrointestinal symptoms after wheat ingestion. *Clinical and Experimental Allergy* **31**, 1771–1778.

Soeria-Atmadja, D., Zorzet, A., Gustafsson, M.G. and Hammerling, U. (2004) Statistical evaluation of local alignment features predicting allergenicity using supervised classification algorithms. *International Archives of Allergy and Immunology* **133**, 101–112.

Son, D.Y., Scheurer, S., Hoffmann, A., Haustein, D. and Vieths, S. (1999) Pollen-related food allergy: cloning and immunological analysis of isoforms and mutants of Mal d 1, the major apple allergen, and Bet v 1, the major birch pollen allergen. *European Journal of Nutrition* **38**, 201–215.

Stadler, M.B. and Stadler, B.M. (2003) Allergenicity prediction by protein sequence. *FASEB Journal* **17**, 1141–1143.

Sten, E., Stahl Skov, P., Andersen, S.B., Torp, A.M., Olesen, A., Bindslev-Jensen, U., Poulsen, L.K. and Bindslev-Jensen, C. (2002) Allergenic components of a novel food, Micronesian nut Nangai (*Canarium indicum*), shows IgE cross-reactivity in pollen allergic patients. *Allergy* **57**, 398–404.

Sten, E., Skov, P.S., Andersen, S.B., Torp, A.M., Olesen, A., Bindslev-Jensen, U., Poulsen, L.K. and Bindslev-Jensen, C. (2004) A comparative study of the allergenic potency of wild-type and glyphosate-tolerant gene-modified soybean cultivars. *APMIS* **112**, 21–28.

Tanabe, S., Arai, S., Yanagihara, Y., Takahashi, K. and Watanabe, M. (1996) A major wheat allergen has a Gln-Gln-Gln-Pro-Pro motif identified as an IgE-binding epitope. *Biochemical and*

Biophysical Research Communications **219**, 290–293.

Tada, Y., Nakase, M., Adachi, T., Nakamura, R., Shimada, H., Takahashi, M., Fujimura, T. and Matsuda, T. (1996) Reduction of 14–16 kDa allergenic proteins in transgenic rice plants by antisense gene. *FEBS Letters* **391**, 341–345.

Tejera, M., Villalba, M., Batanero, E. and Rodriguez, R. (1999) Identification, isolation and characterisation of Ole e 7, a new allergen of olive tree pollen. *Journal of Allergy and Clinical Immunology* **104**, 797–802.

Teuber, S.S., Dandekar, A.M., Peterson, W.R. and Sellers, C.L. (1998) Cloning and sequencing of a gene enconding a 2S albumin seed storage protein precursor from English walnut (*Juglans regia*), a major food allergen. *Journal of Allergy and Clinical Immunology* **101**, 807–814.

Teuber, S.S. and Petersen, W.R. (1999) Systemic allergic reaction to coconut (*Cocos nucifera)* in 2 subjects with hypersensitivity to tree nut and demonstration of cross-reactivity to legumin-like seed storage proteins: new coconut and walnut food allergens. *Journal of Allergy and Clinical Immunology* **103**, 1180–1185.

Teuber, S., Jarvis, K.C., Dandekar, A.M., Peterson, W.R. and Ansari, A. (1999) Identification and cloning of a complimentary DNA encoding a vicilin-like proprotein, Jug r 2, from English walnut kernel (*Juglans regia*), a major food allergen. *Journal of Allergy and Clinical Immunology* **104**, 1111–1120.

van Loon, L.C. and van Strien, E.A. (1999) The families of pathogenesis-related proteins, their activities and comparative analysis of PR-1 type proteins. *Physiological and Molecular Plant Pathology* **55**, 85–97.

Varjonen, E., Vainio, E. and Kalimo, K. (2000) Antigliadin IgE—indicator of wheat allergy in atopic dermatitis. *Allergy* **55**, 386–391.

Varjonen, E., Vainio, E. and Kalimo, K. (1997) Life-threatening, recurrent anaphylaxis caused by allergy to gliadin and exercise. *Clinical and Experimental Allergy* **27**, 162–166.

Varjonen, E., Vainio, E., Kalimo, K., Juntunen-Backman, K. and Savolainen, J. (1995) Skin-prick test and RAST responses to cereals in children with atopic dermatitis. Characterization of IgE-binding components in wheat and oats by an immunoblotting method. *Clinical and Experimental Allergy* **25**, 1100–1107.

van Ree, R., Fernandez-Rivas, M., Cuevas, M., van Wijngaarden, M. and Aalberse, R.C. (1995) Pollen-related allergy to peach and apple: an important role for profilin. *Journal of Allergy and Clinical Immunology* **95**, 726–734.

Vioque, J., Sanchez-Vioque, R., Clemente, A., Pedroche, J., Bautista, J. and Millan, F. (1999) Purification and partial characterization of chickpea 2S albumin. *Journal of Agricultural and Food Chemistry* **47**, 1405–1409.

Wang, F., Robotham, J.M., Teuber, S.S., Tawde, P., Sathe, S.K. and Roux, K.H. (2002) Ana o 1, a cashew (*Anacardium occidental*) allergen of the vicilin seed storage protein family. *Journal of Allergy and Clinical Immunology* **110**, 160–166.

Watanabe, M., Tanabe, S., Suzuki, T., Ikezawa, Z. and Arai, S. (1995) Primary structure of an allergenic peptide occurring in the chymotryptic hydrolysate of gluten. *Bioscience, Biotechnology and Biochemistry* **59**, 1596–1597.

Wensing, M., Akkerdaas, J.H., van Leeuwen, W.A., Stapel, S.O., Bruijnzeel-Koomen, C.A., Aalberse, R.C., Bast, B.J., Knulst, A.C. and van Ree, R. (2002) IgE to Bet v 1 and profilin: cross-reactivity patterns and clinical relevance. *Journal of Allergy and Clinical Immunology* **110**, 435–442.

Wensing, M., Knulst, A.C., Piersma, S., O'Kane, F., Knol, E.F. and Koppelman, S.J. (2003) Patients with anaphylaxis to pea can have peanut allergy caused by cross-reactive IgE to vicilin (Ara h 1). *Journal of Allergy and Clinical Immunology* **111**, 420–424.

Yagami, T., Haishima, Y., Nakamura, A., Osuna, H. and Ikezawa, Z. (2000) Digestibility of allergens extracterd from natural rubber latex and vegetable foods. *Journal of Allergy and Clinical Immunology* **106**, 752–762.

Yagami, T., Osuna, H., Kouno, M., Haishima, Y., Nakamura, A. and Ikezawa, Z. (2002)

Significance of carbohydrate epitopes in a latex allergen with beta-1,3-glucanase activity. *International Archives of Allergy and Immunology* **129**, 27–37.

Zhu, T., Peterson, D.J., Tagliani, L., St Clair, G., Baszczynski, C.L. and Bowen, B. (1999) Targeted manipulation of maize genes *in vivo* using chimeric RNA/DNA oligonucleotides. *Proceedings of the National Academy of Sciences USA* **96**, 8768–8773.

Zorzet, A., Gustafsson, M. and Hammerling, U. (2002) Prediction of food protein allergenicity: a bioinformatic learnining systems approach. *In Silico Biology* **2**, 48–58.

（应杰政　薛庆中　译）

3.2 环境影响和基因漂流

P. J. W. Lutman and K. Berry
Rothamsted Research, Harpenden, Hertfordshire, AL5 2JQ, United Kingdom

引言

随着转基因作物在欧洲的商业化，它对环境以及对人类健康影响的潜在风险性，已成为主要政治议题之一。绿色和平组织、地球之友等一些反对该技术的组织机构，特别强调GM作物对环境的潜在影响（Hill，1995；Treu and Emberlin，2000）。与北美洲相比，欧洲在这方面的争议更多是出于政治原因而不是该技术本身的争议。例如，在牛海绵状脑病（bovine spongiform encephalopathy，BSE）爆发的时候，英国及欧洲大陆的消费者不愿相信科学信息，尤其不相信从政客传播得到的信息。这就很难使消费者相信这种新技术的安全性，以至于使消费者认为GM作物的商业化只给种植者和与其联系的供应商提供直接利益，而与他们无直接利益。使用手机虽然比如今商业化GM作物带来的争议更大，但它却更易被消费者所接受，因为手机给用户带来了方便。

本引言主要强调，GM作物对环境和基因漂流的影响，对不同作物及所转基因其影响是特定的，用同一个环境风险评估可能会得出截然不同的结论，例如，转基因甘蓝型油菜（*Brassica napus* L.）是评估产油量的增加，而转Bt基因的玉米（*Zea mays* L.）则应评估其对某些昆虫毒性。大众及媒体报纸持有“GM作物带来灾难”的观点是不恰当的。

本节大部分篇幅将讨论GM作物对环境潜在的负面影响（如向野生亲缘种的基因漂流，对非靶生物的影响），但该技术提供的正面效益必须予以肯定［例如，种植耐除草剂（HT）作物后，少耕（minimum cultivation）技术扩大应用，Bt棉花上杀虫剂使用量得以减少］。

GM作物对环境的影响

所有的农业活动都会对自然环境产生影响，耕作农业完全依赖于非生态活动。自然界通常不存在大面积单一植物种植模式，这种模式出现是人类为了获取足够的食物来养活自己而对自然界干涉的结果。业已证明，过去50多年英国农业一直实施精耕细作，导致农业生态系统的破坏，并使与其系统共存的动植物品种数量的不断减少（Chamberlain et al.，2000；Peston et al.，2002）。在这种背景下，作为第一批商业化的转基因HT和Bt作物，对其环境影响方面，人们存在疑虑也就不足为奇了。

为了正确评估GM作物潜在的环境影响，我们在详细讨论之前，先列出一个评估体系，如下。

首先，由于GM作物自身有很强的“适应性”，入侵生态环境，替代天然物种，因而可能对自然环境造成威胁。正如第一段所述，倘若没有人类的介入，作物一般难以存活，而且也不能变成入侵的杂草。然而，对于那些无法适应自然生态系统的作物而言，理论上可能会通过遗传转化使其具有入侵性。

第二，在农田生态系统中，遗传转化可能直接或间接影响到与 GM 作物生长有关联的非靶生物。通过引进 Bt 玉米控制玉米螟危害的措施就是一个典型的事例，然而，它同时也对 Bt 毒素敏感的鳞翅目其他的昆虫生存构成威胁。理论上，也会引起作物叶片品质的变化，从而造成该作物市场销售或抗病水平的变化；进而影响到无脊椎动物和鸟类的食味正面或负面的效应。

第三，对 GM 作物管理措施的变化也可能对农业生态系统的其他方面产生正面或负面影响。在加拿大，由于引种 HT canola 油菜使田间杂草得到彻底控制。或许有人认为这个措施不利于农业生态系统，但它促使免耕技术的快速发展，因而减少了土壤侵蚀，改善了环境。

其四，引种 GM 作物还会引起作物种植模式的改变，从而对整个耕作环境造成正面或负面的影响。这种影响是对改变的作物种植模式的环境反应。

遗传修饰对转基因植物"适应度"(fitness) 中的影响

转基因作物有可能具有更强的"似杂草"（weedy）特性而造成它的入侵性。很多年来"自生性"(volunteer) 作物已成为农田中灾害性杂草（Cussans，1978）。全世界许多国家都面临这些自生性杂草造成的危害。它们大多数不是自然生态系统中的作物物种，而是野生植物（杂草）。值得注意的是，一种作物变成为似杂草特性的潜力取决于作物本身特性。在英国，由于种子持久性，油菜已成为农田中常见的杂草（Lutman et al.，2003）。而玉米则因其种子和植株不能越冬，而未形成自生群体。但在较温暖的气候里，收获后的下一季度，自生玉米也会造成杂草的危害。

转基因作物物种是否可能具有入侵性，与其导入的性状有关，并非所有 GM 作物的共同属性。人们已对现有商业化 GM 作物如耐除草剂作物携带的转基因对植物的"适应度"的影响作出评估。研究表明，GM HT 油菜没有比常规品种适应性差（Fredshavn and Poulsen，1996；Crawley，1993，2001）。Crawley 等（2001）对 4 种抗除草剂或抗虫转基因作物的研究也没有发现其适应性提高的证据。但这并不能因此推断其他所有 GM 作物也是如此，尤其是对那些抗虫或耐旱 GM 作物。对每个转基因事件都需评估其自身的"价值"。

以 Bt 向日葵为例，该作物自生性植株不易受昆虫危害，因而种子产量高（Snow et al.，2003)，这是否会对自生性和野生型向日葵植株生态学造成影响有待证实。

作物遗传修饰对非靶生物直接或间接的影响

GM 作物对非靶生物产生的潜在的直接影响，是很多研究人员，尤其受到从事抗虫（如 Bt）作物研究人员的关注。然而，对此效应分析却较难，且对相关参照对象尚有争议。这些议题与抗除草剂或抗杀虫剂等"导入"性状关系密切，而与作物的品质性状较少关联。转 Bt 基因的 GM 作物旨在控制鳞翅目害虫，但也可能对非靶昆虫产生不利影响。因为这既可能直接造成非靶鳞翅目昆虫的死亡，也可能通过三重营养关系（tritrophic interaction）构成间接影响。而后者在害虫的生物防治上显得更为重要，因为害虫天敌和寄生蜂等在限制害虫群体上发挥一定作用。

1999 年《自然》杂志发表了一篇论文（Losey et al., 1999），涉及 Bt 基因对非靶生物的潜在直接影响，引起了公众讨论和媒体的关注。该文报道了 Bt 玉米对帝王斑蝶（*Danaus plexippus*）可能产生不利影响的实验室研究结果。随后投入几百万美元经费用于澄清实验室的这种效应是否会在田间重复。研究表明，与其他致死因子相比，Bt 玉米对该物种田间的潜在影响可忽略不计（Stanley-Horn et al., 2001）。

研究人员在 Bt 基因的三重营养关系（tritrophic interaction）方面也开展了大量的工作，尤其是抗欧洲玉米螟（*Ostrinia nubilalis*）的 Bt 玉米对害虫天敌和寄生蜂的影响。虽然实验室研究结果表明 Bt 玉米对玉米螟天敌有潜在影响，但缺乏田间试验的证实。但对寄生蜂的负面影响已有田间证据（综述 Obrycki et al., 2001），这表明批准新的转基因作物商业化时须谨慎，也暗示抗虫作物会产生对蜜蜂（*Apis mellifera*）不利的花粉。然而至今田间迹象都未说明目前的抗虫作物会对蜜蜂产生影响（Connor et al., 2003）。我们也需意识到，非转 Bt 作物通常较 Bt 作物需毒性更强的广谱杀虫剂，因此非 GM 作物可能对环境破坏程度更深。据估计，2000 年通过种植 GM 大豆、油菜、棉花和玉米，全球杀虫剂和除草剂的使用量减少了 22.3 百万千克（Phipps and Park, 2002），因此，在对环境影响评估时所有这些相关事件都需加以考虑。

对于 HT 作物除草剂使用的间接效应同样受到关注。尚没有证明转基因 HT 作物本身对环境有直接的不利影响，因此，重点研究种植 GM HT 作物引起的除草剂使用的变化可能对环境的影响。从 1999 年到 2003 年期间，在英国 197 个试验点分别调查了 HT GM 油菜、玉米、糖用/饲料甜菜的间接效应。主要鉴定在耐草甘膦和草丁膦 GM 作物使用的除草剂对农田植物和无脊椎动物的影响。该研究未探讨转基因本身，而纯粹考察除草剂使用变化所产生的影响。结果表明，在 HT 甜菜和油菜中比“常规”品种存活更少的植物和无脊椎动物，而 HT 玉米中，其结果则相反（图 3.2.1，Heard et al., 2003）。因此，英国政府准备考虑 GM 玉米的商业化，而不考虑油菜和甜菜。在这些“田间试验”（farm-scale evaluation）中农事操作对农田生态系统多样性的间接影响受到高度关注，这比简单说明 HT 作物是否能种植有更深的意义。所有农事操作对农田生态系统有间接影响，但 GM HT 作物影响的问题在英国已创先例，任何会加剧降低

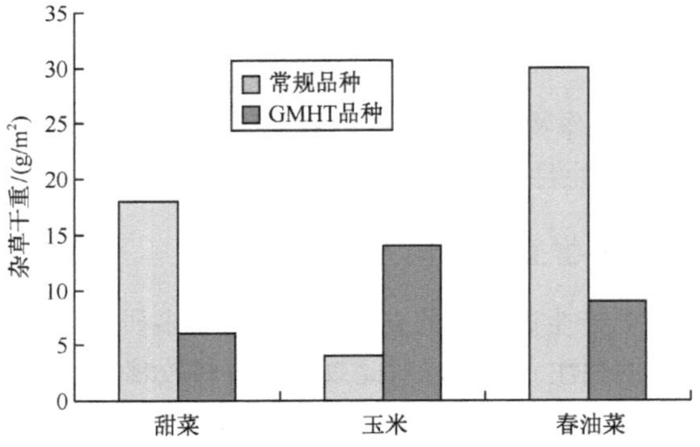

图 3.2.1 夏季常规品种和 HT 作物杂草干重比较图

甜菜、玉米以及春油菜分别在 62、40 和 62 个不同田块种植时杂草干重的平均值；在英国皇家学会允许下种植

农业生态系统种丰度（species abundance）的新农业措施将不予被批准，目前围绕这个范例的讨论尚在继续。

田间试验评估中仅仅考察 HT 作物引起的潜在农田多样性的农艺学变化，即除草剂使用引起的直接效应，显然，对那些广泛种植 HT 作物的国家来说，其间接效益要复杂得多。加拿大已较大面积引种 GM HT canola 油菜，且 2003 年近 90%的作物为 HT 品种。与被替代的常规系统相比，种植 HT 作物对杂草的控制显得更有效、成本低且简便。从上节讨论可知，对杂草更有效的控制会降低农田耕作系统的多样性。这也许是实际情形，但由于在加拿大 80%以上的农田杂草群体是从欧洲输入的外来种，虽然常规方法杂草控制效率也许较高，但种植 HT 作物时对整体环境破坏程度较轻，因为用于 HT 作物的产品对生态系统所有组分的影响明显较低（Altieri，2000；Glick，2001）。

在试图评估 GM HT 作物对生物多样性的影响时，其他作物生产操作也有相关变化。由于种植 GM HT 作物使得杂草的控制更为简单而有效，因而加拿大许多农民在用少耕技术种植 HT 油菜时也能受益（Devine and Buth，2001）。少耕技术与先前的犁田技术相比对土壤生活的无脊椎动物的负效应要少得多。因此，GM 作物对整体环境的影响较难估计，尤其是当该技术引起其他农业措施的变化时，必须在考虑 GM 作物直接效应的同时，视不同情况考虑其间接影响。

过度种植 GM HT 作物会失去其有利的环境效应，如在美国由于广泛种植耐草甘膦的 GM 大豆，导致该除草剂的单一使用，从而出现某些新的杂草群，它们是在施用除草剂后才长起来的或产生了抗性。这种“杂草变化”和抗性问题并不足为奇，因为除草剂和单一活性成分的除草剂的单一使用往往造成抗性杂草、害虫和病菌的进化。针对这种变化，可以混合使用其他几种农药的办法来控制杂草，削弱与草甘膦相关的环境效益。

GM 作物另一个较难量化的影响因子是关于农民对该技术的反应。一种被广泛种植的 GM 作物会引起作物轮作的变化，它会给农田生态系统产生正反两方面的效应。如果 GM 作物替代了一种对生物多样性有负效应的作物，那么种植这种 GM 作物是有益的；相反，如果 GM 作物替代了那种对环境影响较少的作物，则 GM 作物的整体影响将起负效应。如果 GM 作物影响导入的性状，它可能在以后改变这些外来性状。假设 GM HT 作物能减少前茬和后茬作物的除草剂用量，那么前一种情况对靶作物不要求先种植一种杂草较少的作物。同样，如果以 GM HT 作物做好杂草控制，下一轮作物的杂草种子将不会多，那么其相应的杂草控制管理也将不那么重要了。这一点未直接涉及 GM 作物本身，而是涉及该技术对整个农业措施的和谐性。比方说，为再生能源而大面积种植矮柳树，是否会对生物多样性产生负效应吗？这种由政府提出的关于 GM 作物环境影响的问题也适用于其他农业技术。

在过去 10 余年里已有相当多的研究涉及 GM 作物对环境更广泛的潜在影响。针对不同的转基因都须有各自考量。Conner 等（2003）在他们的论述中作出结论，GM 作物对生物多样性假定的威胁似乎被夸大化和边缘化，尤其是涉及相关田地变化和生境破碎的影响时则更甚。他们陈述到：“在生物多样性概念多维空间复杂性的前提下，评估类似 GM 作物的技术发展的影响远不止这么简单。”这引起我们的共鸣。

基因漂流和GM与常规作物的共存

目前在欧洲正在讨论的主要问题之一是能否批准GM作物与其他作物共存种植。如果有的农户想种GM作物而他的邻居不愿种，那么如何确保GM作物不会影响相邻的非GM作物？解答这个问题需要正确理解基因漂流的机制。这不仅仅是让两位农户都能顺利种上GM和非GM作物的问题了。以下内容将涉及作物与作物间、作物与野生亲缘种间的基因漂流，以及花粉和种子各自所扮演的角色。

什么是通过花粉传播的基因漂流？它是指花粉携带基因从一个植株到另一个植株的潜力，并且让受体植株花粉与胚珠受精产生具活力的种子，从而该基因导入新群体的能力。许多讨论认为花粉漂流和基因漂流是同一概念，这是不正确的，因为后者包括了许多前者未涉及的内容。一旦花粉到达受体植株花朵柱头上，它将和受体的花粉竞争才能结出种子。通过杂交授粉产生的种子能长成健壮的苗并能开花结果。

向野生亲缘种的基因漂流

大多数作物在世界各地均存在近缘种，并且两者之间可能发生杂交授粉。传统植物育种方法是基于育种者寻找具优良基因的有关物种并与其杂交。Ellstrand，Prentice和Hancock（1999）论述了14种世界上主要作物存在的风险（表3.2.1），发现它们在44种作物物种间都存在野生的亲缘种。而风险大小则与世界上GM作物种植地点相关。值得注意的是，许多能与作物杂交的野生种实际上就是该作物的野生祖先。

表3.2.1 与14个重要作物易杂交的野生种

作物名称		野生种
小麦	*Triticum aestivum*	野生 *T. aestivum*, *T. turgidum*, *Aegilops* spp.
水稻	*Oryza sativa*	*O. sativa f. spontanea*
玉米	*Zea mays*	墨西哥类蜀黍类，如 *Zea mays* ssp. *mexicana*
大豆	*Glycine max*	*G. soja*, *G. gracilis*
大麦	*Hordeum vulgare*	*H. spontaneum* 野生 *H. vulgare*
玉米	*Gossypium hirsutum*	野生未驯化的 *G. hirsutum*, *G. barbadense*
高粱	*Sorghum bicolor*	*S. halepense* 和野生 *S. bicolor*
粟	*Eleusine coracana*	*E. coracana* ssp. *africana*
菜豆	*Phaseolus vulgaris*	*P. aborigineus*, *P. mexicanus*
油菜	*Brassica napus*	白菜型油菜 *B. campestris/rapa*，芥菜型油菜 *B. juncea*
花生	*Arachis hypogaea*	*A. monticala*
向日葵	*Helianthus annuus*	野生 *H. annuus*
糖用甜菜	*Beta vulgaris*	野生一年生 *B. vulgaris*, *B. vulgaris* ssp. *maritime*
甘蔗	*Saccharum officinarum*	野生 *Saccharum* ssp.

资料来源：Ellstrand et al., 1999. Annual Review of Ecology and Systematics. Vol.30. www.annualreviews.org

Chevre等（1999）列举了有待研究和确定的种内杂交和基因渗入（introgression）的许多因素：

（1）同时种植着近缘物种且花期相遇；

(2) 有一个允许花粉漂移和异花授粉的杂交系统；

(3) 能获得种内杂交种 F_1 可育种子并存活；

(4) 其后代连续产生可育植株；

(5) 野生种群体染色体重组和基因扩展的可能性（即：受染色体位点、适应性及野生种群体大小等因子影响）。

以上因素说明作物向野生种的基因漂流往往不易发生，在许多情况下，由于一系列原因甚至不可能发生。需进一步考虑的是转基因在新杂种中的适应性情况。如果新杂种没有选择优势，那它们就可能被淘汰出群体，除非杂交得到大量种子。对耐除草剂转基因而言，除非对除草剂有选择性，否则其适应性并不见得有所增强。由于一般杂种是在半自然环境而非田间产生，不可能接触除草剂，所以没有优势。以下段落将讨论正在推广的欧洲主要 GM 作物：如甘蓝型油菜（*B. napus*）、糖用甜菜（*Beta vulgaris* L.）和玉米（*Z. mays*）对野生种基因漂流的风险。

玉米：虽然在北美有野生蜀黍（teosinte）种，但在欧洲则没有，所以该作物在欧洲不存在基因漂流的危险对野生种基因漂流的风险。

糖用甜菜：该作物的亲缘物种很有限，最主要就是野生甜菜（一年生 *B. vulgaris* ssp. *vulgaris*）和海甜菜（*B. vulgaris* ssp. *maritima*）。后者往往只分布在沿海地区，而前者分布广泛。而两者都能与糖用甜菜栽培种进行自由种内杂交，从而造成早期数十年来糖用甜菜的混杂。甜菜商用化品种为两年生作物，第一年生根，次年开花。假如幼苗不做春化处理（vernalized），作物不会开花。发生基因漂流风险的主要区域一般为意大利北部和法国南部甜菜产地。很明显，甜菜和其野生种间基因漂流在过去就已经发生，现在它和 GM 甜菜之间同样有一定程度的风险（Bartsch et al., 1999）。

油菜：该作物通过 *B. rapa* L.（*B. campestris*）、*B. oleracea* L. 和 *B. nigrra*（L.）Koch 杂交产生，而四倍体作物来自 *B. juncea*（L.）Czern. 和 Coss，*B. carinata* Braun 和 *B. napus* L.。因此，油菜与这些作物拥有共同基因组，它们之间可能会杂交。欧洲已调研部分野生种与油菜发生杂交的可能性，较多的是 *B. rapa*，*B. juncea* 和 *Raphanus raphanistrum* L.。表 3.2.2 列出了部分主要野生种以及它们与油菜杂交和回交的可能性。

表 3.2.2 油菜（*B. napuss*）与系列野生种间杂交和回交潜力

野生种		杂交		与野生种回交(BC1)	文献来源
拉丁名	通用名	作物♂	作物♀		
Brassica spp.	芸薹属				
Brassica rapa	野生芜菁，球茎	√	√	√	Mikkelsen 等(1996)，Hauser 等(1998a,b)，Snow et al.,(1999)
B. carinata	黑芥	√	√	√	Frello 等,(1995)，Jorgensen 等(1996)
B. oleracea	野生卷心菜	? √	? √	? √ *	Scheffler 和 Dale(1994)，Eastham 和 Sweet(2002)
B. carinata	埃塞俄比亚芥菜	? √	? √	? √	Scheffler 和 Dale(1994)

续表

野生种		杂交		与野生种回交(BC1)	文献来源
拉丁名	通用名	作物♂	作物♀		
B. nigra	黑芥	?√	?√	?√	Scheffler 和 Dale(1994)，Eastham 和 Sweet(2002)
Raphanus raphanistrum 其他属	野生萝卜，田芥菜	√	√	√	Chevre 等(2000)，Gueritaine 等(2002)
Sinapis arvensis	野芥子，野生芥菜	?√	?√	?√	Lefol 等(1996a)，Moyes 等(2002)
Hirschfeldia incana	灰芥	√	√	√*	Lefol 等(1996b)，Darmency 和 Fleury(2000)
Erucastrum gallicum	拘芥	?√	?√	?√	Lefol 等(1997)

注：√指田间或温室自然杂交产生后代(包括低结实率后代)；
?√通过控制技术杂交产生后代(包括去雄和人工授粉)；
*失去活力的回交后代；
Scheffler and Dale，1994；Berry et al.，2004。

通过油菜和所有这些十字花科（Brassicaceae）成员的杂交可能性，总结如下：大多数组合来说，杂交虽然是可能的，但难度很大，几乎不可能得到杂交种子，如 *Sinapis arvensis* L.，虽然理论上杂种可以在实验室获得，但在田间是非常困难或不可能得到，它们甚至不可能顺利杂交。又如 Gueritaine 等（2003a，b）在油菜和 *R. raphanistrum* 的杂交实验中所揭示的，杂种的适应性往往比其亲本差；在没有草丁膦的选择压力下，这些耐除草剂基因（*BAR*）杂种在群体中表达频率很低。

最近研究表明，不同的油菜品种间和野生种群体内的杂交潜力各不相同（Gueritaine and Darmency，2001）。在英国更易与油菜杂交的杂草是 *B. rapa*。丹麦（Hauser et al.，1998a，b；Jorgensen et al.，1996）以及最近英国（Wilkinson et al.，2003）的研究表明杂种较易获得，且其适应能力介于这两个亲本之间。Wilkinsonin 进一步揭示这两个种的共存性及其分布情况，据估计一年内可能产生49 000粒杂交种子。这么多种子的命运不得而知，但显然会引起有关从 GM 油菜向野生 *B. rapa* 基因漂流的讨论。

以上讨论了在花粉上，作物向相关亲缘种间基因转移的潜力。但除了 Wilkinsonin 等的研究工作，都未涉及产生杂种的其他相关因素。如两个物种花期同步性（sympatric）吗？作为基因供体的作物有多大规模？离受体多远？受体群体有多大，从而花粉能过量？所有这些都将影响杂种种子生产的潜在频率。

作物间的基因漂流

作物间基因漂流引起的杂交可能性比作物与野生种间的要高，正如前面所讨论的，作物向野生种发生基因漂流存在许多障碍；即使作物间花期相遇，也不发生基因漂流。杂交发生受到前述许多因素的影响（供受群体大小，间隔距离等）。显然，相邻作物间的基因漂流值得关注，育种者在种植作物时需保证种子纯度。作物间基因漂流与异交程度、花粉特性和产量等因素相关。根据不同的作物和种子纯度需求，育种者往往间隔50～200m 距离种植。

在英国，就基因漂流和GM方面最令人关注的作物是油菜。虽然油菜可通过自花授粉，但通过外部授粉可提高结实率。就某些品种和杂种来说，杂交对作物可育性起重要作用。为保证品种的基因不漂移到相邻作物，必须采取空间隔离措施。但是对GM和其他的有机作物的隔离程度标准尚有争论，这与受体作物杂交的程度相关。欧盟建议低于0.9%GM成分的作物不必贴上“含GM”标志，低于0.3%和0.5%等水平则允许种子生产，因此这些商业化作物能符合0.9%范围内。这些标准遭到了那些提倡0%耐性水平的有机作物种植者反对。总之，为了达到这些标准，科研人员就间隔距离方面已做了大量的工作和模式化研究。

很明显，杂交结实率随供体和受体作物的间隔距离增加而大幅度下降。油菜的异交率不稳定，但据估计距种植田边缘100m为1%以下，超过100m则不断降低，但即使800m以外依然存在异交（Beckie et al., 2003；Downey，1999；Eastham and Sweet，2002；Rieger et al., 2002）。在油菜上远距离与低异交率间的影响因子目前尚有争议并在试验中。目前尚缺少关于供体作物不同距离不同异交结实率植物的清晰分布模式（Rieger et al., 2002），也未发现最接近花粉源其杂交率更高的迹象，预示花粉的风力运动不是主要因素。这些研究似乎也预示低水平的基因漂移可能与昆虫的花粉传播有关。另有实验指出利用雄性不育植株发现几千米外也存在基因漂流（Ramsay et al., 2003）。

基因漂流的潜在可能性并没有反映“真正的”作物种植情形，因为对一般作物而言，外来花粉一定会与作物自身的花粉竞争以产生杂交种子。Perry（2002）的模式研究显示如果远距离基因漂流中昆虫对传播花粉至关重要，计算源距离与花粉密度或杂交结实率间的关系用指数曲线是不适合的。一般认为在距离花粉源50m内异交率随距离的增加而急剧下降，但曲线的尾部，比正常指数曲线预测值长且不稳定。虽然距离源植株1000m以外的杂交事件很少发生，但植物育种标准间隔100～200m才能确保杂交结实不超过欧盟GM作物混杂率的底线（0.9%）。对于更高要求的品种（如制种）以及因为品种缘故对外来花粉更敏感的“受体”品种，则需更远的空间间隔。

前面论述了GM作物的基因漂流引起非GM作物超出EU标准，其次，基因漂流还会引起基因叠加，例如，耐草甘膦油菜品种的花粉可能会携带基因到耐草丁膦的油菜中，从而产生具有双抗性的植株。在加拿大广泛种植耐草甘膦、草丁膦和咪唑啉酮类除草剂canola菜子品种的地区，基因叠加经常发生。事实上通过两季就可能产生同时耐这三种除草剂的植株（Hall et al., 2000）。这种耐多种除草剂植株的产生取决于轮作措施，但需要良好的管理才能确保基因漂流发生最小化。

种子持久性在基因漂流中的作用

上面我们主要讨论了花粉的传播和远距离的基因漂流。如前所述，虽然田间的基因漂移已受到关注并且各大众媒体就GM技术展开了大量的讨论，但对农民来说更实际的问题是收获后留在田间的GM作物种子是否会立即产生基因漂流。没有一种收获方式能清理干净田间所有的种子（或块茎类等），约有5%的作物果实/种子收获后会遗留在田间。这些种子可能不会成活（如英国的玉米种子），但对其他一些作物（如油菜），则会形成一个持久性种子库，过若干年后，从该种子库能长出植株，从而提供了原先作物的基因资源。因此，如果农民在轮作中先前已种植过相应GM品种，而以后决定不再种 GM HT 作物时则就成了个问题。

在英国，由于花粉漂流引起的最麻烦的 GM 作物就是油菜。它不仅可以形成持久性种子库（Lutman，2003；Lutman et al.，2003），而且由于其种子量多粒小，很易产生每平方米上千粒的持久性种子库。另外，由于运输途中“逃逸”的种子也会在田间空隙或路边形成野生群体，为相邻作物提供另一种 GM 来源。这些自生性油菜植株随后在种植非 GM 油菜作物时出现，使后者 EU GM 阈值（threshold）超出 0.9%的标准。在油菜收获时应注意收获方式，以及收获后正确的管理。如避免在收获后立即犁田，能使这个问题最小化（Perun et al.，1998）。在糖用甜菜以及小麦等谷类作物中也会存在类似问题，虽然谷类作物持久性时间相对较短（Lutman，2003）。

结论

首先需重申的是，GM 作物对环境影响必须根据不同个案来考虑。与环境影响相关的不一定是遗传修饰技术本身，而是整合进该作物基因组的转基因片段。而且，任何环境影响都和该新 GM 作物及其生长的农田管理措施的相互作用有关。如 HT 作物的引进引起整个轮作生产系统的变化，对生物多样性产生正面或负面的影响，而且间接效应大于直接效应。因此，Bt 玉米对于天敌和寄生蜂的效应可能比对非靶物种的直接毒性要大。同样 GM HT 作物对无脊椎动物的间接效应可能比除草剂对杂草处理引起的直接环境效应要大得多。GM 作物如耐除草剂及其引入性状的环境效应往往比那些质量性状（如油菜子的油品质）的影响要大，但是每个新的转基因作物都必须评估其潜在影响。

欧盟各成员国就 GM 和常规作物在农田规划中共存的问题展开了激烈的讨论。这些守则主要集中在花粉漂移和种子持久性引起的基因漂流问题上。为了在实际操作中有所发展，人们必须就 GM 与常规的以及和有机作物可接受的混合阈值达成共识。欧盟建议的 0.9%的食品标准遭到了一些有机作物种植者团体的反对，他们认为必须为 0 阈值；这是反对该技术的一个借口，因为没有一个生物系统能保证杂交肯定不发生。现在批准 0.9%作为食品标准以及 0.3%和 0.5%作为繁种标准了，这可能考虑其种植的时空间隔问题，以及作物收获后避免出现再生等问题，从而确保不超过已批准的阈值。2003 年丹麦的一份报告中探索了一系列关于 GM 作物已存在和潜在的问题，并提出了一些控制措施（Tolstrup et al.，2003）。

正如本章所述，作物间的串粉需要恰当的空间间隔。可能会通过间隔田块，从而限制异交的发生，以达到收获种子含 GM 转基因成分小于 0.3%～0.9%的标准。然而，对某些作物，尤其是油菜来说，很难达到较低的阈值。最新的田间基因漂流研究工作已经启动 GENESYS 模型（Colbach et al.，2001），试着找到混合种植田间恰当间隔的规律。同样，适当的时间间隔也是必需的，可避免前茬种子持久性引起的混杂问题。对油菜来说串粉和种子持久性都是很明显的。因此，相对于那些花粉传播不严重的作物（如 GM 甜菜）和种子不易持久性的作物（如禾谷类）来说，油菜的间隔要求更为严格。

另外这些时空间隔的相关问题也可通过技术手段解决。如果通过引入抑制种子萌发的基因达到转基因作物种子活力的丧失，那么种子持久性将不再成为问题。20 世纪 90

年代，当 Monsanto 公司就终结者（terminator gene）基因技术申请专利时（译者注：当时终结者基因技术中申请专利是 DeltaPine，并不是 Monsanto），受到了绿色和平组织和其他社会团体（NGO）组织的贬斥，因为这将威胁到基于传统方式繁种的小型农场主的生计。但对发达国家来说仍是农场种植系统很好的解决方法。同样，如果引入的转基因不在花粉中表达，则花粉漂移的问题也可最小化。因此，通过技术手段也可解决基因漂流的风险和农业管理。

允许欧洲大面积种植 GM 作物的那一天仍然很遥远，和 19 世纪末期时相比情形并没有发生改变，而那时在北美就已开始大量种植 HT 和 Bt 作物。在欧洲，决定 GM 作物是否商品化及相关的议题更像是社会经济和政治问题，而不是科学上的评估问题*。

参考文献

Altieri, M.A. (2000) The ecological impacts of transgenic crops on agroecosystem health. *Ecosystem Health* **6**, 13–23.

Bartsch, D., Lehnen, M., Clegg, J., Pohl-Orf, M., Schuphan, I. and Ellstrand, N.C. (1999) Impact of gene flow from cultivated beet on genetic diversity of wild sea beet populations. *Molecular Ecology* **8**, 1733–1741.

Beckie, H.J., Warwick, S.I., Nair, H. and Seguin-Swartz, G. (2003) Gene flow in commercial fields of herbicide-resistant canola (*Brassica napus*). *Ecological applications* 13, 1276–1294.

Berry, K., Lutman, P.J.W. Lotz, L.A.P. and Kempenaar, C. (2004) Genetically modified herbicide-tolerant crops—a European perspective with a United Kingdom emphasis, in *Transgenic Crop Protection: Concepts and Strategies* (eds O. Koul and G.S. Dhaliwal) Science Publishers Inc., USA, pp. 117–156.

Chamberlain, D.E., Fuller, R.J., Bunce, R.G.H., Duckworth, J.C. and Shrubb, M. (2000) Changes in the abundance of farmland birds in relation to the timing of agricultural intensification in England and Wales. *Journal of Applied Ecology* **37**, 771–788.

Chevre, A.M., Eber, F., Darmency, H., Fleury, A., Picault, H., Letanneur, J.C. and Renard, M. (2000) Assessment of interspecific hybridization between transgenic oilseed rape and wild radish under normal agronomic conditions. *Theoretical and Applied Genetics* **100**, 1233–1239.

Chevre, A.M., Eber, F., Renard, M. and Darmency, H. (1999) Gene flow from oilseed rape to weeds, in *BCPC Symposium Proceedings No 72: Gene Flow and Agriculture—Relevance for Transgenic Crops* (ed P.J.W. Lutman), British Crop Protection Council, Farnham, Surrey, UK, pp. 125–130.

Colbach, N., Molinari, N. and Meynard, J.M. (2001) GENESYS: a model of the influence of cropping system on gene escape from herbicide-tolerant rapeseed crops to rape volunteers. *Agricultural Ecosystems and Environment* 83, 235–270.

Conner, A.J., Glare, T.R. and Nap, J.-P. (2003) The release of genetically modified crops into the environment: part II. Overview of ecological risk assessment. *The Plant Journal* **33**, 19–46.

Crawley, M.J., Hails, R.S., Rees, M., Kohn, D. and Buxton, J. (1993) Ecology of transgenic oilseed rape in natural habitats. *Nature* **363**, 620–623.

Crawley, M.J., Brown, S.L., Hails, R.S., Kohn, D. and Rees, M. (2001) Transgenic crops in natural habitats. *Nature* **409**, 682–683.

Cussans, G.W. (1978) The problems of volunteer crops and some possible means of their control, in *Proceedings British Crop Protection Conference—Weeds*, BCPC, Farnham, Surrey, pp. 915–921.

---

* 译者注：当时终结者基因技术申请专利是 DeltaPine，并不是 Monsanto。

Darmency, H. and Fleury, A. (2000) Mating system in *Hirschfeldia incana* and hybridization to oilseed rape. *Weed Research* **40**, 231–238.

Devine, M.D. and Buth, J.L. (2001) Advantages of genetically modified canola—a Canadian perspective. Proceedings the BCPC conference—Weeds, BCPC, Alton, UK, pp. 367–372.

Downey, K. (1999) Gene flow and rape—the Canadian experience, in *BCPC Symposium Proceedings No. 72: Gene Flow and Agriculture—Relevance for Transgenic Crops* (ed P.J.W. Lutman), British Crop Protection Council, Farnham, Surrey, UK, pp. 109–116.

Eastham, K. and Sweet, J.B. (2002) *Genetically Modified Organisms (GMOs): The Significance of Gene Flow Through Pollen Transfer*, European Environment Agency Report 28, Luxembourg.

Ellstrand, N.C., Prentice, H.C. and Hancock, J.F. (1999) Gene flow and introgression from domesticated plants into their wild relatives. *Annual Review of Ecology and Systematics* **30**, 539–563.

Fredshavn, J.R. and Poulsen, G.S. (1996) Growth behaviour and competitive ability of transgenic crops. *Field Crops Research* **45**, 11–18.

Frello, S., Hansen, K., Jensen, J. and Jorgensen, R. (1995) Inheritance of rapeseed (*Brassica napus*) specific RAPD markers and a transgene in the cross *B. juncea* × (*B. juncea* × *B. napus*). *Theoretical and Applied Genetics* **91**, 236–241.

Glick, H.L. (2001) Herbicide-tolerant crops: a review of agronomic, economic and environmental impacts. *Brighton Crop Protection Conference—Weeds* **1**, 359–366.

Gueritaine G. and Darmency, H. (2001) Polymorphism for interspecific hybridisation within a population of wild radish (*Raphanus raphanistrum*) pollinated by oilseed rape (*Brassica napus*). *Sexual Plant Reproduction* **14**, 169–172.

Gueritaine G., Bazot, S. and Darmency, H. (2003a) Emergence and growth of hybrids between *Brassica napus* and *Raphanus raphanistrum. New Phytologist* **158**, 561–567.

Gueritaine, G., Sester, M., Eber, F., Chevre, A.M. and Darmency, H. (2002) Fitness of backcross six of hybrids between transgenic oilseed rape (*Brassica napus*) and wild radish (*Raphanus raphanistrum*). *Molecular Ecology* **11**, 1419–1426.

Gueritaine, G., Sester, M., Eber, F., Chevre, A.M. and Darmency, H. (2003b) Fitness of backcross six of hybrids between transgenic oilseed rape (*Brassica napus*) and wild radish (*Raphanus raphanistrum*). *Molecular Ecology* **11**, 1419–1426.

Hall, L., Topinka, K., Huffman, J., Davis, L. and Good, A. (2000) Pollen flow between herbicide-resistant *Brassica napus* is the cause of multiple-resistant *B. napus* volunteers. *Weed Science* **48**, 688–694.

Hauser, T.P., Jorgensen, R.B. and Ostergard, H. (1998a) Fitness of backcross and F2 hybrids between weedy *Brassica rapa* and oilseed rape (*B. napus*). *Heredity* **81**, 436–443.

Hauser, T.P., Shaw, R.G. and Ostergard, H. (1998b) Fitness of F-1 hybrids between weedy *Brassica rapa* and oilseed rape (*B. napus*). *Heredity* **81**, 429–435.

Heard M.S., Hawes, C., Champion, G.T., Clark, S.J., Firbank, L.G., Haughton, A.J., Parish, A.M., Perry, J.N., Rothery, P., Scott, R.J., Skellern, M.P., Squire, G.R. and Hill, M.O. (2003) Weeds in fields with contrasting conventional and genetically modified herbicide-tolerant crops 1. Effects on abundance and diversity. *Philosophical Transactions of the Royal Society B* **358**, 1819–1832.

Hill, J.E. (1995) Herbicide-tolerant crops: environmentalists, concerns and regulatory responses, in *Brighton Crop Protection Conference—Weeds*, Volume 3, BCPC, Brighton, pp. 1027–1034.

Jorgensen, R.B., Andersen, B., Landbo, L. and Mikkelsen, T.R. (1996) Spontaneous hybridisation between oilseed rape (*Brassica napus*) and weedy relatives. *Acta Horticulturae* **407**, 193–200.

Lefol, E., Danielou, V. and Darmency, H. (1996a) Predicting hybridization between transgenic oilseed rape and wild mustard. *Field Crops Research* **45**, 153–161.

Lefol, E., Fleury, A. and Darmency, H. (1996b) Gene dispersal from transgenic crops 2. Hybridization between oilseed rape and the wild hoary mustard. *Sexual Plant Reproduction* **9**, 189–196.

Lefol, E., Seguin-Swartz, G. and Downey, K. (1997) Sexual hybridisation of cultivated *Brassica* species with the crucifers *Erucastrum gallicum* and *Raphanus raphanistrum*: potential for gene introgression. *Euphytica* **95**, 127–139.

Losey, J.E., Raynor, L.S. and Carter, M.E. (1999) Transgenic pollen harms monarch larvae. *Nature* **399**, 214.

Lutman, P.J.W. (2003) Coexistence of conventional, organic and GM crops—role of temporal and spatial behaviour of seeds. *Proceedings Conference GMCC-03, GM Crops and Coexistence*, DIAS, Slagelse, Denmark, pp. 33–42.

Lutman, P.J.W., Freeman, S.E. and Pekrun, C. (2003) The long-term persistence of seeds of oilseed rape (*Brassica napus*) in arable fields. *Journal of Agricultural Science* **141**, 231–240.

Mikkelsen, T.R., Jensen, J. and Jorgensen, R.B. (1996) Inheritance of oilseed rape (*Brassica napus*) RAPD markers in a backcross progeny with *Brassica campestris. Theoretical and Applied Genetics* **92**, 492–497.

Moyes, C.L., Lilley, J.M., Casais, C.A., Cole, S.G., Haeger, P.D. and Dale, P.J. (2002) Barriers to gene flow from oilseed rape (*Brassica napus*) into populations of *Sinapis arvensis. Molecular Ecology* **11**, 103–112.

Obrycki, J.J., Losey, J.E., Taylor, O.R. and Jesse, L.C. H. (2001) Transgenic insecticidal corn: beyond insecticidal toxicity to ecological complexity. *BioScience* **51**, 353–361.

Pekrun, C., Hewitt, J.D.J. and Lutman, P.J.W. (1998) Cultural control of volunteer oilseed rape (*Brassica napus*). *Journal of Agricultural Science* **130**, 155–163.

Perry, J.N. (2002) Sensitive dependencies and separation distances for genetically modified herbicide-tolerant crops. *Proceedings of the Royal Academy of London, Series-B—Biological Sciences* **269**, 1173–1176.

Phipps R.H. and Park J.R. (2002) Environmental benefits of genetically modified crops: global and European perspectives on their ability to reduce pesticide use. *Journal of Animal and Feed Sciences* **11**, 1–18.

Preston, C.D., Pearman, D.A. and Dines, T.D. (2002) *New Atlas of the British and Irish Flora*, Oxford University Press: Oxford.

Ramsay, G., Squire, G.R., Thompson, C.E., Cullen, D. Anderson, J.N. and Gordon, S.C. (2003) Understanding and predicting landscape scale gene flow in oilseed rape. *Proceedings Conference GMCC-03, GM Crops and Coexistence*, DIAS, Slagelse, Denmark, pp. 102–104.

Rieger, M.A., Lamond, M., Preston, C., Powles, S.B. and Roush, R.T. (2002) Pollen-mediated movement of herbicide resistance between commercial canola fields. *Science* **296**, 2386–2388.

Scheffler, J.A. and Dale, P.J. (1994) Opportunities for gene transfer from transgenic oilseed rape (*Brassica napus*) to related species. *Transgenic Research* **3**, 263–278.

Snow, A.A., Andersen, B. and Jorgensen, R.B. (1999) Costs of transgenic herbicide resistance introgressed from *Brassica napus* into weedy *B-rapa. Molecular Ecology* **8**, 605–615.

Snow, A.A., Pilson, D., Rieseberg, L.H., Paulsen, M.J., Pleskac, N., Reagon, M.R., Wolf, D.E. and Selbo, S.M. (2003) A Bt transgene reduces herbivory and enhances fecundity in wild sunflowers. *Ecological Applications* **13**, 279–286.

Stanley-Horn, D.E., Dively, G.P., Hellmich, R.L., Mattila, H.R., Seears, H.R., Rose, R., Jesse, L.C., Losey, J.E., Obrycki, J.J. and Lewis, L. (2001) Assessing the impact of Cry1Ab-expressing corn pollen on monarch butterfly larvae in the field studies. *Proceedings National Academy of Science USA* **98**, 11931–11936.

Tolstrup, K., Andersen S.B., Boelt, B., Buus, M., Gylling, M., Holm, P.B., Kjellsson, G., Pedersen, S., Østergård, H. and Mikkelsen, S. (2003) Report from the Danish working group on the co-existence of genetically modified crops with conventional and organic crops. *DIAS Report Plant Production* (94), p. 275.

Treu, R. and Emberlin, J. (2000) *Pollen Dispersal in the Crops Maize (Zea mays), Oilseed Rape (Brassica napus* ssp. *oleifera), Potatoes (Solanum, tuberosum), Sugar Beet (Beta vulgaris* ssp. *vulgaris) and Wheat (Triticum aestivum)*, Soil Association, Bristol, UK.

Wilkinson, M.J. Elliott, L.J., Allainguillaume, J. Shaw, M., Norris, C., Welters, R., Alexander, M., Sweet, J. and Mason, D.C. (2003) Hybridization between *Brassica napus* and *B. rapa* on a national scale in the United Kingdom. *Nature* **302**, 457–459.

（季芝娟　薛庆中　译）

3.3 GM 作物风险评估、管理和标记制度

Nigel G. Halford
Crop Performance and Improvement, Rothamsted Research, Harpenden, Hertfordshire, AL5 2JQ, United Kingdom

引言

政府可以通过禁止或者管理来应对一项技术可能带来的风险。世界各国对植物生物技术有不同程度的认可，但普遍认为需要采取管理的方式来控制其使用，而管理的核心是风险评估。简而言之，事物的风险总是与机会并存的。GM 作物或许对人体健康或许对环境或许对两者都产生影响。每个新的 GM 品种都会有其不同的风险，必须独立地进行评估。当然，通过其他方法所选育的品种也存在相同的情形，将遗传工程视为比突变和杂交更危险是缺乏科学依据的，然而，管理的章程已开始应用于 GM 作物上。

一个新的 GM 品种的开发从实验室开始，在隔离温室生长，然后在相对隔离的田间试验，最后进行商业化生产。显然，在新品种开发过程中，伴随着研究和分析，遗传改良不可预见的不确定性降低，其脱离控制进入环境或进入食物链的概率增加了。对每一个国家如何管理 GM 作物的程序都进行描述是不可能的。然而，在欧洲对 GM 作物的控制最紧，因此本节主要描述英国对科学家和生物技术工业所制订的管理规定，以及英国和欧盟规则的相互关系。这是息息相关的，因为所有的国家都接受了其中的某些规则，此外如果在欧盟以外国家生产 GM 作物，在同意进口以前，均要接受同样程度的详细审查。

英国种植 GM 植物管理条例

GM 植物在隔离条件下生长

GM 生物（genetically modified organism）的生产和使用受政府法令《GM 生物（含使用）规则 2000》以及它的修正法令《GM 生物（含使用）（修正）规则 2002》管理。立法由健康安全局（Health and Safety Executive）实施，没有其允许，任何组织或个人生产或保留任何类型 GM 植物、动物或微生物均非法。

总之，条例要求被隔离的 GM 生物要进行对人体健康和环境影响的评估，并且在评估的基础上分类别到相应的限制条款（人除外）。接受基因疗法的人则不受此法令约束。如果用物理、化学或生物的方法来限制 GM 生物与其他生物（特别是人）或环境接触，则称之为隔离（incontainment）。细菌的生物学抑制常通过使用遗传缺失菌株，因此在室外便不能存活的细菌来实现。同理，在植物上人们则使用那些不能在当地自然环境下存活的或是不能与当地野生物种杂交（如在英国当地农业中不能存活也没有野生亲缘种的小麦），或可以在开花前人为地去除花器官的物种。

化学方法隔离 GM 植物扩散的例子是除草剂的使用，尽管更多的是在收获后使用，

而不是在严格的隔离条件下。物理隔离包括使用对特殊设计的实验室、植物生长箱和温室。

对 GM 微生物有 4 种隔离方法，GM 植物和动物有 2 种（表 3.3.1）。对于 GM 植物，立法仅对其在实验室和温室内的生长作出规定。田间释放则被独立规定。立法要求进行遗传改良活动需预先通知健康安全局（Health and Safety Executive，HSE）。健康安全局官员然后评定确认其地点是否适宜，计划从事转基因工作的任何组织必须具备处理生物和污染物的设备和拥有训练有素的人员。用于转基因的设备也应达到对人体健康或环境没有影响，或风险可以忽略的最基本的隔离标准。例如，进入实验室的人员必须受到过严格训练，实验室要容易清洗并且工作台表面和地板必须密封。使用后工作台必须进行清洗，如有要求，产生的溢出物必须立即用手头准备好的消毒剂进行处理。出口处需备洗手液，需穿基本的防护服，如实验服和可处理的手套，离开实验室前将其脱掉。可能在空气中传播的污染操作需在安全柜中进行，如果实验室是机械通风，则气流的循环系统需内置。所有污染的玻璃器皿必须消毒，并且所有污染物必须安全地存储在指定箱子里，处理前需进行高压灭菌处理。一旦离开实验室，GM 植物必须培养在指定温室或安装过滤系统、负压通风、密封排水、污水氯化处理的隔离室里，以保证活的植物材料没有逃逸到环境中去。

表 3.3.1 英国被隔离 GM 动物、植物、微生物风险分类

	GM 微生物				GM 动植物	
	1 类	2 类	3 类	4 类	A	B
对人体健康、环境风险	没有或可忽略	低	中	高	风险较非 GM 双亲低	风险较非 GM 双亲高
通知要求	所从事的 GM 工作须让 HSE 知道	每一次行动均需让 HSE 知道			所从事的 GM 工作须让 HSE 知道	每一次行动均需让 HSE 知道
隔离、保险措施	增加必要条件来监测被隔离生物体、保护操作者				增加必要条件来监测被隔离生物体	

特定项目的风险评估由首席科学家执行，然后递交到遗传改良安全委员会（Genetic Modification Safety Committee）。与 GM 植物相关的任何风险取决于宿主植物物种和嵌入基因的属性。项目领导人必须考虑任何可能导致或比亲本植株毒性或过敏性增加以及通过食物链累积毒性的风险。对任何可能的环境风险也必须予以考虑，特别是 GM 植物将来成为比亲本植株更似杂草的潜在风险。这个评价必须考虑很多因素，如入侵能力、种子扩散机制、对除草剂的抗性、对食草动物或昆虫的毒性累积等。GM 植物和其他同类或相近物种间或许具有通过有性方式进行核酸转移的潜在可能性。尤其是当该植物具备将新基因转到英国野生物种时，就更要注意，例如一个病毒、细菌或者其他载体就有可能将其基因横向转移到不相关的物种中去。最后，需评价 GM 植物对动物或有益微生物的潜在危害。此外，包括 GMO 试验的合理风险评估及其安全处理和隔离条件都应该是合法的。

GM 植物的田间释放

GM 植物田间释放管理条例包括 1990 版的环境保护法和向政府提供建议的环境释

放咨询委员会（Advisory Committee for Releases into the Environment）。这些法令于2002年得以更新。英国负责GM植物释放的部长是环境、食品与农村事务部部长（the Secretary of State for Environment，Food and Rural Affairs）。环境释放咨询委员会也向苏格兰、威尔士的部长和北爱尔兰相关部门提供建议。

环境释放咨询委员会主要由农学、生物多样性、物种保存、生态学、昆虫学、遗传、微生物学、分子生物学、植物育种、植物生理、农村事务、病毒学和杂草生态学等领域的学者与专家组成。该委员会也包括2位农场主，成员任期3年。

英国GM植物的田间试验（也称B级释放）只有经过环境、食品与农村事务部（Department for Environment，Food and Rural Affairs，DEFRA）详细风险评价同意后才能进行。

典型的风险评估将包括：

- 宿主植物物种的信息
  物种及育种品系全名；
  植物有性繁殖能力、繁殖周期、植物与其他栽培种或野生种的有性杂交亲和力等详细信息；
  有关植物存活能力、扩散能力和物种地理分布信息。
- 遗传修饰方法描述、载体的来源和属性
- 遗传修饰的属性
  新基因的细节，包括其大小、功能和来源；
  新基因何时何地起作用、有否活性如何进行检测；
  新DNA插入位置和新基因或现有基因拷贝数；
  遗传修饰后宿主植物基因组被删除区域的大小和功能；
  新基因或基因遗传稳定性分析。
- GM植物的评估
  GM植物性状特征描述；
  GM植物及其亲本之间在繁殖、传播和存活方面的方式和速率差异评估；
  GM植物检测和鉴定技术描述。
- 对健康或环境潜在风险的评估：
  对人、动物和其他生物的潜在毒性评估；
  对GM植物在农艺性状上较受体或者供体更适应或更具有入侵可能性的评估；
  GM植物与靶生物相互作用机制（如抗虫基因工程）、GM植物与非靶生物的潜在相互作用机制的描述；
  GM植物与靶生物或非靶生物相互作用对环境潜在影响的评估；
  遗传物质从GM植物中转移到其他生物的潜力评估；
  从GM植物中转移到其他物种获得的有利性或不利性；
  GM植物先前释放的信息。
- 释放地点信息
  释放点位置和面积大小；
  释放地点生态系统，包括气候、动物群落、植物群落的描述；

释放点现存的野生种或栽培种性亲和性的细节；

释放点邻近可能受影响的法定保护区。

- 田间试验管理的描述

  试验目的；

  试验预定日期和持续时间；

  将要释放的 GM 植物的方法；

  释放点准备和管理方法，包括耕作方式和收获方法；

  将要释放 GM 植物的数量或每平方米的株数。

- 田间试验及其之后采取的隔离措施的描述

  减小或阻止 GM 植物花粉或种子扩散采取的任何措施的描述；

  释放点释放后采取措施方法的描述，包括释放点的耕作、灌溉、除草剂的喷洒以及 1～2 年的休耕等。

- GM 植物处理方式的描述

  试验结束后，释放点的监管细节；

  紧急情况或试验植物扩散等情况的应急预案；

  如果被偷窃或其他偶然行为使转基因材料从试验地点逃逸（如田间作业机械带走）的可能性和后果评估。

显然，提供所有这些信息不是一件小事或便宜的事，申请人不得不支付几千磅的费用。典型地，新技术受到严格管理和控制，但是当新技术被证明是安全时，则这些限制将逐渐松动；这就是美国 GM 植物田间试验所发生的事情，几万个 GM 植物试验正在进行。相反，英国则加强了对转基因试验的限制，尽管转基因经过二十年试验，其安全性表现很好。这无疑妨碍了研究人员和植物生物技术的发展。

商业用 GM 植物的安全性评估

商业用 GM 植物的安全性评价包括两个方面：对环境的潜在风险和对人与动物健康的潜在风险。英国 GM 作物新品种潜在的环境风险由环境释放咨询委员会进行评估，且必须对与田间实验等同的最基本的问题做出回答。委员会也必须要考虑大面积种植该种新作物的实情，因为任何一个负面影响都是其田间试验的若干倍。然而，委员会将需要更多的数据，因为作物是在试验条件下进行研究；在商业化释放之前要将从实验室到温室再到田间试验过程中不确定的因素得到处理。

从 GM 植物中生产出的食品安全性由新食品与加工咨询委员会（Advisory Committee on Novel Foods and Processes）评定。新食品与加工咨询委员会 1988 年建立，在新食品和新食品加工方面向英国官方提出建议。当前，该委员会由过敏学、遗传学、免疫学、微生物学、营养和食品毒理学等方面的专家以及消费者代表、伦理学家 14 人组成，该委员会隶属于食品标准局（Food Standards Agency）。一个类似的委员会——动物饲料咨询委员会（the Advisory Committee for Animal Feeding Stuffs）的意见是，如果转基因庄稼用于喂饲动物，则需要商讨后才能做出决定。

新食品与加工咨询委员会和动物饲料咨询委员会所做出的评估基本上遵循世界卫生组织（World Health Organization）指南，其核心是将 GM 植物和非 GM 植物进行比较的实质等同原则。这个理念源自共识，即传统的毒理学试验和风险评价程序不能用于所有食物、GM 植物或其他的混合物（如食品添加剂）。因此建立全部食物的绝对安全，是不可能的；事实是今天所消费的食物很少进行过任何毒理学研究。实质等同原则的目的是考虑转基因食物是否像传统对应物一样安全，如同这样的一个对应物存在一样。

建立实质等同包括转基因食品及其常规作物之间生化的、分子的比较和各种差别的详细分析。这些差别成为安全评价的焦点，并且如果必要，进行更深的调查。但是，转基因食品的风险评价也考虑另外的因素，包括：

- 新基因及其来源（特别是其来源是否是具有良好特征的食物或是全新的食物链成员）。
- 所用的主要方法。
- 所转新基因转移的稳定性和潜力。
- 由新基因编码蛋白质的属性，包括潜在的毒性和过敏原特性。
- 新基因和蛋白质功能的潜在变化（换句话说他们能使宿主植物接受新的不同的功能）。
- 遗传修饰所引起可能的次生效应。
- 这些效应包括宿主基因消除引起的后果、代谢途径冲撞引起的后果以及在营养、非营养、毒素、过敏原和生理活性物质生产所引起的变化。
- 加工或烹饪引起的效果。
- 一个人可能消费转基因食品的量。

伴随着基因组学、转录组学、蛋白组学、代谢组学的发展，植物和食品分析技术也正在快速发展。然而，检测费用是昂贵的，并且有人认为只对转基因食品进行安全检测，不对其他方法生产的食品进行检测是对生物技术的歧视。这种区别缺乏科学的基础。

用于 GM 植物和食品安全评价的方法——动物饲喂试验并不认为特别适合。世界卫生组织根据 20 世纪 90 年代辐射育种对食品测试获得的经验来考量这件事。虽然动物研究在单个的混合物，如杀虫剂、医药品、工业化学药品和食品添加剂的安全评价是有用的，但此法用于评估整个 GM 植物和食品的复杂混合物安全性时，却不能解决问题。毒理学测试要求动物所用剂量远比人要高，以便能查明在人体健康上的任何有害的效果。如果 GM 植物产生了以前食物链中没有的蛋白质或代谢物，在 GM 植物没有生产之前，先通过工程技术将基因转移到微生物中，从而产生大量蛋白质进行研究，则认为是适当的。然而，这几乎是不可能的，因为不可能给动物吃比人吃的多几个数量级的食物。而且，仅喂饲一种类型的食物几乎不可避免地减少食谱的营养价值，引起和试验材料自身不直接相关的不利效果。基于这些原因，通过动物试验得到遗传修饰食品的全部信息极其困难。

尽管动物饲喂试验的有效性有上述不足，但在欧洲商业用 GM 作物释放之前，人们仍旧习惯性地进行这方面的试验。许多人质询动物试验的道德性；如果动物试验结果不大可能有意义，当然要有所质疑，因为饲喂试验以屠杀和解剖这些动物而终结。

商业用 GM 作物管理法规

欧盟评估和授权商业用 GM 作物批准管理条例为 2004 年 4 月发布的 GM 食品、饲料管理办法第 1829/2003。每一个新作物的评估由欧洲食物安全局（EFSA）承担，并对最后决定负责，该部门由欧洲委员会负责。新规则允许涵盖 GM 生物使用的单个申请，包括 GM 作物、食品、动物饲养和栽培。一旦得到 C 授权则意味着适用整个欧盟；只有当有证据表明此作物对当地环境构成威胁时，成员国才能取得豁免权。GM 作物 C 授权见表 3.3.2。

表 3.3.2（a） 通过 C 授权准许进口和加工食品和动物饲料的 GM 作物（种植条款不在此列）

公司	作物	GM 性状	获准时间
孟山都(Monsanto)	大豆	抗除草剂	1996.5
艾格福/安万特(现拜耳)(AgrEvo/Aventis)	油菜	抗除草剂	1998.6
Northrup King(现先正达)	玉米	抗虫、抗除草剂	1998.6
先正达(Syngenta)	玉米(甜玉米)	抗虫、抗除草剂	2004.5
孟山都	玉米	抗除草剂	2004.7(仅饲用)

表 3.3.2(b) 欧盟通过 C 授权准许种植和食用的 GM 作物

公司	作物	GM 性状	获准时间
SNETA	烟草	抗除草剂	1994.6
PGS/安万特(现拜耳)	油菜	抗除草剂	1996.2(种子生产 1997.6)(种植)
必久(Bejo Zaden)	菊苣	抗除草剂	1996.8(仅种子生产)
汽巴-嘉基/诺华(现先正达)Ciba-Geigy/Novartis	玉米	抗虫、抗除草剂	1997.2
澳洲花基因(Florigene)	康乃馨	花色	1997.12
艾格福/安万特(现拜耳)	玉米	抗除草剂	1998.8
孟山都	玉米	抗虫	1998.8 获准在西班牙和法国种植、欧盟出售，2004.9 获准在欧盟种植
澳洲花基因	康乃馨	延长保鲜时间	1998.10

尽管欧洲委员会有最后决定权，但成员国在最初表决时则实行有效多数表决制（Qualified Majority Voting，QMV）。英国的表决则主要依据环境释放咨询委员会环境评估和动物饲料咨询委员会动物饲喂风险评估意见。

在特定多数表决体系中，每个成员国有 2～10 的固定票数，票数的多少取决于成员国的人口数量。截止 2004 年 11 月，任何决定，只有获得 124 票中的 88 票才能通过（因此仅仅需要 37 票就可阻止议案通过）。每个成员国分配的票数在 2004 年 11 月发生了改变，因为有 10 个新成员国在 2004 年 5 月 1 日加入了欧盟，如果欧宪法生效，则办法将会被简化。简化规则下，如果一个决定得到两个多于半数，即代表 65％人口的 55％的成员国的支持则获得通过。

有效多数表决制是重要的，因为它使得 6 个成员国：法国、意大利、丹麦、希腊、奥地利和卢森堡阻止了自 1998 年以来的每一个 GM 作物的申请。

如果一旦没有达到特定多数，议案可以提交到内阁，但只有一致通过才有权推翻有效多数表决制的决定；否则，委员会将同意 C 授权。然而，在 1998 年到 2004 年之间，并没有发生这种情形，因为延迟 GM 作物的进口和栽培，无疑会破坏经济贸易关系和植物生物技术工业的发展。2004 年 5 月，当委员会授权了先正达（Syngenta）公司抗虫和耐草丁膦 Bt-11（gluphosinateBt-11）甜玉米的进口和使用时，局面才得以改变。2004 年后期，委员会开放了对 Mon810 品种的默许，这个抗虫品种已经在整个欧盟授权，并且从 1998 年就在法国和西班牙种植。允许扩大这个在西班牙种植相当成功的品种，最后种植范围遍及整个欧盟。

标签制度和可跟踪管理制度

英国第一个 GM 植物产品是用来给面条做酱的迟熟番茄。这个产品在 1995 年被新食品与加工咨询委员会认可，但直到 1999 年才真正上市。番茄酱主要通过两个食品零售商，塞恩斯伯里（Sainsbury）和塞夫威（Safeway）出售，产品上清楚地标识生产原料是转基因番茄。英国食品零售业主张所有的 GM 食品都采取此政策，至少要到消费者熟悉这个新技术为止。然而，1996 年，当进口美国当年的大豆和玉米的轮船靠岸时，这些计划则被打乱了。那时大约有 2%的转基因原料和非转基因原料混合在了一起。由于没有立法涉及转基因食品标识制度，没有要求美国分离转基因和非转基因的协议，也没有足够时间去选择供应商，零售商面临这样的选择：要么把所有含有美国大豆和玉米的产品与转基因食品一样进行标识；要么放弃标记政策。最终选择了后者，现在看来这个决定无疑是个错误，因为消费者们感到转基因食品是在他们不知情的情况下引入的。

欧洲转基因食品标记制度是在 1997 年引入的，并在 1998 年和 2000 年进行了修正。本质上，任何转基因产品均应进行标记，以下情况除外：精制蔬菜油、糖、不含 DNA 或蛋白质的其他产品、因意外混入了少量（1%以下）转基因原料、餐馆和其他公共餐饮业（英国则要求公共餐饮业提供书面或口头信息告知顾客）、动物饲料。

这些规则中有两条已经被修改，一个是在转基因食品和饲料（1829/2003），另一个是 GM 生物跟踪制度和标记制度（1830/2003）。欧盟新的管理制度 2004 年 4 月生效，尽管英国本土立法在 2004 底起草了用于违反条例的处罚办法。食品和饲料管理条例要求所有含有转基因或转基因衍生品的食品和饲料均要标识。意外混入转基因原料的门槛减小到 0.9%，如果转基因原料为 0.5%，在欧洲则无须核准。跟踪和标记制度要求通过产品供应链，种子公司-农场-中间商-批发商-零售商，建立跟踪体系。不再施行对动物饲料和精制产品的豁免。完整的产品标记见表 3.3.3。

如何使精制产品受到此规定约束目前还无法办到，因为无论原料是否是转基因，其产品是相同的，精炼后没有 DNA 或蛋白质，也就没有办法确认原料是否来自转基因作物。目前精炼产品宣称原料源自非转基因作物，可能具有广泛的欺骗性。

表 3.3.3 欧盟管理条例（1829/2003、1830/2003，2004 年 4 月生效）中是否需要标识的 GM 生物、GM 食品

GM 生物或 GM 食品	是否需要标识
GM 植物或种子	需要
整个食品均来自 GM 植物	需要
加工原料为 GM 植物的精制产品，如油、糖	需要
含有 GM 微生物的食品	需要
用 GM 作物（包括衍生品油、麸等）喂饲的动物	需要
食用或饲用的发酵产品	需要
GM 饲料饲养家畜生产的产品	不需要
加工食品中使用了 GM 微生物产生的酶	不需要
产品中含有添加剂作用或功能性的 GM 酶制品	需要
用 GM 生物生产的调味品、食品添加剂、饲料添加剂	需要
食品中含有公共餐饮业出售的 GM 成分	需告知，食品标准局认为需要标识

尽管强制标记法律的确使欧洲农场主和食品供应链对 GM 作物减少了吸引力，但是这些法律已经开始对主要商品输出国广泛接受 GM 作物的食品工业产生影响。2003 年，英国从美国、加拿大、巴西和阿根廷进口了大约 2130 万吨大豆和大豆粉，从美国进口 7.5 万吨玉米麸饲料，从其他国家也进口了少量的油菜子和棉花粉。2004 年最近数字表明美国超过 85%的大豆和超过 30%玉米是转基因品种（美国农业部，US Department of Agriculture），而阿根廷的大豆几乎 100%是转基因品种。英国食品饲料工业宣称近年来从巴西进口非转基因大豆。然而，在 2003 年巴西政府最后承认存在了很多年的事实，即在主要的大豆种植区，转基因品种被大量种植，并通过立法使其合法化。巴西有 20%～30%的大豆没有区分转基因还是非转基因。

进口的大豆、玉米和油菜子都是食品、棉花籽、饲料工业的重要原料，并且这些原料是否能被替代是值得怀疑的。显然，食品工业必须开始对包含转基因材料的产品进行标记。也许转基因标记出现在大量熟悉的食品上将使消费者减轻反对转基因团体所说的担心。

美国 GM 作物的安全评估及其标记要求

对待 GM 作物品种，美国和欧洲的做法一样，也必须进行田间试验。然而，在田间试验中品种风险评估细节上的要求更少，因为已经进行过很多田间实验，并且没有发生问题，因此在程序上也较以前宽松。美国 GM 作物田间实验的总数已达几万，涵盖许多作物种类和性状。

美国转基因作物实验和释放由农业部下属的动植物卫生检查处（the Animal and Plant Health Inspection Service）分管，而像 Bt 等能够自己产生杀虫剂的作物，则由环境保护局（the Environmental Protection Agency）负责。GM 作物食品安全则由食品药品管理局（Food and Drug Administration，FDA）负责评估。这虽不是一个法定要求，但所有的公司在出售新食品前都要经过食品药品管理局批准。食品药品管理局对食品的特性特征或其适应性发布指导性建议，但售后产生的问题则由生产该产品的公司负责。

Calgene 公司首先将这个体系应用在一个使食品延迟成熟的转基因番茄品种“Flavr Savr”上。投放市场之前，该公司花 4 年时间进行测试，并将数据递交到食品药品管理局和美国农业部，同时公布这些数据，供公众发表意见。食品药品管理局向公司提出 2 条指导性建议，一个是关于卡那霉素抗性标记基因的使用，另一个是将该番茄品种作为食品。食品药品管理局初步报告说，该番茄品种所有与安全相关的问题均已解决，即达到了 1994 年 4 月由食品咨询委员会批准的农业部标准。1994 年 5 月食品药品管理局宣布该番茄与非转基因番茄同样安全，随后该产品很快上市。

美国转基因食品标记法律在对由 GM 植物生产出的产品同欧洲有很大的不同，除非该转基因产品与他们常规的对应物显著不同，否则可不必标识。换言之，产品是否被标识，根据他们的性质而不是根据产品的生产过程。

英国农场衡量评估程序

直到 2000 年，拜耳（Bayer）公司耐草丁膦（gluphosinate）玉米品种 Chardon LL，经过授权以 C 程序标准在整个欧洲种植，耐草丁膦油菜子、耐草甘膦（glyphosate）甜菜也将有望很快被批准种植。在英国，商业用 GM 植物释放前仍然必须通过由国家植物研究所（National Institute of Agricultural Botany）执行的新品种实验标准。当公众仍然心存疑虑和敌对态度时，英国政府本是有望将 GM 作物作为商业化种植的。因此，在 2003 年或 2004 年以前英国要求说服生物技术工业不进行 GM 作物商业化，这可是在 GM 作物商业化道路上设置了另一个障碍。与此同时，转基因品种农场测试和除草剂需要一起进行测试，来确定转基因品种对环境影响。这一协议被称为 GM 农作物供应链计划（Supply Chain Initiative on Modified Agriculture Crops，SCIMAC）。

这些研究结果发表于英国皇家学会自然科学学报：生物学（the Philosophical Transactions：Biological Sciences of the Royal Society）（第 358 卷，第 1439 期，2003 年 11 月 29 日）。总之，研究发现，在转基因甜菜和油菜品种中杂草和昆虫数量少于相应的非转基因品种，它已成为 GM 作物对“环境有害”的证据而被广泛报道。其实，这正意味着除草剂和 GM 作物一起使用产生了预期的效果。

遗憾的是，这些研究中所采用的实验管理模式极其狭窄，还从未尝试评估非耕作体系。例如，美国已经广泛使用抗除草剂转基因作物，给环境带来了巨大的好处。而在英国种植抗除草剂 GM 作物能给农民带来好处（如 2003 年 5 月估计农民种植甜菜每年每公顷节省 150 磅）还没被考虑。并且作物和除草剂的不同使用方法也没有包括在实验中。因为如此，政府推迟了对这些转基因品种的批准，直到孟山都和拜耳公司显示这些品种能以“环境友好”方式来进行使用。

与转基因油菜和甜菜相反，用草丁膦处理有关的转基因玉米品种对杂草控制效果较小，因此认为它比非转基因品种环境“友善”。事实上参与试验的农民对这种杂草的控制能力也不满意。英国大多数农民在非转基因玉米上使用的除草剂是莠去津，此除草剂因其毒性于 2004 被欧盟禁止使用。因此，草丁膦与转基因玉米的组合被视为可能的替代品。

2004 年 3 月，英国政府宣布原则同意 Chardon LL 玉米商业化种植，但在其使用上作了一些限制。2004 年 4 月，拜耳公司宣布鉴于某些细节限制没有实用性，延迟商业化进程。

具有讽刺意味的是，与其他试验作物相比，无论是转基因玉米还是非转基因玉米，其杂草和昆虫均很少（玉米因其较高，阴影使杂草生长受到限制）。然而，并没有因为玉米对环境的不利影响而限制其种植。

欧盟已经同意种植 GM 作物，而英国对 GM 作物的合法性地位却不是很清楚。英国政府能够使用农场评估结果，强调转基因油菜和甜菜对环境有威胁，从而将 C 程序的批准排除在英国之外。如果这些公司不再对这些品种的商业化感兴趣，则可能保持沉默，从而没有反对的声音。

与此同时，美国孟山都公司的转基因抗虫玉米品系 Mon810 则通过 C 程序，已被准许在欧洲种植。到目前为止，虽然这些品种仅在西班牙种植，但是它们已经可以在整个欧盟种植，这当然包括英国。在英国，玉米没受到 Bt 控制的害虫影响，因此种植这些品种没有明显的商业优势。如果这些种子确有效果，农民当然不会停止种植。

没有一个产业会在合法性不明情形下运作，就像在英国植物生物技术产业所面临的境况一样。所以，这个产业的产品还没有出现在英国市场上并不令人惊讶。

参考文献

European Food Safety Authority (EFSA): www.efsa.eu.int

Health and Safety Executive: Genetically Modified Organisms (Contained Use). www.hse.gov.uk/infection/gmo/index.htm

May, M.L. (2003) Economic consequences for UK farmers growing GM herbicide-tolerant sugar beet. *Annals of Applied Biology* **142**, 41–48.

Philosophical Transactions: Biological Sciences of the Royal Society (volume 358, number 1439, November 29th 2003) (and papers therein).

United Kingdom Advisory Committee on Novel Foods and Processes (ACNFP): www.food.gov.uk/science/ouradvisors/novelfood/

United Kingdom Advisory Committee on Animal Feedingstuffs (ACAF): www.food.gov.uk/science/ouradvisors/animalfeedingstuffs/

United Kingdom Department for Environment, Food and Rural Affairs (DEFRA): www.defra.gov.uk/

United Kingdom Food Standards Agency: www.food.gov.uk

United Kingdom Food Standards Agency position on GM foods: www.food.gov.uk/gmfoods/

United States Department of Agriculture Animal and Plant Health Inspection Service: www.aphis.usda.gov

United States Environmental Protection Agency: www.epa.gov

United States Food and Drug Administration, Center for Food Safety and Applied Nutrition Q and A Sheet: June 1992: FDA's Statement of policy; foods derived from new plant varieties. www.cfsan.fda.gov/~lrd/bioqa.html

United States Food and Drug Administration (FDA): www.fda.gov

World Health Organization: www.who.int

（付立忠　薛庆中　译）

英汉对照词汇

英文	中文
Abiotic stress	非生物性胁迫
Actin promoter	肌动蛋白启动子
ADP-glucose pyrophosphorylase	ADP-腺苷二磷酸葡萄糖焦磷酸化酶，
Advisory Committee for Animal Feeding stuffs（ACAF）	动物饲料咨询委员会（ACAF）
Advisory Committee for Novel Foods and Processes（ACNFP）	新食品与加工咨询委员会（ACNFP）
Advisory Committee for Releasesin to the Environment（ACRE）	环境释放咨询委员会（ACRE）
Age-related macular degeneration（AMD）	年龄相关性黄斑变性（AMD）
Aglutinnin	凝抗体
Agrobacterium tumefaciens	农杆菌
Agrovector	农杆菌载体
Albumins	白蛋白
Aldose reductase	醛糖还原酶
Alfalfa mosaic virus（AIMV）	紫花苜蓿花叶病毒（AIMV）
Alfalfa	紫花苜蓿
Algae	海藻
Alkaptonuria	黑尿症
Allele	等位基因
Allergenic risk assessment	过敏性风险评估
Allergen Nomenclature Committee	过敏原命名原则委员会
Allergen	过敏原
Almond	杏仁
Amino acid composition	氨基酸组成
Amino acid	氨基酸
Aminocyclopropane-1-carboxylicacid（ACC） deaminase	（ACC）脱氨酶
Aminocyclopropane-1-carboxylicacid（ACC） synthase	（ACC）合成酶
Amylopectin	支链淀粉
Amylose extender（*ae*）	直链淀粉含量增效突变体
Amylose	直链淀粉
Anaphylaxis，EIA	运动诱发过敏
Animal and Plant Health Inspection Service（APHIS）	动植物卫生检察署
Animal feeding experiment	动物饲喂试验
Animal feed	动物饲喂
Anti-apoptosis protein	抗凋亡蛋白
Antibiotic resistance	抗生素抗性
Antibodies，recombinant	重组抗体
Antibody	抗体
Anti-fungal protein	抗真菌蛋白
Anti-fungal small molecule	抗真菌小分子
Anti-inflammatory	抗炎

Antioxidant	抗氧化剂
Antisense	反义抑制
Apoptosis	凋亡
Arabidopsis	拟南芥
Arabinoxylan	阿拉伯木聚糖
Arachidonicacid（ARA）	花生四烯酸（ARA）
Armyworm	夜蛾
Arthrobacter globiformis	球形节杆菌
Artificial selection	人工选择
Ascor bate peroxidase（APX）	抗坏血酸过氧化物酶（APX）
Ascorbicacid/ascorbate	抗坏血酸
Asparagus	芦笋
Aspartate kinase	天冬氨酸激酶
Atheroschlerosis	动脉粥样硬化
Atopicdermatitis	遗传性过敏性皮炎
Atrazine	莠去津
Atriplex gmelini	滨藜
Aventis	安万特
Avirulence gene	无毒基因
Avocado	鳄梨
Bacillus thuringiensis	苏云金杆菌
Baker's asthma	面包师哮喘
Banana	香蕉
BAR	*BAR* 基因
Barley	大麦
Base pair	碱基对
Beer allergen	啤酒过敏原
Bell pepper	甜椒
Benign selection	良性筛选
Benzothiodiazole	苯并噻二唑
Betaine aldehyde dehydrogenase（BADH）	甜菜碱醛脱氢酶（BADH）
Binary vector	双元载体
Biodiversity	生物多样性
Biolistic	基因枪法
Biotrophic pathogen	活体营养型病原体
Birch pollen allergen	桦树花粉过敏原
Blood clotting	血凝结
Boll weevil	棉籽象鼻虫
Borage	琉璃苣
Botrytis cinerea	灰霉病菌
Bovine herpes virus	牛疱疹病毒
Bovine spongiform encephalopathy（BSE）	疯牛病（BSE）
Brassica campestris	白菜
Brassica napus	甘蓝型油菜
Brassica oleracea	甘蓝
Brassica spp.	芸薹属

Brazilnut	巴西坚果
Bread	面包
Bromoxynil	溴苯腈
Budworm	烟夜蛾
C1 protease	C1 蛋白酶
Cabbage family	卷心菜家族
Caenorhabditi selegans	线虫
Calcium binding protein	钙结合蛋白
Callus	愈伤组织
Calmodulin（CaM）	钙调蛋白
CaMV 35S promoter	CaMV 35S 启动子
Cancer	癌
Canine parvo virus	犬细小病毒
Carcino embryonic antigen	癌胚抗原
Cardiovascular disease	心血管疾病
Carotenoid	类胡萝卜素
Carrot	胡萝卜
Cashewnut	腰果
Castorbean	蓖麻
Catalase（CAT）	过氧化氢酶（CAT）
Cedar pollen	Cedar 花粉过敏
Celery	芹菜
Cell death	细胞死亡
Cereal	谷类作物
ChardonLL	ChardonLL 玉米
Cherry	樱桃
Chestnut	栗子
Chickpea	菠菜
Chimeraplasty	嵌合修复术
Chimeric virus particle（CVP）	嵌合病毒颗粒（CVP）
Chitinase	几丁质酶
Chlamydomonas	莱哈衣藻
Chloroplast transformation	叶绿体转化
Cholera	霍乱
Cholesterol	胆固醇
Choline dehydrogenase（CDH）	胆碱脱氢酶（CDH）
Choline monooxygenase（CMO）	胆碱单氧化酶（CMO）
Choline oxidase（COD）（COX）	胆碱氧化酶（COD）（考克斯）
Choline	胆碱
Chromosome	染色体
Chymotrypsin inhibitor2（CI-2）	糜蛋白酶抑制剂 2（CI-2）
Coatprotein	外壳蛋白
Coconut	椰子
Coding region	编码区
Codon	密码子
Coeliac disease	麸质过敏征

Co-existence	共存
Compatible solute	相容性溶质
Complementation	互补
Conservation tillage	保护性耕作
Containment	抑制
Corn (also see maize)	玉米
Corn borer	玉米螟
Corn ear worm	玉米穗虫
Corn leaf blight	玉米小斑病
Corn syrup	玉米糖浆
Co-suppression	共抑制
Cotton boll worm	棉铃虫
Cotton	棉花
Council of Ministers	部长理事会
Council of the European Union	欧共体委员会
Cowpea mosaic virus (CPMV)	豇豆花叶病毒 (CPMV)
Crop rotation	轮作
Cross-reactive allergy	交叉反应过敏
Crown gall disease	瘤肿病
Cry protein	Cry 蛋白
Crypthecodinium cohnii	隐甲藻
Crystalline lutein	晶体叶黄素
Cucumber mosaic virus	黄瓜花叶病毒
Cucumber	黄瓜
Cutworm	地老虎
Cysteine proteases	半胱氨酸蛋白酶
Cysteine synthesis	半胱氨酸合成
Cytomegalo virus	巨细胞病毒
Debranching enzyme	脱支酶
Defence-related gene	防御-相关基因
Dehydrins	脱水素
DeKalb	迪卡
Dendrobium	石斛
Dentalcarie	龋齿
Deoxyribonucleic acid	脱氧核糖核酸
Department for Environment, Food and Rural Affairs (DEFRA)	英国环境、食品与农村事务部 (DEFRA)
Desaturase	脱氢酶
Diabetes	糖尿病
Diacylglycerol (DAG)	二酰基甘油 (DAG)
Diarrhea	腹泻
Di-homo-γ-linolenic acid (DHGLA)	二高-γ-亚麻酸 (DHGLA)
Dihydrodi picolinate synthase (DHPS)	二氢吡啶二羧酸合酶 (DHPS)
Direct gene transfer (DGT)	基因直接导入
Disease resistance	抗病性
DNA ligase	DNA 连接酶
DNA polymerase	DNA 聚合酶

DNA sequencing	DNA 测序
Docosa hexaenoic acid (DHA)	二十二碳六烯酸（DHA）
D-Ononitol	D-芒柄醇
Double helix	双螺旋
Dough strength	面团强度
Drought	干旱
Duckweed	浮萍
Dull1 (*Du1*)	玉米突变体 *dull1*（*Du1*）
DuPont	杜邦
Durum wheat	硬质小麦
Dwarfing gene	矮秆基因
Early response to dehydration (ERD)	缺水的早期反应
Ear rot	穗腐病
Ear scab	穗赤霉病
Ear worm	玉米螟
Eczema	湿疹
Eicosadienoic acid (EDA)	二十碳二烯酸（EDA）
Eicosanoid	二十碳脂肪酸类
Eicosapentaenoic acid (EPA)	二十碳五烯酸（EPA）
Eicosatetraenoic acid (EtetA)	二十碳四烯酸（EtetA）
Eicostrienoic acid (ETriA)	二十碳三烯酸（ETriA）
Electroporation	电穿孔
ELO gene	*ELO* 基因
Elongase	延伸酶
Endoplasmic reticulum (ER)	内质网（ER）
Environmental Protection Agency	美国环境保护局
Epitope presentation system	表位呈现体系
Escherischia coli (pathogenic)	大肠杆菌（致病性）
Escherischiacoli	大肠杆菌
Essential amino acid	重要氨基酸
Ethanolamine	氨基乙醇
Ethylene	乙烯
Euglena gracilis	小眼虫
European Food Safety Authority (EFSA)	欧洲食品安全局（EFSA）
Evolution	进化
Exercise-induced anaphylaxis (EIA)	运动诱发过敏（EIA）
Exon	外显子
FAE1 gene	脂肪酸链延长酶（*FAE1*）基因
Farm-scale evaluation	农田尺度评估
Fatty acid	脂肪酸
Ferritin	铁蛋白
Fiber	纤维
Field release of GM plant	GM 植物田间释放
Fish oil	鱼油
Flavonoid	类黄酮
Flavr Savr	食品延熟番茄 Flavr Savr

Floral dip	浸花法
Fodder beet	饲料甜菜
Folic acid	叶酸
Food Allergy Research and Resource Programme	食物过敏原研究和资源计划
Food and Drug Administration (FDA)	食品与药物管理局
Food intolerance	食物不耐受
Food processing quality	食品加工质量
Food Standards Agency (FSA)	英国食品标准局
Foot and mouth disease virus (FMDV)	口蹄疫病毒 (FMDV)
Forage grass	饲草
Friabilin	Friabilin 蛋白
Friends of the Earth	地球之友
Fumonisin	伏马菌素
Functional food	功能食品
Fusarium graminearum	禾谷镰刀菌
Fusarium moniliforme	串珠镰刀菌
Galactinol synthase	肌醇半乳糖苷合酶
Gene cloning	基因克隆
Gene gun	基因枪
General defence pathway	一般防御途径
Gene stacking	基因聚集
Gene targeting	基因打靶
Gene	基因
Genome	基因组
Genotype	基因型
Gliadins	麦醇溶蛋白
Globulin	球蛋白
Gluphosinate (glufosinate)	草丁膦
Glutathione peroxidase (GPX)	谷胱甘肽过氧化物酶 (GPX)
Glutathione-S-transferase (GST)	谷胱甘肽硫转移酶 (GST)
Glutathione	谷胱甘肽
Glutenin	谷蛋白
Gluten	面筋
Glycemicindex/response	血糖生成指数
Glycinebetaine	甜菜碱
Glycophyte	淡土植物
Glycosylation	糖基化
Glyphosate	草甘膦
Golden rice	黄金米
Grain hardness	籽粒硬度
Grain softness protein (GSP)	籽粒软质蛋白 (GSP)
Grain texture	籽粒质地
Grape	葡萄
Grass pollen	禾本花粉
Gray mould	灰霉病
Green peace	绿色和平组织

Green Revolution	绿色革命
GTP cyclohydrolase	GTP 环化水解酶
Hairtrigger response	一触即发反应
Halocus	Ha 基因座
Halophyte	盐土植物
H^+-ATPase	氢离子腺苷三磷酸酶
Hazelnut	榛实
Head blight	赤霉病
Head scab	赤霉病
Health and Safety Executive	英国健康安全局
Heat shock protein	热激蛋白
Hemibiotrophic pathogen	半活体营养病原体
HepatitisB	乙型肝炎
Herbicide tolerance	除草剂耐性
Herpes simplex virus	单纯疱疹病毒
High molecular weight subunits of glutenin（HMW subunits）	高分子量麦谷蛋白亚基
Hives	荨麻疹
HMG-CoA reductase	HMG-CoA 还原酶
Homologous recombination	同源重组
Honey bee	蜜蜂
Hordein	大麦醇溶蛋白
Hordothionin	高甲硫氨酸衍生物
H^+-PPiase	肽基脯氨酰顺反异构酶
Human Immuno deficiency virus（HIV）	人类免疫缺陷病毒
Human Papilloma virus	人类乳头状瘤病毒
Hybrid	杂种
Hydrogen peroxide	过氧化氢
Hydroxyl radical	羟基
Hygromycin phosphotransferase	潮霉素磷酸转移酶
Hypersensitivity reaction	过敏性反应
Ice structuring protein	抗冻蛋白
Imidazolinone	咪唑啉酮
Immune system dysfunction	免疫功能紊乱
Immuno globulin（Ig）	免疫球蛋白（Ig）
Inducible promoter	可诱导启动子
In planta transformation	活体转化
Insect resistance	抗虫性
Insulin	胰岛素
International Service for the Acquisition of Agribiotech Applications（ISAAA）	农业生物技术国际服务组织
Intron	内含子
Invertase	蔗糖酶
In vitro transformation	体外转化
Ion homeostasis	离子平衡
Ion transporter	离子转运子
Iron deficiency	铁缺乏

Isochrysis galbana	球等鞭金藻
Jasmonic acid（JA）	茉莉酸
Juniperonic acid	Juniperonic 酸
Junk DNA	垃圾 DNA
Kanamycin	卡那霉素
K^+ carrier	钾离子载体
K^+ inward rectifying channel（KIRC）	钾离子内向整流通道
Kiwi fruit	猕猴桃果实
K^+ outward rectifying channel（KORC）	钾离子外向整流通道
Kunitz inhibitor	Kunitz 型蛋白酶抑制因子
Labeling	标记的
Lactosein tolerance	乳糖不耐受性
Late embryogenesis abundant protein（LEAs）	胚胎发育后期丰富蛋白
Latex allergen	乳胶过敏
Lectin	凝集素
Lentil	扁豆
Lepidoptera	鳞翅目
Lettuce	莴苣
Limit dextrinase	极限糊精酶
Linoleic acid（LA）	亚油酸
Linseed	亚麻籽
Lipid	油脂
Lipid transfer protein（nsLTP）	非特异脂质转运蛋白
Looper	黏虫
Low affinity K^+ channel	低亲和力钾离子通道
Low molecular weight subunits of glutenin（LMW subunit）	低分子质量麦谷蛋白亚基
Lutein	叶黄素
Lycopene-cyclase	番茄红素-环化酶
Lycopene	番茄红素
Lygus bug	绿盲蝽
Lysine	赖氨酸
Magneporthe grisea	稻瘟病菌
Maize	玉米
Male sterility	雄性不育
Maltase	麦芽糖酶
Malting	啤酒
Maltodextrin	麦芽糊精
ManA gene	*ManA* 基因
Mango	芒果
Mannitol-1-phosphate dehydrogenase	甘露醇-1-磷酸脱氢酶
Mannitol	甘露醇
Medicago truncate	紫花苜蓿
Metabolic syndrome	代谢综合征
Methionine	氨基甲硫基丁酸
Millet	粟
Mineral content	矿物质含量

Mlo gene	*Mlo* 基因
Molecular biology	分子生物学
Monarch butterfly	帝王蝶
Monoclonal antibody	单克隆抗体
Monsanto	孟山都
Mortereilla alpina	高山被孢霉
Moss	苔藓
Mugwort pollen	艾蒿花粉
Mustard	芥菜
Mutagenesis	诱变
Mycotoxin	真菌毒素
Na^+/H^+ antiporter	Na^+/H^+逆向转运蛋白
Nangainut	Nangai 坚果
National Institute of Agricultural Botany（NIAB）	英国国家植物研究所
Natural selection	自然选择
Necrotrophic pathogen	死体营养型病原体
Neomycin phosphotransferase	新霉素磷酸转移酶
Neurotransmission	神经传递
Nicotiana spp.	烟草属
Nitrilase	腈水解酶
Non-Hodgkin lymphoma	非 Hodgkin 氏淋巴瘤
Non-target organism	非目标生物
Norwalk virus	Norwalk 病毒
No-till	免耕
Nucleotide	核苷酸
Nutraceutical	营养保健品
Nutritional quality	营养品质
Oat	燕麦
Obesity	肥胖症
Ocean pout	极地鱼
Oil quality	油质量
Oil seedrape	油菜
Oleic acid	油酸
Onegene，one enzyme hypothesis	一个基因一个酶假说
Onion	洋葱
Oral allergy syndrome（OAS）	口腔变态反应综合征
Oral tolerance	口服耐受性
Organic crop	有机作物
Organo genesis	器官发生
Osmolyte biosynthesis	渗透调节物质生物合成
Osmoprotectant	渗透保护剂
Osmotic stress	渗透胁迫
Osteoporosis	骨质疏松
Oxalic acid oxidase	草酸氧化酶
Oxalic acid	草酸
Oxidative stress	氧化胁迫

Papaya ring spot virus	番木瓜环斑病毒
Papaya	番木瓜
Part B release	B 级释放
Part C consent	C 授权
Particle bombardment	微粒轰击
Pasta	面团
Pathogenesis-related (PR) protein	病程相关蛋白
Peach	桃
Pearl millet	珍珠稷
Pea	豌豆
Pelargonium	天竺葵
Pepper Mottle Virus	辣椒轻斑驳病毒
Pepper	辣椒
Pepsin resistance	胃蛋白酶抗性
Peroxiredoxin	过氧化物还原酶
Persimmon	柿子
Phosphate	磷酸盐
Phosphatidic acid (PA)	磷脂酸 (PA)
Phosphatidyl choline (PC)	磷脂酰胆碱 (PC)
Phosphatidyl ethanolamine (PE)	磷脂酰乙醇胺 (PE)
Phosphinothricin acetyl transferase (PAT)	膦丝菌素乙酰转移酶
Phosphinothricin (PPT) (also see gluphosinate)	膦丝菌素
Phosphoethanolamine *N*-methyl transferase	磷酸乙醇胺 *N*-甲基转移酶
Phospholipid: diacylglycerolacyl transferase (PDAT)	二酰基甘油酰基转移酶 (PDAT)
Phosphomannoseiso merase (PMI)	磷酸甘露糖异构酶 (PMI)
Physcomitrella patens	苔藓
Phytase	植酸酶
Phytate	植酸
Phytic acid	植酸
Phytin	植酸钙镁盐
Phytoalexin	植物抗毒素
Phytoene desaturase	八氢番茄红素脱饱和酶
Phytoene synthase	八氢番茄红素合成酶
Phytophthora infestans	晚疫病菌
Phytosterol	植物甾醇
Pineapple	菠萝
Pink boll worm	红铃虫
Pinolenic acid	皮诺敛酸
Pioneer Hi-Bred	先锋种业
Plasmid	质粒
Plastid genetic modification	质体遗传修饰
Plum potyvirus	李痘病毒
Podworm	小卷娥
Pollen tube transformation	花粉管转化
Polygalacturonase	多聚半乳糖醛酸酶
Polymerase chain reaction (PCR)	聚合酶链反应

Polypeptide expression system	多肽表达系统
Polyploid	多倍体
Poly unsaturated fatty acid (PUFA)	多烯键不饱和脂肪酸
Post-transcriptional gene silencing (PTGS)	转录后基因沉默（PTGS）
Potato leaf role virus	马铃薯卷叶病毒
Potato tuber necrotic ringspot disease	马铃薯块茎坏死环斑病
Potato virus X (PVX)	马铃薯 X 病毒
Potato	马铃薯
Profilin	肌动蛋白抑制蛋白
Prolamine	醇溶蛋白
Proline dehydrogenase (ProDH)	脯氨酸脱氢酶（ProDH）
Proline	脯氨酸
Promoter	启动子
Protein body	蛋白体
Protoplast transformation	原生质体转化
Protoporphyrinogen oxidase	原卟啉原氧化酶
Puroindolines	Puroindolines 蛋白
Pyrroline-5-carboxylate reductase (P5CR)	吡咯啉-5-羧酸还原酶
Pyrroline-5-carboxylate synthase (P5CS)	吡咯啉-5-羧酸合成酶
Qualified voting majority (QMV)	有效多数表决（QMV）
Quantitative trait locus (QTL)	数量性状基因座（QTL）
Rabbit hemorrhagic disease virus (RHDV)	兔出血症病毒
Rabies virus	狂犬病病毒
Raffinose family oligo saccharide (RFO)	棉子糖半乳糖苷系列寡糖
Reactive nitrogen species (RNS)	活性氮族
Reactive oxygenspecies (ROS)	活性氧族
Redoxreaction	氧化还原反应
Refuge	避难所
Resistance (R) gene	抗性（R）基因
Resistant starch	抗性淀粉
Restriction endonuclease	限制核酸内切核酸酶
Resurrection plant	复苏植物
Retrogradation	退化
Rhododendron	杜鹃
Ribonucleic acid	核糖核酸
Rice blight	水稻白叶枯病
Rice	水稻
Ripening	成熟的
Risk assessment	风险评估
RNA interference	RNA 干涉
Rootworm	根虫
Rota virus	轮状病毒
Round Up-Ready	转基因大豆 Roundup Ready
Rye grass	黑麦草
Rye	黑麦
S-Adenosyl methionine (SAM) hydrolase	S-腺苷甲硫氨酸（SAM）水解酶

Salicylic acid（SA）	水杨酸（SA）
Salt overly sensitive（SOS）	盐敏感突变体（SOS）
Salt tolerance	耐盐性
Sciadonic acid	Sciadonic 酸
Sclerotinia sclerotiorum	核盘菌
SDAP on line database	SDAP 网上数据库
Secretory pathway	分泌通路
Seed bank	种子库
Seed persistence	种子持久性
Selectable marker	选择性标记
Selenium	硒
Serine decarboxylase	丝氨酸脱羧基酶
Sesame	芝麻
Shelf life	保质期
Shikimate pathway	莽草酸途径
Signal sequence	信号序列
Smarties（R gene）	抗性基因累积
Somatic embryogenesis	体细胞胚胎发生
Sorbitol-6-phosphate dehydrogenase	山梨醇六磷酸脱氢酶
Sorghum	高粱
Soybean	大豆
Sphingolipid	鞘脂
Spinach	菠菜
Squash	南瓜
Stalk borer	二化螟
Stalk rot	茎腐病
Stanol	甾醇
Starch branching enzymes	淀粉分支酶
Starch granule	淀粉粒
Starch structure	淀粉结构
Starch synthase	淀粉合成酶
Starch synthesis	淀粉合成
Starch	淀粉
StarLink	StarLink 玉米
Stemborer	二化螟
Sterol	甾醇
Storage protein	储藏蛋白
Streptococcus mutans	链球菌突变体
Stress tolerance	胁迫耐性
Substantial equivalence	实质等同
Sucrose	蔗糖
Sugarcane	甘蔗
Sugar/fodder beet	糖用/饲料甜菜
Sulfur	硫
Sunflower	向日葵
Super oxide dismutase（SOD）	过氧化物歧化酶

Super oxide radical	过氧化物自由基
Supply Chain Initiative for Modified Agricultural Crops (SCIMAC)	遗传修饰农作物供应链计划
Sweet potato	甘薯
Swine transmissible gastroentiritis virus (TGEV)	猪传染性胃肠炎病毒
Syngenta	先正达
Systemic acquired resistance (SAR)	系统性获得抗性
Targeted gene disruption	基因定向敲除
Taxoleic acid	十八碳二烯酸
Temperature stress	温度胁迫
Terminator gene	终结者基因
Terminator sequence	基因终止序列
Thaumatin-like protein	类甜蛋白
Threonine deaminase	苏氨酸脱氨酶
Ti plasmid	Ti 质粒
Tobacco mosaic virus (TMV)	烟草花叶病毒 (TMV)
Tobacco	烟草
Tomato bushy stunt virus (TBSV)	番茄丛矮病毒
Tomato	番茄
Traceability	跟踪管理
Transfer DNA (T-DNA)	转移 DNA
Transformation	转化
Transgene combining ability (TCA)	转基因配合力
Transgene integration	转基因整合
Transient expression	瞬间表达
Translation	翻译
Transplastomic plant	质体转基因植物
Triacylglycerol (TAG)	甘油三酯 (TAG)
Triticale	小黑麦
Tritordeum	六倍体大小麦
Tritrophic interaction	三重营养关系
Trypsin inhibitor	胰蛋白酶抑制剂
Ubiquitin promoter	泛素启动子
United States Department of Agriculture (USDA)	美国农业部
Vacuolar H^+ translocating enzyme	液泡氢离子转运蛋白
Vacuum infiltration	真空渗入
Viral vector	病毒载体
Virulence gene	毒性基因
Virus resistance	病毒抗性
Vitamin A	维生素 A
Vitamin content	维生素含量
Voltage-independentcation channel (VIC)	电压不依赖型阳离子通道
Vomiting	呕吐
Walnut	核桃
Water glucan dikinase	葡聚糖水二激酶
Waxy	蜡质
Wheat	小麦

Wheezing	喘哮鸣音
White bean	白豆
White clover	白三叶
Wide crossing	远缘杂交
Wild relative	野生亲缘
World Health Organisation	世界卫生组织
Xanthophyll	叶黄素
Xyloseisomerase	木糖异构酶
Zeaxanthin epoxidase	玉米黄质环氧化酶
Zeaxanthin	玉米黄质
Zein	玉米醇溶蛋白
3-hydroxysteroid oxidase	3-羟基类固醇氧化酶
5-enolpyruvoylshikimate 3-phosphate synthase	5-烯醇丙酮酰-莽草酸-3-磷酸合成酶（EPSPS）
α-Amylase inhibitor	α-淀粉酶抑制剂
α-Amylase	α-淀粉酶
α-glucosidase	α-葡萄糖苷酶
α-Linolenic acid（ALA）	α-亚麻酸（ALA）
β-Amylase	β-淀粉酶
β-carotene	β-胡萝卜素
β-cyclase	β-环化酶
β-glucanase	β-葡糖酶
β-glucan	β-葡聚糖
γ-Linolenic acid（GLA）	γ-亚麻酸（GLA）

中文索引

（按汉语拼音排序）